C0-AWT-314

DIE LETZTEN JAHRE DES NIKOLAUS VON KUES

WISSENSCHAFTLICHE ABHANDLUNGEN DER ARBEITSGEMEINSCHAFT
FÜR FORSCHUNG DES LANDES NORDRHEIN-WESTFALEN

Band 3

ERICH MEUTHEN

Die letzten Jahre des Nikolaus von Kues

HERAUSGEGEBEN
IM AUFTRAGE DES MINISTERPRÄSIDENTEN FRITZ STEINHOFF
VON STAATSSEKRETÄR PROFESSOR Dr. h. c. Dr. E. h. LEO BRANDT

Die letzten Jahre des Nikolaus von Kues

Biographische Untersuchungen nach neuen Quellen

von

Erich Meuthen

WESTDEUTSCHER VERLAG · KÖLN UND OPLADEN

Das Manuskript wurde der Arbeitsgemeinschaft für Forschung des Landes Nordrhein-Westfalen
am 19. Dezember 1956 von Prof. Dr. *Peter Rassow*
zugleich im Namen von Prof. D. Dr. *Joseph Koch* vorgelegt

Gesamtherstellung: Westdeutscher Verlag · Printed in Germany

INHALT

Zweiter Teil: Quellen

VORWORT

Seit dem Erscheinen der grundlegenden Cusanusbiographie *E. Vansteenberghes* (1920) ist der Ruf nach einem entsprechenden oder sogar weiterführenden Werke nicht verstummt, das die deutsche Forschung dem wohl größten Deutschen des späten Mittelalters widmen würde. Jeder Cusanusforscher wird noch immer voller Hochachtung Vansteenberghes glänzende Arbeit zu Rate ziehen und die bewunderungswürdige Leistung dankerfüllt anerkennen, die hier ein Forscher in der weit ausholenden Erschließung neuer Quellen und in ihrer tiefschürfenden Auswertung vollbrachte. Wer sich in die gelehrte, stoff- und erkenntnisreiche Arbeit Vansteenberghes vertieft, wird aber bei aller dankbar begrüßten Aufklärung, die sie vermittelt, doch auch auf manches offengebliebene Problem, leider auch auf eine Anzahl von Irrtümern stoßen. Vansteenberghes Verdienst soll mit dieser Kritik nicht im entferntesten geschmälert werden. So sehr die Unvollkommenheiten seines Werkes der Cusanusforschung neuen Antrieb zur Schließung der Lücken gaben, so wenig konnte gerade diese nachfolgende Forschung dabei auf das von ihm gelegte Fundament verzichten, um auf ihm erst auf- und höherzubauen.

Die Gestalt des Nikolaus von Kues ist in Wesen und Wirken von einzigartiger Weitschichtigkeit. Wollte die Forschung sich nicht mit einer Neuauflage Vansteenberghes begnügen, nicht weniger aber ungesichertem Theoretisieren verfallen, so blieb ihr nichts anderes übrig, als sich in mühevoller Kleinarbeit den in dieser Biographie offengebliebenen Fragen zu widmen. Es ist bekannt, welches Verdienst die *Cusanuskommission der Heidelberger Akademie* sich hier erworben hat. Forscher verschiedenster Disziplinen stoßen nun von ihren Fachgebieten aus in Leben und Werk des Cusanus vor. Überschauen wir diese Arbeiten, so erscheint seine Gestalt allmählich doch wohl in immer klareren Umrissen. Aber jeder Cusanusforscher weiß, wie weit das Erreichte noch von dem Erwünschten ist. Unser Wissen von Leben und Wirken des Moselaners ist auf weite Strecken noch immer ganz und gar unbefriedigend. Wenn hier zuerst auf die Jugendgeschichte des Nikolaus Chrypffs hingewiesen wird, so ist das kaum erstaunlich; denn die Biographien vieler Großer, die ihr Ingenium aus der breiten Volksschicht zu führenden Gestalten emporhob, beginnen mit der gleichen Verborgenheit, hinter der wir das stille Wachstum nur ahnen können. Um so erstaunlicher ist es aber, daß, von anderen Epochen dieses ereignisreichen Lebens ganz abgesehen, ausgerechnet die Altersjahre noch der Erforschung harren, die Nikolaus als Kurienkardinal im Mittelpunkt der großen politischen Ereignisse seiner Zeit verbrachte.

Man wird einwenden, daß doch gerade aus seinen letzten Jahren ein ungewöhnlich reicher Fluß von Briefen und anderen biographischen Zeugnissen uns zuströmt. Aber dieser Einwand widerlegt nicht unsere Feststellung. Die genannten Quellen berühren fast ausschließlich den Streit des Kardinals mit Herzog Sigmund von Österreich. Die Brixner Diözese aber, betroffener Gegenstand der Auseinandersetzung, war seit 1458, abgesehen von einer kurzen Unterbrechung im Frühjahr 1460, nicht mehr der Schauplatz jenes Lebens. Das verhältnismäßig reiche Material zum Brixner Streit hat die Cusanusforschung insofern einseitig beeinflußt, als sie die Biographie der letzten Lebensjahre ausschließlich auf diesen Quellen aufbaute, ohne zu fragen, wo und wie der Briefschreiber während dieser Zeit sonst noch wirkte und seine Spuren hinterließ. So ergab sich notwendigerweise der Eindruck, daß seine einzige Beschäftigung darin bestand, durch den päpstlichen Freund und Gönner Pius II. Himmel und Hölle gegen den verhaßten Herzog in Bewegung setzen zu lassen.

Es sei hier nun durchaus nicht geleugnet, daß der Brixner Streit Nikolaus zutiefst ergriffen hat; die genaue Interpretation der uns darüber erhaltenen Quellen hat auch da noch viel richtigzustellen. Ich sehe von diesem Fragenkreis im folgenden weitgehend ab, um mich den Problemen zuzuwenden, mit deren Gewicht bei der Reichhaltigkeit der Brixen betreffenden Überlieferung bisher kaum gerechnet wurde. Die Klärung jener Probleme ist vielleicht nicht unwichtig, um einige Schlüssel für die gesamte Biographie des Cusanus zu gewinnen. Aber schon die Lösung einer viel vordringlicheren Aufgabe wäre ein Fortschritt, nämlich den detaillierten biographischen Tatbestand in möglichster Vollständigkeit zu erfassen. Solange wir nicht über die vielen kleinen Einzelheiten unterrichtet sind, muß jede Gesamtbeurteilung seiner Persönlichkeit unsichere Hypothese bleiben. Das vor allem in Kues und in Tiroler Archiven ruhende Quellenmaterial liefert nur geringe über die Nachrichten zum Brixner Streit hinausgehende Aufschlüsse. Das wenige, was wir da tatsächlich wissen, verdanken wir größtenteils wieder Vansteenberghe. Wie aber die Nachprüfung ergab, sind seine

Angaben auch hier weithin ungenau oder falsch. Die Aufgabe unserer Untersuchung wird sein, die noch unbekannte Wirksamkeit des alten Cusanus neben dem Brixner Streit zu erschließen. Um nicht in den gleichen Fehler der Einseitigkeit zu verfallen, muß der Brixner Streit natürlich da und dort berührt werden. Er wird im übrigen aber ausgeschieden, um so der Schilderung von Lebensereignissen Raum zu geben, die bis in grundlegende Tatbestände hinein noch unbekannt sind. Eine spätere Neudarstellung des Brixner Streits, die das Bild dann vervollständigt, wird die hier gewonnenen Maßstäbe mit Erfolg verwerten können.

Der Aufenthaltsort des Cusanus in seinen letzten Jahren legte nun den Gedanken nahe, Quellen über diese Zeit in italienischen Archiven und Bibliotheken zu suchen. Soweit ähnliche Forschungsvorstöße bisher überhaupt unternommen wurden, scheiterten sie an ihrer Begrenzung auf Rom. Das der folgenden Untersuchung dienende, fast ausschließlich italienische Material habe ich aus dem ganzen Lande, selbst aus kleinen und kleinsten Archiven zusammengetragen. Die Anregung zu dieser ausgedehnten Nachsuche erhielt ich durch vereinzelte Nachrichten in der italienischen Lokalliteratur, in denen Nikolaus von Kues erwähnt wird. Kein Cusanusforscher hat sich bisher die Mühe gemacht, diese Literatur systematisch zu durchmustern; keiner ist infolgedessen auf den Gedanken gekommen, den Blick von Rom weg den kleineren Archiven zuzulenken. Zunächst durchforschte ich die mittelitalienischen Archive, auf die jene Literaturangaben zumeist hinwiesen: Orvieto, Rieti, Terni usw. Neue Spuren ergaben sich im Laufe dieser Forschungen. Immer greifbarer wurde die Wahrscheinlichkeit, daß die oberitalienischen Fürstenarchive unschätzbares Cusanusmaterial bargen. Diese Vermutung bestätigte sich bei der Nachsuche in Mailand und Mantua. Mühsam mußte Stückchen um Stückchen zusammengetragen werden. Das Gefundene wies wieder auf neue Spuren, so daß schließlich mehrere Dutzend italienischer Archive durchsucht wurden. Daß sich die Arbeit lohnte, hofft diese Studie zeigen zu können.

Langer Erwägung wurde das Problem unterzogen, wie der gesammelte Stoff nun darzubieten war. Da es sich vorwiegend um neue Quellen handelt, mußte ein Weg gefunden werden, der mit diesem Stoff soweit wie möglich selbst bekannt macht. Neue Briefe des Cusanus sind in einem dem Darstellungsteil folgenden Quellenteil vollständig wiedergegeben worden. Sie stellen aber nur einen kleinen und nicht immer den bedeutendsten Teil des Materials dar. Die Fülle anderer, teilweise wichtigerer Quellen – an ihn gerichtete Schreiben, Nachrichten Dritter über ihn usw. – übersteigt aber das für einen Vollabdruck vertretbare Maß. Hier mußte ausgewählt und gekürzt werden. Es ergaben sich schließlich 94 Texte, die als wichtigste Quellen teilweise ganz, teilweise auch nur wieder im Auszug wiedergegeben wurden. Vor die Frage gestellt, ob der weit größere Rest in Fußnoten des Darstellungs- oder des Quellenteils zu verarbeiten sei, erschien die zweite Lösung vorteilhafter. Auf diese Weise ergibt sich eine flüssigere, nicht durch lange Anmerkungen aufgeschwellte Darstellung. Viele kleine Forschungsprobleme, die mehr am Rande liegen, konnten auf diese Weise aus dem Darstellungsteil ausgeschieden und in den Quellenteil verwiesen werden, der somit weder eine reine Edition noch ein bloßer Anmerkungsteil sein will. Er möchte vielmehr ergänzende Parallele zum weiter ausholenden Darstellungsteil sein, indem er den biographischen Einzelheiten genauer nachgeht und die Quellen selbst sprechen läßt. Auf die Textnummern bzw. deren Anmerkungen wird im Darstellungsteil durch die jeweils entsprechende Zahl verwiesen (z. B. I,1 bedeutet: Text I, Anmerkung 1 im Quellenteil).

Die der Untersuchung vorausgegangene, auf langwierigen Reisen und unter fast entmutigenden Schwierigkeiten betriebene Materialsammlung wäre mir ohne das großzügige Forschungsstipendium des *Landes Nordrhein-Westfalen* ganz unmöglich gewesen. Für die Gewährung dieser Hilfe sei hier vor allem dem Herrn Ministerpräsidenten aufrichtig und herzlich gedankt. Einen besonderen Dank schulde ich aber auch den italienischen Archiv- und Bibliotheksverwaltungen für deren freundliches und stets hilfsbereites Entgegenkommen. Aus dem Verzeichnis der von mir benutzten Archive und Bibliotheken läßt sich ersehen, wie viele freundliche Helfer ich gefunden habe. Durch Gewährung ganz außerordentlicher Vergünstigungen halfen sie, kostspielige Aufenthalte in einzelnen Städten abzukürzen. Ihnen allen sei hier ausdrücklich gedankt.

Dankbar begrüßter Haltepunkt wurde mir während dieser Forschungen das *Deutsche Historische Institut in Rom.* Dort erfolgte unter Benutzung seiner wertvollen Bibliothek mit italienischer Spezialliteratur im wesentlichen auch die Niederschrift des Manuskriptes. Für die mehrjährige Gastfreundschaft, die ich dort fand, sei dem Institut und seinen Mitgliedern im allgemeinen, im besonderen aber von ganzem Herzen Herrn Prof. Dr. *W. Holtzmann* gedankt, der selbst allzeit mit förderlichem Ratschlag und tätiger Hilfsbereitschaft das Werden dieser Arbeit begleitete. Den ersten Anstoß zu ihr gab aber seinerzeit Herr Prof. D. Dr. *J. Koch,* Köln. Er hat mir danach aus seinem überreichen Cusanusmaterial einschränkungslos alles zur Verfügung gestellt, was im Rahmen dieser Untersuchung zu verwerten war. Verfasser scheut sich fast, ihm an dieser Stelle nur billigen Dank zu sagen: Bis zur letzten Vollendung hat er in beratender und mitsorgender Anteilnahme das Entstehen des Werkes verfolgt. Einen besonderen Anteil an dieser Arbeit hat auch Herr Prof. Dr. *P. Rassow*, Köln. Seiner Initiative verdanke ich die Verleihung des Forschungsstipendiums seitens des Landes Nordrhein-Westfalen. Er hat auch am 19. Dezember 1956 das Manuskript der *Arbeitsgemeinschaft für Forschung des Landes Nordrhein-Westfalen* vorgelegt und die Aufnahme in ihre „*Abhandlungen*" beantragt. Ich bin ihm zu tiefem Dank verpflichtet, nicht weniger der Arbeitsgemeinschaft selbst für die Annahme der Arbeit und zuletzt wieder der Landesregierung für die Ermöglichung der Drucklegung. Die in der Diskussion über die Arbeit von Herrn Prälat Prof. D. Dr. *G. Schreiber* gegebenen Anregungen habe ich dankbar angenommen. Schließlich darf ich meinen Freund, Herrn Studienrat Dr. *H. Hallauer*, Honnef, nicht vergessen. Er opferte seine Ferien, um die Korrektur mitzulesen, und half durch seine Sorgfalt, noch manche vom Autor übersehene Unstimmigkeit zu beseitigen.

E. M.

ERSTER TEIL

DARSTELLUNG

Erstes Kapitel

Von Brixen nach Rom

„Unserm Heiligsten Herrn Papst Calixt hat es in diesen Tagen gefallen, mich Unwürdigsten in den Stand des Kardinalats aufzunehmen und Eurem heiligen Kreis beizugesellen. Ich weiß, welche Last ich auf mich genommen habe, und ich sehe keine Möglichkeit, wie ich der mir anvertrauten Würde genügen könnte, wenn Deine ehrwürdigste Väterlichkeit nicht zur Kurie zurückkehrte. Dann würde ich nämlich, von ihr unterwiesen, sicherer in diesem stürmischen Meere segeln. So bitte ich, wenn des Dieners Bitten zu erhören sind, daß Du möglichst bald in die Vaterstadt zurückkehrst; denn eines Kardinals Vaterstadt ist Rom allein. Wenn er auch bei den Indern geboren wäre, so müßte er doch entweder den Hut zurückweisen, oder ihn, einmal angenommen, zu Rom tragen und aller Kirchen Muttersitz ratgebend zur Seite stehen. Unpassend ist jene Entschuldigung: Ich werde doch nicht gehört, wenn ich zum Rechten mahne. Die Zeiten ändern sich nämlich, und wer einst verachtet war, wird nun ganz besonders geehrt. Komm also, beschwöre ich Dich, komm! Denn nicht gerade Deine Kraft darf eingeschlossen in Schnee und dunklen Tälern dahinsiechen. Ich weiß, daß es viele gibt, die Dich sehen, hören, Dir folgen wollen, unter denen Du mich stets als gehorsamen Hörer und Schüler finden wirst.“ (I)

Als Nikolaus von Kues diese Zeilen seines gerade ins Heilige Kolleg aufgenommenen Freundes Enea Silvio Piccolomini Anfang 1457 in Brixen erhielt, trieb der Streit mit Sigmund von Tirol nach kurzer Zeit der Entspannung neuer Entscheidung entgegen. Die Bedrohung an Leib und Leben, die der Bischof schon im Juni durch Sigmund beim Besuche in Innsbruck erfuhr, war vom Herzog vielleicht nur als Einschüchterungsversuch gedacht, aber vielleicht auch schon als Warnung; Nikolaus selbst hat jene Vorfälle sofort als Mordversuch angeprangert. Ob den Bischof dann Angst um sein leibliches Wohl für über ein Jahr in die weltabgelegene Felsenburg Buchenstein an den äußersten Rand seiner Diözese trieb oder – wir müssen diese Möglichkeit hier wohlbedacht ins Auge fassen – Überdruß an Welt und Streit, so zog er damit doch, unbewußt freilich noch und noch nicht durchdacht, die Konsequenzen aus dem faktischen Stand der Dinge. Ich muß dies in wenigen Sätzen erläutern. Ausführlich eingehen darauf werde ich andernorts in einer Untersuchung über den Brixner Streit.

Die Tätigkeit des Nikolaus von Kues in Tirol ist von der Forschung meist negativ beurteilt worden. Mindestens jenes Bedenken wird geäußert, wie es kürzlich Sparber erneut formulierte, *daß ein so großer Geist in einem solchen kleinlichen Kampf seine Kräfte verzehrte; denn die Frage, ob die Nonnen von Sonnenburg Klausur einhielten oder nicht, war sicherlich nicht so bedeutungsvoll.* Brixen *war für seine Talente und Kräfte zu klein.* – Ist dem so?

Hier wird doch wohl der große historische Aspekt nicht beachtet, unter dem der Streit zu sehen ist, den Enea offensichtlich auch noch nicht, Pius jedoch – um die selbstkritische Antithese seiner berühmten Retraktationsbulle aufzunehmen – schon bald in seiner ganzen Tragweite erkannte. Nikolaus von Kues rang in Brixen bis zur letzten Konsequenz die Auseinandersetzung durch, die er als Reformator führen mußte. In ihr machte er die säkulare Erfahrung von der Rolle des Landesherrn bei jeder Reform. Diese setzt zunächst guten Willen auf der Seite des Reformierten voraus. Fehlt der gute Wille, so bleibt zum Schluß nur noch die Gewaltanwendung, bei der sich die Kirche von Fall zu Fall, hat sie nicht selber diese Gewalt, der wiederum als reformfördernd gedachten weltlichen Obrigkeit versichern muß, deren guter Wille also dann über Wohl und Wehe der Kirche entscheidet. Wollte Cusanus sein Bistum auch dort reformieren, wo ihm der vom Herzog unterstützte tirolische Adel widerstand, mußte es zur Kraftprobe zwischen Bischof und Herzog kommen. Je mehr politische Macht sich der Bischof verschaffte, konkret gesprochen: das Hochstift finanziell und territorial sanierte, desto unabhängiger vom Herzog wurde er zumindest dort. Diese Sanierung führte aber in der Praxis wieder oft von kirchlichen Aufgaben weit weg in den reinen politischen Machtkampf. Dieser ganze Erfahrungskreis wurde Nikolaus nur durch die Zähigkeit seines Ringens so tief erschlossen, und nicht nur ihm. Die Herabwürdigung des großen Geistes ins Kleinliche war notwendig für eine größere historische Erkenntnis; denn in derartiger Weise hatte vor ihm und vielleicht auch nach ihm kein Reformator diese kirchenpolitische Konstellation im Übergang von Mittelalter zu Neuzeit durchmessen. Die Zähigkeit des Ringens ist erregend in ihrer Offenbarung der historischen Situation. Nur ein so konsequenter Geist wie Nikolaus von Kues focht dies aus. Gewiß wurde dabei nicht nur Brixen ihm zum Verhängnis, sondern er auch Brixen; denn der religiöse Zustand des Bistums war zum Schluß chaotisch. Aber der größere historische Aspekt entzieht uns hier das Recht zu schulmeisterlicher Zensurierung. Die Seelennot der Brixner hat der Bischof nicht durch seinen Starrsinn als solchen auf dem Gewissen, sondern höchstens durch seine Vermessenheit einer rücksichtslosen Probe auf historisch Notwendiges, bei der es nicht um die vordergründige Wiederherstellung ehemaliger fürstbischöflicher Rechte als solche ging, da er vielmehr weit darüberhinaus die Zusammenhänge zwischen Reform und Macht klar durchschaute und – sie bedauerte.

Als er sich 1457 auf Buchenstein zurückzog, hatten die Machtverhältnisse zugunsten Sigmunds entschieden. Der Herzog konnte es offen wagen, ihm den Tod anzudrohen[1]. Jede Rückkehr des Bischofs zu seelsorgerischer Tätigkeit in der Diözese hätte früher oder später zu der Katastrophe geführt, wie sie sich 1460 dann zu Bruneck abspielte, obwohl Nikolaus bei jener Rückkehr nach Tirol von vornherein nur an ein kurzfristiges Verweilen dachte. Der erste Abschnitt des Kampfes, der die unmittelbare Anwesenheit des Bischofs erheischte, war abgeschlossen. Rom rief ihn. Und gleichzeitig damit ging das Brixner Problem in das universalgeschichtliche Geschehen über, wurde Zündstoff für die neue Agitation der deutschen Konziliaristen und andererseits exemplarische Demonstration der neuentwickelten römischen Kirchengewalt. Die letzten sechs Jahre des Cusanus sind unter einem viel weiteren Blickwinkel zu betrachten als dem Brixner im eingeschränkten Sinne.

1456 war Enea Silvio Kardinal geworden. Nikolaus hat später dem mantuanischen Gesandten gegenüber in vertraulichen Gesprächen verraten, daß er durch seine noch zur Zeit Nikolaus' V. entfaltete Tätigkeit für den kaiserlichen Sekretär aus Siena diesem zum roten Hut verholfen habe (LXII, LXVI). Zwei Jahre später wurde Enea Papst. Dem kirchenpolitischen Universalisten auf dem Stuhl Petri stand schon bald sein um wenige Jahre älterer deutscher Freund und Lehrer zur Seite – Universalist? Noch? Oder rettete sich vielleicht in sein wissenschaftliches Werk der gescheiterte Universalismus seiner politischen Praxis?

Furcht vor der Sprengung kirchlicher Universalität durch das Schisma hatte den Konziliaristen 1436 zum Frontwechsel vom Konzil zum Papst bewogen. Die Notwendigkeit dieses Schritts fand für ihn schon im nächsten Jahre als Mitglied der zur Vorbereitung der Union in Konstantinopel verhandelnden Gesandtschaft ihre Bestätigung; nicht die Basler – Eugen IV. besaß die zur Union notwendige Anziehungskraft. Als „Herkules der

[1] *Jäger*, Streit I, 296.

Eugenianer" diente er dann 10 Jahre dem einzigen Ziele der Wiederherstellung päpstlich-römisch verstandener Einheit in seinem zusammen mit Carvajal geführten Ringen um die Aufbrechung der deutschen Neutralitätspartei, das 1447/48 mit dem Konkordatsabschluß gekrönt wurde.

Der kirchlichen Einheit sollte die Rückgewinnung des politischen Friedens folgen. Mit hochgespanntem Eifer trat der nun zum Kardinal Erhobene als Vermittler in den Köln-Klever Streit. Zum erstenmal scheiterte er. Verlor der mit seinem Reformprogramm übergenug Beschäftigte hier die Nerven? Oder war nicht doch der Punkt erreicht, wo das Einheitsprogramm an den Rand der politischen Realität stieß, die immer stärker hervortretende Eigengesetzlichkeit politischer Egoismen?

Nikolaus V. ernannte ihn 1451 zum Legaten für England. Im Gegensatz zur deutschen Legation war das Ziel der englischen wesentlich politisch, die Aufhebung des englisch-französischen Gegensatzes, der auf Seite des kontinentalen Gegners der am gleichen Tage zum Legaten für Frankreich bestellte Kardinal Estouteville dienen sollte. Das Papsttum schritt nun auch zur politischen Konsolidierung des Abendlandes. Nikolaus von Kues hätte seine Mission als Nichtengländer vielleicht besser erfüllt als auf dem Kontinent der Franzose Estouteville. Aber er trat seine Reise nie an. Calixt III. ernannte ihn 1455 erneut zum Legaten für England, in genau der gleichen Angelegenheit, mit genau den gleichen, durch die seit 1453 besonders akute Türkengefahr nun äußerst dringlichen Zielen. Wieder scheiterte die Reise – am Widerstand des englischen Königs, der in unverblümter Weise dem Kardinal mitteilte, sich selber natürlich auf den Standpunkt des guten Rechts stellend, an Streitbeilegung sei bei dem Verhalten seines Gegners nicht zu denken [2]. Die Nationalinteressen machten jeden Schritt über die kirchliche Einheit hinaus, die bei näherem Zusehen auch wiederum nicht so vollkommen erreicht war – man denke an Frankreich und Böhmen – zu einer stets neuen Enttäuschung der Idee, die einen solchen Versuch leitete.

Am 1. September 1454 betraute Nikolaus V. Cusanus mit einer Legation in Preußen – wieder ein politischer Auftrag. Diesmal galt es, zwischen Polen und Deutschorden zu vermitteln. Die Gründe des Cusanus für seinen Verzicht auf die Legation sind zwar nicht restlos geklärt. Aber schon die päpstliche Ernennungsbulle hatte Rücksicht auf die Interessen des polnischen Königs nehmen müssen. Nur den Streit zwischen Orden und preußischen Ständen sollte Nikolaus dem Bullentext folgend beilegen; Polen, das hinter diesen stand, wurde ausdrücklich nicht erwähnt. Bei dieser Lage der Dinge

[2] Auf die englische Frage gehe ich andernorts ein.

war die Legation von vornherein nicht sehr vielversprechend [3]. Über die Aussichtslosigkeit jeder Kräftekonzentration zur Begegnung der Türkengefahr hatte ihn schon im gleichen Jahre der Regensburger Reichstag hinreichend aufgeklärt.

Statt dessen drohte der Kirche neue Gefahr. Im Herbst 1457 richtete Calixt III. an Nikolaus die dringende Bitte – Enea Silvio hatte den Text aufgesetzt –, den Konzilsbestrebungen der rheinischen Kurfürsten entgegenzuwirken (II,3). Nikolaus blieb abseits in Buchenstein, ohne auf die Bitte zu reagieren. Ein anderes Ringen hatte ihn dort für einige Zeit zu Boden geworfen. Die Auseinandersetzung mit dem landesfürstlichen Problem Brixen sah den Kardinal jedenfalls auf einem den Lauf der historischen Entwicklung besser erkennenden Posten als die Jagd auf utopische abendländische Ziele. Als er 1458 nach Rom reiste, war er sich der Problematik des abendländischen Universalismus vollkommen bewußt. An dessen verzweifelter Forcierung durch Pius II. sollte sich schon bald diese Erkenntnis des Cusanus zum zweifelnden Widerspruch erregen, ohne schließlich doch mit dem geliebten Ideal ganz brechen zu können.

Im August 1457 erreichte den in Buchenstein Weilenden ein neuer Brief des Enea Silvio (II). Besorgt erkundigte er sich nach seinem Wohlergehen, da er lange ohne Nachricht von ihm geblieben war. Wiederum bat er ihn, nach Rom zu kommen. Offenbar sah er die Reise des Freundes schon als so sicher an, daß er nicht versäumte, ihm in kurzen Zügen die jüngste Entwicklung der politischen Lage Italiens darzulegen, die den Brixner Bischof kaum, den Kurienkardinal jedoch sehr stark berühren mußte. Neben der Teilnahmslosigkeit der Großmächte, die der europäischen Konsolidierung entgegenstand, hatte die römische Kirche einen zweiten engeren politischen Problemkreis, den inneritalienischen. Für wie wichtig er gehalten wurde, beleuchtet z. B. symptomatisch die Gründonnerstagsbulle von 1463 (LXXX,1), die in der Liste der namentlich exkommunizierten Kirchenfeinde Sigismund Malatesta, den Bedroher des Kirchenstaates, vor Gregor von Heimburg und Sigmund von Tirol und allen übrigen an die Spitze setzte. Die problematische Situation des Papsttums innerhalb einer großangelegten abendländischen Politik wird mit der starken Italianisierung des kurialen Interesses von einer neuen Seite sichtbar. Im Pontifikat Pius' II. äußerte

[3] *E. Maschke,* Nikolaus von Cusa und der Deutsche Orden, in: Zeitschr. f. Kirchengesch. 49 (1930), 413–442. Neuerdings: *E. Maschke,* Cusanus-Texte IV. Briefwechsel des Nikolaus von Kues. Vierte Sammlung. Nikolaus von Kues und der Deutsche Orden. Der Briefwechsel des Kardinals Nikolaus von Kues mit dem Hochmeister des Deutschen Ordens. SB Heidelberg 1956 1. Abh., Heidelberg 1956; vgl. dort vor allem die Texte 9–12.

sie sich in der unangenehmen Fesselung und Lähmung durch die neapolitanische Nachfolgefrage. Der Gang der Ereignisse wollte es, daß Nikolaus von Kues tief in die italienischen Fragen verwickelt wurde. So sehr ihre Klärung von Pius stets nur gedacht war als möglichst schnell zu erledigende Vorarbeit für das große Ziel, den abendländischen Kreuzzug, so stark sind die Kräfte seines Pontifikats davon doch in überreichem Maße absorbiert worden. Wenn Nikolaus von Kues, zunächst als Legatus Urbis, dann als wohlmeinender Pläneschmieder im Geflecht des italienischen Staatensystems, so sehr in italienische Fragen eintrat, dann ist das nicht mehr als die notwendige Folge politischer Tätigkeit an der Seite dieses zwar auf abendländische Politik abzielenden Pontifex, der sich aber mit den italienischen Notwendigkeiten immer stärker abfinden mußte, als ihm lieb und dem Programm nützlich war.

Einen anderen, persönlichen Zwiespalt brachte Nikolaus 1458 mit nach Rom. Das Wesen des Cusanus war auf Harmonisierung, auf Konkordanz angelegt; aber die Lebenspraxis zwang ausgerechnet ihn zu härtester Auseinandersetzung. Im Streit mit Sigmund griff dieser Widerspruch zwischen Ausgleichsdrang und Notwendigkeit erbarmungsloser Härte tief in sein Leben ein. Auf eine andere Formel gebracht: Es tritt hier erneut der Widerspruch auf zwischen der Realität des Lebens und der mit ihr nicht korrespondierenden Idealität seiner platonischen Abstraktion. Das immer wieder dadurch bedingte Ergebnis ist der Weltüberdruß des Cusanus; er zieht sich in die Einsamkeit zurück zu Buch und Wissenschaft. Nicht von ungefähr setzte er sich für ein ganzes Jahr in Buchenstein von der Welt ab und tendierte, wie wir sehen werden, auch später immer wieder in die gleiche Richtung, sobald sich die gleiche Situation einstellte. Es müßte noch untersucht werden, wieweit es sich der geistigen Herkunft nach dabei um „Abscheidung“ handelt, wieweit das Taedium-Vitae des italienischen Humanismus hier wiederkehrt. Vaucluse jedoch wurde ihm derartiger Rückzug nie. So entfaltete er auch in Buchenstein eine reiche seelsorgerische Tätigkeit; eine kleine Gemeinde erfuhr durch den zum Dorfpastor herabgestiegenen Kardinal eine ungeahnte Betreuung. Als die Buchensteiner 1460 vom Brunecker Überfall hörten, griffen sie sofort zu den Waffen und bereiteten sich zur Befreiung ihres Seelenhirten vor[4]. Und was sich hier während der Absonderung zeigte, das seelsorgerische Verantwortungsgefühl, es trieb Cusanus ebenso immer wieder aus ihr in die Welt hinaus. Die gemeinverantwortliche

[4] *Vallazza* 127 ff.

Verpflichtung in dem anderseits Spekulation und Einkehr zugeneigten Denker ist ein Moment, dem wir im folgenden auf Schritt und Tritt begegnen werden, das immer neue Sich-Aufraffen zu praktischer Wirksamkeit, die Verantwortung des Kirchenfürsten für die Kirche – auch eine Konsequenz der christlichen Grundlage seiner Weltanschauung.

Um die Problematik des alten Cusanus nun aber vollends verwickelt zu machen, muß auf einen uns späterhin noch ausführlich beschäftigenden Konflikt hingewiesen werden. Eine gewisse Armuts-, zumindest Genügsamkeitstendenz prägte sich im Gegensatz zum Pfründenschacher seiner Jugend mit zunehmendem Alter immer stärker aus. Armut hatte ihm bereits 1453 als Grund gedient, auf das Leben eines Kurienkardinals zu verzichten [5]. Wenn er damals auf Brixen als für ihn notwendiges Existenzminimum hinwies, so mag das bei Jahreseinkünften von 9000 Gulden hohnvoll klingen. Im Grunde verhielt sich die Sache jedoch anders; denn er meinte da nicht seine persönliche Existenz, sondern seine Lebensstellung als Kirchenfürst. Und als er nun seit 1458 in Rom war, zeigte sich, wie wichtig für ihn dieses Minimum war, als Sigmund es ihm wegnahm. Was seine materiellen Mittel betraf, war er gänzlich einflußlos an der Kurie. Seinen allerdings einzigartigen Einfluß trug allein die persönliche Freundschaft zum Papste. Gegenüber seinen adligen Kollegen war der kleine Bürgersohn schon herkunftmäßig im Nachteil. Er hätte Pfründen sammeln müssen und unterstützte mit dem wenigen, das er besaß, noch Mittellosere wie seinen Schützling Bussi, den Humanisten (LXXXXII).

Der Papst trug ihn also, und durch jenen wirkte wieder Cusanus. Die nun anhebende Geschichte seiner letzten Jahre wird ihn an der Seite Pius' II. mitten im Kreise der ihm ebenfalls wieder sehr eng befreundeten Berater des Piccolomini sehen: Bessarion, Carvajal. Freilich, das ist weitgehend ein Kollegium der Idealisten, die allesamt in der aufgezeigten Problematik ihrer Ideen stehen. Neben ihnen und gegen sie agitiert da die französische Clique, stehen die verhaßten Spanier, die stadtrömischen und die übrigen italienischen Dynastensprößlinge. Das Gleichgewicht von Lodi übertrug sich auch auf das Heilige Kolleg. Alle diese Faktoren werden uns noch begegnen. Die Biographie des alten Cusanus hat sie zu berücksichtigen.

Wir wissen nicht, ob Pius seinen Freund, der nun endlich das Felsennest in Tirol verließ, jetzt nochmal selber nach Süden rief, oder ob eigener Entschluß ihn in naheliegender Hoffnung trieb, in Pius Hilfe für sein Bistum

[5] *Koch*, Mensch 60.

zu finden. Nach seinen eigenen Äußerungen zu urteilen, betrachtete er den römischen Aufenthalt noch als vorläufig, baldige Rückkehr nach des Papstes Vermittlung im Streit als wahrscheinlich. Wie weit er innerlich noch daran glaubte, wer könnte es sagen! Erst seit dem Scheitern der Mantuaner Verhandlungen im nächsten Jahre wechselte er auch ausdrücklich diese Aufenthaltspläne; Brixen wurde Ziel eines nur kurzfristigen Besuchs, ständiger Wohnsitz Rom.

Am 30. September 1458 traf Nikolaus in der Tiberstadt ein. Von Pius als Stütze und Rat begrüßt, erhielt er von ihm gleich die mannigfachsten Aufgaben übertragen. Wie ein Schreiben der Signori von Florenz dartut, hatte die seinerzeit dem neuen Papst gratulierende Gesandtschaft der Stadt Pius über die Notlage der Mönche und Nonnen der heiligen Birgitta zu Florenz unterrichtet. Ihre Zahl hätte in letzter Zeit so zugenommen, daß die Einkünfte des Florentiner Klosters allein sie nicht mehr erhalten könnten. Der Papst stimmte deshalb der von ihnen erbetenen Vereinigung der Benediktiner-Abtei S. Michele in Pisa mit ihrem Kloster zu, da dort das Ordensleben nahezu erloschen war. Zum Exekutor der ganzen Sache hatte er aber Cusanus eingesetzt, an den sich nun die Stadt wandte, als wegen des vom Kardinalskolleg neuerlich gefaßten Beschlusses, alle Unierungen von Benefizien mit Jahreseinkünften von über 100 Florenen zu verbieten, Zweifel über die Durchführbarkeit der Vereinigung aufgetaucht waren. Wieweit der ihm vorgelegten Bitte, er möge sich um Bestätigung des ihnen bereits Zugestandenen bemühen, von ihm entsprochen wurde, enthalten uns die Quellen vor. Tatsache ist, daß Cosimo de Medici die Unierung hintertrieb, um S. Michele, dessen Eigenständigkeit bereits 1412 aufgehört zu haben scheint, den Lateranensischen Chorherrn zu sichern (III, III,1). Zur gleichen Zeit hatte der Papst Cusanus in die Kardinalskommission berufen, die der endlosen Auseinandersetzung zwischen Franziskanerobservanten und -konventualen ein Ende bereiten sollte (III,2). Seine Tätigkeit auf der deutschen Legationsreise hatte ihn genug mit den Minoriten in Berührung gebracht, so daß er mit ihren Problemen vertraut war [6].

Aber nicht allein mit geistlichen Angelegenheiten wurde er befaßt. Streiflichtartig wird uns seine Rolle auch im politischen Leben schon beleuchtet, wenn Pius bei seinen Verhandlungen mit den Gesandtschaften der italienischen Staaten, die zur Besprechung des Kreuzzuges in Rom weilten, ihn als Berater heranzieht, ihn und Bessarion, die Seinen in einem Kreise, wo er notgedrungen die politisch Einflußreichsten der Kardinalsparteien mitbe-

[6] *Koch,* Umwelt 57 ff.

mühen muß (III,2). Welche Bedeutung Cusanus als Intimus des Papstes gleich im politischen Leben Italiens erhielt, zeigt die von Francesco Sforza aufgenommene Verbindung zu ihm (IV).

Sforza, sich zwar nennend *Herzog von Mailand,* jedoch tyrannus ex defectu tituli, hatte sich seit der Machtergreifung 1450 lebhaft um die Legitimation seiner Herrschaft bemüht und damit ein sich bis zur endgültigen Investitur der Sforza mit dem Herzogtum durch Kaiser Maximilian I. hinziehendes diplomatisches Ringen um die kaiserliche Gunst begonnen. In der ersten Phase, als Sceva de Curte, Sforzas Gesandter am Kaiserhofe, 1451 in Wiener Neustadt verhandelte, traf er dort nicht nur mit dem kaiserlichen Sekretär Enea Silvio zusammen, sondern fand auch in dem gerade bei Hofe weilenden Cusanus einen warmen Befürworter des Mailänder Anliegens bei Friedrich III. Aber die Spuren der Beziehungen zwischen Sforza und dem Kardinal verlieren sich gleich, um erst 1458 wieder sichtbar zu werden. Diesmal war Sceva de Curte zusammen mit Otto de Carreto Gesandter Sforzas an der Kurie, und Sforza war das von Pius II. so begehrte militärische Rückgrat seiner italienischen Politik, während der Herzog den Nutzen päpstlicher Sanktion für seine eigenen Ziele dabei erspähte. Bereits kurz nach der Ankunft des Cusanus in Rom hatte Sforza ihn zur Fürsprache beim Papst veranlaßt, daß Pius den Herzog in der Investiturfrage wieder am Kaiserhofe unterstützte. In einem Dankschreiben an Nikolaus bat Sforza ihn am 9. Dezember, in seinen Bemühungen auch fernerhin eifrig fortzufahren.

Der Dienst hatte allerdings auch seinen Gegendienst. Nikolaus hatte Sforza bitten lassen, er möge die Brixner Kirche unter seinen Schutz nehmen und einen tatkräftigen Gouverneur dorthin entsenden, um sie so vor Belästigungen durch Sigmund zu sichern. Dazu war nun Sforza keineswegs einschränkungslos bereit; denn kriegerische Verwicklungen mit Sigmund wären unvermeidlich gewesen. Um sich aber nun auch wieder nicht die Gunst des Kardinals zu verscherzen, riet er ihm, dem Tiroler zunächst einen Brief oder auch einen bevollmächtigten Mailänder Gesandten zu schicken. Auf der Grundlage der Sforza erteilten Antwort Sigmunds könnten sie dann, Herzog und Kardinal, gemeinsam die Nikolaus förderlichen Maßnahmen treffen. Offener sprach Sforza in einem gleichzeitigen Begleitbrief zum Schreiben an Cusanus, den er an Carreto richtete (V). Die sofort erkannte Bedeutung des Kardinals bewog ihn, seinem Gesandten Carreto in dringendster Weise die Pflege engen Kontakts mit Nikolaus anzuraten, *„auf den Wir* *sehr rechnen und von dem Wir aus vielen Gründen eine sehr hohe Meinung haben*".

Nikolaus drückte seinerseits, zunächst mündlich durch Otto de Carreto, tags darauf durch einen eigenen Brief an Sforza, den obligatorischen Dank für die – reduzierte – Hilfsbereitschaft des Mailänders aus, teilte aber gleichzeitig mit, Sforza möge besser überhaupt nichts in der Sache tun, da mit Sigmund – nämlich im Brixen-Lüsener Vertrag August 1458! – bereits eine neue Tagfahrt vereinbart worden sei, von der er sich im Hinblick auf die von Kaiser und Papst zu erwartende Unterstützung viel verspreche (VI–VII). In merkwürdigem Gegensatz dazu steht das anfängliche Bestreben des Cusanus, und zwar auch *nach* dem Brixen-Lüsener Vertrag, Sforza zu tätlichem Eingreifen in Brixen zu veranlassen. Fürchtete er, daß Sforzas neuer Plan zu alles anderem als den erwünschten Ergebnissen führen könnte? Standen Sforza und Sigmund doch in sehr engen Beziehungen! Wenn er Carreto auf „*Bund und Einverständnis*" zwischen seinen bischöflichen Vorgängern in Brixen und Filippo Maria Visconti hinwies, so könnte man daran denken, daß er Sforza erst einmal mehr für sich als gegen Sigmund gewinnen mußte. Er bat also schließlich den Mailänder um Stillehalten, bis er ihn demnächst in Mantua persönlich gesprochen habe. Das von Nikolaus erwartete Eingreifen des Papstes für ihn auf dem Kongreß sollte nicht durch neue Halbheiten vorher untergraben werden. In der Investiturfrage erhielt der an den Kaiserhof abgehende päpstliche Gesandte Baptista Brenda tatsächlich ein warmes Empfehlungsschreiben des Papstes für Sforzas endliche Investitur mit, und ähnliche Breven gingen an die Erzbischöfe von Köln und Trier, beim Kaiser für Sforza zu wirken (IV,4). In seinem Briefe an Sforza stellte Cusanus selbst seine Investiturbemühungen merkbar in den Hintergrund. Er kam später ebensowenig darauf zurück wie Sforza auf die Vermittlung in Brixen. Als 1460 und in den folgenden Jahren die Verkündung der Exkommunikation Sigmunds in den oberitalienischen Staaten zu einem Gegenstand langer Verhandlungen mit der Kurie wurde, verhielt sich Sforza äußerst reserviert zu den päpstlichen Forderungen. Dennoch suchten Herzog und Kardinal stets, in freundschaftlichen Beziehungen zu bleiben. Nichtsdestoweniger hatte Nikolaus die erste Erfahrung mit den politischen Bedingtheiten eines italienischen Staates gemacht, ausgerechnet mit dem Fahnenträger der päpstlichen Partei. Zwischen der Freiheit der Brixner Kirche und der Investiturbemühung Sforzas aber, die das Kaisertum als überterritorialen Rechtsgaranten voraussetzte, hatte sich kein tieferer Zusammenhang ergeben als der vordergründigste Utilitarismus.

Herzog und Kardinal sollten durch den ehrgeizigen Sekretär des Cusanus, Giovanni Andrea Bussi, schon bald in unangenehmere Berührung geraten; wir kommen später darauf zurück. So sehr Sforza Nikolaus in dieser Sache zürnen wollte, ließ er doch nicht die Bedeutung des möglichen Nutzens aus dem Auge, den der Kardinal für ihn bieten könnte (XXV): *„Wenn Wir Eurer Herrlichkeit nicht häufiger schreiben, weil Unsere Beschäftigung es Uns nicht erlaubt, so möge Sie doch nicht meinen, Uns sei die Erinnerung an Eure ehrwürdigste Väterlichkeit entschwunden, da Wir nämlich oftmals mit Herz und Sinn bei Euch sind und Uns freuen, daß unser Heiligster Herr Eurer Herrlichkeit eine Provinz* (als Legat) *anvertraut hat."* Nun, der letzte Brief Sforzas an den Kardinal lag gerade erst sechs Tage zurück (XXIII). Scevas Berichterstattung aus Rom war es, die dem Herzog die Bedeutung des Cusanus aber gerade wieder neu vor Augen geführt hatte (XIX): *„Der Papst liebt ihn vor allen und schenkt ihm großes Vertrauen ... Es würde sicher nicht schlecht sein, wenn Eure Herrlichkeit, falls Sie schreiben oder antworten sollte, ihm einige wohlwollende Worte schriebe."* Und wie wir sehen, Sforza beeilte sich, der gerade eingetroffenen Anregung seines Vertrauensmanns auf der Stelle zu folgen. Die für den römischen Legaten recht schmeichelhafte Lobeshymne Sforzas, *„welche Liebe und väterliche Zuneigung gegen Uns"* Cusanus zeige, möge man im Briefe selber nachlesen. Nicht nur die auf den Papst bauenden Pläne Sforzas standen da im Hintergrund. Wir werden noch sehen, wie eng und doch nicht ohne tiefe Problematik Sceva de Curte, den Pius zum römischen Senator ernannt hatte, im Auftrage Sforzas mit Cusanus als römischem Legaten in einer Richtung zusammenarbeitete, die der päpstlichen Politik gerade zuwiderlief, als sie nämlich Pius von der Reise nach Mantua abhalten wollten.

Das politische Gespräch mit dem Mailänder Herzog führte dem Kardinal schon bald eine neue Korrespondentin zu, Bianca Maria Sforza-Visconti. Zwei italienische Fürstenfrauen traten in den letzten Jahren des Cusanus in seinen Bekanntenkreis – einflußreicher und uns greifbarer die brandenburgische Markgräfin von Mantua, Barbara Gonzaga; mit zwei versprengten Briefen, deren Zusammenhänge uns nicht mehr recht sichtbar werden, weniger deutlich Sforzas Gemahlin, die Visconti-Tochter Bianca Maria. Man wird lange in den allein von Politik, Pfründen und Geschäften aller Art handelnden Kardinalsbriefen an Francesco Sforza suchen können, um jenen menschlich-warmen Zug zu entdecken, mit dem Nikolaus von Kues gleich seinen ersten Brief an ihn schloß: *„Ich wünsche*

Eurer Exzellenz und Eurer erlauchten Frau Gemahlin, sowie Euren vortrefflichen Kindern immerwährendes Heil und Glück in Gottes Liebe und Gnade." (VII) Zwei Monate später empfahl Bianca Maria ihm in nicht weniger warmen Worten ihren Familiaren und ihres Sohnes Lodovico, des „Mohren", Hofmeister Cherubino von Ameglia, der beim Papst einige persönliche Angelegenheiten zu regeln hatte. Einen ähnlichen Empfehlungsbrief erhielt Galeazzo Cavriani, der Bischof von Mantua, Vertrauensmann der Gonzaga, den Pius zum Gouverneur von Rom ernannt hatte, wie er Sforza mit der Übergabe des Senatoramtes an Sceva de Curte auszeichnete. Gonzaga und Sforza standen damals in engstem Einvernehmen, und beide waren wiederum Förderer der Politik des Piccolomini. Der Empfehlungsbrief der Herzogin von Mailand an den Bischof von Mantua ist deshalb nicht sehr überraschend. Interessanter ist, daß Cusanus gleich in ihren Kreis aufgenommen wird. Hier wird die politische Konstellation sichtbar, die Mailand und Mantua in ihrer Interessenverbindung mit dem Kaiser sich an der Kurie dem kaisernahen Piccolomini-Kreis anschließen läßt (XVI). Unser Wissen um diese Zusammenhänge, so sehr wir ihnen im folgenden auch nachgehen werden, muß dennoch immer den bruchstückhaften Charakter der Überlieferung in Kauf nehmen. Aus der Korrespondenz der Bianca Maria mit Cusanus ist uns nur noch ein weiterer Brief aus dem Herbst 1459 erhalten (XLVIII). Darin empfiehlt sie ihm den Prior von S. Girolamo in Castellazzo, jenes von den Mailänder Herzögen hochgeschätzten Hieronymitenklosters, und ihre römische Niederlassung, auf deren Vorzüglichkeit sie dabei besonders hinweist. Der am 30. Oktober abgefaßte Brief ging von der falschen Voraussetzung aus, daß Nikolaus noch Legat in Rom war, auch als er schon in Mantua weilte, wohin der Prior sich offenbar wandte. Der Hinweis der Herzogin auf seine Legation ist möglicherweise nicht mehr als eine der Form genügende Begründung, die dem Prior erlaubte, sich mit guter Ursache an den einflußreichen Kardinal wenden zu können. Mehr wissen wir nicht über die Angelegenheit.

Keiner besonderen Hervorhebung bedarf es, daß sich um den beim Papst so einflußreichen Kurienkardinal bald die Bittsteller scharten (III, 2). Nicht immer ist der Grund für die Bemühungen des Cusanus um sie ersichtlich, so wenn er sich für den von Calixt III. zum Auditor ernannten Bernardus Roverii einsetzte, den Pius II. in die Engelsburg geworfen hatte, weil er seinen ehemaligen Wohltäter mit Genugtuung über dessen Tod ein *„giftiges Ungeheuer"* genannt hatte; anders wenn sich der Beichtvater König Jakobs II. von Schottland, Thomas Livingstone, um die Wiedergewinnung seiner Kommende der Pfarrkirche in Kyrkinner in der Diözese Whithorn bemühte, die ihm, von Nikolaus V. zugestanden, von Calixt III. wieder genommen worden war. Das war nämlich der alte Begleiter des Cusanus von seiner deutschen Legation, dem er damals die Visitation der Bursfelder Kongregation übertragen hatte. Als Bullenexekutor begegnen wir Nikolaus in erster Linie bei eigenen Familiaren, Heinrich Soetern, Johannes von Raesfeld, aber auch bei dem Tridentiner Kanoniker Ambrosius Slaspekch.

Inzwischen trug der römische Aufenthalt ihn aber auf den Höhepunkt seiner kirchenpolitischen Laufbahn.

Zweites Kapitel

Legatus Urbis

Als sich Pius II. Ende 1458 zur Abreise zum Mantuaner Kongreß anschickte, wurde die Frage nach dem unterdes in Rom bleibenden Stellvertreter akut. Der Widerstand der meisten Kurialen, aber auch die drohende Haltung der Stadt hatten ihn schon zu dem Zugeständnis genötigt, die Kurie in Rom zu belassen. Um so schwieriger wurde dadurch die Wahl jenes Vertreters. Noch am 10. Dezember war es ungewiß, wer Legat würde; man sprach vom Kardinalkämmerer, der auf der Rückreise vom Orient war, und vom Bischof von Mantua (VIII, 3). Am Morgen des 11. Dezember wurde Nikolaus von Kues zum römischen Legaten bestimmt. Cavriani sollte ihm als Kenner der italienischen Probleme zur Seite stehen. Es ist gewiß ein eigenartiger Zufall, daß derselbe Papst, der Nikolaus nun mitten in das komplizierte Geflecht italienischer Politik stellte, noch vor einem Jahre als Kardinal ihm nichts Besseres zu schreiben wußte als einen Überblick über die neueste politische Entwicklung in Italien (II). Am 21. Dezember teilte Nikolaus seinem Brixner Generalvikar Michael von Natz (XX, 5) und Francesco Sforza (VII) zum erstenmal seine neue Würde mit. Ungewiß war zunächst noch die Aufteilung der Ressorts. Nikolaus sollte Gouverneur der Stadt werden, Cavriani Vizekämmerer, Torquemada die Rota erhalten (VIII, 3). Die päpstliche Bulle vom 11. Januar ernannte Cusanus zum Generalvikar in temporalibus (VIII). Gouverneur wurde Cavriani, Generalvikar in spiritualibus der Bischof von Ferrara, Francesco de Lignamine.

Die bisher allein bekannten, jedoch kaum ausgewerteten Quellen für die Legationstätigkeit des Cusanus waren 14 an ihn gerichtete Breven des Papstes, der in seiner Abwesenheit mit ihm in steter Verbindung blieb. Aber auch sie stellen nur einen bescheidenen Teil jener Korrespondenz dar. So besitzen wir ein Kammermandat zur Entlohnung eines päpstlichen Kursors, der zu einer Zeit mit einem Breve nach Rom und weiterhin mit einem Antwortbrief des Kardinals zurückreiste, aus der uns bis heute keinerlei Breve an Cusanus erhalten ist (XXXII, 1). Der für uns viel wichtigere Anteil des Cusanus an dieser Korrespondenz fehlt uns vollständig. Anderseits tritt hier in den Relationen der in Rom weilenden ausländischen Gesandten, in

Archivalien der kleineren Kirchenstaatsarchive und in manch anderer Quelle glücklicher Ersatz ein, der schließlich zu einem ausgerundeten Bilde führt.

Amt und Aufgabenkreis des römischen vicarius generalis in temporalibus sind nahezu unerforscht. Er ist als legatus Urbis wohl zu unterscheiden vom vicarius Urbis, dem ihm zur Seite tretenden geistlichen Generalvikar. Dieses zweite Generalvikariat, seit Beginn des 14. Jahrhunderts eine ständige Einrichtung, war in seiner Gewalt auf Stadt und Distrikt beschränkt und wurde bis zum 16. Jahrhundert in der Regel Bischöfen ohne Kardinalat übertragen. Der geistliche Generalvikar, dessen Zuständigkeitsgrenzen in dieser Zeit nie grundsätzlich festgelegt wurden, konnte aber in seinen geistlichen Aufgaben durch den Generalvikar in temporalibus eingeschränkt werden; das Beispiel des Cusanus wird es zeigen. Der weltliche Generalvikar war dagegen in der Regel Kardinal mit Legatenvollmacht, im 14. Jahrhundert noch oft für den ganzen Kirchenstaat zuständig – so der Bekannteste aus der Reihe, Ägidius Albornoz – späterhin nur noch für Rom und die zisappeninischen Gebiete: Das Patrimonium, Campagna, Marittima und Sabina, das Herzogtum Spoleto, Perugia und die Terra Arnulforum – so im Falle des Cusanus. Hier erfolgte die Einsetzung eines weltlichen Generalvikars allerdings nur bei längerer Abwesenheit des Papstes, während entferntere Provinzen unabhängig von der Anwesenheit des Papstes in Rom regelmäßig mit ihnen versehen wurden, so die Marken, so Avignon nach der Rückkehr des Papsttums. Auf die nähere Geschichte dieses Amtes kann hier nicht eingegangen werden. Der letzte Nikolaus vorausgegangene Generalvikar, Kardinal Vitelleschi, starb 1440, als Eugen IV. in Florenz residierte. Sein faktischer Nachfolger Kardinal Trevisan scheint den Titel nicht erhalten zu haben. Der nächste auf Cusanus folgende war Francesco Todeschini-Piccolomini, der Neffe Pius' II., als der Papst 1464 nach Ancona reiste (VIII, 2).

Über die tatsächliche Praktizierung des dem Kardinal erteilten Auftrags in den genannten Gebieten wird das Folgende noch Aufschluß geben. Hier sei schon im voraus bemerkt, daß Spoleto, Perugia und Terra Arnulforum (zwischen Terni und Spoleto) sich seinem Einfluß vollständig entzogen. Außerhalb der Stadt sollte vor allem das Patrimonium und die Sabina seine Tätigkeit erfahren. Es ist aber weitgehend in Rechnung zu stellen, daß die zufällige Überlieferung unseres Materials kein ganz korrektes Bild der tatsächlichen Lage ergibt. Für Perugia und das Herzogtum Spoleto läßt sich jedoch mit Sicherheit sagen, daß hier nie Spuren seiner Legationstätigkeit bestanden haben. Diesen Schluß läßt die Sonderkommission des Lignamine in Umbrien im Herbste 1459 zu, die sofort aktenkundig wird (VIII, 8; XLVII, 1).

Nicht als *Generalvikar* begegnet uns in den zeitgenössischen Berichten Cusanus. Neben der isolierten Bezeichnung als *vice papa* bei Juzzo de Cobelluzzo erscheint er meist nur als *legatus Urbis* und bezeichnet sich selbst auch immer nur so oder auch nur als *legatus, legato*. So nennen ihn Platina, Infessura, Titius und andere Historiker (VIII, 1). In seiner Predigt auf der von ihm zum 10. Februar einberufenen römischen Synode berührte er in kühnen Worten das Verhältnis von Papst und Legat, das er, freilich in einem noch zu besprechenden Irrealis, als Erläuterung zum Verhältnis zwischen erster und zweiter göttlicher Person benutzt. Ihre Gleichheit in Wesen und Natur würde, obwohl jene Sendender, diese von ihr Gesandter sei, dennoch so vollkommen sein, wie, „*wenn der Papst einen Legaten mit absoluter päpstlicher Vollgewalt schicken würde, dieser schlechterdings päpstliche Natur besäße und nicht anders wäre in Wesen und Natur und nicht kleiner, sondern ein und dieselbe beider Würde und Autorität und ungeteilte Papalität, die wegen ihrer Größe nicht zu vervielfältigen ist, obwohl die Person des Sendenden eine andere ist als die des Gesandten*" (VIII, 5). Durch den Irrealis des Vergleichs sichert sich Cusanus vor möglicher Mißdeutung seiner Worte, als seien sie gegen das monarchische Prinzip gerichtet, ohne auf das Bild als Hinweis auf die außerordentliche Würde des Legaten verzichten zu müssen. Es ist allerdings öfters darauf hingewiesen worden, daß Nikolaus von Kues in dem Reformentwurf, den er während der römischen Legation abfaßte, sich in einem Punkte wesentlich von dem späteren, jenen zweifelsohne zu Rate ziehenden des Papstes selbst unterscheide (XXXV, 10). Nikolaus unterwarf nämlich den Papst der Visitation durch die von ihm ernannten Visitatoren, die man sich wohl ähnlich zusammengesetzt denken muß wie die von Pius gebildete Kommission zur Vorbereitung der Reform, der auch Cusanus angehörte. Pius sagte dagegen in seiner Reformbulle darüber nichts, obwohl auch er darin die Überzeugung ausdrückte, daß die Reform am Haupt zu beginnen habe. Ordnete der Kardinal also hier den Papst anderer Gewalt unter, während Pius absolut den monarchischen Gedanken betonte? Eine derartige Gegenüberstellung darf deshalb nicht vorgenommen werden, weil sich die Bulle des Papstes jeglicher Einzelheiten über die praktische Ingangsetzung der Reform enthält, also auch nichts von Visitatoren der Glieder erwähnt, während in dieser Hinsicht das Programm des Cusanus bis weit nach unten durchgearbeitet ist. Die Ernennung der Visitatoren aber obliegt bei ihm allein dem Papst.

Die Bestimmungen der Legationsbulle für Cusanus sind weitgehend Formular, das in die avignonesische Zeit zurückreicht. Die Bulle unterstellt ihm in den genannten Gebieten alle Personen jeden Standes und Grades, Senatoren, Konservatoren, Gouverneure, Rektoren, Podestàs, Militärbefehlshaber usw., über die er unbeschränkte Kriminal- und Zivilgerichtsbarkeit besitzt. Er hat das Recht zur Entgegennahme von Mannschaft und Treueid und zu Verleihung und Entzug von Rechten und Ämtern jeder Art auch (mit Ausnahme der Kardinäle) Kurialen gegenüber, solange sich die Kurie in Rom befindet. Er hat Frieden in den Fehden der verschiedenen Adelshäuser zu stiften – eine in der Situation des Jahres 1459 dann vor allem akut werdende Bestimmung –, gegen Kirche und Ordnung gerichtete Koalitionen aufzulösen, notfalls mit Gewalt, und zu diesem Zwecke Truppen aufzustellen und allgemeine Landtage abzuhalten. Mit Machtbefugnissen über alle *„sowohl im Weltlichen wie im Geistlichen dem apostolischen Stuhle Unterstellten"* wird ihm faktisch auch das geistliche Regiment untergeordnet, und zwar, wie die folgenden Bestimmungen darlegen, ganz ausdrücklich in der Stadt.

Nikolaus von Kues ist der erste Generalvikar, der in seine Ernennungsbulle Bestimmungen aufgenommen erhält, die ihn mit der Reform des römischen Klerus befassen. Die Bulle für Francesco Todeschini-Piccolomini übernahm diesen Zusatz. Es besteht kein Zweifel, daß hier das eine der beiden von Pius II. über sein Pontifikat gestellten Ziele: Kreuzzug und Reform – mit festem Entschluß angepackt werden sollte. Veranlaßte Nikolaus diesen Passus? Die Einberufung einer Reformsynode des römischen Klerus durch ihn auf den 10. Februar zeigt die Schnelligkeit, mit der er ans Werk ging. Vermutlich nahmen auch die Kurialen teil; denn in seiner Eröffnungspredigt wies er auf den internationalen Charakter der Synode hin (VIII, 5). Da sie aus aller Welt nach Rom gekommen seien, könnten sie mehr oder weniger für die ganze Weltkirche hier als Beispiel stehen, über die sich Gottes Gnade nun ausgieße.

Die Bulle hatte ihm ausdrücklich die Reform der vier römischen Hauptkirchen übertragen. Entsprechende Tätigkeit des Kardinals zeigen seine zur Reformeröffnung in den einzelnen Kirchen gehaltenen Predigten, in St. Peter, in St. Johannes, in Maria Maggiore; aus St. Paul ist uns bisher kein Zeugnis überliefert. Auf die Synode nimmt er dabei verschiedentlich Bezug. Im Mittelpunkt seiner Ausführungen steht die Einschärfung des kanonischen Lebens. Wie das Lob des Papstes zeigt (XXXV), war der Eifer des in der Reformfrage unnachgiebigen Cusanus auf der einen Seite wohl recht lebhaft. Davon zeugt nicht nur sein Entwurf einer „Generalreform", vielmehr muß nach den Mitteilungen eines Breves vom 9. Juni mit weiteren detaillierten Reformvorschlägen für die römischen Hauptkirchen, möglicherweise auch für die Rota gerechnet werden (XXXV, 10). Anderseits war der Erfolg aller Bemühungen weniger als befriedigend. Das zeigen nicht nur die päpstlichen Ermunterungen für Cusanus. Aus Breven an das Kapitel von St. Peter und seinen Vikar, Giacomo Mucciarelli, erfahren wir Ende Juli, daß dort nicht einmal mehr regelmäßig die täglichen Messen gelesen wurden (XXXV, 10).

Die Reform des römischen Klerus durch Nikolaus von Kues ist als gescheitert anzusehen. 1461 hielt Lignamine als geistlicher Generalvikar eine neue Reformsynode ab[7]. Im Rahmen der Cusanusbiographie müssen wir seine Erfolglosigkeit als neues erschwerendes Moment für seinen immer stärker hervortretenden Pessimismus in der Beurteilung der römischen Kirche sehen, wie er uns noch später begegnen wird, für die Wiederaufnahme jener Worte, die ihm Enea Silvio in den Mund legte: *„Ich werde doch nicht gehört, wenn ich zum Rechten mahne"*.

Dringlicher als die Reform des römischen Klerus schienen politische Probleme zu sein. Die Bedingtheiten des Piccolomini-Pontifikats, das nicht den Kreuzzug der Reform opfern wollte und beide dann dem politischen Spiel der Mächte opfern mußte, überschatteten auch die Pläne des Cusanus. Fragen wir nach dem Grunde, warum Pius ausgerechnet ihn zum Legaten machte, so wird die Neutralität seiner Person in den mittelitalienischen Familienfehden dabei nicht ohne Einfluß gewesen sein. Aber auch dann hätte die Wahl nicht unbedingt ihn zu treffen brauchen. Das Generalvikariat des Jahres 1464 übertrug der Papst seinem eigenen Nepoten Francesco, den er 1460 kreiert hatte. Das deutet auf den Faktor der persönlichen Nähe hin, der ihn bei der Auswahl leitete. Wir werden noch Gelegenheit haben, tiefer in das enge Verhältnis zwischen Pius und Nikolaus zu blicken. Trotzdem dieser zur Beilegung seines Streits mit Sigmund über kurz oder lang abberufen werden mußte und deshalb vielleicht im Herzen nicht ganz bei der römischen Sache sein würde, fand Pius keinen besseren Vertrauensmann in einer für den Kirchenstaat recht kritischen Situation.

Als Pius II. am 22. Januar die Stadt verließ, war Rom durch die Verkündigung des allgemeinen Friedens vom 30. Dezember vor dem konkur-

[7] *Pastor* II, 189.

rierenden Ehrgeiz des Adels nur scheinbar gesichert. Everso von Anguillara war der Treuga nachträglich zwar beigetreten. Piccinino hatte Assisi der Kirche zurückgegeben (XI, 5). Der Wegelagerer Everso gedachte jedoch nur solange Ruhe zu geben, wie die Entwicklung der großen politischen Lage einerseits, die Winterrüstung anderseits ihm dazu geeignet erschienen. Eines der handgreiflichsten Verdienste des Cusanus war es, durch sein energisches Eingreifen gegen ihn größere Gefahren für den Kirchenstaat abgewendet zu haben. Savelli und Colonna scheinen sich in diesem Jahre ruhig verhalten zu haben, die Orsini wurden in einen Konflikt mit Rieti gezogen. Immerhin war die Lage so ungewiß, daß Nikolaus den römischen Karneval ausfallen ließ[8].

Everso von Anguillara war auf Seite der Kirche zu Macht und Einfluß gelangt, als er den Versuch Giacomos II. di Vico 1435 zerschlug, sich auf Kosten der weltlichen Macht des Papstes in Mittelitalien einen Staat zu schaffen. Nach dem Ende der Vico verfolgte Everso nichtsdestoweniger die gleiche Tendenz. Das jahrzehntelange Ringen erreichte 1459 den Stand, daß Pius II. den Söhnen Giacomos, deren Ziel die Rückeroberung des väterlichen Besitzes war, als Gegenkraft gegen Everso sichtbar den Rücken stärkte. Die Auseinandersetzung konzentrierte sich damals besonders auf Caprarola. Calixt III. hatte die Burg einem Borgia übergeben, nach dessen Tode am 30. September 1458 Securanza und Menelao di Vico, die Söhne Giacomos, sich wieder in ihren Besitz brachten.

Als erstes Anzeichen für den bevorstehenden Bruch des Friedens kann die Anfang Februar dem Papst übermittelte Nachricht Eversos über neue Konspirationen Securanzas gegen ihn gelten; er wollte sich selbst damit vielleicht schon das Recht zukünftiger Gegenmaßnahmen sichern (XI). Der Papst ergriff diesmal, um Everso und damit den Frieden zu gewinnen, für den Anguillara Partei und schlug Nikolaus vor, Securanza möglicherweise ganz aus dem strittigen Gebiet zu entfernen. Auch an Nikolaus selbst hatte sich Everso inzwischen gewendet. Der Legat ging auf Anraten des Papstes dann auf Eversos Verständigungsbereitschaft ein.

In den folgenden Monaten fand diese vorsichtige Politik durch Eversos neue Aktivität und durch energische Gegenmaßnahmen des Cusanus, die auch päpstliche Zustimmung erfuhren, ein vorschnelles Ende (XXXII, XXXV). Als Everso schließlich am 6. Juli auf Caprarola einen Handstreich verübte, schickte Nikolaus durch den päpstlichen Kondottiere Giovanni Malavolta, nun eindeutig für die Vico Partei ergreifend, eine Truppe von

[8] *S. Infessura*, Diario; Fonti per la storia d'Italia, Scrittori (1890), 63.

36 Mann unter Führung eines *„contestabile“* Losa dem Menelao dorthin zu Hilfe. Tags darauf unternahm Everso einen neuen Überfall, bei dem er Losa und die Mehrzahl seiner Leute wegschnappte. Er berichtete darüber gleich erläuternd an den Papst, daß er dies zur Verteidigung seiner wohlbegründeten Rechte hätte tun müssen (XXXIX, 1). Cusanus reagierte auf den Überfall ebenfalls wieder militärisch, ließ Caprarola jetzt endgültig im Namen der Kirche besetzen und entzog so dem Grafen für weitere Übergriffe jeden Vorwand, der damit gegeben sein konnte, daß die Vico dort auf eigene Faust operierten (XXXIX, 2). Anderseits ermöglichte der Besitz der Burg eine gute Überwachung Eversos. Der Papst riet dem Legaten deshalb, Caprarola mit einer guten Besatzung zu versehen, von weiteren Maßnahmen gegen Everso aber Abstand zu nehmen. Er möge für die Freilassung der Gefangenen sorgen, ansonsten aber jede Aufrührung der Sache vermeiden. Im ganzen erscheint hier Nikolaus als der energischer Zugreifende, während der Papst zur Vermeidung ernsterer Konflikte zu schonender Behandlung rät. Denn – der Graf von Anguillara, vor dem keine Straße zwischen Rom und Viterbo sicher war, hing in nicht weniger gefährlicher Weise mit der großen Politik zusammen.

Das Italien beherrschende politische Problem dieser Jahre war der neapolitanische Erbfolgekrieg, die Auseinandersetzung zwischen dem aragonesischen Bastard Ferrante und dem Anjouprätendenten Jean II. Im Sommer 1459 war es soweit, daß der Anjou sich zur gewaltsamen Eroberung des Königreichs anschickte. Im Lande selbst erwarteten ihn die einheimischen Barone unter Führung des Fürsten von Tarent, Giovanni Antonio Orsini, denen die staatssammelnde Kraft Ferrantes höchst ungelegen war. Orsini hatte schon im Frühjahr zur Gewinnung Eversos diesem eine Summe von 2000 Florenen zukommen lassen wollen, die jedoch Ferrante in die Hände fielen. Das Einvernehmen Eversos mit den Gegnern Ferrantes war offensichtlich, damit aber auch das mit den französischen Gegnern der päpstlichen Politik. Eversos Aufgabe war es, dem Anjou im Kirchenstaat einen guten Landeplatz und eine Durchmarschstraße zum Königreich zu verschaffen, auf der er Ferrante in den Rücken fallen konnte (XXXII, 3).

Nikolaus von Kues hat im ganzen Jahre der neapolitanischen Frage große Aufmerksamkeit gewidmet. Noch vor der Abreise des Papstes aus Rom hatte der franzosenfreundliche Kardinal Colonna einen Gesandten des Fürsten von Tarent bei Pius eingeführt (XVI, 2). Die dort begonnenen Verhandlungen, die wohl nur darauf abzielten, bis zur Rückreise des päpstlichen Legaten in Neapel, Kardinal Orsini, Zeit zu gewinnen, waren aber bald ins Stocken geraten (XVI). Nach den Nikolaus zugehenden Informationen aus dem Süden, über die er am 5. März in vertraulichem Gespräche Sceva de Curte berichtete, war zwar die Vermittlungsaktion Kardinal Orsinis beim Fürsten von Tarent gescheitert, doch wollte der Fürst nun die Vermittlung durch einen bevollmächtigten Gesandten in die Hände des Papstes legen lassen. Indessen waren Cusanus Vorbereitungen des Fürsten gegen Ferrante nicht weniger unbekannt, die unter anderem zum Ziele hatten, einige neapolitanische Küstenstädte den Venezianern in die Hände zu spielen. Um so dringlicher erschien Nikolaus darum die Behandlung des fürstlichen Angebots. Er machte dem in Siena weilenden Papste gleich Mitteilung und bat ihn, sich in die Sache einzuschalten (XIX). Wie die Antwort des Papstes zeigt, stand Pius im Begriff, schon aus eigenem Entschluß ein entsprechendes Breve an den Fürsten zu schicken, als er erfuhr, daß jene Gesandtschaft bereits auf dem Wege war, und darum die Absendung zurückstellte (XVII). Das behutsame Vorgehen gegenüber dem Fürsten erwies sich bei dessen schon bald offen hervortretender Parteinahme für Jean von Anjou indes als völlig verfehlt.

Glücklicher war Cusanus zwei Monate später in einer anderen Sache (XIX, 3). Im Mai bekam Sceva Wind von einer in Rom abgeschlossenen Verschwörung gegen Ferrante, die darauf hinauslief, Gaeta und andere Häfen dem Anjou als Landungsplätze in die Hand zu liefern. Die Frage war nicht nur an sich sehr gefährlich, sondern auch höchst unangenehm für Sceva. Die französische Kardinalsclique förderte gegen den Papst das Unternehmen des Anjou. Ausplaudernde Indiskretion konnte für Sceva unter Umständen sehr peinlich werden, so daß er sich schließlich an Nikolaus wandte. Der Legat zögerte keinen Augenblick und ließ alles sofort Ferrante mitteilen, der den Gabrielo de Lucha, einen der bereits wieder aus Rom nach Neapel zurückgereisten Verräter, dort gleich verhaften konnte. Nach einigem Zögern billigte der Legat darauf auch die Auslieferung des Paulo Carrazo, eines anderen noch in Rom weilenden Verschwörers, nach Neapel. Wie zu erwarten stand, erfolgte ein Protest der französischen Kardinäle beim Papst, der für seine Kreuzzugspläne sich stets neu ihr Einvernehmen sichern mußte und leugnete, etwas mit der Sache zu tun zu haben, was Sceva gegenüber Sforza dann aber energisch bestritt. Letzten Endes war es der Entschluß des Cusanus, der dem Anjou den Plan verdarb.

Ende August drohte ein ähnlicher Anschlag weiter nördlich (XXXIX, 2). Unter Ausnutzung der Familienfehde zwischen den viterbesischen Familien der Maganzesi und der zur Zeit in Viterbo herrschenden Gatteschi suchte sich Everso am 28. August der Stadt zu bemächtigen. Nikolaus schickte sofort den neuen Rektor des Patrimoniums, Bartolomeo Roverella, mit starkem Truppenaufgebot in die Stadt. Ihm gelang dann auch rasch die Wiederherstellung der kirchlichen Herrschaft. Mit den Schuldigen unter den Viterbesen, die sich daraufhin nach Rom begaben, machte der Legat kurzen Prozeß und setzte sie in die Engelsburg. Vielleicht auf Bitte Sforzas, der mit ihnen näher bekannt war, wurden sie aber wieder bald entlassen. Auch der ehemalige Rektor Galeotto degli Oddi wurde des Einvernehmens mit Everso bezichtigt. Als er sich bei Cusanus deswegen rechtfertigen wollte, wies der ihn ungnädig ab. Everso schrieb über alles gleich an Lodovico Gonzaga, wohl vor allem deshalb, weil der sich zur Abreise nach Mantua rüstende Legat mündlichen Bericht beim Papst angedroht hatte. Die Wirkung des Überfalls auf Viterbo war bei den Kongreßteilnehmern in Mantua überdies schon erschreckend genug gewesen. Das eigentliche Ziel des Überfalls war jedoch auch hier vereitelt. Jean von Anjou traf wenige Tage später mit seiner Invasionsflotte vor Civitavecchia ein, das er dann vergeblich belagerte. Die Eroberung Viterbos durch Everso hatte ihm den Landweg öffnen und die Landung selbst sichern sollen.

Die unerfreulichste Seite der ganzen Auseinandersetzung ist aber vielleicht die Unterstützung, die dank alter persönlicher Beziehungen Everso im Laufe des ganzen Jahres durch Sforza und Gonzaga erhielt. Lodovico Gonzaga schrieb sowohl an Everso selbst wie auch an Papst und Cavriani äußerst schmeichelhafte Briefe für den Grafen (XXIIV, 1), und aus der übergehorsamen Antwort, die der Mantuaner Bischof am 1. April nach Hause schickte, kann leicht der mit Lodovicos Empfehlung verbundene Tadel für Cavriani herausgelesen werden, daß er sich nicht genug für Everso eingesetzt habe (XXIIV). Wenn trotz aller Übergriffe Eversos der Papst seinem Legaten stets die Schonung des Grafen empfahl, so war dieser Rat wohl auch durch die Rücksichtnahme auf den Mantuaner bestimmt – eine unentwirrbare politische Verflechtung, in die sich bereits das Vorprogramm des Piccolomini, die Lösung der italienischen Frage, immer wieder verstrickt sah.

Eine Fülle kleinerer Probleme hatte Cusanus während seiner römischen Legation zu lösen; er nahm sie immer wieder erfolgreich in Angriff, manchmal gegen die Ansichten des Papstes. So in der Frage der Heeresstärke. Ausgangspunkt dieser Unstimmigkeiten war das Aufgebot an Fußtruppen, deren Verringerung und gleichzeitige qualitative Verstärkung Nikolaus durch darüber hinaus kostensparendes Heranziehen besserer Soldaten vorschlug. Zunächst wandte sich der Papst entschieden dagegen (IX). Schon einen Monat später mußte er die Zweckmäßigkeit des Planes anerkennen, schrieb sich aber weniger selbst als der *„unvorhergesehenen“* politischen Entwicklung die Schuld an der daraufhin entstandenen kritischen Lage zu und ließ den Legaten unverzüglich in dem von ihm geforderten Sinne handeln. Er sollte sich dabei mit dem Kondottiere Malavolta, mit Cavriani und möglicherweise auch mit dem Kammerauditor Mucciarelli in Verbindung setzen. Die Dringlichkeit des Handelns ergibt sich aus der Mahnung des Papstes zur Eile. Noch am Tage vor Absendung seines Breves an Nikolaus hatte er am 9. März den Kammerkleriker Buonconti von Siena nach Rom geschickt, der Nikolaus bei der Umorganisierung der Truppen als Fachmann für das Heeresfinanzwesen unterstützen sollte. Einen weiteren Fehler hatte der Papst gemacht, als er in falscher Einschätzung der Truppenstärke nach der Wiederinbesitznahme Assisis, ohne die Hinweise des Legaten zu beachten, auf die schon angeforderten Kontingente Sforzas voreilig verzichtet hatte (XXI). Am 29. März mußte er ihn erneut um 1000 Mann Hilfstruppen bitten (XXI, 3). Nikolaus arbeitete unterdessen eine Liste derer aus, die fortan in päpstlichen Diensten bleiben sollten. Pius billigte sie mit Ausnahme eines gewissen Nunio de Burgo, während er anderseits die Kontingente einiger Truppenführer erhöhte, und ließ die Liste dann durch Buonconti zur Regelung der finanziellen Seite Mucciarelli überreichen (XXI, 7). Die militärischen Aktionen der päpstlichen Truppen standen im Laufe des ganzen Jahres unter der Leitung des Cusanus (XXI, 4). Malavolta erhielt durch den Papst die Ausführung aller Befehle des Legaten ausdrücklich eingeschärft (XV, 1).

Die Pläne des Cusanus zur Truppenreform führten zu neuen Auseinandersetzungen mit verschiedenen städtischen Beamten. Als unbrauchbar hatten sich nämlich auch die Reiter des derzeitigen Bargello Bucciarelli herausgestellt, die dazu eine große Belastung der apostolischen Kammer bedeuteten, so daß Nikolaus dem Papst die Heranziehung anderer empfahl (XV). Weil er sich hierbei zudem auf das Einverständnis von Curte und Malavolta berief, hatte ihm der Papst bei der Absetzung des Bargello zunächst freie Hand gelassen. Welche Intrigen dann auch immer gesponnen wurden – jedenfalls protestierte ausgerechnet Malavolta gegen die Absetzung, so daß der Papst die ganze Frage dem Legaten zu neuer Erwägung übergab. Wie die Sache weiterlief, ist nicht ersichtlich. Die *„marescalli“*

bildeten auch späterhin noch ein Problem für den Kardinal (XXXV). Bucciarelli blieb das ganze Pontifikat Pius' II. in seinem Amt (XV, 3).

Inzwischen brachen unter den Beamten in Rom neue Streitigkeiten aus. Sceva de Curte warf dem Kammerauditor Mucciarelli nicht nur schlechte Kammerverwaltung vor, sondern bezichtigte ihn zudem bösen Willens gegen seinen, des Senators Herrn, den Herzog von Mailand (XIV, 3). Sceva unterbreitete alles dem Papst, der jedoch dem Senator bagatellisierend zurückschrieb. Im gleichen Sinne beauftragte er den Legaten, mit etwas psychologischem Takt die beiden Hitzköpfe zur Ordnung zu rufen (XIV). Was die Kammer betreffe, so sei der Auditor über jeden Zweifel erhaben. Daß Mucciarelli aber, wo er doch genau über die Zuneigung des Papstes zu Sforza Bescheid wisse, persönlichen Haß gegen diesen hegen könne, wollte der Papst schlechterdings nicht glauben. Aber der Zwist hatte seine hochpolitische und dazu recht dunkle Seite. Wir kommen gleich darauf zurück. Zunächst sehen wir, wie die Unzufriedenheit Scevas mit seinem römischen Amt rasch zu Rücktrittsabsichten führte, nachdem er den Auftrag Ende 1458 auch nur widerwillig angenommen hatte (XXXIX, 4). Sforza mußte schließlich seinen Bitten auf Verwendung beim Papst nachgeben, und Pius wies Nikolaus im Juni an, für den Rest der Amtszeit Scevas, d. h. bis zum Jahresende, den Spoletaner Leoncilli einzusetzen (XXXIX). Der plötzliche Tod Scevas im August komplizierte den Übergang. Für einige Wochen wurde der Vizekastellan der Engelsburg und Piccolomini-Neffe Guido Caroli mit dem Amt betraut (XXXIX, 7). Am 1. September stellte Cusanus dem Spoletaner die Ernennungsurkunde aus (XXXIX, 6).

Wir streifen hier noch kurz eine Reihe weiterer Verwaltungsmaßnahmen des Cusanus. Die mehrmals erwähnten finanziellen Gesichtspunkte sind bezeichnend für die angespannte Finanzlage dieser Jahre. Verständlich, wenn dem päpstlichen Salzmonopol, der Haupteinnahmequelle im Kirchenstaat, deshalb eine große Zahl päpstlicher Breven gewidmet ist. Sie wenden sich zunächst an untere Instanzen, bis schließlich der Legat persönlich mit der Überwachung der Einnahmen, der Steigerung der Produktion und der Aufdeckung der dabei üblichen Betrügereien betraut wird (XXXVII). Unzuträglichkeiten hatten sich auch in der Verwaltung des apostolischen Kammergerichts ergeben, da wegen der Abwesenheit von Fiskalprokurator und Kammerklerikern viele Fälle unverteidigt blieben. Pius trug dem Legaten daher auf, alle anhängigen und darüber hinaus noch bei der Kammer anfallenden Streitsachen ihm selbst zuzuleiten (XVIII). Dem Kardinal war offenbar die ganze Kurie unterstellt. Über die Rota hat es z. B. eine weitläufigere Korrespondenz zwischen Papst und Legaten gegeben, ohne daß aus den Bemerkungen der Breven Einzelheiten zu gewinnen sind (XXXII, XXXV). Teilweise sind es personelle Fragen, von denen die Rede ist, so wenn Nikolaus dem abwesenden Korrektor Johannes Rode die Einkünfte aus seinem Protonotariat und seinem Substituten, wahrscheinlich Georg Cesarini, das Korrektoratsgehalt verschafft (XXXIX). Seinen aus Brixen mitgebrachten Generalvikar Gebhard von Bulach wollte Nikolaus ins Kolleg der Rotaauditoren bringen (X). Wir sehen ihn bald darauf als beauftragten Kommissar des Legaten in einem langwierigen Prozeß des Römers Buffali de Cancellariis gegen das Kapitel von St. Peter um ein Gut bei Primaporta.

Die allgemeine Lage in Rom war trotz aller Vorkehrungen des Papstes nie ganz sicher. Schon im Februar entstand das Unruhe verbreitende Gerücht, daß die Kurie doch aus Rom verlegt würde. Nikolaus hatte nicht ohne gewisse Befürchtungen deswegen beim Papste angefragt, der die Gerüchte aber sofort dementierte (X). Vergleicht man den mit faulem Obst überschütteten Auszug Eugens IV. aus Rom 30 Jahre vorher mit diesem eifrigen Bemühen der Römer, den Papst an die Stadt zu binden, so wird hier eindeutig die römische Verfestigung des Papsttums sichtbar, gegründet auf dem mittlerweile als wechselseitig erkannten Vorteil. Und so verband sich die Unruhe der Römer über die Verlegung der Kurie mit der nicht weniger starken über eine Teuerungswelle, die wieder von der Abreise des Papstes beeinflußt war (X, 10). Anläßlich einer von Cavriani verfügten Sondersteuer drohten sie mit Rebellion (XXXII, 4). Dazu kamen nicht ganz durchsichtige Bewegungen zugunsten des ehrgeizigen Trevisan, der mittlerweile aus dem Orient zurückgekehrt war und statt seiner Cusanus als Legaten sehen mußte. Ein Familienstreit zwischen den Grafen von Gallese, in den Nikolaus zugunsten des Jordano gegen seinen Bruder Francesco eingriff, wurde durch dessen aufsässiges Verhalten zeitweise kritisch für die allgemeine Ordnung (XIX, 4). Das Renaissance-Rom hatte überhaupt ein unruhiges Pflaster, unter dem es da und dort brodelte. Um so höher zu werten ist deshalb das Lob des Papstes über die durch Nikolaus aufrecht erhaltene Ordnung (XII), wie auch die vielleicht etwas übertreibende Behauptung Scevas vom März, Rom sei seit 25 Jahren nicht so ruhig gewesen wie seit einem Monat (XII, 3).

Ende April gärte es aber wieder in der Stadt, als durch das ungünstige Auftreten der in Rom noch immer verhaßten Spanier aus dem Borgia-

Pontifikat die Unruhe sich zur Gefahr einer *„neuen sizilianischen Vesper“* ausweitete, wie Sceva an Sforza berichtete. Die Spanier, von denen Sceva am 30. April einen aufhängen ließ, hatten ihren Fürsprecher in Kardinal de la Cerda. Gegen ihn wandte sich nun die Wut der Römer. Der Legat nahm Scevas Vorgehen zwar in Schutz, muß aber anderseits auch zugunsten des spanischen Kardinals ausgleichend gewirkt haben, wie das Lob des Papstes für sein taktvolles Verhalten gegen Cerda zeigt (XXXII). Einen lombardischen Urkundenfälscher, der sich als Mitglied der Mailänder Crivelli und Visconti-Sproß ausgab und der noch anderer dunkler Umtriebe bezichtigt wurde, hatte Nikolaus in die Engelsburg stecken lassen (XVII). Auch sonst muß der Legat bei Verdächtigen jeder Art scharf zugegriffen haben. Wir haben jedenfalls keine Beschwerden über zu laxe Amtsführung, hingegen wohl über zu große Härte, z. B. seitens Sforzas und der Signori von Florenz wegen der Verhaftung einiger Mailänder und Florentiner (XIX, 4).

Inzwischen kamen dem Papst die besten Nachrichten über die vorteilhafte Amtsführung des Legaten zu. Verständlich, daß er ihn solange wie möglich in der Stadt halten wollte (XXXV). Als Nikolaus im August erkrankte, wies Sceva in einem seiner Berichte an Sforza ausdrücklich auf den Verlust hin, den der Ausfall seiner wertvollen Kraft bedeutete (XXXV, 4). Wir wissen, daß sich Cusanus die Popularität, die er als junger Mann in italienischen Humanistenkreisen besaß, durch jene Enttäuschung verscherzte, die ihnen seine Abwendung von den Litterae zu Philosophie und Mathematik bereitete [9]. Mit seiner römischen Legation beginnt in den zeitgenössischen italienischen Quellen eine nachweisbare neue Popularität, die sein überbewertetes Märtyrertum von Bruneck dann noch erhöhen sollte (LII,2,4). Am nächsten in seiner persönlichen Zuneigung stand ihm immer wieder der Papst. Der menschlich-warme Ton der Breven geht weit über das Maß des Formellen hinaus (XXXII). Um das leibliche Wohl des Freundes besorgt, riet er ihm zu Beginn des Sommers, sich nach Tivoli oder einen anderen angenehmen Ort in der Nähe Roms zu begeben, von wo aus er notfalls rasch in die Stadt zurückkehren könne und anderseits für die Römer leicht erreichbar sei (XXXV). In der Tat ist der Kardinal am 8. Juli in Subiaco nachweisbar, wo er in S. Scolastica einen Altar weihte. Das Ergebnis seines Klosterbesuchs war die Gewinnung eines neuen Kreises von Verehrern. Die noch heute in der Abtei ruhenden Handschriften seiner Werke

[9] *M. Seidlmayer,* Nikolaus von Cues und der Humanismus, in: Humanismus, Mystik und Kunst des Mittelalters, hg. von J. Koch, Leiden und Köln 1953, 4.

lassen sich in ihrer Entstehung teilweise unmittelbar mit jenem Besuch in Verbindung bringen (XXXV,5). Da unsere Darstellung notwendigerweise aus dem Wirken des Cusanus immer wieder einzelne Seiten isolieren und abstrahieren muß, sei zumindest hin und wieder auf die einzigartige Vielfalt dieses Lebens in seiner Gleichzeitigkeit von Politik, Wissenschaft und Seelsorge hingewiesen. Gerade in diesem römischen Jahre entstanden *De aequalitate* und *De principio*[10]. Die am 8. August in Rom beendete *In mathematicis aurea propositio* scheint die Frucht des genannten Sommerausflugs zu sein. Auch die abgerissenen Fäden mit den Humanisten wurden neu gesponnen. So besuchte ihn im Laufe des Sommers Francesco Filelfo. Giovanni Andrea Bussi war der betriebsame Arrangeur. Doch wir kommen später darauf zurück (XXII,1).

Zunächst muß der Blick noch in die Provinz gelenkt werden. Die unerbittliche Finanzpolitik des Cusanus beleuchten die stets vergeblichen Bemühungen der Kommunen, Erleichterungen in der Frage des Salzgeldes zu erlangen. So schickte Rieti am 5. März mit diesem Anliegen einen Gesandten nach Rom. Die Stadt scheute sich nicht, den Legaten durch ein kleines Schmiergeld beeinflussen zu wollen. Vielleicht glaubte man, daß er Rieti aus seinem Aufenthalt von 1450 noch in guter Erinnerung habe (XX). Wie zu erwarten stand, erreichte der Gesandte nichts. Am 29. Mai reiste ein neuer Gesandter zum Legaten ab (XXXIII,1), und schließlich wußte man keinen anderen Rat, als sich direkt nach Mantua an den Papst zu wenden (XX,4). Nicht besser erging es der Stadt Orvieto. In der langen Wunschliste, die der orvietanische Gesandte am 1. August mit nach Rom nahm, fand sich auch die Bitte um Erlaß der ausstehenden Salzgeldüberweisung (XL,2). Resigniert stellte nach der Rückkehr des Gesandten am 8. August das Ratsprotokoll fest, so sehr er die Bereitwilligkeit des Legaten in allen Punkten gefunden habe, *„in der Salzsache hatte er nichts ausrichten können“* (XLI,1).

Die Reatiner waren damals gleichzeitig in zwei Konflikte verwickelt. Sie hatten dem Vicovaro-Orsini Napoleone die von ihm der Stadt einst abgenommene Burg Montecalvo 1458 wieder entrissen. Napoleone forderte den sofortigen Abzug der Reatiner und hatte schließlich nicht nur in seinem älteren Bruder Giovanni, dem Abt von Farfa und gleichzeitigen Erzbischof von Trani, sondern mehr noch in dem jüngeren Kardinal Latino Orsini eine starke Hand an der Kurie. Hinzu kam, daß die Orsini die erklärten Feinde Eversos waren. Als daher der Gesandte Rietis mit einer Beschwerde über

[10] *Koch*, Predigten 192.

das Wegtreiben von reatinischem Vieh durch Orsini-Vasallen, dem wiederum städtische Repressalien gegen die Orsini gefolgt waren, Ende April zum Legaten nach Rom reiste, war das für Rieti ungünstige Ergebnis, daß Cusanus die Kommune aufforderte, entweder Montecalvo den Orsini zurückzugeben oder zur Verteidigung der städtischen Rechte einen bevollmächtigten Gesandten nach Rom zu senden. Am 29. Mai wurde Silvester Marci als neuer Gesandter abgeschickt (XXXIII). Da man offenbar der Unparteilichkeit des Legaten nicht traute, erhielt Silvester die Instruktion, für einen Aufschub der ganzen Angelegenheit bis zur Rückkehr des Papstes nach Rom oder nach Siena zu arbeiten. Dazu sollte er dem Legaten darlegen, daß sich die Rechte Rietis in Montecalvo mit denen des Heiligsten Herrn und der Kirche deckten – die Auseinandersetzung war auf die allgemeinere Ebene des Kampfes zwischen kirchentreuer Kommunalfreiheit und baronaler Infeudierung gehoben. Nikolaus von Kues konnte es sich aber nicht leisten, den Gegenspieler Eversos durch die an und für sich den kirchlichen Belangen mehr entsprechende Unterstützung der Kommune vor den Kopf zu stoßen. Nach ergebnisloser Rückkehr Silvesters schickte Rieti sofort einen Gesandten nach Mantua. Er erhielt dort ein für die Stadt günstiges Breve mit dem Befehl an die Orsini, bis zur Rückkehr des Papstes von allen Maßnahmen gegen die Reatiner abzusehen. Diese hatten inzwischen durch die Wahl eines Kastellans für Montecalvo ihren festen Willen zur Behauptung der Burg gezeigt (XXXIII, XXXIV).

Zur gleichen Zeit bildete sich um die jahrhundertelang umkämpften Marmore auf der anderen Seite der Stadt ein neuer Krisenherd. Durch einen sich oberhalb Terni dem Velino vorschiebenden Gebirgsriegel wird dessen Abfluß ins Nera-Tal stark behindert. Im Laufe der Zeit kam es so immer wieder zu Stauungen in der sich südlich zwischen Talabfall und Rieti erstreckenden Hochebene des Agro Reatino, dessen Versumpfung die Folge war. Dem steten Verlangen der Reatiner nach Bohrung künstlicher Röhren an der Abflußstelle widersetzten sich jedoch die Interamnaten, die bei der Frühjahrsschmelze durch den Velinoabfluß Überschwemmungen ihres Landes fürchteten. Selbst Tiberüberflutungen in Rom leitete man immer wieder darauf zurück. Die Versumpfung des Agro Reatino war nun wieder so groß geworden, daß im Juli 1459 Rieti beschloß, notfalls mit Waffengewalt die Bohrung zu erzwingen, vorher aber noch als Gesandten Nikolaus de Alegris zum Legaten nach Rom schickte. Anderseits war Terni durch einen ähnlichen Beschluß, die Marmore militärisch besetzen zu lassen, jenen Plänen schon im Juli entgegengetreten.

Nikolaus übergab Lignamine die Angelegenheit zur Schlichtung, doch konnte der Bischof vorerst nichts erreichen und wies die Streitparteien an, durch ihre Gesandten erneut vor dem Legaten zu erscheinen. Bei dieser Gelegenheit führte der interamnatische Orator Monaldo Paradisi frühere Urteile in der Sache an, wie sie einst König Ladislaus von Durazzo und Braccio da Montone gegen neue Bohrvorhaben gefällt hatten, und bat den Legaten, ebenso jede Bohrung zu verhindern. Darauf arbeiteten die römischen Konservatoren einen Kompromißvorschlag aus, den Nikolaus dann als Verhandlungsgrundlage übernahm. Darin wurde den Reatinern zwar die Bohrung zugestanden, jedoch unter Berücksichtigung aller Schutzmaßnahmen für Terni. Der Kardinal schlug vor, diesen Plan durch beide Kommunen billigen zu lassen, und gab den Interamnaten zu bedenken, daß sie den Kompromiß in seine, des Legaten, Hände doch wohl nicht verweigern könnten, wenn sie ihn schon damals der Willkür von Tyrannen (Ladislaus und Braccio) überantwortet hätten. Aber Terni weigerte sich und appellierte gegen den Entscheid des Legaten. Nikolaus zitierte daraufhin ihren Gesandten erneut vor sich. Er erschien nicht nur nicht, sondern verließ Rom noch vor dem festgesetzten Termin. Alegri blieb unterdessen. In einem Brief vom 4. September teilte Nikolaus in befriedigten Worten den Prioren von Rieti den Grund seines Bleibens mit, während Alegri dem Rat die Kompromißartikel der römischen Konservatoren mit der Empfehlung zur Annahme übersandte. Die Zustimmung erfolgte schon am 7. September. Alegri wurde zu allen nötigen Entscheidungen ermächtigt. Daraufhin erklärte Nikolaus die Kompromißartikel für verbindlich und übergab am 15. September, da er selber vor der Abreise nach Mantua stand, die ganze Angelegenheit zur Exekution erneut dem Bischof von Ferrara, der mit einem Sonderauftrag zur Ordnungsüberwachung im Herzogtum Spoleto bereits nach Umbrien abgereist war. Alegri durfte einen warmen Lobesbrief des Legaten mit nach Hause nehmen. Der Fortgang der Sache vollzog sich ohne Dazutun des Cusanus. Auch der Papst schaltete sich ein, den die Interamnaten offenbar für sich gewonnen hatten, und Lignamine warnte ebenfalls Rieti vor Gewaltmaßnahmen. Doch die Reatiner hatten bereits gebohrt. Mit einer Schadenersatzleistung an Terni endete diese Phase des alten Ringens (XLIII, XLV, XLVI).

Wie das Beispiel Gebhards von Bulach zeigte, benutzte Cusanus sein Amt wohl auch, um Familiaren einflußreichere Stellungen zu verschaffen. Der Fall Bulach ist damit leicht erklärbar, daß Nikolaus einige ihm bekannte

Vertrauensmänner als Hilfskräfte für seine Amtstätigkeit benötigte. Wie seine Familiarenförderung grundsätzlich einzuschätzen ist, wird noch später zusammenfassend beurteilt werden; doch sei hier noch ein weiteres Beispiel vorweggenommen. In einem Brief vom 7. Mai empfahl er den Konservatoren von Orvieto die Wahl des Paulo de Castello, Bruders seines Familiaren und päpstlichen Sekretärs Thomas de Castello, zum Podestà von Orvieto (XXX). Trotz der warmen Fürbitte des Kardinals mißglückte die Sache. In einem Schreiben vom 20. Juni übermittelten ihm die Konservatoren die Vorschlagsliste dreier vom Rat für das Podestà-Amt Gewählter, wie sie sonst üblicherweise dem Papste zur Bestätigung eines der Vorgeschlagenen zugeleitet wurde; Paulo de Castello fehlte aber auf ihr (XXXVI,2). Wie ein vertrauliches Begleitschreiben der Konservatoren an den Legaten und ein weiterer Brief an einen in Rom weilenden Orvietaner Francesco darlegte und wie die Ratsprotokolle ebenfalls ausweisen, drängte die Stadt auf Wahl eines Pietro di Matheo de Nai aus Gualdo (XXXVI). Er war selber in Orvieto zur Durchsetzung seiner Wahl erschienen, die er als Kompensation für einen von ihm der Stadt vorgestreckten und nicht zurückgezahlten Geldbeitrag ansah. Da er von Einfluß in Perugia war, drohte er mit Repressalien der Peruginer gegen Orvieto, falls ihm nicht entsprochen werde. Bei der bekannt ungünstigen Finanzlage Orvietos im 15. Jahrhundert ist das ganze kaum erstaunlich. Um die Wahl des Pietro zu begünstigen, suchten sich die Orvietaner möglichst farblose Konkurrenten für den Nai auf ihrer Vorschlagsliste aus und ersetzten z. B. noch nachträglich den offenbar schon damals durch Pius II. empfohlenen Mantuaner de Laturre durch einen ungefährlicheren Bewerber aus Montefalco. Dem Kirchenstaatsfrieden dienend und die Wünsche seiner Freunde hintanstellend, verzichtete Cusanus auf die Durchsetzung seines Kandidaten und bestätigte den Petrus Mathei (XXXVIII). Wenige Wochen später erreichte ihn eine neue Vorschlagsliste, die, der Zeit weit vorausgreifend, bereits die am 1. Mai 1461 beginnende halbjährige Amtsperiode des nächsten Podestà betraf (XLIV,1). Diesmal war es der genannte Lodovico de Laturre, Günstling der Gonzaga, der, vom Papste unterstützt, auf das Amt drängte. Wiederum bestätigte Nikolaus den von der Stadt Gewünschten. Als er dann 1461 in engere Beziehungen zu Orvieto trat, versuchte er nochmal, seinen Kandidaten ins Amt zu bringen. Diesmal waren die Orvietaner schließlich geneigt, den Wünschen des zu ihrem Kommissar ernannten Kardinals nachzukommen, und setzten Paulo an die Spitze der am 30. Januar 1462 dem Papste zugehenden Vorschlagsliste. Das einige Tage darauf von Pius den

Orvietanern gewährte Zugeständnis, wegen ihres Geldmangels vorläufig das Amt des Podestà unbesetzt lassen zu können, brachte auch diesmal die ganze Werbung wieder zum Scheitern (XXX,3).

Die Vollständigkeit der im Orvietaner Kommunalarchiv erhaltenen Akten vermag beispielhaft die vielfältige Beschäftigung des Cusanus mit den verschiedensten Angelegenheiten der Kirchenstaatsverwaltung zu zeigen, wie wir sie nach dem Verlust der andernorts und vor allem in Rom selbst im Laufe der Zeit untergegangenen Aktenbestände nur noch vermuten können. Der Beginn faktischer Gewaltausübung des Legaten in Orvieto läßt sich bei der Einsetzung des neuen Stadtkanzlers Baldassar Lionardelli verfolgen. Die Orvietaner hatten die entsprechende Vorschlagsliste zur Bestätigung noch im April an den Papst gesandt. Pius verwies die Stadt aber an den Legaten, von dem der genannte Spitzenkandidat dann auch am 15. Mai bestätigt wurde (XXXI). Von da ab erscheint Nikolaus regelmäßig in den Invokationen der orvietanischen Ratsprotokolle, während er in reatinischen Notariatsinstrumenten bereits seit Februar regelmäßig genannt wird (VIII,8).

Am 2. August brach mit einer langen Wunschliste der orvietanische Gesandte Franciscus Christofori nach Rom auf. Wie das vorausgegangene Hin und Her um die Nominierung des Gesandten seit dem 11. Juli zeigt, handelte es sich um recht problematische Fragen. An der Spitze stand das schon erwähnte Salzgeld. Es folgte die nicht ganz durchschaubare Konfiskation von Gütern eines gewissen Bartutius, seines Sohnes und eines Paulus Fustini, die der orvietanische Gouverneur vor längerer Zeit verfügt und auf Anordnung des Papstes dann wieder zurückgenommen hatte. Nach der Abreise des Papstes aus Rom wandten sich die Feinde der Genannten an den Legaten, der daraufhin dem Gouverneur befahl, die Güter bis zu weiterer Entscheidung durch ihn oder den Papst einem neutralen Dritten zu übergeben. Die ganze Angelegenheit läßt uns in die erbitterten innerstädtischen Auseinandersetzungen blicken, die Orvieto damals zerrütteten. Als drittes Anliegen bekam der Gesandte die Klage der Nonnen von S. Pancrazio mit auf den Weg, deren Kloster von den Orvietaner Domherrn besetzt worden war. Und schließlich führte er noch die Schuldforderungen der Stadt gegen die Gemeinde Fighine mit, deren sich der Legat durch entsprechende Befehle annehmen sollte (XL, XLII,1).

Am 11. August kehrte Franciscus Christofori, sehen wir von der Salzgeldfrage ab, mit recht befriedigendem Ergebnis zurück. Der in Form einer Supplik gebrachten Bitte um Unterstützung der Schuldforderung in Fighine hatte Cusanus durch ein an den Gouverneur gerichtetes Mandat entsprochen, das geforderte Geld dort eintreiben zu lassen. Die entsprechenden Maßnahmen, die sich auf den Entscheid des Legaten stützen, sehen wir schon bald in die Wege geleitet (XLI). In der Frage Fustini hatte Nikolaus seine vorherige Anordnung an den Gouverneur durch Billigung einer Supplik, die im Namen Fustinis vom städtischen Gesandten vorgelegt wurde, wieder rückgängig gemacht. Die komplizierte Verflechtung des Problems äußerte sich jedoch schon gleich in einer einschränkenden zweiten Bestimmung des Kardinals, daß die Entscheidung des Papstes nämlich auf jeden Fall zu respektieren sei – ein doch wohl unnötiger Zusatz, wenn der Befehl des Cusanus eine eigene Entscheidung zugunsten einer voraufgegangenen päpstlichen rückgängig machen sollte. Die Sachlage war völlig verwirrt; denn der Papst hatte nicht nur die Aufhebung der Konfiskation angeordnet, sondern in einem weiteren dem genau widersprechenden Breve ebenfalls schon einmal deren Durchführung. Das Memorial für den Gesandten zielte auf Annullierung der Legatenverfügung zugunsten dieser zweiten päpstlichen Anordnung ab. Offenbar hatte Fustini aber auch seine Leute im Rat, so daß die vom Gesandten in Rom vorgelegte Supplik schließlich auf Wahrung der ersterwähnten päpstlichen Entscheidung hinauslief. Die Gegner Fustinis haben dann am Ende doch gesiegt.

Die gleiche Verworrenheit in der Frage S. Pancrazio. In der Klosterfrage wurden dem Legaten gleich zwei Suppliken vorgelegt. Die eine verlangte die Rückerstattung des Klosters an die Nonnen durch die Domkanoniker, die andere bat unter Hinweis auf die katastrophalen sittlichen Zustände in einigen orvietanischen Klöstern um deren Unierung mit einem von sittenstrengen Mönchen und Nonnen geleiteten Konvent. Leider werden keine näheren Angaben gemacht, doch besteht zwischen beiden Suppliken offenbar ein Zusammenhang. Nikolaus kam dem Wunsche der Orvietaner auf Übertragung der Frage S. Pancrazio an den Prior von S. Andrea zwar nicht nach, hatte aber seinerseits auch keine Entscheidung gefällt und kündigte die Absendung eines bevollmächtigten Visitators an, der sich der Reform widmen sollte. Da ungeklärt ist, ob die anderen Klöster S. Pancrazio angeschlossen werden sollten oder ob geplant war, auch die Eigenständigkeit von S. Pancrazio aufzuheben, kann nicht entschieden werden, ob die zweite Supplik die erste durch eine weitere Gunstvermittlung für S. Pancrazio fortführen oder, von der kapitelfreundlichen Gegenpartei aufgesetzt, die in der ersten Supplik erbetene Gunst für das Kloster durch eine weniger günstige Anordnung wieder neutralisieren sollte. Jedenfalls ergibt sich zwischen dem

Domklerus und dem Propst der Stadtkirche eine Rivalität, die Nikolaus nicht die Gewähr zu geben schien, daß seine Entscheidung für eine der Parteien der wahren Verbesserung der Zustände nützlich sein würde, und so entzog er die ganze Angelegenheit durch die Ankündigung eines anderen Visitators der Parteien Streit. Über dessen Tätigkeit und weiteres Eingreifen des Cusanus selbst in die Reform italienischer Klöster ist aus seiner Legationszeit bisher nichts bekannt. Der sich in den Suppliken Orvietos rührende Reformwille war aber, wie sich später zeigen sollte, als Nikolaus selber dann vom Papst zum Visitator der Diözese Orvieto eingesetzt wurde, nicht immer frei von Opportunismus und Nützlichkeitserwägungen, sei es der ganzen Kommune, sei es einzelner Fraktionen (XLII).

Die letzte Anordnung des Cusanus als Legaten überhaupt, vor dem Verlassen des Kirchenstaates schon in Acquapendente am 23. September getroffen, beschäftigte sich mit den Interessen der Stadt Rom in einem Streite zwischen Bolsena und Orvieto um einige Schweineherden (XLVII). Die vielfältige Tätigkeit des Legaten konnte so bis zum letzten nicht darüber hinwegtäuschen, wie sehr ihn das kleinliche Interessengeflecht im Kirchenstaate fesselte, wo er sich vielleicht den Ansatz zu tiefergehender Wirksamkeit erhofft hatte. Nichtsdestoweniger hat er die vordringlichere Aufgabe, die Sicherung des Friedens, in der kritischen Situation des Jahres 1459 durch kluge und zugleich energische Politik bestens erfüllt. Schon bald nach seiner Abreise entwickelten sich in Rom tumultuarische Zustände [11]. Vielleicht hing das damit zusammen, daß der Legat durch keinen die Kräfte straff zusammenfassenden Nachfolger ersetzt wurde. Cavriani und Lignamine teilten sich in seine Aufgaben, von denen jedoch einige, wie die Klerusreform, ganz erloschen (XLVII,1). Die politische Geschicklichkeit des Cusanus, oftmals von der Forschung bestritten, hatte sich in Rom klar und deutlich erprobt. War er zu anderen Malen in seinem Leben gescheitert, zuletzt im Brixner Streit, so läßt sich ermessen, welche Wucht unverrückbarer historischer Notwendigkeit hinter Gegnern und Problemen stand, an die sich Cusanus dort gewagt hatte.

Erfüllt war aber auch die für das Zustandekommen des Mantuaner Kongresses notwendige Voraussetzung, dem Papst durch Sicherung des Kirchenstaates Handlungsfreiheit in der großen Politik gestattet zu haben. Doch die Haltung des Cusanus dazu war zwiespältig genug. Zunächst sehen wir seine praktische Anteilnahme an den Kreuzzugsplänen des Papstes, der

[11] *Pastor* II, 85; *Paschini* 206; *Paparelli* 243.

die Publikation der Gründungsbulle „Veram semper“ vom 19. Januar für den Orden der „Hl. Jungfrau Maria von Bethlehem“ noch am gleichen Tage Bessarion und Nikolaus von Kues übertrug und beiden die Förderung der neuen Gründung anvertraute; als frische Kraft sollte sie neben die mittlerweile erschöpften Johanniter von Rhodos treten (XVII,6). Auch deren Prokurator hatte sich, ehe er mit dem Papste im Februar Verhandlungen über die Bereitstellung von Triremen für seinen Orden begann, an Nikolaus gewandt, der ihn dann offenbar beim Papst unterstützte (XVII,8). Von dem neuen Orden zu unterscheiden ist die auf Bessarions Betreiben am 13. Januar gegründete „Societas Domini Jesu“, an deren Spitze sich ein Gerhard de Campo aus der Diözese Lüttich stellte, Bessarions besonderen Schutz genießend. Er hatte sich erboten, 10 000 Mann ins Feld zu stellen. Pius legte Cusanus eindringlich nahe, er solle den Glaubenskämpfer vor dessen Werbereise zu ihm nach Perugia schicken, damit er ihm einige Unterstützung zukommen lassen könne (X, 10). Gerhard hat sich an diese Mahnung aber nicht gestört, vielmehr Nikolaus gegenüber Bedenken über die Absichten des Papstes geäußert, die Pius später in einem Breve an den Kardinal entschieden zurückwies (XVII). Der eifrige Werber trieb sein Handwerk noch mehrere Jahre, bis allmählich die Entlarvung seiner substanzlosen Betrügereien einsetzte. Größeren Eifer zeigte Nikolaus jedenfalls bei der Errichtung des marianischen Ordens. So bat er z. B. den Papst um die ausbleibende Gründungsbulle, die zu diesem Zeitpunkt aber bereits aus Perugia abgeschickt war. Offenbar hatte Cusanus ihm sogar Vorwürfe über dilatorische Behandlung der Angelegenheit gemacht (XVII).

Mangelnder guter Wille der Mächte bei jeder Aktion, die dem eigenen Staatsaufbau nicht unmittelbar diente, machte des Papstes Kongreßpläne von Anfang an illusorisch. Eine in diesem Zusammenhang ungelöste Frage ist, welche Bedeutung er dem von ihm so sehr betriebenen Erscheinen gerade des Kaisers beimaß. Von der Persönlichkeit Friedrichs III. hatte er schon früher nicht viel gehalten. Versprach er sich wirklich propagandistischen Wert von seiner Anwesenheit (XXVII,2)? Denn wenn der Kongreß nicht schon an sich genug Zugkraft für die Staatsegoismen besaß, die sich hier in einem möglichen Abenteuer oder auch nur in der Vorspiegelung eines solchen entfalten konnten, wie hätten sie sich vorausverkündeter Universalleitung unterordnen wollen? Was war überhaupt dieser Kreuzzugseifer Pius' II.? Frommer Betrug, um so wirksamer, als auch bei Fernbleiben des Kaisers die römische Kirche jeden Erfolg mit Ansehenssteigerung einheimsen konnte? Die große pathetische Szene eines Humanisten? Vom römischen Reichsgedanken ausgehende – *„De ortu et auctoritate Romani Imperii“* –, in römischen Kirchengedanken übergewachsene universalistische Illusion? Bewußtsein der Gefahr? Religiöse Verantwortung?

Diese von der Forschung noch kaum zergliederte, typisch renaissancehafte Komplexität klärt sich bei Nikolaus von Kues zu einer durchsichtigen Antithese. Auf der einen Seite erblicken wir seine Überzeugung von der Notwendigkeit abendländischer Konzentration und die wärmste Unterstützung aller Bemühungen des Papstes, auf der anderen Erfahrung und Erkenntnis, daß die jener Idee entsprechende politische Realität fehlte, und Abmahnungen an Pius, nicht nutzlos Kräfte in der Sache zu vergeuden. Der tragische Zwiespalt war hier unüberbrückbar.

Papst und Legat blieben in der Kongreßfrage in steter schriftlicher Verbindung. Die negativen Nachrichten vom Kaiserhofe veranlaßten Pius immer wieder, Cusanus sein festes Gottvertrauen in der Sache kundzutun. Wo Mißverständnisse zwischen ihnen aufzutreten drohten, war Pius besorgt, sie durch Übermittlung seiner ganzen Korrespondenz mit dem Kaiser sogleich aufzuklären (XI, XIII). Schon Anfang Februar hatte Nikolaus dem Papste seine Meinung über die Reise nach Mantua dargelegt und dabei, wie sich aus der Antwort des Papstes ergibt, offenbar gleich auf das Verhalten der Fürsten als entscheidendes Moment hingewiesen (XII). Inzwischen trieb des Papstes erklärter Freund, Francesco Sforza, heimlich doppeltes Spiel. Gegen den Kongreß sich erklärend bei der Signorie, für ihn sprechend bei den Profit erhoffenden Gonzaga, wies er seinen Gesandten beim Papste, Carreto, zur vorläufigen Zurückhaltung an. Im Ernstfalle sollte er sich aber auf die Seite der Kardinäle stellen, die fast ausnahmslos, wieder im Hinblick auf die politische Situation im Abendland, von dem ganzen Unternehmen abrieten. Man würde im kleinen Kreise der Piccolomini-Freunde Cusanus vielleicht als erbitterten Gegner dieser Konspirationen suchen. Sforza hatte aber auch Sceva de Curte in Rom angewiesen, sowohl direkt als auch indirekt, besonders aber über Nikolaus gegen den Papst arbeiten zu lassen, zunächst dahin zielend, daß der Papst nicht über Florenz hinausreise. Um ganz sicher zu gehen, sollte Nikolaus veranlaßt werden, sich persönlich zu ihm begeben. Der erste Erfolg war Ende März tatsächlich die energische Aufforderung des Kardinals an Pius, nicht den Appenin zu überschreiten, *„damit er nicht den deutschen Fürsten die Schmach zufüge, nach Mantua zu streben, während sie selber nicht kämen“* (XXVII,1). Aber die päpstliche Antwort vom 1. April verkündete ein unerbittliches Festhalten am Erfolgsoptimismus. Immerhin wollte Pius nun doch in Bologna die Entwicklung der Dinge etwas abwarten. Fast flehend bat er den Freund, trotz aller Meinungsverschiedenheiten ihm weiterhin *„diesen Liebesdienst"* täglicher Übermittlung seiner weisen Ratschläge zu erzeigen. *„Wenn unser Urteil auch nicht immer übereinstimmt, so hoffen Wir doch, dasselbe zu denken wie Deine Umsichtigkeit.... Wir zweifeln nicht, daß Deine Umsichtigkeit aus Ihrer treuen Liebe zu Uns und aus dem Verlangen nach Erhaltung apostolischer Wertschätzung so denkt, und nehmen alles in gutem Sinne und danken Dir."* Worte schonendsten Entgegenkommens, nicht ohne Enttäuschung, aber auch nicht ohne Hoffnung, gerade in diesem Punkte den geschätzten Freund zu behalten (XXVII).

Unter dem Eindruck des kaiserlichen Briefs an Pius, Absage- und Abmahnungsbrief zugleich, hatte Nikolaus neue Schritte getan. Er wollte die Römer veranlassen, ebenfalls Gesandte nach Siena zu schicken, die dem Papste abraten sollten. Er berief zu diesem Zweck am 30. März eine Versammlung von 60 römischen Bürgern, Konservatoren und anderen städtischen Beamten ein. Die Reaktion der Römer war überraschenderweise negativ. In einer Sache, die die ganze Christenheit beträfe, wollten sie nicht ausgerechnet dem Papst in den Rücken fallen. Zweitens aber wollten sie, da der feste Wille des Papstes zur Tagfahrt offensichtlich sei, durch Abraten nicht alles hinauszögern und ihm so Gelegenheit zu noch längerem Fernbleiben von Rom bieten. Der Legat führte erneut die Unwürdigkeit der Weiterreise im Hinblick auf das Verhalten von Kaiser und deutschen Fürsten ins Feld – vergebens. Die Römer blieben hart. Die Hintergründe dazu sind uns nicht ganz unbekannt. Wir müßten mit dem etwas rhetorischen Pathos von universalchristlichem Verantwortungsbewußtsein der Stadtrömer und dem nicht sehr plausibeln praktischen Einwand vorlieb nehmen (XXVI), wenn wir nicht einer Bemerkung des Grafen Cesarini die Aufdeckung verdankten, daß Cavriani bei den Römern gegen den Plan des Legaten arbeitete (XXVI,3). Der Mantuaer Bischof vertrat hier natürlich die Interessen seines Herrn Lodovico Gonzaga, der sich mit allen Kräften um die Abhaltung der Tagfahrt in seinen Mauern bemühte, das willkommene Sprungbrett in die große Politik. Verständlich, wenn gerade Cavriani einen ausführlichen Bericht über die stadtrömischen Operationen des Cusanus schon tags darauf nach Hause schickte. Verständlich aber auch, daß jene Anfeindungen, die Sceva und indirekt Sforza in Rom erfuhren, ihren Grund im eigenen Verhalten der Mailänder hatten, deren Einwirkung auf den Legaten bei dieser ostentativen Opposition des Kardinals gegen den Kongreß allen sichtbar wurde. Die Bemühungen des Cusanus beim Papste gingen demungeachtet weiter. Am 14. April berichtete Carreto aus Siena erneut über Briefe des Cusanus, die dem Papst wiederum die Reise abrieten, *„besonders weil Seine Heiligkeit, wenn Sie nach Mantua kommt, große Bedeutung dem Erscheinen der Herrn aus Deutschland beimißt, die nämlich nicht kommen werden, während Sie auf sie so große Hoffnung gesetzt hatte."* Die mailändischen Gesandten in Siena wollten sogar mit Sicherheit den 17. April als Abreisetermin des Legaten aus Rom in Erfahrung gebracht haben (XXI,5). In Mailand bildete sich schließlich das Gerücht, der Papst müsse sich nun endlich dem fortwährenden Drängen fügen und der Legat sei bereits von Rom aufgebrochen, um ihn persönlich zu überreden, *„daß er nicht dem Kaiser und seiner Nation* (das Scheitern) *zur Last lege"*, wie Scalona am 19. April an Lodovico Gonzaga schrieb (XXVI,3). Es ist auffallend, daß Cusanus immer wieder auf das Verhalten der Deutschen zurückkommt. Dem Sachwalter deutscher Belange mußte die Teilnahmslosigkeit der deutschen Fürsten gewiß schmerzlich sein. Hier öffnet sich uns ein neuer Zwiespalt in dem deutschen Kardinal. Auf der einen Seite steht die bittere Erfahrung, die ihn zu härtesten Urteilen über die deutschen Fürsten und ihre Haltung zur Kirche veranlaßte [12]. Anderseits vertrat er in der Praxis immer wieder deren Anliegen an der Kurie und stand mit Wittelsbachern, Hohenzollern und anderen Häusern in enger Verbindung. Wir kommen im nächsten Kapitel darauf zurück. Die Mantuaner Reise des Papstes konnte Nikolaus trotz aller Bemühungen nicht aufhalten. Im September folgte er ihm.

Seine Abberufung von der Legation, durch die Brixner Frage bedingt, war von Anfang an akut gewesen. Noch glaubte Nikolaus an eine friedliche Beilegung und damit an seine Rückkehr. Der Einwirkung des Papstes, des ehemaligen Lehrers Sigmunds, auf den Herzog vertrauend, täuschte er sich ein ganzes Jahr über die in Buchenstein erfahrene Realität hinweg. Bereits kurz nach der Ankunft in Rom hatte er am 28. Oktober dem Brixner Generalvikar Michael von Natz seine Rückkehr für den nächsten Sommer angekündigt, am 22. November schon für die Fastenzeit. Die Ernennung zum Legaten schob den Termin zunächst ins Ungewisse hinaus. Am 10. März erlangte er durch Pius aber bereits die Zusicherung, daß er Mitte Mai abberufen werde. Er selbst hatte um die Erlaubnis sofortiger Abreise gebeten. Anfang April bildeten sich im Zusammenhang mit seinen Versuchen, den

[12] Vgl. etwa Cod. Cus. 221 p. 521 f.

Papst vom Kongreß abzuhalten, die genannten Gerüchte über die bevorstehende, ja, schon erfolgte Abreise aus Rom. Wieweit Nikolaus damals mit dem Gedanken einer so ostentativen Einwirkung auf Pius gespielt hat, wissen wir nicht. Am 24. April kündigte er dem Brixner Kapitel nach wie vor den vom Papst festgesetzten 15. Mai als Abreisetermin an. Zumindest bis zum 26. April galt an der Kurie dieser Tag für gewiß, wie sich aus einem Brief des Thomas Pirkheimer aus Petriolo an Herzog Albrecht von Bayern ergibt (XXI, XXI, 5). Inzwischen hatte Pius ihn aber erneut gebeten, sein Amt weiterhin zu versehen. Die lobende Antwort des Papstes auf die Einwilligung des Cusanus datiert vom 21. Mai, so daß die päpstliche Bitte in den ersten Maitagen nach Rom abgegangen sein wird. In freundschaftlicher Gegenseitigkeit versicherte ihm Pius, daß er sich der Brixner Sache in Mantua wie seiner eigenen annehmen werde, wie auch umgekehrt er, der Papst, den Kirchenstaat unter der Obhut des Legaten sicher wisse. Nikolaus solle nur für einen bevollmächtigten Sachwalter bei den Mantuaner Verhandlungen sorgen (XXXII).

Seit Oktober 1458 hatte Pius dem Herzog ein Breve nach dem andern geschickt, zunächst mit der allgemeinen Aufforderung zur Kongreßteilnahme, dann mit der bestimmteren, zur Beilegung des Brixner Konflikts in Mantua zu erscheinen. Sigmund nahm hingegen die fortdauernde Abwesenheit des Kardinals von Mantua zu willkommenem Anlaß, der unangenehmen Rechtfertigung vor dem Papste solange wie möglich auszuweichen. In dieser Situation bat Pius am 31. Mai vorerst, die bis zum 25. Juli ausgedehnte Treuga zwischen Herzog und Bischof durch Sigmund bis zum 29. September erneut verlängern zu lassen, da der Kardinal in päpstlichem Auftrage weiterhin in Rom bleiben müsse. Der Tenor des an Sigmund gerichteten Breves ist zuvorkommend und freundlich. Überhaupt stand der Herzog damals in ungetrübter Gunst des Papstes. Die Geschichte des Brixner Streits wird darauf zurückzukommen haben. Die Abreise des Legaten war durch die Forderung Sigmunds nach Anwesenheit seines Gegners bei den in Aussicht genommenen Verhandlungen nun dringend erforderlich. Krankheit des Kardinals und seiner Familie verzögerte den Aufbruch bis Mitte September. Vielleicht erreichte Nikolaus Mantua noch am festgesetzten Termintag, dem 29. September. Am 2. Oktober war er mit Sicherheit dort. Mehrere neue Mahnungen des Papstes an Sigmund, endlich zu kommen, da der Kardinal nun da sei, erstreckten sich über den ganzen Monat. Die große Krise im Leben des Cusanus stand bevor (XXXV, XXXV,4,6,7).

Drittes Kapitel

Kurienpolitik

Pius II. erwartete in Nikolaus von Kues den großen Förderer seiner Kreuzzugspläne. Ihn und Bessarion beauftragte er dann auch gleich mit der Vorbereitung der Expedition. Die venezianische Signorie, auf deren Flotte die päptsliche Politik ihre militärischen Pläne weitgehend baute, war der wichtigste Partner bei den nun einsetzenden Verhandlungen, die beide Kardinäle mit Feuereifer aufnahmen. Mitte Oktober setzten die ersten Unterredungen ein, die sich erfolglos wieder verliefen. Der nächste Monat sah die Signorie dann von den beiden Kardinälen vor die entscheidende Alternative gestellt, entweder aus den Zehnten ihres Territoriums eine eigene Flotte zu rüsten, oder das Geld dem Papste zuzuleiten, der mit ihm dann anderwärts eine Flotte aufstellen konnte. Die Gefährdung der maritimen Position Venedigs, die eine möglicherweise sogar erfolgreiche Konkurrenzflotte bedeutete, führte im venezianischen Senat zu bewegter Diskussion. Dreimal mußten in rascher Folge am 21., 23. und 25. November die in Mantua verhandelnden Gesandten die unerbittliche Alternative der Kardinäle nach Hause weitergeben. Als am 29. November der unschlüssige Senat die erste Sitzung darüber abhielt, war ein neues Schreiben der Gesandten vom Vortage bereits unterwegs. Wiegte sich der Senat nach den ersten Briefen noch in der Hoffnung, die Gesandten könnten durch persönliche Vorsprache beim Papst die drohende Entscheidung vielleicht abwenden, so mußte er sich nun vor der nicht überraschenden Tatsache beugen, daß Pius sich ausdrücklich hinter die Kardinäle stellte. Nochmal glaubte der Senat, er könne die Gesandten anweisen, sich an den Papst oder auch an die Kardinäle zu wenden, bei deren Besuch sie sich nicht nur der Anwesenheit Trevisans, sondern auch der Hilfe Barbos versichern sollten. Wir wissen, daß Barbo, obwohl Venezianer, mit seiner Vaterstadt auf gespanntem Fuße lebte. Während Venedig ihn sonst immer stolz umgehen zu können glaubte, stellte man hier alle Vorbehalte hinter die durch Barbo erwartete Einflußnahme auf die Kardinäle zurück. Die schließliche Entscheidung des Senats für die Flottenbewaffnung wurde jedoch durch das Scheitern des Kongresses schon bald bedeutungslos. Ende 1463 kam Nikolaus dann noch einmal in der

Kreuzzugsfrage mit der Signorie in Berührung, als der Senat seinen römischen Gesandten in der Hoffnung auf gewisse Vorteile anwies, sich unter anderem auch an ihn zu wenden. Wir werden noch sehen, wie er bis zuletzt als Kreuzzugsexperte galt (L, 3).

Bald schon gab es auf dem Kongreß ein weiteres Tätigkeitsfeld für Cusanus. Die deutschen Fürsten baten Pius, er solle Nikolaus als Bevollmächtigten für alle Deutschland betreffenden Angelegenheiten bestimmen. Auch diese sah Nikolaus im Augenblick einzig unter dem Gesichtspunkt des Kreuzzuges. Bemüht, die unseligen Zwistigkeiten im Reiche beizulegen, vor allem die Notwendigkeit eines Ausgleichs zwischen Friedrich III. und Corvinus unterstreichend, wies er doch alle, insbesondere von Gregor von Heimburg, dem Wortführer der antirömischen Opposition, unter Berufung auf jene Streitigkeiten vorgebrachten Bedenken gegen den Zug zurück. Das wieder nahm die Opposition zum Anlaß, die Aufrichtigkeit der päpstlichen Kreuzzugsbemühungen schließlich ganz in Zweifel zu ziehen. Da die Kurie wohl wisse, so äußerte Gregor, daß unter diesen Bedingungen kein Zug zustande kommen würde, betriebe sie die Sache doch nur, um so zumindest Geld aus Deutschland herauszuholen, das ihr dann selber zuflösse.

Mit den deutschen Fürsten kam Nikolaus auf dem Kongreß teilweise persönlich in Berührung. Seine Reverenz gegenüber Albrecht Achilles erwies er, als er ihm von Mantua aus zum Empfang eigens entgegenritt. Er stand in regen Verhandlungen mit den Hohenzollern, vor allem mit der Mantuaner Gastgeberin, der Brandenburgerin Barbara Gonzaga. Das Ergebnis war, daß Nikolaus als Befürworter der Kardinalserhebung ihres Sohnes Francesco gewonnen wurde. Wir werden darauf noch genugsam zurückkommen.

Wie alle Fürsten war auch Albrecht Achilles nicht ohne sehr persönliche Interessen nach Mantua gereist, wo er Unterstützung in seinen territorialpolitischen Streitigkeiten mit Herzog Ludwig dem Reichen von Bayern zu finden hoffte. Die auf der anderen Seite wieder sehr enge Freundschaft des Cusanus gerade zu den Wittelsbachern aber wird noch oft zu streifen sein, so daß wir eine beiden Seiten gerecht werdende Vermittlungstätigkeit des Kardinals deshalb von vornherein erwarten dürfen. Überhaupt, so sehr die deutschen Fürstenhäuser auch um ihn warben, in ihrem Streite hat er sich durch Parteinahme nie auf eine Seite zerren lassen. So verhandelte er in der erwähnten Streitsache des Hohenzollern mit Ludwig dem Reichen ebenso vertraulich mit dessen Gesandten Friedrich Maurkircher wie mit Albrecht Achilles selbst, jedenfalls objektiver als der zum Streitvermittler eingesetzte

Bischof von Eichstätt, der ganz offen auf die Seite des Hohenzollern neigte (L,3).

So sehr den Kardinal im Herzen tiefer Zweifel an der Durchsetzung des päpstlichen Wunschtraumes plagte, so entschlossen sehen wir ihn also in der Praxis des Mantuaner Kongresses das Menschenmögliche tun, um dem Traum zur Wirklichkeit zu verhelfen. Es ist immer wieder dasselbe, immer wieder das Sich-Aufraffen in einer Verantwortung, die Unmögliches nicht aus ihrer Forderung ausschließt.

Im November war schließlich auch Sigmund in Mantua angelangt. Was sich dann im einzelnen dort an bisher Unbekanntem abspielte, muß der Darstellung des Brixner Streits vorbehalten bleiben. Soviel sei hier schon gesagt. Sigmund verließ die Stadt nach zwei Wochen wieder, ohne daß in der Brixner Sache ein Ergebnis erreicht worden wäre. Wieweit die große Politik, in die sich der Herzog zudem verflochten zeigte, den Scheingrund für seinen Widerstand abgab, wieweit Brixen ihm umgekehrt beim Ausweichen vor jenen politischen Entscheidungen willkommen war, kann hier nicht im einzelnen untersucht werden. Der Vermittlungsversuch des Albrecht Achilles zwischen Herzog und Bischof scheiterte (L,3). Der von Sigmund ganz und gar abhängige Tridentiner Bischof Georg Hack schaltete sich ein und gab Cusanus zu verstehen, daß ohne seine Rückkehr nach Brixen ein erfolgreicher Ausgang nicht möglich sei. Er gab dem Kardinal das ausdrückliche Versprechen, für seine Sicherheit einstehen zu wollen. Auch der Papst wünschte die Reise und überhäufte Sigmund mit Bezeigungen des Wohlwollens. Sigmund seinerseits erklärte am 31. Januar dem Papst, daß er Frieden mit Nikolaus halten werde, insoweit dieser desgleichen verfahre. Aber Nikolaus hielt nicht mehr viel von derartigen Versprechungen. In diesen Mantuaner Wochen muß ein grundlegender Wandel in seiner Einschätzung der Erfolgsaussichten für die Streitbeilegung vor sich gegangen sein. Zum ersten Male schrieb er mit Beginn des neuen Jahres an das Brixner Kapitel, daß sein Aufenthalt in der Diözese nur kurz sein werde. Er hatte sich für die Kurie entschieden. Erst in Mantua war ihm voll bewußt geworden, daß in Brixen nicht mehr seines Bleibens sein konnte [13]. Und lange hat er sich dann in Mantua noch die Reise überlegt, nachdem der Kongreß bereits beendet war und der Papst die Stadt in Richtung Siena verlassen hatte, wo man übrigens auch für Cusanus schon Quartier bereitete (LII,4). Erst am 27. Januar bestellte der mit dem Papst reisende senesische Gesandte Nikolaus Severinus unter Hinweis auf die Reise des Kardinals nach Deutschland das Quartier

[13] *Vansteenberghe* 194 mit weiteren Belegen.

ab. In Mantua war man der Annahme, daß er noch bis zum 10. Februar bliebe. Ganz unerwartet kündigte er der Markgräfin am 3. Februar seine Abreise für den nächsten Tag an.

Barbara Gonzaga besuchte gerade den ebenfalls am 4. Februar aufbrechenden Kardinal Trevisan, als Nikolaus dort mit seiner Neuigkeit erschien. In dem sich darauf entwickelnden Gespräch zwischen Cusanus und Barbara erfahren wir zum erstenmal von jenen für Nikolaus' neue Tätigkeitsrichtung so bezeichnenden Absprachen, die im Laufe seiner Mantuaner Wochen mit den Gonzaga getroffen wurden: seine Hilfestellung bei der Kardinalserhebung des jungen Gonzaga. Barbara bedauerte, daß Nikolaus nun nach Deutschland und nicht zur Betreibung dieser Sache an die Kurie reise. Er beruhigte sie mit dem Hinweis, daß er nur kurz in seine Diözese und Pfingsten wieder zur Kurie zurückkehren wolle (L). Was ihn zu der Betreibung des Gonzaga-Anliegens in den nächsten Jahren so entscheidend veranlaßte, läßt sich ziemlich klar herausstellen. Die Gonzaga waren im Gefolge Sforzas eifrige Förderer der Piccolomini-Politik, der sie sich, wie durch die Öffnung ihrer Stadt für den Kongreß, so allenthalben verpflichtet machten. Ihr heimliches Ziel, auf dem Wege über Rom entscheidend in die große Politik zu gelangen, ist ihnen dabei vollauf geglückt. Die Verschwägerung der Gonzaga mit den Hohenzollern schlug sie aber auch auf die kaisertreue Fürstenseite, deren Haupt in Deutschland eben Albrecht Achilles, der Oheim Barbaras war. So sehr wohl Nikolaus nicht weniger als Pius von der Unfähigkeit des Kaisers überzeugt war, mußte ihrem geliebten Ideal entsprechend ein Fürstenhaus, das Kirche und Kaiser gleicherweise verteidigte, unbedingt förderungswürdig sein. Auch hier konnte Nikolaus den politischen Egoismus der Geförderten nicht ganz übersehen und entsprach, wie sich zeigen wird, noch lange nicht allen Wünschen der Gonzaga-Hohenzollern. Ein zweiter Erklärungsgrund für den Einsatz des Cusanus ist in seinem Freundschaftsverhältnis zu der gebildeten Markgräfin zu suchen. An keiner Stelle jedoch erwähnen die uns überlieferten Quellen etwas von einem vielleicht auf den ersten Blick hier zu vermutenden dritten Grund, nämlich dem Einfluß der Gonzaga auf den Brixner Streit, den Cusanus als Gegendienst etwa erwartet hätte. Die freundschaftlichen Beziehungen, die zwischen Gonzaga und Sigmund ebenso bestanden wie zwischen Sigmund und Sforza, mußten das nach der Erfahrung, die der Kardinal mit Sforza gemacht hatte, mehr oder weniger ausschalten, obwohl sich die Gonzaga, wohl wissend warum, bei der Exkommunikationsverkündigung gegen Sigmund von allen oberitalienischen Staaten am papsttreuesten erwiesen.

Doch wir greifen voraus. Zunächst brach die Katastrophe von Bruneck verwirrend und klärend zugleich in das Leben des Cusanus ein. Die Vorgänge sind oft genug dargestellt worden. Sie ausführlicher unter den vertieften Gesichtspunkt des ganzen Brixner Streits zu stellen, muß ich mir hier versagen und beschränke mich auf ihre biographische Bedeutung. Nachdem sich Nikolaus zunächst nach Bruneck begeben hatte, finden wir ihn schon am 14. Februar wieder auf seiner Bergfestung Buchenstein. Wie er dem Brixner Kapitel mitteilte, habe er vernommen, daß Sigmund die Nichteinhaltung des Vertrags verkündet und bereits seine Leute nach Sonnenburg geschickt habe, um es einzunehmen, so daß auch Bruneck nicht sicher sei. Deshalb habe er sich auf seine Raphaelsburg zurückgezogen [14]. Im Verhältnis zu 1458 hatte sich also nichts geändert, wieder saß der Bischof auf seiner Burg am Rand der Diözese. Die von Sigmund ebenfalls schon 1458 angekündigte Gewalttat gegen ihn erfolgte, wie vorauszusehen war, sobald sich Nikolaus erneut ins eigentliche Land begab, Ostern 1460 zu Bruneck. Beide Gegner schnitten dabei wenig rühmlich ab. Um von der Gewalttätigkeit des Herzogs ganz abzusehen – der Kirchenfürst erwies sich in entscheidender Stunde jedenfalls nicht als Märtyrer seiner Überzeugung. Dieser Unrühmlichkeit wurde er sich, während man ihn an der Kurie bereits glorifizierte, in den folgenden Wochen wohl bewußt. *„Ich hoffte, meinen letzten Tag in glorreichem Tode für die Gerechtigkeit beschließen zu können, aber ich war nicht würdig,“* gestand er in seinem bekannten Briefe an den Bischof von Eichstätt am 11. Juni 1460 (LVIII,3). Ob sich die Auseinandersetzung des Kardinals mit seinem Hauptmann Brack, wie die Lokalüberlieferung will, nach dem Abzuge aus Bruneck in Buchenstein tatsächlich abgespielt hat, in deren Verlauf Nikolaus wütend befohlen haben soll, man möge Brack ans Fensterkreuz hängen, muß vor weiterer Quellensuche noch dahingestellt bleiben. Wir hätten es hier mit einer sehr natürlichen Reaktion zu tun, in der sich der Ärger über die letzten Tage entlud (LI,2). Über Scham und Ärger setzte sich aber schon bald das einzigartige Verzeihen des durch Sigmund verübten Anschlags hinweg. Ohne Schwanken ist er gegen den Protest der Kurie fürbittend für ihn eingetreten. Anderseits hob er aber auch immer wieder den Vorbehalt heraus, daß er ohne grundsätzliche Gesinnungsänderung Sigmunds ihm sein Verhalten zur Kirche nie nachsehen könnte, soweit er ihm auch persönlich verzieh. Hier schlug die Realität alle Konkordanz.

Die Wirkung des Überfalls an der Kurie war ungeheuer.

[14] *Sinnacher* VI, 480–483.

Giacomo Chigis Brief an Barbara Gonzaga vom 14. Mai gibt davon ein anschauliches Bild. *„Sicherlich hat Eure erlauchte Herrlichkeit schon vor mehreren Tagen vernommen, wie unmenschlich der ehrwürdigste Kardinal von St. Peter zu den Ketten durch Herzog Albrecht (!) von Österreich verfolgt worden ist, obwohl der nicht den geringsten Funken von Grund hatte, so ein unausdenkbares Verbrechen gegen seine genannte ehrwürdigste Herrlichkeit zu begehen."* Man muß den Protestschrei des Kurialen selbst lesen über jene *„Maßlosigkeiten des Herzogs von Österreich, die in der Tat mit nicht entfesselterer Gier vom Türken, dem Feind des christlichen Glaubens, ausgedacht oder begangen werden können, als sie durch den genannten Herzog von Österreich geschehen sind, der weder vor der Gerechtigkeit, noch vor der pontifikalen Würde Achtung hat"*, – die Kumulation von Strafen, die Chigi voraussagt, *„Exkommunikation, Interdikt, Volksaufwieglung"*, um zu ermessen, was Bruneck nicht nur für Nikolaus, sondern auch für das Papsttum bedeutete (LII). Ein, *der* Kardinal des Papstes in Ketten, dahinter sich zusammenballend die von Gregor von Heimburg nun forciert vorwärtsgetriebene Konzilsbewegung in Deutschland, der Aufstand gegen die päpstliche Autorität in Mainz, die Konspirationen des Böhmenkönigs – der Übergriff Sigmunds genügte, um das Brixner Problem zum allgemeinkirchlichen zu machen.

Die italienischen Stimmen über Sigmunds Verhalten sind voller Einmütigkeit: *„Unschicklichkeit, Verrat, Tyrannei, Grausamkeit, Gottlosigkeit"*. Barbara Gonzaga will es nach den ersten in Mantua einlaufenden Gerüchten zunächst gar nicht glauben. Die Nachrichten gehen wirr durcheinander; Aufatmen, wenn über die Rettung des Kardinals berichtet wird. Nicht die Verletzung der päpstlichen Autorität allein vermag diesen Proteststurm zu erklären. Wir müssen hier die überall zum Vorschein kommende Achtung und Schätzung des Cusanus in Rechnung stellen, auf die Chigi ausdrücklich hinweist und die er sich seit 1458 an der Kurie und in Italien überhaupt durch seine Persönlichkeit gewonnen hatte (LII,3).

Nikolaus war inzwischen von Tirol über Belluno und nach kurzer Atempause im Veneto auf schnellem Wege in die Toskana gereist, wo der Papst im Laufe des Sommers vor der Rückkehr nach Rom noch länger verweilte. Verwirrende Nachrichten gingen dem Kardinal voraus. Keiner wußte genau, wo er war. Am 13. Mai erschien er unerwartet am Poübergang von Ostiglia im Mantuanischen. Nervöser Bericht des Stadtpodestà an Barbara Gonzaga, die wieder ungenügende Aufwartung für den Kardinal fürchtete. Nur keine Verstimmung bei dem einflußreichen Kirchenfürsten! Sie lud ihn gleich nach Mantua ein (LI). Nikolaus war schon weiter. Auf den 18. Mai hatte er Sigmunds Gesandte nach Bologna bestellt. Unruhig weilte er nur ein, zwei Tage in S. Giovanni vor der Stadt. Schon am 17. Mai traf er mit dem ihn begleitenden Bischof von Fermo, Nikolaus Capranica, in Florenz ein (LI, 4). Am Abend des 26. Mai langte er in Siena an. Vier Kardinäle holten ihn ein, 200 Pferde wurden in seinem Zuge gezählt. Man empfing ihn mit Anteilnahme und Prunk (LIII, 4). Das Verfahren gegen den Missetäter Sigmund hatte bereits begonnen. Am 8. August verkündete Pius II. die große Exkommunikation gegen ihn. Brixen war Sache des Papstes geworden, Sigmund ein Posten in der Rechnung der Konziliaristen.

Nikolaus von Kues vollzieht aber nun auch seinerseits eine große Wendung zu neuer, vielfältigerer und weitergespannter Tätigkeit. Wenn ihn das große Scheitern in Brixen niedergebeugt hatte, so nur für wenige Wochen. Beendet war die engere Wirksamkeit in seinem Bistum; es brach umfassendere im Rahmen der Gesamtkirche an. Wir erleben hier wieder jenen schon erwähnten Aufschwung aus tiefer Depression zu neuem Tun in neuem Kreis.

Auf seiner Reise von Tirol nach Siena hatte er – wohl Ende April – kurzen Aufenthalt in Belluno gemacht. Die Bellunesen bemühten sich damals gerade sehr lebhaft, die schon einige Jahrhunderte währende Vereinigung des Bistums Belluno mit dem Bistum Feltre wieder aufheben zu lassen. Ein dahingehendes Versprechen Nikolaus' V. war in der Folgezeit von Rom nicht eingehalten worden, und gerade hatte Pius II. nach der Versetzung des Bischofs Giacomo Zeno von Feltre-Belluno nach Padua mit Francesco de Lignamine, dem bisherigen Bischof von Ferrara, wieder einen gemeinsamen Bischof für das Doppelbistum ernannt. Lignamine, der uns bereits als geistlicher Generalvikar in Rom an der Seite des Cusanus begegnet ist, war mit Borso d'Este in den letzten Jahren in derartige Feindschaft geraten, daß nicht länger seines Bleibens in Ferrara war. Die Vakanz von Feltre-Belluno bot nun eine günstige Gelegenheit, ihn mit einem ungefähr gleichwertigen Bistum zu versehen, zumal Lignamine als gebürtiger Paduaner Untertan der venezianischen Signorie war, deren Herrschaft seit 1404 auch die Stadt Belluno in ihren Mauern anerkannte. Voraussetzung für Lignamines Transferierung war allerdings die weiter fortbestehende Vereinigung der beiden Titel von Feltre und Belluno; verständlich, daß den Bellunesen der neue Bischof wenig willkommen war. Sie erwirkten von der Signorie einen Bittbrief an den Papst, worin der Wunsch nach Trennung der Bistümer lebhafte Unterstützung fand. Anderseits hatte sich die Signorie aber auch schon mit der Transferierung Lignamines einverstanden erklärt. Ein bellunesischer

Gesandter, Giampietro Vitelli, sollte nun an der Kurie zumindest die feste Zusicherung erreichen, daß die Trennung bei der nächsten Vakanz erfolgte.

So war der Stand der Dinge, als Nikolaus in der Stadt eintraf. Den Bellunesen gelang es rasch, in ihm den entscheidenden Fürsprecher an der Kurie zu gewinnen. Die Bereitwilligkeit, mit der sich der Kardinal ihrer annahm, war vielleicht nicht ganz ohne Berechnung; mußte ihm doch an freundschaftlichen Beziehungen zu den Brixner bzw. Tiroler Nachbarn gerade jetzt viel gelegen sein, hier: zu Belluno und darüber hinaus auf diese Weise auch zu Venedig. Wie dem auch sei, sicherer läßt sich jedenfalls von der anderen Seite sagen, daß die Bellunesen das allbekannte Freundschaftsverhältnis zwischen Papst und Kardinal entscheidend in ihre Überlegungen einbezogen, wie denn auch ihr Gesandter, der noch vor Nikolaus in Siena eintraf, ihn als Schlüsselmann der ganzen Sache betrachtete, so lebhaft er auch schon gleich eine Reihe anderer Kurialen für Belluno bemühte. Ein ihm befreundeter Abt Bernardo Marzarello aus Brescia führte ihn zunächst bei Kardinal Barbo ein. Weitere Besuche galten den Kardinälen Colonna und Orsini. Der Abt spekulierte bei seiner Hilfestellung unumwunden auf seine eigene Ernennung zum Bischof von Belluno, wie sich aus seiner Befürwortung beim Rate von Belluno durch den Gesandten Vitelli eindeutig ergibt. Nach dessen Angaben zögerte Lignamine sogar noch, die Bistümer anzunehmen, um wegen der Fürsprache der Signorie für Belluno nicht doch etwa mit ihr in Konflikt zu geraten. Aber Vitelli betrieb sein Werben bei den genannten Kardinälen nicht, um schon ihre direkte Fürsprache beim Papste, sondern um ihr Einwirken auf den Deutschen zu erreichen, der schließlich am 26. Mai in Siena anlangte. Dann aber hatte der dienstfertige Abt aus Brescia nichts mehr zu hoffen, da Nikolaus mit Lignamine enge Bekanntschaft verband.

Vitelli hatte die Bellunesen inzwischen um Briefe an Cusanus, Barbo und Marzarello gebeten; erhalten ist uns jedoch nur das wohl auch allein ausgefertigte Schreiben an Cusanus, dessen Bedeutung in der ganzen Angelegenheit damit erneut von bellunesischer Seite unterstrichen wurde. Drei Tage nach seiner Ankunft suchte Vitelli ihn auf. Nikolaus war aber noch immer so stark mit Besuchsgästen beschäftigt, daß er ihn auf den nächsten Tag bescheiden mußte. Wir erfahren hier ganz beiläufig, wie sich – sei es aus Anteilnahme, sei es aus Neugier – die ganze Kurie sofort um den lange Erwarteten bemühte, dem Ruhm und Gerücht seit seiner Brunecker Gefangennahme überall vorausgeeilt waren. Als Vitelli am folgenden Tage erneut bei ihm erschien, ließ Nikolaus gleich die dem Papst vorzulegende

Supplik herstellen und versprach dem Gesandten, mit ihm zusammen Pius aufzusuchen. Sobald der Papst auf kurze Zeit aus den toskanischen Bädern nach Siena zurückkehrte, sprach Nikolaus bei ihm auch der Bellunesen wegen vor. Am 7. Juni billigte Pius die Supplik, in der die Stadt sich allerdings mit Lignamine als einstweiligem, wenn auch letztem gemeinsamem Bischof abgefunden hatte und erst für den Zeitpunkt seines Abganges die Trennung erbat. Am 11. Juni wurde die Supplik ins Registerbüro geschafft. Kardinal und Gesandter teilen dies in frohbewegten Briefen den Bellunesen am 12. Juni mit. Um einige Wochen verzögert wurde noch die Ausfertigung der Bulle. Den trotz seinem Eingreifen offensichtlichen Verzug beim ganzen Verfahren begründete Nikolaus in seinem Briefe an die Bellunesen vom 27. Juni mit der Abwesenheit des Papstes. Er versäumte im Postskriptum zu diesem Brief nicht, Francesco de Lignamine den Bellunesen nochmals in wärmsten Worten zu empfehlen, wie er ihn schon bei seinem kurzen Aufenthalt in der Stadt gelobt und seine Vorzüge den Bellunesen gepriesen hatte. Als Francesco Anfang 1462 starb, ließ Pius II. seine Entscheidung von 1460 in Kraft treten und ernannte tatsächlich für Feltre und Belluno je einen Bischof. Pius hatte seinem deutschen Freunde den Wunsch der Bellunesen nicht abgeschlagen und gleichzeitig der Signorie gegenüber eine freundliche Geste gemacht. Nikolaus aber durfte als entscheidender Promotor der Sache günstiger Erinnerung in der Stadt gewiß sein (LIII, LIV, LV, LVI).

Der südfranzösische Vicomte Jehan von Uzès war durch den päpstlichen Inquisitor Michael von Morello der Irrlehre beschuldigt worden, *„daß die Seele das Blut ist“*. Jehan appellierte gegen das von Michael bereits gefällte Verdammungsurteil an den Papst, der die Angelegenheit noch in Mantua Nikolaus von Kues an der Spitze eines Kollegs weiterer Richter zur Untersuchung übergab. Jehan war damals persönlich in Mantua erschienen und bezeugte vor ihnen seine Rechtgläubigkeit. Wie die Anweisung des Papstes an Nikolaus vom 3. Februar 1460 zeigt, fanden die Verhandlungen dort teilweise bereits nach der Abreise des Papstes statt, der den Kardinal, ungeachtet der Abwesenheit des auch mit der Sache befaßten Torquemada, mit der alleinigen Erledigung betraute und der ihm die Vollmacht gab, Jehan nach Hause zu entlassen. Nach neuer, wohl in den Sommer zu verlegender Konsultation des Cusanus, Torquemadas, Mellas, Erolis, Sassoferratos und verschiedener Bischöfe hatte Pius sämtliche Urteile des Morello anulliert. Nichtsdestoweniger waren inzwischen neue Anklagen gegen den

Vicomte an der Kurie eingelaufen, so daß Pius zunächst daran dachte, die Absolution an die Bedingung zu knüpfen, daß Jehan nochmals öffentlich seiner Lehre abschwöre, es dann aber doch für gut fand, ihn durch eine anders formulierte Bulle am 1.September neu vor Cusanus zu zitieren. Die Sache kam aber nicht zu nochmaliger Verhandlung, da Jehan sich wegen neuer Verbrechensanschuldigungen zur gleichen Zeit vor dem königlichen Parlament in Toulouse verantworten mußte, so daß Pius am 25. Mai 1461 den Fall wieder an sich zog und den Erzbischöfen von Toulouse, Embrun und Aix zur Verhandlung in Frankreich übertrug. Ein eigenhändiger Bullenentwurf des Papstes in der Sache zeigt, welche Bedeutung er ihr beimaß. Für uns interessanter ist die Tatsache, daß Nikolaus von Kues zusammen mit dem führenden Theologen des Kollegs, Juan de Torquemada, und schließlich sogar allein mit jener Ketzerfrage betraut wurde. Er gehörte also zu den anerkannt ersten Theologen in der Kirche. Sehr bezeichnend ist, daß er den Vätern des Tridentinums später als ehemaliger Romfeind suspekt war[15], während die kurialen Zeitgenossen des Cusanus seine dogmatischen Jugendsünden schon bald vergessen hatten. Doch diese Wandlung seiner Reputation wird in einer noch zu schreibenden Geschichte seines Nachlebens zu behandeln sein (XLIX, XLIX, 1–3).

In den Sommermonaten hatte der Papst ihm das pikanteste Verfahren des ganzen Pontifikats übertragen, dem er in seinen *Kommentarien* dann selber eine ausführliche Betrachtung widmete. Die Sache ist hinlänglich bekannt. Graf Johann V. von Armagnac lebte mit seiner Schwester Isabella in einer von seinem Kaplan dann auch eingesegneten Ehe, aus der im Laufe der Zeit drei Kinder hervorgegangen waren. Das dadurch verursachte Ärgernis wurde von dem ihm feindlichen französischen König schließlich zur Festsetzung des Grafen benutzt, der aber nach Rom entfloh. Die korrupten Zustände im Pontifikat Calixts III. hatten ihn dann im Bischof von Alet, Ambrosius von Cambrai, und in Johann von Volterra zwei kuriale Beamte finden lassen, die ihm durch Bullenfälschung eine Ehedispens für den ersten Grad verschafften. Als sie den Grafen dann zu Unsummen erpressen wollten, machte er Pius II. alles bekannt. Am 16. Mai ließ dieser den Ambrosius als Hauptschuldigen ergreifen; die erstaunten Berichte der auswärtigen Gesandten schildern ihn als angesehenen Mann. Schon bald nach der Ankunft des Cusanus in Siena erhielt er die Angelegenheit zur Bearbeitung. Wenn hier auch ein vielleicht nicht bodenlos verworfenes Produkt der Borgiaherrschaft getroffen wurde, das Vorgehen des Kardinals war dennoch radikal.

[15] S. Concil. Trident. IX, 53 ff.

Er verurteilte den Bischof zum Kerker und ließ ihn dann ins Kloster Monteoliveto stecken. Die Sache spielte sich in den letzten Augusttagen zum Schluß so rasch ab, daß eine päpstliche Bulle ans Kapitel von Alet am 8. September noch von der in Aussicht stehenden Sentenz des Cusanus spricht, während sie am 31. August und an den folgenden Tagen in den Bullen, die die Pfründen des Bischofs neu vergeben, bereits als verkündet erscheint (XLIX, 3).

Eine kaum mehr übersehbare Zahl von Disziplin-, Benefizial- und Kriminalsachen übergab ihm nun der Papst im Laufe des Jahres, übernahm Nikolaus für Bittsteller aus aller Welt. Es muß hier mit einer Aufzählung sein Bewenden haben: Unterstützung der Universität Köln in ihrer Klage gegen den Annatenerheber Zeuwellgin, Prozeßführung in einem zwischen zwei Spaniern schwebenden Streit um den Archidiakonat von Mayorga in der Diözese León, Intervention zugunsten des Tridentiner Dompropsts Johann Hinderbach in einem Streit mit Herzog Albrecht von Bayern, Prozeßführung in Auseinandersetzungen um das Bistum Odense, um die Kustodie von Naumburg, wiederum um eine spanische Pfründe, ein Kanonikat in Barcelona; neue Verhandlungen in der Köln-Klever Sache, Bullenexekution für einen Halberstadter Kleriker Timerla, für die Benediktiner der Mainzer Kirchenprovinz; Examination der neuen Statuten der Franziskaner-Tertiarier, Verwendung für die dem ultramontanen Generalvikar unterstellten Minoriten und Klarissinnen der regularen Observanz (XLIX, 4), Entscheidung in einer Disziplinarfrage spanischer Kartäuser (VIII, 7), wiederum Prozeßführung in einem Rechtsstreit des Erzbischofs von Conza und seiner Verwandten gegen das Kapitel von Anagni (LXIV, 1), und in einem Streite um den Bologneser Archidiakonat mit Unterstützung der Ansprüche des päpstlichen Protonotars Lodovisi aus Bologna, der in der Sache Sforzas Fürbitte bei Cusanus erhielt, und schließlich die Promotion des Lazaro Scarampo zum Bischof von Como, wiederum auf Verwenden Sforzas, der durch seinen Gesandten an der Kurie, Otto de Carreto, in ständigem Kontakt mit dem Kardinal blieb (XLVIII, 5).

Entscheidend trat Nikolaus in den Verhandlungen hervor, die zu Beginn des Jahres 1462 die Böhmen in Rom führten. Seine Inschutznahme Breslaus gegen Podiebrad ist hinlänglich bekannt; sie braucht hier nicht nochmals erzählt zu werden. 1463 wollte er sogar nochmals als Legat nach Deutschland gehen. Soweit möglich war er auf Ausgleich bedacht. Allerdings trat er gegen die Böhmen ausnahmsweise recht scharf auf. Hier erkannte er eine Gefahr für die Einheit der Kirche und reagierte dementsprechend (LXXI).

Mit scharfen Worten trieb er die böhmischen Gesandten bei der Alternativfrage: Gehorsam oder Abfall – in die Enge. 1464 bestellte ihn Pius zusammen mit Kardinal Eroli als Richter in der Böhmenfrage (LXXI, 18). Es ist noch weitgehend unbekannt, wie eng Nikolaus in diesen Jahren mit der deutschen Politik verbunden war.

Was der Papst und Cusanus immer wieder mündlich berieten, ist nicht mehr faßbar. Hin und wieder beleuchten aber kleine und kleinste Fetzchen gesandtschaftlicher Relationen, daß er immer dabei war, wo der Papst maßgebliche Entscheidungen zu treffen hatte. In einem Bericht Carretos über eine militärische Lagebesprechung des Papstes Ende 1460 erscheint er als mitanwesender Berater (LXII, 7). Bei Abwesenheit des Cusanus von der Kurie blieb Pius gerade in der neapolitanischen Frage mit ihm in schriftlicher Verbindung, z. B. als Nikolaus im Sommer 1461 in Orvieto weilte. Und als im Frühjahr 1462 die Übereinkunft des Bartholomeo von Bergamo mit den Franzosen die Vor- und Nachteile des Überschwenkens von der aragonesischen auf die angiovinische Seite überlegen ließ, war Nikolaus wieder neben Bessarion, Carvajal und Trevisan unter den Kardinälen, deren Meinung sich Pius zur Entscheidung dieser Frage einholte. Sie stärkten den Papst in seiner pro-aragonesischen Politik, die im nächsten Jahre dann auch zum Erfolg führen sollte, Neapel eine lange Friedenszeit brachte und die drohende Störung des italienischen Gleichgewichts durch französische Invasion bis zum Epochenjahr 1494 vereitelte (LXVI, 13).

Mancher Fall verdiente vielleicht tieferes Nachgehen als es im Rahmen dieser Untersuchung möglich ist. Über die ganze Kirche erstreckte sich die Tätigkeit des Cusanus. Neben Deutschland heben sich Italien, Spanien und Südfrankreich besonders hervor. Wie wenig wir bisher wußten, vermag diese Liste bereits zu zeigen; wie wenig wir vielleicht noch immer wissen, kann aus der Fülle der neuen Nachrichten nur vermutet werden. Wie sehr nur oberflächlich Bekanntes durch neue Einzelheiten weiter aufgeklärt wird, zeigt ein Bittbrief Sforzas an Nikolaus für den Minoriten Lodovico aus Bologna, jenen abenteuerlichen Orientdiplomaten, der 1461 mit einer Gruppe sonderbarer Gesandten christlicher Fürsten Asiens zur Kreuzpredigt nach Europa gekommen war. Die von ihm geführten Orientalen hatten beim Papst die Erhebung des Franziskaners zum Patriarchen von Antiochia erbeten. Pius, der dem merkwürdigen Abenteurer offenbar nicht recht traute, übergab die ganze Sache zu weiterer Bearbeitung – wir können es nicht anders erwarten, da Bassarion sich auf seiner deutschen Legationsreise befand – dem deutschen Kardinal. Aber auch der verfuhr nicht ganz nach

Lodovicos Wunsch. Als sich der Minorit auf der Reise nach Frankreich in Mailand aufhielt, bestimmte er Sforza zu einem empfehlenden Brief an Nikolaus. Sforza sprach darin von gewissen Verpflichtungen, die er gegenüber Lodovico habe – wer weiß, welche Vorteile er sich aus der Geldsammlung des angehenden Patriarchen erhoffte, dessen Zugkraft beim Volke er nun durch Verleihung des Palliums an ihn noch erhöht wissen wollte! Gleichzeitig gingen Briefe an Papst und Carreto ab. Als Lodovico im Herbste 1461 von Frankreich her wieder in Mailand einkehrte, war seitens des Kardinals noch nichts geschehen. Erneut forderte Sforza seinen Gesandten zur Fürsprache bei Nikolaus auf. In Rom war die Unlauterkeit des Franziskaners aber allmählich ruchbar geworden. In undeutlichen Ausführungen riet Carreto seinem Herrn von weiterer Betreibung der Sache Lodovicos ab. Seine Gestalt ist in der Forschung nach wie vor umstritten (LIX).

Für das besondere Ansehen des Cusanus zeugt aber der prominenteste Prozeß des ganzen Pontifikats, den Pius ihm anvertraute, die Angelegenheit Sigismondo Malatesta. Die Geschichte des Renaissanceheiden ist bekannt. In seiner Gefährlichkeit nach kurialer Einschätzung weit vor den deutschen Rebellen rangierend, griff er mit seiner mittelitalienischen Raubpolitik, die sich den Einfall des Anjou zunutze machte, tatsächlich das territoriale Fundament der römischen Kirche an. Wenn der Malatesta-Biograph Soranzo seinem Helden in dem Augenblick nicht mehr viele Chancen zu geben bereit ist, als Cusanus den Prozeß erhielt, so dürfte dessen rigorose Strenge, die ihm nach Soranzo die Zeitgenossen zuschrieben, hier ihr richtiges Objekt gefunden haben. Soranzos Vorwürfe, Nikolaus habe sich nicht um ausreichende Informationen in seinem Ermittlungsverfahren bemüht, sind nicht beweisbar. Obwohl die Quellen hier noch spärlich fließen, so scheint doch gerade das Gegenteil zuzutreffen. Ein von Soranzo übersehener Salvuskonduktus des Papstes für Malatesta, um zur Rechtfertigung vor dem Kardinal zu erscheinen, und die ohne Begründung von Soranzo beiseite geschobenen Ausführungen des Papstes über Zeugenverhöre, die Nikolaus anstellte, ganz zu schweigen von dem durch Sigismondo selbst vereitelten Versuch des Cusanus, sich persönlich zu dem Angeklagten zu begeben (!) – dies alles läßt Nikolaus in einem völlig einwandfreien Lichte erscheinen. Der Verurteilung Malatestas am 28. April 1462 war eine sorgfältige einjährige Untersuchung durch den Kardinal vorausgegangen (LXXX).

Zusammen mit dem Papste war Nikolaus im Oktober 1460 nach Rom zurückgekehrt. In der Gonzaga-Angelegenheit hatte sich nichts Neues getan. Die erste Kardinalskreation Pius' II. am 5. März 1460 hatte trotz der Versprechungen, die er Barbara und Albrecht Achilles in Mantua gegeben hatte, trotz der kaiserlichen Supplik, die allerdings zu spät in Siena eintraf, ohne Beisein des Cusanus die Wünsche des Hauses Brandenburg unberücksichtigt gelassen. Anfang Februar 1461 nahm der mantuanische Gesandte an der Kurie, Bartolomeo Bonatto, die sich nun über ein ganzes Jahr erstreckenden Verhandlungen auf, die schließlich mit vollem Erfolg endeten. Da im Februar jedoch noch für den jungen Gonzaga in nächster Zukunft kaum mit einer Kreierung zu rechnen war, hatte man sich ein anderes Projekt ausgesucht: Der Tridentiner Bischof, durch seine devote Unterstützung Herzog Sigmunds mit in den Strudel der Kirchenstrafen gerissen, war ebenfalls in der Zitationsbulle „*Contra Satanae*" vom 23. Januar 1461 nach Rom beordert worden. In Voraussicht seiner Kontumaz, die seine Privation bedingen würde, errechneten sich die Gonzaga ihre Chance für die Provision Francescos mit dem vakanten Bistum. Nikolaus von Kues, der große Förderer des Hauses, sollte sich der Sache beim Papste annehmen.

Beim ersten Besuche des Gesandten konnte ihm Cusanus gleich die freudige Mitteilung machen, daß er neueste Informationen aus Trient habe, wonach man dort auch schon mit der Nachfolge Francescos rechne; offenbar hatten die Gonzaga dort bereits vorgearbeitet. Nikolaus riet aber, vorerst den Zitationstermin (25. März) abzuwarten. Der Kaiser, dessen konkordatsmäßig festgelegte Rechte bei der Neubesetzung zu berücksichtigen waren, werde Francesco sicher gewogen sein. Der Doge könne sich auch wohl kaum Widerstand leisten, da sein Territorium ans Val di Non, das stärkste Tal des ganzen Bistums, grenze, das rein italienische Bevölkerung besitze, und dem Gonzaga würde diese, soweit man die Stimmung in Trient beurteilen könne, sicher gehorchen. Hervorzuheben an diesem Gespräch zwischen Kardinal und Gesandten ist erneut die äußerst positive Haltung des Cusanus zu Sigmund. In solch vertraulichem Gespräch hätte er sich nicht zu verstellen brauchen – im Gegenteil minderte jedes Einlenken Sigmunds die Aussichten Francescos. Statt dessen äußerte Nikolaus die Hoffnung, daß Sigmund bald den Kampf abbrechen werde, da die Schweizer ihre Treuga mit ihm auf Befehl des Papstes aufheben würden, da er von allen nun mehr und mehr gemieden werde und schließlich auch Erzherzog Albrecht ihm deshalb das Bündnis gekündigt habe (LVII).

Von nun ab setzten sich die Besuche Bonattos bei Cusanus regelmäßig fort. Obwohl der Gesandte sein Anliegen im Laufe des Monats immer wieder vorbrachte, schnitt Nikolaus das Thema erst am 3. März in einer Audienz bei Pius an, nachdem der mit dem Anschlag der Zitationsbulle im Trentino und im Veneto beauftragte päpstliche Läufer Melman mit nicht gerade besten Nachrichten zurückgekehrt war. Die Veroneser Rektoren hatten den Anschlag untersagt, ehe nicht Auskunft in Venedig eingeholt sei. Die Signorie lehnte hernach die Verkündung der Exkommunikation Sigmunds in ihrem ganzen Territorium kategorisch ab. Sie hatte wie in ihrem Verhalten zu Pius II. überhaupt, der in Venedig noch aus seiner kaiserlichen Zeit her wenig beliebt war, keineswegs die selbstlose Absicht, Exekutionsorgan seiner kirchenpolitischen Konzeption zu sein. Die Offenhaltung der Brennerstraße diente dem venezianischen Handel zweifelsohne mehr als der Sieg der päpstlichen Autorität in Brixen. Venedig war aber anderseits auch, wie sich nun allmählich aus der Diskussion zwischen Papst und Kardinal ergab, eben *der* entscheidende Posten in der Rechnung Trient. Wenn schon Trient fällig wurde, dann konnte ja wohl auch ein Venezianer dort eingeschleust werden. Die Signorie war darüber schon in Verhandlungen mit dem Kaiser eingetreten. Nichts konnte nun wieder dem Papst weniger erwünscht sein. Wie er jetzt Cusanus eröffnete, hatte er sich als Hacks Nachfolger vielmehr den Eichstätter Bischof gedacht, der wie Nikolaus damals in die Reihe der Märtyrer für Recht und Freiheit der Kirche aufgenommen worden war. Darauf Nikolaus: *„Mir ging der Protonotar der Gonzaga* (Francesco) *durch den Sinn, mit dem der Kaiser, wie ich schätze, zufrieden sein würde; und der Herr Markgraf lebt in guter Freundschaft mit denen von Arco und ist in jenem Lande sehr beliebt, und das Ansehen des Vaters und des Hauses würde sehr wirksam sein."* Doch gleich der Papst: *„Aber die Venezianer?"* Die Signorie würde lieber Hack unterstützen als den Gonzaga dort sehen. Nikolaus führte dagegen die vom Dogen nicht hinzunehmende Unruhe an, die das Interdikt unter der italienischen Bevölkerung im Val di Non hervorrufen würde. Das Problem des Volkstums bricht auf, ohne daß Cusanus sich irgendwie mit deutschblütigen Tendenzen auch nur im entferntesten identifizierte. Im Gegenteil – die Drohung mit den gegen die Deutschen rebellierenden Italienern wird für ihn zum willkommenen Argument für den Gonzaga. Aber auch die Signorie, bereit, den deutschen Hack gegen den italienischen Gonzaga zu unterstützen, operierte ausschließlich machtpolitisch. Ein Gonzaga in Trient – und nicht nur der dünne Verbindungsschlauch am Garda-See mit dem westlichen Territorium wäre in Süden und Norden durch die Gonzaga eingekeilt, sondern auch die Brennerstraße in deren Gewalt und damit in der Hand des großen Terra-Ferma-Konkurrenten Francesco Sforza. Nun wäre dem Piccolomini jede Stärkung der päpstlichen

Partei in Italien zwar sehr willkommen gewesen, und ebenso wollte er die Gelegenheit nicht versäumen, den Venezianern *„einen Dorn ins Auge“* zu setzen, um so ihr Verhalten im neapolitanischen Krieg und in der Türkenfrage zu strafen, aber er sah das politische Problem, das sich in Trient stellte, ebenso klar. Nikolaus konnte Bonatto tags drauf nicht mehr raten, als daß man sich in Mantua der Einwilligung des Dogen versichere; *„denn auf keinem andern Wege sei der Besitz zu erlangen“*. Und wieder beendete Cusanus das Gespräch mit Bonatto, indem er die Hoffnung ausdrückte, daß Sigmund sich beuge. Nachrichten aus Sachsen über die Verkündung der Exkommunikation gegen ihn schienen den Kardinal in seinem Glauben an Sigmunds baldige Einsicht in die Nutzlosigkeit seiner Kontumaz zu bestätigen. Die Hoffnung trog; denn in Deutschland zog sich mit der Konzilsdrohung die Gefahr verschärften Widerstandes zusammen (LVII).

Die Tridentiner Frage jedoch wurde in wenigen Tagen zur ernsten Bedrohung für die in Lodi sanktionierte Gleichgewichtsordnung in Italien. Als man in Venedig Anfang März von direkt geführten Verhandlungen Sforzas und der Gonzaga mit Georg Hack erfuhr, griff die Signorie unverzüglich ein und ließ dem Mailänder die Weiterbetreibung des Projekts als sicheren Kriegsgrund mitteilen. Von Mailand erfolgte sofort Anweisung in Mantua, und die ehrgeizige Brandenburgerin mußte ihrem römischen Gesandten resigniert am 15. März mitteilen, daß *„man mit Rücksicht auf die Schwierigkeit, in den Besitz zu gelangen, und um nichts unsern Nachbarn Mißliebiges zu tun, Schweigen über die Angelegenheit breiten solle“*. Klugerweise hatte Lodovico Gonzaga seinem Gesandten nie einen offiziellen Auftrag zur Betreibung der Provision gegeben. So konnte er unschuldsvoll den Venezianern sein reines Gewissen beteuern und die Sache selbst als eigenmächtiges Vorgehen Bonattos tadeln. Die ihrem markgräflichen Gemahl an politischer Rührigkeit nicht nachstehende Hohenzollerin hatte fast ausschließlich alle Francesco berührenden Fragen in *ihre* Hand genommen (LVII,10–11).

Ehe Barbaras Bescheid in Rom eintraf, war am 8. März der Bischof von Fermo, päpstlicher Gesandter am Kaiserhof, bereits mit der Anweisung abgereist, Gonzagas Sache dort zu fördern, insbesondere aber die Bemühungen der Venezianer um Trient zu vereiteln (LX,3). Nikolaus von Kues erneuerte inzwischen immer wieder die Bonatto erteilten Zusagen über seine Hilfestellung. Am 19. März, nach Verstreichen des Zitationstermins, suchte Nikolaus wiederum den Papst auf. Widerstände, die durch Kardinal Barbo, den vom Papst mit der Prozeßführung gegen Sigmund Beauftragten, bei der

Privation Hacks zu erwarten waren und die wohl auch wieder nur der Venezianer im Hinblick auf die Provision des Gonzaga entgegensetzen würde, hoffte der Papst durch einfache Übergehung des Kardinals von S. Marco ausschalten zu können, um den Wunsch nach Vergebung des Bistums an Francesco endlich durchzusetzen. Weil aber auch dies der Papst nur wieder unter der alleinigen Voraussetzung ins Werk setzen wollte, daß dem Gonzaga nicht nur der Titel, sondern auch der faktische Besitz zufalle, riet nun Nikolaus dem mantuanischen Gesandten tags darauf eindringlich, über die Audienz vom Vorabend Bericht gebend, die Gonzaga sollten sich zumindest der absoluten Hilfe ihrer Freunde versichern, Sforzas, des Grafen von Arco. Nichtsdestoweniger arbeite aber auch der Papst selbst schon, um Francesco den Besitz des Landes zu verschaffen, wenn auch einige (deutsche) Burgen dann etwa Widerstand leisteten. *„Denn"*, so bemerkte Cusanus, *„er fühlt sich dem Markgrafen verpflichtet"*. Da er auf der Tagfahrt den Gonzaga kein Geschenk gemacht habe, wolle er dies nun nachholen. Falls sich die Ergreifung des faktischen Besitzes aber als unmöglich erweisen sollte, würde er die Provision zurückstellen, ohne daß Francescos Aussichten durch die Vorziehung eines anderen Kandidaten etwa gefährdet würden. Wenn Bonatto aber schon in einem Brief an Barbara vom 20. März Gerüchte über den in Sache Trient zu Sforza entsandten Venezianer Marco Donato nach Mantua weitergab, so drangen da ebenfalls recht bald die politischen Realitäten bedrohlich in das von Nikolaus von Kues zwischen Gonzaga und Papst vermittelte Projekt. Noch glaubte Bonatto, trotz der von venezianischer Seite heraufziehenden Gefahr solle man nicht von der Sache lassen (LXI). Aber auch schon nach Trient hatte die Signorie schicken lassen, um mit Gegendrohungen und -versprechungen den Bemühungen der Gonzaga entgegenzuwirken, Hack zum Verzicht auf sein Bistum zu veranlassen. Die Bedrohlichkeit der Situation wird noch dadurch beleuchtet, daß Sforza ebenfalls direkt, ohne die gewünschte Anweisung der Gonzaga nach Rom abzuwarten, seinem römischen Gesandten Carreto den Auftrag gab, an der Kurie sofort alle weiteren Bemühungen zur Provision Francescos unterbinden zu lassen. Einen Venezianer würde Pius jedoch nie nach Trient setzen – das konnte Bonatto als sichere Klärung verbuchen, die sich in den Verhandlungen herausgeschält hatte (LXI,4).

Nichtsdestoweniger war die Erwerbung von Trient ein in diesen Jahren von der mantuanischen Politik, wenn auch im stillen, so doch konsequent und kontinuierlich verfolgtes Programm, das sich immer wieder des Cusanus als kurialen Helfers bediente. Zunächst durch die Hinwendung aller Kräfte auf die Kardinalserhebung Francescos in den Hintergrund gedrängt, wurde das Projekt im Februar des folgenden Jahres von Bonatto erneut zur Sprache gebracht, obwohl Pius trotz Hacks Kontumaz noch immer von der Privation absah; denn die politische Situation hatte sich im Hinblick auf Venedig um nichts geändert. Wie eine etwas spätere Mitteilung Ludovicos de Ludovisi an Sforza erweist, waren damals eifrige Bemühungen auch des Dogen im Gange, der gerne seinen Neffen und Bischof von Brescia, Bartolomeo Malipiero, nach Trient bringen wollte. Wieweit nun Nikolaus von Kues auch immer Wünschen der Venezianer entgegengekommen war, die sich inzwischen als Vermittler in den Brixner Streit eingeschaltet hatten – jedenfalls erachtete Ludovisi es für notwendig, vom Kardinal darüber persönlich Auskunft zu erlangen, und wies ihn gleich darauf hin, daß er doch mit den Gonzaga dafür verhandle. Wie ernst die Sache stand, ergibt sich aus der nun auch von den Sforza-Gonzaga eingeschlagenen Linie: Wenn keinen Gonzaga, so lieber Hack als einen Venezianer. In eindringlichen Worten legte der Vertrauensmann Sforzas dem Kardinal die Folgen einer gewaltsamen Einführung des Malipiero-Neffen dar. Das Bistum werde geteilt und so schließlich ganz seiner weltlichen Herrschaft verlustig gehen. *„Zum Schluß“*, so berichtete Ludovisi über Nikolaus, *„antwortete der gute Mann, der mich sehr liebt, fast unter Tränen, ich sagte die Wahrheit“*. Um also Trient nicht in venezianische Hände fallen zu lassen, konnte er den Kardinal dann mit diesem immer wieder bei Nikolaus wirksamen Argument der Erhaltung kirchlicher Macht bitten, sich für den weiteren Aufschub der Absetzung Hacks einzusetzen – des Sigmundianers! Und wieder scheint Hack die Belassung im Amte den Gesetzen des italienischen Gleichgewichts verdankt zu haben (LXXXIV,1,4).

Als noch am Ende des gleichen Jahres 1462 Kardinal Francesco, nun aus eigener Initiative, die Sache wiederum aufgriff, konnte ihr kein erfolgreicherer Ausgang als bei den früheren Versuchen beschieden sein. Nachdem sich Gönner (Nikolaus) und Schützling persönlich im Laufe ihrer ersten gemeinsamen Rom-Monate nicht nähergetreten waren – und wir werden noch sehen, daß sie im Grunde Welten trennten – müssen sie im Herbste, nun beide in den Bädern von Chianciano, doch wohl in engere Berührung gekommen sein. So berichtete Francesco seinem Vater etwas später jedenfalls über die neuen Tridentiner Pläne, die er in Chianciano geschmiedet hatte, daß er dabei der Unterstützung durch Cusanus sicher sei, wenn Pius vielleicht so verfahre, daß er Hack heimlich absetze und ebenso heimlich ihn, Francesco, dann mit dem Bistum versehe. Sehr optimistisch äußerte er sich dabei über die zu erwartende Haltung der Signorie. Er verschätzte sich. Die im Auftrage Lodovicos ihrem Sohne erteilte Antwort der Markgräfin sagte alles: *„Ihr sollt gewiß sein, daß Wir über jede mögliche Ehre nicht wenig zufrieden wären; überlegen Wir Uns aber das, so scheint es Uns von Stunde zu Stunde unmöglicher“* (LXXXIV).

Mit welcher Verbissenheit die Grundkonzeption des Tridentiner Projekts, nämlich die Gewinnung der alpinen Schlüsselposition, demungeachtet weiterverfolgt wurde, zeigte 1464 nach dem Tode des Cusanus der hastige Griff Francescos nach Brixen. Anita Piccolrovazzi hat die einschlägigen Quellen seinerzeit bekanntgemacht. Es ist aber wohl kaum jene Tendenz aus dem ganzen Bemühen der Gonzaga herauszulesen, die dabei von ihr zum Leitgedanken erhoben wird, nämlich die Sicherung des Alto Adige für die humanistische, italienische Kultur gegen den vordringenden deutschen Barbarismus. Bei allem humanistischen Selbstbewußtsein am Mantuaner Hofe haben wir doch diesen Gedanken in den früheren Verhandlungen um Trient ebensowenig beobachtet, wie die von Piccolrovazzi veröffentlichten Dokumente etwas darüber aussagen (LXXXXIV,3). Nicht Kultur, nicht Kirchenfreiheit, nicht persönliche Würdigkeit waren maßgebend – denn Francesco war verdorben – sondern allein die Politik der Mächte. Nikolaus, dieser profanen Verknotung mehr als überdrüssig, blieben nur Tränen. Und dennoch bricht gerade in dieser vordergründigen Profanierung immer wieder der Gedanke durch, in den Gonzaga die Kirche und damit das große ihr von Pius gesteckte Ziel zu unterstützen, auf die Signorie möglicherweise einen Druck auszuüben, Trient selbst in romtreue Hand zu geben. Soweit Papst und Kardinal. Die Gonzaga betrieben dabei *ihr* Geschäft. Die in ihrem Höhenflug niedergedrückte Universalkonzeption fand sich damit ab, dort Hilfe zu finden, wo sie sich, zwar nicht uneigennützig, aber doch mehr oder weniger nützlich im Staatsegoismus eines italienischen Fürstenhauses anbot.

Nikolaus von Kues hat die Notwendigkeit dieser Lösung unter dem Zwang der Realität bejahen müssen. Von Venedig aus war man, wie sich zeigte, ebenfalls mit der Bitte um Förderung in der Tridentiner Frage hervorgetreten. Hier spitzte sich die ganze Problematik zu einem für Nikolaus sehr gefährlichen Entweder-Oder zu. Zeigte sich die Signorie bereit, sein Brixner Anliegen um einen gewissen Gegendienst zu unterstützen, mußte er dann die papsttreue Partei in Italien hintergehen, oder mußte er auf die möglich erscheinende Rettung seiner Kirche verzichten, indem er durch weitere

Parteinahme für die Gegenseite Venedig vor den Kopf stieß? Um die Wende von 1461 zu 1462 stellte sich die Frage in aller Realität.

Das venezianische Humiliatenkloster S. Maria in Orto stand schon seit geraumer Zeit im Mittelpunkt der städtischen Diskussion. Die vorgebrachten Anklagen über die Zustände im Kloster waren einwandfrei stichhaltig. In den Reformwillen der städtischen Behörden mischte sich aber schon bald das recht eigennützige Bestreben einer von den Säkularkanonikern von S. Giorgio in Alga beeinflußten Partei, die das Kloster nicht nur reformieren, aber den Humiliaten belassen, sondern eben die Kanoniker in seinen Besitz bringen wollte. Der Patriarch von Venedig war die geistliche Instanz, der die Reform übertragen werden mußte, falls die Stadt ein internes Ordensverfahren der Humiliaten ablehnte. Selber aus der Kanonikerkongregation hervorgegangen, waren beide damals einander folgenden Patriarchen kaum Neutrale im ganzen Verfahren. Die für S. Giorgio günstige Partei gewann aber schon bald auch deshalb die Oberhand, weil die Humiliatenniederlassung aus Mitteln der Visconti dotiert worden war, Sforza durch den Hinauswurf der Humiliaten aus Venedig ein empfindlicher Stich versetzt werden konnte und das Kloster selbst in die Hand einer venezianischen Kongregation kam. Allem vorangehen mußte natürlich der Entscheid des Papstes. Am 4. November 1461 erfolgte deshalb im Rat der Zehn der einstimmige Beschluß, von Pius II. die Übertragung der Reform an den Patriarchen zu erbitten. Entsprechende Schreiben mit Bitte um Unterstützung wurden an den Kardinalkämmerer, Carvajal, Prosper Colonna und Nikolaus von Kues geschickt.

Über Giacomo Zeno, den Bischof von Padua, war im vorhergehenden Sommer der erste Kontakt zwischen Cusanus und dem Dogen angebahnt worden. Mit einem Briefe des Kardinals vom 15. September wurde die direkte Verbindung aufgenommen [16]. Der Vermittlungsplan hatte zwar einige realistische Grundlagen; Venedig konnte sich nichts mehr als das Ende des Brixner Streits wünschen, die Aufhebung des dem Handelsverkehr über den Brenner ungünstigen Interdikts, die Bannung jener gefährlichen Einflußnahme der oberitalienischen Konkurrenten. Aber schließlich konnten die Interessen des Cusanus von Venedig auch unberücksichtigt gelassen werden, indem man etwa die Exkommunikationsverkündung im Territorium verbot und die an und für sich der Kirchenstrafe verfallenen Kaufleute unbehelligt ließ, während durch die Kriegsandrohung an Sforza auch die Tridentiner Gefahr ohne oder sogar gegen den Kardinal gebannt wurde.

[16] Cod. Cus. 221 p. 120.

Wenn aber nun einmal der Kontakt mit dem einflußreichen Freund des Papstes aufgenommen war, warum ihn dann nicht auch mit einem kleinen Druck gleich in eigener Sache bemühen? Also schrieb man wegen der Humiliaten auch an ihn.

Alles ging nach Wunsch. Nikolaus setzte sich gleich mit Colonna und mit ihm zusammen dann mit dem Papste in Verbindung. Das Ergebnis war ein am 17. November ausgestelltes Breve an den Patriarchen, mit dem der Papst ihm die Reform des Klosters samt Erlaubnis zur Vertreibung der Humiliaten übertrug. Der Widerstand des Humiliatenpropstes veranlaßte unglückliche Gewaltmaßnahmen, deren Sanktionierung nun in neuen Briefen an den Papst und an die gleichen Kardinäle wohl oder übel am 17. Dezember erbeten werden mußte. Mit diesen Briefen sich kreuzend, ging die Korrespondenz über Brixen hin und her. Zum erstenmal hatte sich der Senat offiziell mit dem Streit befaßt. Aber auch aus Mailand eilten nun Briefe nach Rom. Der damalige Humiliatengeneral aus der bekannten Familie der Crivelli war Mailänder und forderte von Sforza schärfsten Protest. S. Maria in Orto wurde für Sforza eine Prestigeprobe. Am 28. Dezember wurde Carreto zum Eingreifen angewiesen. Noch vor dem 17. Februar erhielten die Kanoniker von S. Giorgio einen Brief des Cusanus, der ihnen die neue Meinung des Papstes kundgab: Räumung von S. Maria in Orto durch die mittlerweile dort eingedrungenen Kanoniker und Einstellung aller Gewaltmaßnahmen gegen die Humiliaten. Pius selbst wies erst am 21. Februar seinen Gesandten bei der Signorie, Dominicus von Lucca, in gleichem Sinne zum Eintreten für die Humiliaten an. Am 13. Januar hatten Carvajal und Colonna der Stadt noch die von ihnen beim Papst erlangte Bestätigung der Übergabe des Klosters an die Kanoniker mitgeteilt. Unmittelbar hinterher muß Carreto also eingegriffen haben. Nikolaus von Kues nahm gleich für Sforza und die Humiliaten Partei und machte durch seine sofortige Mitteilung nach Venedig kein Hehl aus seinem Frontwechsel. Die Zehn ließen ihm am 18. Februar schreiben: „*Wir wollen unter keinen Umständen, daß die Humiliaten in S. Cristoforo* (S. Maria in Orto) *bleiben, sondern daß die Kongregation von S. Giorgio in Alga dort bleibt, wie sie jetzt ist*“ (LXXVIII).

Der weitere Verlauf der Angelegenheit berührt uns nicht. Nikolaus von Kues schied aus der zwischen Venedig und Rom hierüber geführten Korrespondenz aus. Am 27. Februar wandte sich der Doge nochmals an ihn und andere Kardinäle, um in der Klage der Stadt gegen den päpstlichen Kubikular Franz von Triest Hilfe beim Papst zu erlangen. Bessarion, Carvajal und Cusanus waren unter den Adressaten der gleichlautenden Briefe; der einflußreiche Piccolomini-Kreis tritt hier ganz klar hervor. Wir wissen nicht, ob sich Nikolaus mit der Bitte des Dogen weiter befaßt hat (LXXIX). Die in Sache Brixen geführte Korespondenz war schon im Januar abgebrochen. Erst als im Mai nach Malipieros Tod Cristoforo Moro zum neuen Dogen gewählt wurde, mischte Cusanus unter die Glückwunschschreiben der Kardinäle an ihn am 11. Juni auch seinen Brief, in dem er nun wieder seine Brixner Kirche zur Sprache brachte (LXXXI, 1). In der Humiliatenfrage hatte er durch konsequentes Eintreten für die politischen Freunde der römischen Kirche eine mögliche Hilfe für seine Brixner Kirche aufs Spiel zu stellen gewagt. Nicht, als zeige sich hier nun endlich, wie wenig ihm die Freiheit seiner Kirche doch nur am Herzen lag! Die Notwendigkeiten der politischen Konstellation, in die die Kirchenpolitik gefangen war, ließen keinen anderen Ausweg als die Parteinahme für Sforza.

Nachdem sich das Tridentiner Projekt im Frühjahr 1461 zerschlagen hatte, konzentrierten die Gonzaga ihre Tätigkeit auf den roten Hut. Eine Kandidatenliste, auf der auch Francesco stand und die Pius im Februar in einem geheimen Konsistorium vorlegte, fand keine ungeteilte Zustimmung, so daß er sie zurückzog. Die Zeit für eine neue Kreation war noch nicht reif (LXVI,3). Als Bonatto am 28. Mai zum erstenmal wieder bei Nikolaus von Kues deswegen vorstellig wurde, entwickelte sich die allgemeine Lage recht günstig für Francesco. Diether von Isenburg, schon exkommuniziert, hatte im Februar auf dem Nürnberger Reichstag an ein zukünftiges allgemeines Konzil appelliert. Sowenig Pius II. wie seine Vorgänger im Grunde an die das Konzil betreffenden Verpflichtungen aus dem 48er Konkordat dachten, so akut wurde die Frage 1461 durch die neue deutsche Konzilsbewegung. Zu allem Unglück standen die deutschen Fürsten darüber auch noch mit dem französischen Hof in Verbindung; noch regierte Karl VII. Die Einberufung eines Konzils durch den Papst schien die einzige Möglichkeit, den neuen Bruch zu vermeiden. Aber wenn schon ein Konzil, dann in Italien; und da bot sich wieder Mantua an, für die Gonzaga eine neue Gelegenheit. Nach Siena wollte Pius nicht, Rom mußte den Ultramontanen suspekt sein. So erfuhr Bonatto nun durch Cusanus: Mantua stehe beim Papst in großem Ansehen. Er, Nikolaus, würde ja schon gerne im letzten Jahre Francesco ins Kolleg gebracht haben. Als er zur Kurie zurückkehrte, sei die Kreation jenes Jahres aber schon erledigt gewesen. Diesmal könne nichts fehlen. Der Papst wünsche einen kaisertreuen Kardinal. Außer dem

Eichstätter, der sein Bistum nicht verlassen wolle, gebe es in Deutschland aber keinen. Konkret brauchten die Gonzaga jetzt nur eines zu tun: den Kaiser formell um entsprechende Suppliken an Papst, Kolleg und ihn, Nikolaus selber, zu bitten, worin er die Kandidatur Francescos unterstütze und Nikolaus zu seinem Prokurator ernenne. Wenn sich Nikolaus in so eindeutiger Weise anbot, so erfüllte er damit nur seine Versprechungen, die er vor mehr als einem Jahre in Mantua Barbara und Albrecht Achilles gemacht hatte. Francesco war der Kandidat der Brandenburger und damit automatisch der des Kaisers. Schließlich vergaß Nikolaus nicht, noch auf die Sicherheit hinzuweisen, die sein Einsatz in der Sache bedeutete. So sicher wie er Enea damals durch Stimmensammlung bei den Kardinälen ins Kolleg gebracht habe, so gewiß würde Francesco nun auf gleiche Weise Kardinal (LXII).

Doch warum sollte neben Francesco der hohenzollernsche Verwandte in Ansbach nicht auch noch von der Papsttreue der Gonzaga profitieren? Es schien, als würde die kluge Mantuaner Markgräfin den deutschen Kardinal zum erstenmal in deutschen Fürstenstreitigkeiten zur Partei machen können. Nachdem sich Nikolaus als beste Informationsquelle für alle Nachrichten herausgestellt hatte, die aus Deutschland an die Kurie gelangten, mußte es dem Mantuaner Gesandten, der sich bei dem Kardinal stets über den neuesten Stand der Dinge informierte, bei solchen Gelegenheiten nicht schwer fallen, dessen Mitleid für Albrecht Achilles zu gewinnen, als dieser damals im süddeutschen Fürstenkrieg in sehr prekäre Lage geraten war, um so mehr, als Nikolaus selber schon im Juni seine Befürchtungen über das Schicksal Albrechts in dem bevorstehenden Kriege gegen Ludwig den Reichen geäußert hatte (LXIII). Nun stand aber Albrecht durch sein Bündnis mit Diether von Isenburg und seinen im Streite mit Ludwig dem Reichen in Podiebrads Hände gelegten Kompromiß an der Kurie augenblicklich nicht in allerhöchster Gunst. Der sowohl als Diethers wie auch als Albrechts Fürsprecher zur Kurie entsandte Hertnid von Stein gab klugerweise den Erzbischof zugunsten päpstlicher Hilfe für Albrecht rasch auf.

Als Hertnid in Rom ankam, befand sich Nikolaus von Kues noch in seinem orvietanischen Sommeraufenthalt. Bezeichnend für die Rolle des Cusanus an der Kurie ist, daß einen ganzen Monat lang Hertnid ergebnislos warten mußte, weil der Papst ohne Rücksprache mit dem Kardinal nichts unternehmen wollte, jedenfalls nicht die von Albrecht geforderte offene Parteinahme im Fürstenkrieg billigte. Als Diether später von der für ihn ungünstigen Entwicklung in Rom erfuhr, wandte er sich über seinen

Gesandten Abt Eberhard am 9. Dezember ausdrücklich an Nikolaus, *„meinen Freund"*. Der Kardinal hatte wohl kaum Grund, sich seiner anzunehmen. Aber auch die von Albrecht gewünschten Breven an die Bischöfe von Würzburg und Bamberg, die sie zur Kampfeinstellung gegen Albrecht zwingen sollten, glaubte Nikolaus, als er Ende September schließlich in Rom eintraf, kaum befürworten zu können, und empfahl statt dessen, einen vermittelnden Gesandten zu schicken (LXVI). In einem Gespräche mit Bonatto am 20. Oktober hatte der Kardinal sogar guten Grund, sich seinerseits über das Verhalten Mantuaner Kaufleute zu beklagen, die das päpstliche Verkehrsverbot in Tirol mißachtet und dabei auch noch die Unterstützung des Markgrafen gefunden hatten, so daß Bonatto, den Protest des Cusanus nach Hause weiterleitend, dringend um Stellungnahme des Markgrafen bitten mußte. Im übrigen hatte Bonatto soweit wie möglich die Sache schon auf seine eigene Kappe genommen (LXVIII). Nichtdestoweniger sprach er am 28. Oktober erneut bei Nikolaus wegen Albrecht vor. Auch der Kaiser hatte sich nun eingeschaltet und den Papst um Unterstützung Albrechts gebeten. Der Widerstand des Cusanus gegen eine Parteinahme, die fürstliche Partikularinteressen unterstützte, zeichnete sich in seinem erneuten ausführlichen Bericht über die Entwicklung in Deutschland aber bereits ab, als er auch den von Albrechts Feinden erhobenen Vorwurf erwähnte, *„daß seine Sache privat und nicht kaiserlich sei"*. Immerhin äußerte er nicht weniger alle guten Hoffnungen für Albrecht, für seine Unterstützung durch die Reichsstädte, für seine kriegerische Taktik usw. Da dem Hohenzollern schöne Worte allerdings wenig halfen, stieß Bonatto entschiedener vor: Der Papst muß für Albrecht schreiben. Wenn der Kardinal wolle, so könne er alles beim Papst erreichen. Nikolaus wich aus: *„Unser Herr ist so stark mit den hiesigen Fragen beschäftigt, daß man ihn nicht für Sachen von dort gewinnen kann, nicht einmal für die Türkensache, die er allem voransetzt, und noch immer fürchtet er die früheren Komplotte.... Es tut mir leid; und wenn ich in einer Hinsicht die Sache begünstigen kann, wie gesagt, ich werde es tun"* (LXX). Um so leichter konnten Kardinal und Gesandter aufatmen, als aus Deutschland bald schon bessere Nachrichten über Albrecht eintrafen, und um so kräftiger konnte Nikolaus nun beteuern, *„daß er diese seine* (Albrechts) *Sache begünstigt habe und, soweit er könne, weiterhin begünstigen werde"* (LXXI). Tatsächlich hatte sich aber gezeigt, daß der kaiserliche Feldhauptmann Achilles in dem Augenblick auch des Cusanus Sympathien verlieren mußte, wo es nicht mehr um Kaiser und Reich ging. Und schließlich war die cusanische Grundhaltung wie auch das Ziel der päpstlichen Politik hier auf Ausgleich und Frieden gerichtet. Mit dem Wittelsbacher des Hohenzollern wegen zu brechen, war Nikolaus nicht bereit. Die Begründung des Cusanus, warum Pius nichts von Albrechts Wünschen wissen wollte, nämlich die päpstliche Beschäftigung mit italienischen Sachen, d. h. mit Neapel, erhellte aber auch wieder einmal schlagartig die ganze Situation dieses Pontifikats, so sehr es sich zwar um einen sachlich richtigen, hier jedoch nur als Vorwand dienenden Grund handelte. Nicht das Anliegen des Hohenzollern allein mußte nach dieser Begründung hinter Neapel zurücktreten – weniger wichtig, da beide Fragen auf der gleichen politischen Ebene lagen –, sondern auch das größere Kreuzzugsanliegen, das von der italienischen Politik völlig in den Hintergrund gedrängt wurde.

Als Hertnid von Stein für Albrecht Achilles vorsprach, hatte er nicht versäumt, die Verdienste der Hohenzollern für die Kirche hervorzuheben. Immerhin war Albrecht der Großonkel eines vor der Kardinalserhebung stehenden Mitgliedes der zusammen mit den Sforza augenblicklich rührigsten Familie im päpstlichen Lager, und auch Bonatto hatte in seinen Gesprächen mit Nikolaus dann wieder Ansbach und Mantua verkoppeln können, wie Albrecht und Barbara ja auch schon selber im Vorjahre gemeinsam für den jungen Francesco sprachen. Bonattos Mitteilungen im Mai über die Zusage des Cusanus, Francesco unter allen Umständen durchzudrücken, hatten Barbara aufjubeln lassen. Endlich erfüllte sich ihr ehrgeiziger Wunsch, und sofort mahnte sie Bonatto, den Kardinal mit größter Aufmerksamkeit zu behandeln und ihm ihre Ergebenheit zu versichern, *„da Wir ihn als Unsern Vater und Schutzherrn schätzen“* (LXII,11). Als Bonatto im Oktober den Kardinal in der Kreationsfrage wieder aufsuchte, hatte sich am Stand der Dinge nichts geändert. Nach kurzer Entschuldigung des Cusanus, daß er im Juni durch seine Krankheit, darauf durch seinen Sommeraufenthalt an weiterer Tätigkeit für die Gonzaga verhindert gewesen sei, umriß er nun Bonatto nochmal den ganzen Fragenkreis mit allen Aussichten und Schwierigkeiten. Der Papst sei den Gonzaga natürlich nach wie vor gewogen. Der Widerstand der Kardinäle im letzten geheimen Konsistorium gegen neue Kreierungen sei durch die Tendenz nach möglichster Kleinhaltung des Kollegs bedingt gewesen. Nachteilig für Francesco sei sein jugendliches Alter. Immerhin würden die Jahre diesen Defekt bald beheben, und so wolle er, Nikolaus, es durch warme Befürwortung Francescos beim Kolleg erreichen, daß man sich dahingehend einige, Nikolaus und noch ein anderer Kardinal sollten die kaiserliche Supplik im Auftrage des Kollegs mit dem Versprechen unterfertigen, daß Francesco nach drei oder vier Jahren publiziert werde, bis dahin aber in petto bleibe. Wieder wies der Kardinal darauf hin, daß er damals auch so mit Enea Silvio verfahren sei. Er und Carvajal hätten im Auftrage des Kollegs die kaiserliche Supplik für Enea schon zur Zeit Nikolaus' V. in ähnlicher Weise unterschrieben. Unter Calixt III. sei dann nach Vorlage dieses dem Kaiser gegebenen Versprechens die Publikation erfolgt. Das Versprechen des Kollegs, so meinte Nikolaus, sei für Francesco im Augenblick leicht zu erhalten. Zu Weihnachten seien neue Kreierungen so gut wie sicher. Es sei gut, bis dahin die kaiserliche Supplik in Rom zu haben; denn danach sei vorläufig mit keinem neuen Termin mehr zu rechnen. Was aber die Unterstützung durch den Kaiser angehe, so glaubte Nikolaus, von dieser Seite könne kaum Widerstand zu erwarten sein, da sonst kein deutscher Kandidat in Aussicht sei, im Gegenteil der Sproß eines kaisertreuen Fürstenhauses mit Kurstimme, der zudem der kirchentreuesten unter den italienischen Fürstenfamilien angehöre, sei wie kein anderer zum Kandidaten des Kaisers geschaffen. Was Francescos Alter betreffe, das Nikolaus übrigens irrigerweise schon mit 22 statt mit 18 angibt,wolle er selber im Kolleg auf Francescos geistige Reife hinweisen, die der eines Dreißigjährigen oder gar noch Älteren entspreche. Das einstimmige Zeugnis der Zeitgenossen gibt dem Kardinal in dieser Beurteilung Francescos recht, dessen Ausbildung durch ausgedehnte Studien – gerade weilte er in Padua – von der Markgräfin planmäßig auf die geistliche Laufbahn hingelenkt worden war.

Alles in allem, so faßte Cusanus die Aussichten zusammen, *„man wird ihn vielleicht gar noch zu Mantua kreieren"*, das heißt: auf dem für Mantua in Aussicht genommenen ökumenischen Konzil (LXVI). Wie sehr man an der Kurie auf dieses Konzil gefaßt war, zeigte ein Bericht Bonattos vom 11. Oktober. Nikolaus von Kues erschien da als wärmster Fürsprecher des Konzils. Er argumentierte, Rom müsse die Initiative ergreifen, um sich nicht dadurch die Hände binden zulassen, daß man von anderer Seite aufgefordert werde, *„da es hier und andernorts gewünscht werde und für den Glauben notwendig sei"*. Mantua empfahl er eindringlich als Tagungsort. Noch immer hatte sich durch das Dickicht der politischen Notwendigkeiten in ihm der Grundgedanke einer Kirchenreform erhalten. Das Konzil von Mantua sollte endlich die Bahn für einen neuen Geist freimachen, und so ließ er an Barbara schreiben, *„es sei notwendig, dort hinzukommen, um vieles zu reformieren"*. Allerdings meinte Nikolaus damit nicht nur Geistliches, wie wir gleich noch sehen werden (LXVII).

Die Kardinalskandidatur des Bischofs von Arras, Jean Jouffroy, brachte seit Oktober in die zunächst ziemlich ruhig verlaufenen Vorbereitungen für die zu Weihnachten geplante Kreation steigende Verwirrung. Jouffroy, als Günstling Philipps von Burgund und damit als Gegner des Gallikanismus bekannt, verhandelte damals als päpstlicher Legat mit dem neuen französischen König Ludwig XI. über die Aufhebung der Pragmatischen Sanktion von Bourges, die Ludwig als von Karl VII. vertriebener Dauphin einst Pius II. für dessen Hilfe versprochen hatte. Darüber gleich ausführlicher. Für den Legaten war die Angelegenheit nur Mittel zum ehrgeizig verfolgen Ziel des Kardinalspurpurs. Das Kolleg wollte den unsympathischen Streber jedoch nicht in seinen Reihen haben und widersetzte sich allen darauf abzielenden Versuchen des Papstes, dem die Aufhebung von Bourges mit einem roten Hut nicht zu teuer erkauft schien. Nikolaus von Kues gab als Vertrauenskardinal der Gonzaga über die ganzen Vorgänge am 20. Oktober einen ausführlichen Bericht, den Bonatto an die Markgräfin weiterleitete. Die von ihm befürchtete Gefahr, die Jouffroys Kandidatur nun für Francesco brachte, war nicht nur, daß ein weiterer Bewerber in die engere Wahl trat, sondern daß Ludwig XI., falls einmal ein roter Hut als Tauschpreis für Bourges anerkannt war, nicht weniger entschlossen dann auch einen weiteren verlangen könnte und damit von anderen Parteien geförderte Kandidaten wohl oder übel übergangen werden müßten. Um so eifriger hatte Nikolaus bei verschiedenen Kardinälen für den Gonzaga werben können und erklärte nun dem Gesandten: *„Ich hoffe, man wird entweder keinen erheben, oder er wird angenommen“*. Und wenn er noch nicht publiziert werde, so könne er dann ja in aller Ruhe weiterstudieren, da ihm der rote Hut gewiß sei (LXVIII). Es versteht sich, daß Barbara sich den Kardinal durch stete Dankesbezeugungen gewogen hielt (LXIX).

Zu Jouffroy gesellte sich als weiterer dem Streit der Parteien ausgesetzter Kandidat Bartolomeo Vitelleschi, Bischof von Corneto und päpstlicher Truppenführer im Kampfe gegen Malatesta. Nikolaus von Kues war aus der Konzilszeit her der geschworene Feind Vitelleschis, und auch jetzt widersetzte er sich ihm. Ein Teil der Kardinäle machte nun die Annahme der ganzen Vorschlagsliste des Papstes vom Ausschluß, der andere von der Einbeziehung des Bischofs abhängig, Pius schließlich die ganze Promotion vom Einschluß sowohl Vitelleschis wie Jouffroys. Nikolaus versuchte dem Papst die starre Haltung auszureden. Aber er gab ausweichende Anwort, so daß Nikolaus schon die Hoffnung auf die Promotion verlor. Bonatto warb inzwischen bei den anderen Kardinälen nicht nur für Francesco, sondern zur

Ausräumung jenes Hindernisses auch für Jouffroy. Am 25. November berichtete er nach Hause, er werde noch am gleichen Abend Cusanus aufsuchen und hoffe *„ihn umzustimmen und ebenso die andern"* (LXXII). Man muß die Äußerungen des Cusanus über Jouffroy gelesen haben, um die Schwierigkeiten dieses Unternehmens zu verstehen. *„Er ist ein schlechter Schuft. Nur dem Papst zu Gefallen und um sich selber zu belohnen, hat er immer von der ‚Pragmatique' Schlechtes geredet"* (LXVI). *„Bei uns wird der Monsignore Trabatensis nur Turbatensis genannt, da er immer streiten, alle beugen und keinem weichen will"* (LXVIII). Über seine Haltung zu Vitelleschi braucht kein weiteres Wort verloren zu werden.

Cusanus blieb hart. Als Bonatto nicht zum Zuge kam, suchte er sich in seinem Mailänder Kollegen Carreto Verstärkung. Am 30. November sprachen beide erneut bei ihm vor, um ihn von seinem starrköpfigen Entschluß abzubringen, die Promotion durch seinen Widerstand überhaupt zu vereiteln. Dieselbe Starrheit vertrat er auch Pius gegenüber. Die Promotionsfrage wurde zum kritischen Punkt, an dem sich nun der ganze Groll des Cusanus über die politischen Umtriebe an der Kurie entlud. Die nach den *Kommentarien* Pius' II. oftmals geschilderte Auseinandersetzung zwischen Papst und Kardinal reißt die ganze innere Problematik der von Nikolaus an der Kurie befolgten Politik auf. Immer wieder der politischen Notwendigkeit nachgebend, sammelte er anderseits in sich eine wachsende Unzufriedenheit mit dieser Art Politik an, die letzthin der Kirche entgegenarbeitete. Selbst die Kandidatur Francescos als ausschließlich kaiserlicher Prokuratur zu unterstützen, würde er abgelehnt haben, wie er 1454 auf dem Regensburger Reichstag es ablehnte, ohne päpstliche Zustimmung Legat des Kaisers zu sein. Immer sind es die sowohl Kaiser wie Kirche erwiesenen Dienste der Gonzaga, die er zu Francescos Gunsten anführte. Daß schließlich Francesco offiziell qua *Deutscher* promoviert wurde und ihn auch Cusanus selbst ausdrücklich *„meinen Deutschen"* nannte, zeigt nur zu klar die historische Wirklichkeit an. Die Nationen stellten ihr Kardinäle. Die Alternative: Promotion ohne Jouffroy oder überhaupt keine Promotion, übersteigerte Konsequenz seines Widerstandes gegen alle sich ins Kolleg einfressenden Nationalegoismen, mußte entweder zu einer unerhörten kirchenpolitischen Sensation führen, falls tatsächlich die ganze Promotion scheiterte, oder zu einer empfindlichen Niederlage des Cusanus. Den beiden Gesandten gegenüber betonte er ausdrücklich, daß er die absolute Zustimmung zur Promotion keinesfalls geben werde, sondern nur, falls die Vorgeschlagenen den roten Hut tatsächlich verdienten. Auf keinen Fall sollte Francesco jedoch wegen dieser mißliebigen Kandidaten ausscheiden, wenn sich die Zahl der Kandidaten über Gebühr durch jene Mißliebigen erhöhen sollte. Er werde sich in jeder Weise für Francesco einsetzen. Dränge man nicht mit Francescos Publikation, so würden die Kardinäle ihn wohl schon insgeheim als Kardinal akzeptieren; *„denn“*, so fügte Nikolaus mit sarkastischer Begründung hinzu, die wiederum seinen ganzen Unwillen ausdrückt, *„in der Zwischenzeit werden sie keine Juwelen ihres Hutes verlieren, wenn er* (als noch nicht Publizierter) *draußen steht, und sie schätzen, daß doch wohl einer von ihren Alten dann stürbe, der ihm Platz machen könnte“* (LXXXIV). Hier gehen nun die zornvollen Anwürfe des Cusanus in wirrer Verschlingung durcheinander – die Furcht der Kardinäle vor der Beschneidung ihrer Einkünfte durch Vergrößerung des Kollegs, die persönliche Unwürdigkeit der Vorgeschlagenen, die politischen Machenschaften, die sie nach vorne tragen, Nationalinteressen, deren Vertretung Nikolaus in seinem Reformentwurf den Kardinälen verbot. Und so warf er dann in jenem bekannten Gespräche auch dem Papste gleich alles ins Gesicht. *„Nichts gefällt mir, was hier an der Kurie getrieben wird; alles ist verdorben, keiner tut seine Pflicht. Beobachtung der Kanones? Ehrfurcht vor den Gesetzen? Eifer im Gottesdienst? Ehrgeiz und Habsucht fördern alle! Wenn ich im Konsistorium endlich einmal von Reform spreche, werde ich ausgelacht.“* Die Umtriebe bei der Kardinalserhebung hatten den Funken in einen großen Haufen Zunder angesammelten Grolls geworfen.

Der Papst wies Cusanus mit energischen Worten zurück. Was auch immer an der Kurie auszusetzen sei, er habe die Verantwortung für die Kirche, nicht der Kardinal. An entscheidender Stelle mußte der Piccolomini hier die kirchliche Korruption vor den politischen Notwendigkeiten in Schutz nehmen. Die Erhebung Jouffroys sei Voraussetzung für die Aufhebung von Bourges, und deshalb dürfe man um des guten Zweckes willen an die Mittel nicht die strengsten Maßstäbe legen. Jouffroy müsse den roten Hut unter allen Umständen erhalten. Pius hat Vitelleschi dann zugunsten des Franzosen geopfert und erreichte mit diesem Kompromiß die Einwilligung für Jouffroy. Die politische Notwendigkeit siegte. Cusanus blieb nichts übrig, als sich ihr zu beugen.

Ende Oktober war aus Mantua der Gonzaga-Gesandte abgereist, der am Kaiserhofe wegen Francesco vorsprechen sollte. Den Text der vom Kaiser an den Papst zu richtenden Supplik für Francesco hatten Lodovico und Barbara nach gemeinsamer Redaktion dem Gesandten gleich mitgegeben.

Die kaiserliche Kanzlei richtete sich in ihren Schreiben an Papst, Kolleg und Cusanus danach. Dem Wunsche der Gonzaga entsprechend, daß der Kaiser die Sache als motu proprio darstelle, ohne ihre Bemühungen dabei zu erwähnen, wurde Francesco auch offiziell zum ausschließlich kaiserlichen Kandidaten. Die manu propria unterfertigten Schreiben des Kaisers vom 11. November wurden ergänzt durch ein Empfehlungsschreiben Sforzas vom 3. Dezember und ein neuerliches Schreiben Markgraf Albrechts. Nikolaus von Kues wurde vom Kaiser *„zu Unserm Prokurator und Promotor dieser Sache“* ernannt (LXXIII). Am 1. Dezember sandte Lodovico Gonzaga die von seinem Gesandten aus Graz nach Mantua mitgebrachten Kaiserbriefe nach Rom weiter. Das geheime Konsistorium mit der Promotion fand am 14. Dezember statt. Nachdem Bessarion und Carvajal Francesco als Mitglied des kaisertreuen Hauses Brandenburg vorgeschlagen hatten, stellte Nikolaus im Namen des Kaisers den offiziellen Antrag. Die Publikation erfolgte am 18. Dezember (LXXV).

Das Markgrafenpaar hatte allen Grund zu den Dankschreiben, die es Nikolaus am 22. Dezember übersandte, einen formell gehaltenen Brief Lodovicos, einen persönlich-warmen Dank Barbaras (LXXVI, LXXVII). Sie empfahl ihm auch weiterhin die Obsorge für Francesco, und dazu hatte sie sicher Ursache. Cusanus hatte in seinen Unterhaltungen mit Bonatto hin und wieder das Thema der persönlichen Würdigkeit der Kardinalskandidaten angeschnitten, stets mit einem Affront gegen Jouffroy. Und Francesco? Man würde denken, daß er nach seiner Ankunft zu Rom in den Freundeskreis des Cusanus, unter die Piccolomini-Vertrauten aufgenommen worden sei. Aber keiner der vielen aus Francescos Familie und von ihm selbst nach Hause gehenden Briefe erwähnt auch nur flüchtige Begegnung mit Cusanus. Erst im September 1462 trafen sie sich in den Bädern von Chianciano, wo nun tatsächlich eine nähere Bekanntschaft eingesetzt zu haben scheint. Jedenfalls verwandte sich Nikolaus damals für den Vater des Skutifers Francescos, einen Remedius Cappi, den Lodovico zum Vikar in Sabbioneta eingesetzt hatte. Das Empfehlungsschreiben des Cusanus ist an Barbara gerichtet. Offenbar wollte Francesco die alte Freundschaftsbeziehung zwischen Kardinal und Markgräfin benutzen, um seinem Familiaren auf diese Weise wirksamere Unterstützung geben zu können, nachdem er selbst schon im Vorjahre für dessen Vater bei Lodovico und Barbara in gleichem Sinne gebeten hatte, ihn im Amte zu belassen (LXXXIII). Ferner muß Francesco in Chianciano mit Nikolaus das Tridentiner Projekt erneut zur Sprache gebracht haben. Zumindest konnte er seinem Vater die Gewogenheit des Cusanus für seine neuen Erwerbspläne mitteilen (LXXXIV). Wie die Ausführungen des Giacomo d'Arezzo nach dem Tode des Cusanus schließen lassen, stand Nikolaus doch wohl in enger Berührung mit dem Gonzaga (LXXXXIV). Vielleicht ließ auch Francesco dem Mittellosen einige Unterstützung zukommen, wie sich Kardinal Barbo in den letzten Jahren in gesteigertem Maße des Deutschen annahm. Näheres ist nicht bekannt. Die uns erhaltene Korrespondenz aus dem Familienkreise Francescos zeichnet uns das Bild eines nicht weniger jungen und gebildeten als verliebten und verfressenen Lebemannes, der in seinen Briefen immer wieder um Magenpillen aus der Mantuaner Hausapotheke bat. Seine Tag für Tag besuchten Freunde waren nicht die Idealisten um den Papst, sondern Colonna, Orsini, Barbo, die reichen, lebenslustigen Aristokraten des Kollegs, von denen auch er anderseits wieder umworben wurde. Denn immerhin hatte Cusanus die Gonzaga als erste der italienischen Fürsten ins Heilige Kolleg gebracht, wo sie sich nun in kontinuierlicher Reihenfolge, teilweise, wie in Ercole Gonzaga, zu führenden Köpfen der Kirchengeschichte emporwachsend, für zwei Jahrhunderte festsetzten. Erst 1484 kam mit Ascanio der erste Sforza, 1489 mit Giovanni, dem späteren Leo X., der erste Medici, 1493 mit Ippolito der erste Este ins Kolleg. Machtmäßig rangierten die Gonzaga ohne Zweifel hinter diesen Häusern. Um so höher konnten Lodovico und Barbara das Konsistorium vom 14. Dezember 1461 als großen Erfolg ihres Hauses buchen. Es wäre hier ein leichtes, an Nikolaus manche Frage zu stellen, die ihn selbst, der doch stets den Bedingtheiten seiner Zeit unterworfen war, überfordern müßte.

Die Ausweglosigkeit der Piccolomini-Politik allmählich erkennend, suchte er der allgemeinen Stagnation im Herbste 1461 durch ein nicht weniger irreales Programm entgegenzutreten. Es war – und das ist bezeichnend – ein Programm ad hoc, das er unter Berücksichtigung der veränderten Situation in Frankreich, die der dortige Regierungswechsel schuf, Anfang Oktober zunächst dem Papst unterbreitete und dann Bonatto in vertraulichem Gespräch mitteilte, der es nach Mantua weiterleitete. Kein grundsätzliches Programm also, sondern eine Flickkonzeption, die sich an der augenblicklichen politischen Lage orientierte – eine, wie sich zeigen sollte, utopische Hoffnung, die sich an den neuen französischen König knüpfte, als wolle Nikolaus, der andernorts erlebten Enttäuschungen überdrüssig, nun in ihm noch eine letzte Möglichkeit zur Durchsetzung der großen kirchenpolitischen Ziele erhaschen.

Die Aufhebung der Pragmatischen Sanktion, die man sich von Ludwig erhoffte, hielt Nikolaus gar nicht für so sicher, wie allgemein angenommen wurde. Zumindest befürchtete er, daß die Aufhebung, falls sie erfolgte, Schlimmeres durch mögliche französische Ersatzforderungen heraufbeschwor. Jouffroy traute er gar nicht. Aber, so führte er weiter aus, die Franzosen würden sich grundsätzlich dagegen wehren, und zwar mit dem recht handgreiflichen Argument, daß die ganzen römischen Bemühungen doch nur darauf hinausliefen, der Kurie einen neuen Geldstrom zufließen zu lassen. Man solle die Pragmatische Sanktion nach Nikolaus vielmehr unerwähnt lassen, wie auch der Papst sich aus dem kostspieligen neapolitanischen Unternehmen lösen solle, das damals in der Tat immer wieder die päpstliche Kasse leerte. Vielmehr solle man ohne Umschweife auf das Versprechen zurückgreifen, das Ludwig als verbannter Dauphin dem Papst gegeben hatte, nämlich gegen den Türken zu ziehen, falls er an die Macht komme. Der gerade aus Ungarn zurückgekehrte Carvajal, abgemagert und ergraut im jahrelangen Einsatz und in Rom mit höchster Bewunderung aufgenommen, wer hätte geeigneter sein können, um als Legat bei Ludwig XI., da nun alle andern sich sperrten, so doch die Franzosen für die große Sache zu gewinnen, deren König sich *allerchristlichst* nenne und die sich selbst als *Freie (franchi)* bezeichneten, und dies alles wegen ihrer gefeierten Taten für Glauben und Kirche! Dem französischen König solle Carvajal das Kreuzbanner übergeben, ihm das Konzil von Mantua anbieten, was doch wohl so viel heißt, daß Ludwig die Leitung der weltlichen Konzilsteilnehmer erhalten hätte. Und verhandeln solle das Konzil *„über den Kreuzzug und über die Reform der Kirche"*. Ein Konzil solle es sein, so fuhr Nikolaus fort, *„zu dem nicht jeder Abschreiber und Schulmeister Zutritt hat, wie es in Basel war, sondern allein Herren* (d. h. Fürsten), *Prälaten und Gesandte. Aus Ehrgeiz und des Versprechens wegen wird er, so schätze ich, annehmen, und dann wird man einzig und allein daran denken müssen und nicht ans Königreich Neapel."* Der Kardinal räumte ein, daß es unter Umständen hart sein würde, Ferrante zu einer Treuga mit den aufständischen Baronen zu bewegen. Aber unter dem Vorwand des Konzils könnte sich der Papst jedenfalls ohne große Schande sehr einfach aus der neapolitanischen Sache zurückziehen. Auf dem Konzil könne man dann wohl unter dem aufgezeigten allgemeineren Gesichtspunkt erfolgreicher sowohl die Pragmatique als auch *„viele andere Sachen reformieren, die in der Kirche Gottes notwendig sind. Und man würde die Nationen, die alle eben dies fordern, so zufriedenstellen"* (LXVI).

Der Plan des Cusanus dürfte nicht nur im Rahmen seiner Biographie sondern für die Konzilsgeschichte des 15. Jahrhunderts überhaupt sensationell sein. Zum Verständnis müssen zunächst einige politische Zusammenhänge beachtet werden. Im Verhältnis von Angebot und Gegenleistung hatte Ludwig dem Papst gegenüber zunächst die Vorhand. Er konnte Türkenzug und Aufhebung von Bourges bieten, Pius dagegen nur Verrat an Ferrante, damit aber Überschwenken zur angiovinischen Partei, das Ende Sforzas und den unbestrittenen Einfluß Frankreichs auf der Apennin-Halbinsel. Würde man Ferrante zwar nicht weiter unterstützen, aber auch den französischen Einfluß nicht begünstigen, anderseits die Aufhebung von Bourges vorerst zurückstellen, so blieb nur noch der Kreuzzug als einzige Leistung Ludwigs, die nun mit einer ganz kühnen politischen Wendung zu *dem* großen Erfolg des Königs in universalpolitischer Hinsicht führen könnte. Diese kühne Wendung war nicht mehr und nicht weniger als der Verrat am Kaiser, aber auch das wieder nicht – denn der Kaiser hatte sich durch seine Abwesenheit auf dem letzten Kongreß nicht weniger pflichtvergessen gezeigt –, sondern Abkehr von der Idee des deutschen Kaisers als Schutzherrn der Gesamtkirche überhaupt. Der König von Frankreich sollte der Bank der weltlichen Fürsten präsidieren, sollte an des Kaisers Stelle das Banner der Kirche gegen die Feinde der Christenheit tragen, sollte Wächter und Schutzherr der inneren und äußeren Reform sein. Während sich die französisch-deutsche Konzilsopposition zur Neuauflage von Basel vorbereitete, schlug der engste Berater des Papstes, der große Reichstheoretiker und Verteidiger der Kaisergewalt, nichts anderes vor, als ausgerechnet den zum Schutzherrn zu machen, von dem die politische Konstellation jederzeit fürchten lassen mußte, daß er auf der anderen Seite stehen würde, wenn vielleicht Konzil gegen Konzil trat. Und das alles vor der Aufhebung der Pragmatique, die dann um so gewißlicher folgen würde, als dem König die weltliche Führerrolle zufiele! Eine verzweifelte Lösung durch radikalen Bruch mit liebgewonnenen Vorstellungen und trotz päpstlichen Widerstandes sich in Parallele stellend mit dem Plan, zu dem Pius etwa zur gleichen Zeit in aussichtsloser Lage selbst getrieben wurde: das Angebot an Mahomet, ihn, falls er sich bekehre, an die Spitze der katholischen Fürsten zu setzen, wie einst die Päpste das Kaisertum von Byzanz auf Karl den Großen übertrugen, um sich statt des kraftlosen oströmischen einen neuen wirksameren Schutzherrn zu schaffen. Freilich, der Unterschied ist nicht zu übersehen; hier: Erspüren der Bedeutung des aufsteigenden Nationalstaates, dort: Festhalten an der Reichsidee. Nicht ganz so irreal war der Plan des Cusanus, gefährlich genug, um an die avignonesischen Jahrzehnte zu erinnern. Symptome des verzweifelten Ausbruchsversuchs in einer hoffnungslos verfahrenen Situation sind sie beide.

Pius II. hatte den Plan des Cusanus mit dem nicht sehr geistvollen Scherz beiseite geschoben, Carvajal könne ja gar nicht gehen, da er einen kranken Fuß habe. Auch Nikolaus ist später nicht mehr auf sein Projekt zurückgekommen. Bezeichnend ist, wie in allen seinen politischen Vorschlägen der Gedanke der Kirchenreform immer wieder mitverkoppelt wird. Er selbst hat auf die Abhaltung des Mantuaner Konzils sehr gedrängt, von dem er sich, mehr Wunschtraum als durchdachte Wirklichkeit, die Lösung aller kirchlichen Probleme versprach. In der tatsächlichen Entwicklung der Beziehungen zwischen Pius und Ludwig aber wurde schon bald das ganze von Nikolaus vorausgefürchtete Spiel der Gegenleistungen – Pragmatique, Neapel, Italien – diplomatisch durchgespielt. Von Nikolaus nicht ausdrücklich erwähnt, durch seinen Plan aber ebenfalls ausgeschaltet, trat dazu Ludwigs gefährliche Drohung, sich an die Spitze eines vom Papste unabhängigen Konzils zu stellen. Der König hatte mit der wohlüberlegten Aufhebung von Bourges die kluge Initiative ergriffen, die Pius immer mehr die Hände band. Den Konzilssturm konnte Pius glücklich bannen. An ein großes Konzept war aber nicht mehr zu denken. Das Überschwenken auf die angiovinische Seite wäre mehr oder weniger erpreßt und daher doppelt gefährlich gewesen. Nikolaus von Kues gehörte im März des nächsten Jahres zu denen, die dem Papste weitere Unterstützung Ferrantes empfahlen. Erst da erfolgte ein merkbarer Rückzug des Cusanus aus der großen Politik. Seine zwei letzten Lebensjahre bewegten sich in einem anderen, engeren Kreise.

Viertes Kapitel

Ruf und Lebensstil

Die Vorfälle von Bruneck machten Cusanus für die öffentliche Meinung zum heroischen Märtyrer für Recht und Freiheit der Kirche. Die Äußerungen des Papstes haben keinen geringen Anteil daran. Vom ersten Protestbreve Pius' II. vom 27. April 1460 angefangen[17] bis zu den großen Exkommunikationsbullen gegen Sigmund hat ihre offizielle Darstellung des Überfalls bis in unsere Zeit die Beurteilung des Kardinals beeinflußt. Für den journalistischen Sekretär des Cusanus, den Humanisten Giovanni Andrea Bussi, der in seiner Begleitung zu Bruneck alles miterlebte, gab es, kaum der Gefahr entronnen, kein Halten, die Ereignisse in düsteren Grundfarben, mit heroisierendem Goldglanz überstreut, aller Welt kund zu tun. Erhalten sind uns die Berichte, die er an Hack und Gasparus Blondus schickte. In der dabei eingeschlagenen Art und Weise erzielte er größte Breitenwirkung. Jedenfalls war die Folge des an den Tridentiner Bischof gerichteten Briefs, daß *„am Hofe des Fürsten* (Sigmund) *und im umliegenden Etschland nun jener Brief überall erörtert"* wurde[18]. Daß die an Blondus, den Sohn des berühmten Flavio, päpstlichen Sekretär und Familiaren des Cusanus, abgegangene Schilderung Bussis an der Kurie schnell die Runde machte, bedarf keiner Erwähnung. Daß sie eine positivere Wirkung hatte als der Bericht für Hack, muß hier aber besonders hervorgehoben werden. In Tirol wurde eine so übertreibende und hin und wieder vor Entstellungen nicht zurückschreckende Schärfe der spitzen Humanistenfeder als Unehrlichkeit des hinter ihr vermuteten Kardinals angesehen, nachdem dieser doch noch zu Bruneck Sigmund das bekannte Versprechen über seine Fürbitte beim Papst gegeben hatte. Anders in Italien, wo man nichts dergleichen wußte, der Protest einhellig, die Entrüstung frei von Rücksichten war.

Die italienischen Geschichtswerke des 15. Jahrhunderts, die auf den Streit mit Sigmund zu sprechen kommen, haben diese Beurteilung einstimmig übernommen und an die folgenden Jahrhunderte weitergegeben (LII, 3),

[17] *Vansteenberghe* 199 Anm. 4.

[18] So *Michael von Natz* an *Peter von Erkelenz* (ohne Datum). Die Belege s. bei *Vansteenberghe* 198 ff.

haben aber nicht weniger dazu beigetragen, die schon zu Lebzeiten einsetzende Verehrung des Cusanus als heiligmäßigen Kardinals nach seinem Tode weiter auszubauen. Vespasiano da Bisticci nahm ihn als einzigen Deutschen unter seine *uomini illustri* auf: *„Prunk und Tand achtete er überhaupt nicht; er war der ärmste Kardinal und bemühte sich nicht, etwas zu erlangen. Er führte das heiligste Leben und gab in allen seinen Werken das beste Beispiel, und sein Ende war wie sein ganzen Leben: Er starb in heiligster Weise."* Wir finden ähnliche Äußerungen bei Cortesius und Garimbertus, der die Einfachheit seines Lebensstils nicht plastischer schildern zu können glaubte, als daß er auf die neidischen Worte anspruchsvoller Zeitgenossen hinwies, die Cusanus geizig nannten, weil er bei seinen Gastmählern die Kerzen durch Öllämpchen ersetzen ließ. Nicht das aufgebauschte Märtyrertum von Bruneck allein hätte zu dieser rühmenden Beurteilung des Cusanus geführt, wenn nicht der Lebensstil, den seine Umwelt in den letzten Italienjahren Tag für Tag bei ihm beobachten konnte, wenn nicht die immer wieder hervorgehobene Wirkung, die von seiner Person ausging, dem zumindest entsprochen hätten, was die Legende über das im Grunde weniger rühmliche Verhalten zu Bruneck an Heldentum zu berichten wußte.

Die Stimmen aus der Umgebung des Kardinals sind eindeutig. – Sceva de Curte: *„Ich sah nie einen besseren und würdigeren Menschen"* (XXXV,4); Giacomo Chigi: *„Er wird im Kolleg der ehrwürdigsten Herrn Kardinäle geschätzt als ein Spiegel, eine Leuchte ... der Heiligkeit"* (LII). Wenige Tage nach dem Tode des Cusanus schrieb der Breslauer Gesandte in Rom, Fabian Hanko, *„daß der ungebalsamte Leib trotz der großen Hitze bei der Überführung von Todi nach Rom wie eine Rose roch; denn er war die Krone der Gerechtigkeit und vieler anderer Tugend, die er besaß"*. Hanko schwang sich sogar zu der gewagten Behauptung auf, *„daß er vor Gott heilig ist"*; und ein nicht näher bekannter Pole gestand über *„seine außerordentliche und hervorragende Gelehrsamkeit, Tugend, Lauterkeit und Heiligkeit des Lebens: Nicht leicht dürfte ihn jemand an Friedfertigkeit, Gottesfurcht, Frömmigkeit und Gerechtigkeit überragt haben, der auch das allgemeine Wohl nicht seinem eigenen hintanstellte, sondern in Ehrenhaftigkeit und Gerechtigkeit maß und dafür aufrichtig und unerschrocken sorgte, obwohl ihn deswegen die meisten einen Dickkopf nannten. So ist es nämlich fürwahr in dieser Zeit Brauch geworden, daß der gerade vielen mißfällt und verhaßt ist, der Gerechtigkeit, Frömmigkeit und Frieden pflegt"*. Die beiden letzten Gewährsmänner hatten zwar als Wohltatenempfänger des Kardinals allen Grund zu ihren Urteilen. Nichtsdestoweniger steht hinter ihnen der aktenmäßig belegbare Wahrheitskern über das Privatleben des Cusanus. So sehr aber auch die, die ihn kannten, durch sein schlichtes Wesen beeindruckt wurden; um dem Glauben einzelner an seine Heiligkeit allgemeine Geltung zu verschaffen, fehlte ihm als wesentliche Voraussetzung der ekstatische Zug ins Übernatürliche. So konnte Huizinga, ihn an einer anderen Gestalt des 15. Jahrhunderts messend, mit vollem Recht sagen: *„Die großen Energeten erlangen nur dann den Ruf der Heiligkeit, wenn ihre Taten in den Glanz eines übernatürlichen Lebens getaucht sind, nicht also Nikolaus von Cues, wohl aber seine Mitarbeiter Dionysius der Kartäuser"* (LII, 4). Mit dieser Erkenntnis wird die Frage nach der Heiligkeit des Cusanus zwar recht müßig und für unsere Beurteilung wenig brauchbar, um so dringlicher aber darum der Aufschluß über seine tatsächliche Lebensweise.

Die unbestechliche Aktenüberlieferung bestätigt das ihm gespendete Lob. Wie erwähnt, hatte Nikolaus schon 1453 die Einladung zur Kurientätigkeit mit der Begründung zurückgewiesen, daß ihm seine Mittellosigkeit den Aufenthalt in Rom nicht gestatte [19]. Als er 1458 schließlich doch zur Kurie kam, war es die aufmerksame Unterstützung durch Pius II., die ihm die Erledigung solcher Aufgaben wie seine römische Legation überhaupt erst finanziell ermöglichte. Wir besitzen eine Reihe von Kammermandaten, die über laufende Lebensmittelgeschenke des Papstes an Nikolaus Auskunft geben und, selber schon aus unbekannten Gründen an ungewöhnliche Stelle versprengt, auf weitere derartige Mandate schließen lassen, die bis heute nicht wiedergefunden werden konnten. Wir besitzen Breven an Mucciarelli, die ihn zu Zahlungen für bestimmte Leistungen an den Kardinal auffordern, ohne daß wir die entsprechenden Mandate kennten, wiederum Mandate, ohne daß wir die entsprechenden Eintragungen im Ausgabenregister sähen, obwohl nach einer ausdrücklichen Weisung des Papstes die Nikolaus betreffenden Auslagen zum ordentlichen Exitus zu rechnen waren. Daß Nikolaus trotz seiner Mittellosigkeit Aufwendungen für seine Titelkirche machte, als deren *„Restaurator"* er bis zum 18. Jahrhundert noch galt, zeigen seine beiden Testamente, in denen er 2000 Florenen für St. Peter zu den Ketten bestimmte. Aber auch da trat nachweislich finanzielle Unterstützung durch den Papst hinzu. Die Art und Weise, wie der Papst seinen Kardinal beschenkte, ist jedenfalls ganz außergewöhnlich. Sie zeugt einerseits von der Bedürftigkeit des Beschenkten, anderseits aber auch von der päpstlichen Zuneigung, die in mehreren Privilegien Pius' II. für die Kueser Stiftung

[19] Vgl. Kap. I, Anm. 5.

des Kardinals Bestätigung findet (XXXII,7). Als 1460 nach der Rückkehr aus Bruneck Nikolaus durch die Beschlagnahme seiner Tiroler Einkünfte noch mittelloser wurde, nahm der Papst ihn in seinen Palast und seinen Haushalt auf, wie Bonatto am 4. Februar 1461 berichtete: *„Unser Herr sieht ihn hoch an und hat ihn jetzt im eigenen Palast ins Haus genommen und bestreitet ihm die Auslagen"*. Tatsächlich datiert Nikolaus in den letzten Lebensjahren immer *„bei St. Peter im Hause unserer üblichen Residenz ebendort"*. Was aus dem Hause geworden ist, das er in den 50er Jahren in Tibernähe besaß, ist nicht bekannt. Jedenfalls ist bei St. Peter zu den Ketten bis heute kein Besitz des Kardinals nachgewiesen, trotz verschiedentlicher Behauptung. Was die päpstlichen Geschenke für Nikolaus betrifft, so dauerten sie trotz der grundsätzlichen Lastentragung durch Pius in außerordentlicher Weise auch noch später fort. Zwei volle Jahre mußte ein zur Zeit des Mantuaner Kongresses zur Zitierung Sigmunds entsandter Läufer warten, bis er endlich durch besondere päpstliche Verfügung aus der apostolischen Kammer entlohnt wurde, obwohl es sich augenscheinlich um eine zu Lasten des Kardinals gehende Auslage handelte. 1462 hatten sich Papst und Kardinäle zur finanziellen Unterstützung des Despoten Thomas von Morea verpflichtet; den von Nikolaus abzuführenden Betrag von dreimal 250 Florenen ließ ihm Pius aus seiner Privatkasse ersetzen. Als auf die einzelnen Kardinäle 1463 die Summe von 2000 Florenen, die das Kolleg zur Unterstützung der Johanniter zahlte, zu je 82 Florenen umgelegt wurde, übernahm der Papst großzügig den auf Nikolaus entfallenden Posten.

Die Bedürftigkeit des Cusanus, die sich hier zeigt, ist als solche noch kein Beweis für seine Vorzüglichkeit; sie hätte ja auch nur Vorwand zur Ausnutzung anderer sein können. Durch die nachweisliche Bedürfnislosigkeit wird sie erst ins richtige Licht gerückt. Als der senesische Gesandte in Mantua die Vermittlung von Quartieren für die nach Kongreßende sich nach Siena begebenden Kardinäle übernahm, mußte er die anspruchsvollsten Wünsche berücksichtigen. Vor allem wollte keiner in Klöstern wohnen, und auch Bessarion war, was Quartier betrifft, immer sehr um sein leibliches Wohl besorgt, so auch schon in Mantua. Allein Cusanus bereitete derlei Kopfschmerzen kaum. Die Seneser Humiliaten, den ersten besten Konvent, den ihm der Gesandte empfahl, fand er gerade recht als Unterkunft. Statt seinen dezimierten Pfründenbesitz, nun an der Quelle der Provisionen, durch Neuerwerbungen wieder auszugleichen oder noch gar zu vergrößern, verzichtete er 1461 auf sein Lütticher Kanonikat, das sein Familiare Dietrich von Xanten erhielt (LII,4). Gewiß, die Gabe klagelosen Ertragens des doch immer wieder faktisch bejahten Zustandes materieller Mittellosigkeit besaß er weniger. Immer wieder wies er auf seine Armut hin, die ihm dann wohl auch in beschränktem Umfang zur Erbittung von Vorteilen verschiedenster Art diente. So hatte er durch Bessarion beim Kolleg die Fortdauer seiner Teilhabe an den Kollegeinkünften auch bei Abwesenheit erwirken lassen. Und wenn Bessarion in Venedig dann im Brixner Streit für Nikolaus tätig war, so wußte dieser ihm dabei neben der ideellen Seite, neben dem Prinzip der kirchlichen Freiheit doch auch die recht dringliche Einkünftebeschaffung ans Herz zu legen.

Als Unikum in der Geschichte der Kollegdivisionen darf wohl 1463 der Beschluß der Kardinäle gelten, Nikolaus doppelte Partizipation zu gestatten, eine Gunst, die jeden der anderen Kardinäle jedesmal einen Teil seiner eigenen Einkünfte kostete. Man verfuhr dabei einfach so, daß man den Partizipationsdivisor um eins erhöhte, d. h. um einen imaginären zweiten Kardinal von St. Peter zu den Ketten, und einen der so errechneten Einzelanteile, den Nikolaus zu seinem eigentlichen Anteil erhielt, wieder zu gleichen Teilen auf alle Kardinäle umlegte, deren Verlustbruchteil sich also nach der Zahl der jeweils Partizipierenden richtete. Natürlich müssen wir auch hier wieder von der anderen Seite her die tatsächliche Bedürftigkeit des Cusanus festhalten, die die Kardinäle sonst wohl kaum zu diesem uneigennützigen Opfer veranlaßt hätte (LXXXV). Und schließlich war es doch der freie Entschluß zur Armut, der, menschlicher Schwäche zum Trotz, wie sie hin und wieder durchbrach, allein das Verhalten des Cusanus voll verständlich macht. Es wäre ihm ein leichtes gewesen, durch die Hand des Papstes soviel Pfründen zu erlangen, wie er wünschte. Er hätte auf das eingefrorene Brixner Kapital verzichten können, um sich auf einen anderen Sitz transferieren zu lassen, wenn er nicht den Sieg der Idee über den des Geldbeutels gestellt hätte. Pläne, die auf Abfindung des Bischofs mit einer Pension hinausliefen, insbesondere bei Gelegenheit des hier nicht näher zu erörternden Geschäfts mit den Wittelsbachern, so eingehend auch von Nikolaus selber diskutiert, zur Ausführung sind sie nie gelangt. Das Sekundäre hat er doch nicht dem Erstrangigen geopfert.

Nun hat Nikolaus allerdings 1463 zwei neue Pfründen erworben; doch auch mit ihnen hat es wieder seine eigene Bewandtnis (LII,4). Es handelt sich um die Kommenden der ehemaligen Prämonstratenser-, dann Olivetanerabtei SS. Severo e Martirio bei Orvieto und des Moritzstifts in Hildesheim. Die erste Pfründe war mit 240 Florenen Jahreseinkünften, die zweite mit 300 Florenen eintaxiert. Die italienische Abtei war aber in derart traurigem Zustand, daß von einer Taxierung bei der Übertragung an Nikolaus ganz abgesehen wurde. Schon in früheren Jahren hatten päpstliche Privilegien der Abtei über ihren Verfall hinweghelfen müssen. Sie war denn auch nicht in erster Linie als Auffrischung der cusanischen Kasse überhaupt gedacht, sondern mehr zur Bestreitung der seit 1461 regelmäßig in Orvieto verbrachten Sommeraufenthalte des Kardinals. Was aber die Art der Erwerbung dieser Pfründe angeht, so kann von einem eifrigen Erhaschen kaum die Rede sein, wo es sich doch um ein ganz privates Geschenk Kardinal Barbos handelte, des bisherigen Kommendatarabts und engen Cusanusfreundes (LXIV,2). St. Mauritius befand sich schon seit 1460 im Besitz des Kardinalsneffen Simon von Wehlen (Anh. 1). In den Genuß der Einkünfte war Simon nie gelangt, ebensowenig aber nach dem zugunsten des Kardinals vollzogenen Verzicht auf das Stift dieser selbst, und auch dessen Vetter Johannes Römer, der es nach dem Tode des Cusanus erhielt, mußte sich mit der päpstlichen Provision begnügen, ohne dem faktischen Inhaber die Einkünfte entwinden zu können (LXXXXIV,3). Vielleicht hatte Nikolaus gehofft, durch Tausch mit seinem bedeutungslosen Neffen sich in Hildesheim Respekt verschaffen zu können. Tatsächlich erhielt er keinen Pfennig von dort. Die Beschaffung weiterer Pfründen durch Pius II. konnte bis heute nicht nachgewiesen werden und hat wahrscheinlich auch nicht stattgehabt. Damit ergibt sich nun aber ein für die Cusanusforschung sehr überraschendes Resultat.

Das Urteil über Nikolaus von Kues war diesseits der Alpen keineswegs so einhellig wie in Italien. Weitverbreitet war im 15. Jahrhundert jener oft überlieferte Spottvers, der Nikolaus zusammen mit Johannes von Lieser, dem Kanzler des Mainzer Erzbischofs, der Rechtsverdrehung zieh. Enea Silvio hat später die Entstehung des Spruchs auf beider Tätigkeit als Eugenianer auf dem Basler Konzil zurückgeführt, nicht ohne den Neid der anderen dabei mitspielen zu lassen. Gerade im engeren Heimatkreise hatte sich der Neid eingefressen, wie die späteren Notizen des Peter von Neumagen zeigen (LII,4). Wie stark die Agitation Gregors von Heimburg in seinen verschiedenen Invektiven zur Zeit des Brixner Streits dem Ansehen des Cusanus im Bewußtsein der deutschen Nation geschadet hat, kann hier ebensowenig erörtert werden wie die anderseits sehr feste Einwurzelung negativer Beurteilung, die er als Konziliarist und Verfasser der *Concordantia* im katholischen Lager des 16. Jahrhunderts erfuhr. Diese Fragen seines Nachlebens müssen einer anderen Untersuchung vorbehalten bleiben. Um aber der „schlechten“ Tradition auf den Grund zu gehen, dürfen wir uns nicht mit den von Enea Silvio angeführten Argumenten begnügen; denn sie verschweigen etwas.

Der junge Cusanus war ein äußerst geschäftiger Pfründenjäger. Bis zum 30. Jahre hat er sich bereits recht gute Einkunftquellen verschafft: 1426 die Pfarrei Altrich, 1427 die Pfarrei St. Gangolf in Trier, Dekaneien mit Kanonikat in Oberwesel und ohne Kanonikat in St. Florin zu Koblenz. In den folgenden Jahren müssen dann einige Tauschgeschäfte vor sich gegangen sein, die zu dem Pfründenstand führten, wie er uns aus dem Jahre 1430 vorliegt: Dekaneien in St. Florin (mit Kanonikat) und Oberwesel, ein Kanonikat an St. Kastor in Karden und das Vikariat am Mauritiusaltar in St. Paulin zu Trier. Diesen Segen verdankte er seiner Stellung als Sekretär des Trierer Erzbischofs Otto von Ziegenhain[20]. Daß dieser ihm schon früh nahestand, weist eine Gunstbezeugung Ottos für ihn aus dem Jahre 1425 aus[21].

Seine weitere Pfründengeschichte kann hier nicht verfolgt werden, da wir uns in erster Linie mit den Altersjahren des Cusanus zu befassen haben[22]. Bei seinem Tode besaß er nachweislich das Bistum Brixen, die Propsteien Münstermaifeld, St. Moritz zu Hildesheim, die Abtei bei Orvieto und die Pfarrei Schindel, nicht mehr den Archidiakonat von Brabant in der Lütticher Diözese und nur noch beschränkt die Pfarrei St. Wendel, möglicherweise noch einige kleinere Pfründen (LXXXXIV, 3). Theoretisch beliefen sich die Jahreseinkünfte auf 11 000 Florenen. Letzte Klärung dieser Frage wird ohne die Fortführung des *‚Repertorium Germanicum‘* kaum möglich sein. Die angegebene Zahl wird sich dann möglicherweise um ein geringes erhöhen. Isolierte Erwähnungen von Pfründen führen nicht weiter, da nur bei vollständiger Übersicht über die Geschichte der einzelnen Pfründen Aufschluß darüber gewonnen werden kann, wie lange sie im Besitz des Cusanus waren. Die zeitraubende Durchsicht der kurialen Register würde Jahre erfordern. Für die letzten sechs Jahre des Cusanus habe ich die Durchsicht in weitestem Maße erledigen können, so daß über die in dieser Zeit vorfallenden Veränderungen in seinem Besitzstand ein abschließendes Urteil gefällt werden kann, nicht dagegen über den Besitzstand dieser Jahre als solchen.

[20] Aus dem noch ungedruckten Teil des *Repertorium Germanicum. Martin V.*, durch H. Prof. K. A. Fink zur Verfügung gestellt.

[21] *J. Marx,* Verzeichnis der Handschriften-Sammlung des Hospitals zu Cues, Trier 1905, 203.

[22] Vgl. u. a. *Koch,* Umwelt 79 ff.

Der Zusammenhang von Ehrgeiz nach Ruhm und Jagd auf Pfründen ist beim jungen Cusanus offensichtlich. Der Ruhm wurde Nikolaus schnell und in außerordentlich reichem Umfange zuteil. Auf dem Höhepunkte angelangt, war dieses Streben durch Erfüllung neutralisiert. Man darf aber nicht vergessen, daß ohne Mittel auch das erste Ziel unmöglich erreichbar gewesen wäre, keine Geltung ohne Geld, da ihn nicht die Macht eines Ordens, einer Familie, eines Fürsten nach oben trug, sondern sein persönliches Ingenium. Man darf ebensowenig übersehen, daß der Mangel jeglichen Rückhaltes an irgendeiner Institution, insbesondere an einem Orden – sehen wir von der römischen Kirche selbst ab – nicht wenig auch sein Scheitern als Reformator großen Stils bedingte, und man wird auch das Bestreben des Cusanus nach einem materiellen Unterbau gerade in seiner Rolle als Reformator etwas anders, zumindest mit Rücksicht beurteilen müssen.

Als die Basler nach seinem Überschwenken auf die Seite der Eugenianer ihm die Pfründen wegnahmen, bekam er die Angewiesenheit auf ihren Besitz zu spüren. Als er Kardinal war, ging die Pfründenjagd weiter; zweideutig genug ist sein Verhalten dabei. Aber schon 1451 ist auch hier ein erstes Umschwenken zu beobachten: die Stiftung des Nikolaus-Hospitals. Sein Bau verschlang riesige Summen, so daß ein großer Teil der Pfründeneinkünfte nach Kues geleitet werden mußte. Aber die Pfründen waren nun Mittel zu heiligerem Zweck als der persönlichen Nutznießung. Im Kampf mit Sigmund wurde ihm erneut in unmißverständlicher Weise die Bedeutung materieller Macht für geistliche Reformen, für die Durchsetzung frommer Ideale und religiöser Erneuerung vor Augen geführt. Persönlich lebte er schon in den 50er Jahren einfach. Er ließ sich von Nikolaus V. eine Bulle ausstellen, die ihn und seine Nachfolger zur Einforderung allen entfremdeten Kirchengutes von Brixen mit der bezeichnenden Bestimmung verpflichtete, daß nichts davon der persönlichen Nutznießung durch die Bischöfe dienen solle. Was sein persönliches Gut betraf, so hatte er sich nun schon zur Verzichtleistung auf seine Pfründen durchgerungen, doch verbot ihm dies Nikolaus V. unter Androhung der Exkommunikation, obwohl Cusanus ihn auf seine Gewissensnot hinwies, länger den Brabanter Archidiakonat zu behalten, dessen Einkünfte aus Bußgeldern fremder Sünden bestünden[23].

In dem schon erwähnten Briefe an Johann von Eych von 1460 finden wir ähnliche Gedanken über den Verzicht auf weltliches Gut. Freilich, die vollkommene Armut der Kirche predigte er auch hier nicht. Die Erhaltung ihres Besitzes befürwortete er als Aufgabe der Bischöfe, nicht aber den Neu-

[23] *Koch*, Mensch 60.

erwerb von Gütern, die vielmehr den Armen, nicht der Kirche selbst zufließen sollten[24]. Weiter ist er nie gegangen. Die Praxis der Brixner Streits führte ihm die Realität der Machtlosigkeit in der Besitzlosigkeit vor Augen. Immerhin hatte er persönlich 10 000 Florenen aus seinen Brixner Einkünften mit nach Italien gebracht, das heißt, die Einkünfte eines Jahres. Der Vergleich der beiden Testamente von 1461 und 1464 weist aber aus, daß er in diesen Jahren einen großen Teil seines Barvermögens, dessen Gesamtsumme leider nicht ersichtlich wird, auch schon gleich verbrauchte. Es ist nun wahrscheinlich, daß Sigmund nicht alle Einkünfte beschlagnahmt hat und wohl auch nicht beschlagnahmen konnte. 20 000 Florenen lagen in Brixen, von Nikolaus' Gegnern unberührt, von ihm selbst nicht in Besitz gebracht, als sich Kardinal Gonzaga 1464 nach dem Tode des Cusanus um Brixen bewarb, das heißt, über zwei volle Jahreseinkommen (LXXXXIV, 3). Berücksichtigen wir die geschilderten Verhältnisse in den übrigen ertraglosen Pfründen, so flossen ihm zu seinem Anteil an den Kollegeinkünften aus den Pfründen zeitweise im Jahre nicht mehr als 2000 Florenen zu. Das ist aber günstig gerechnet. Wir besitzen nämlich einen genauen Beleg über die faktischen Jahreseinkünfte des Cusanus. Pius II. mußte entsprechend der Kardinalskapitulation vor seiner Wahl allen Mitgliedern des Kollegs einen monatlichen Zuschuß von 100 Florenen zahlen, bis die Jahreseinkünfte der Betreffenden die Summe von 4000 Florenen erreicht hatten. Von diesen später als piatti cardinalizi bekannten Zuschüssen sehen wir Nikolaus ab 1462 profitieren: 1462 erhält er 100, 1463 erhält er 500, 1464 erhält er 200 Florenen Zuschuß. Daraus ergibt sich z. B. für 1463 als Gesamteinnahme des Cusanus, also einschließlich der Kollegeinkünfte, der Betrag von 3500 Florenen. Es genügt ein kurzer Blick in die kurialen Register, um sich vom Unterschied zwischen dieser geringfügigen Summe und den horrenden Einkünften zu überzeugen, die andere Kardinäle aus ihren Pfründen bezogen. Männer wie Bessarion und Carvajal, um schon im Piccolomini-Kreise zu bleiben, waren ihm hier in konkurrenzloser Ferne bei ihren Kumulationen voraus. Allerdings erhielt Nikolaus in diesen Jahren nicht als einziger den genannten Zuschuß. Das Einkommen Sassoferratos und Ammanatis sank sogar noch tiefer, so daß sie bis zu 1000 Florenen Zuschuß bekamen. Doch wir dürfen nicht vergessen, daß Nikolaus in ganz einzigartiger Vergünstigung darüber hinaus auch noch durch seine doppelte Partizipation an den Kollegeinkünften einen viel höheren Zusatzbetrag von seinen Kollegen erhielt. Wenn diese doppelten Einkünfte noch nicht die

[24] Zum Brief an *Johann von Eych* s. LIV, 3.

Summe von 4000 vollmachten, so kann man sich ausrechnen, welchen piatto er ohne doppelte Partizipation beansprucht hätte. Der höchste jährliche Zuschuß, zu dem der Papst verpflichtet war, belief sich auf 1200 Florenen, wenn er dem Betreffenden jeden Monat die versprochene Summe von 100 Florenen zahlte. Wenn die Kardinäle Nikolaus 1463 die doppelte Partizipation gewährten, so war offensichtlich sein Einkommen ohne doppelte Partizipation damals unter 2800 Florenen gesunken. Ziehen wir davon die Kollegeinkünfte ab, so sinken die als Rest bleibenden Pfründeneinnahmen auf Null. Ob nun tatsächlich überhaupt nichts aus seinen Pfründen einkam, oder ob ihm Ausgaben im Brixner Streit vielleicht bei seiner Veranlagung angerechnet wurden, bedarf noch der Klärung. Auch ohne sie ist das Ergebnis eindeutig.

Er hatte nichts, beschaffte sich aber auch nichts außer zwei Pfründen, deren eine ein überraschendes Geschenk, deren zweite von einem anderen besetzt und daher einkunftlos war, und verzichtete sogar auf eine der wenigen Pfründen, die er noch besaß. Wenn er sich Ende 1463 vom Papst die Erlaubnis einholte, über seine sämtlichen Benefizien frei verfügen zu dürfen, so geschah das in der Absicht, auf sie nach eigenem Ermessen verzichten zu können (LII, 4). Dieser Verzicht soll hier jedoch keineswegs als Beweis für die dargelegte Verhaltensweise des Cusanus in Pfründensachen mißbraucht werden, wo er tatsächlich ganz andere Motive hatte. Seit der ersten schweren Erkrankung 1461 fühlte er sich immer stärker dem Tode nahe. Als er 1463 in Monteoliveto einen jungen Bologneser Novizen einkleidete, hielt er dort eine Predigt, deren Gedanken ein Brief an den Novizen wenige Tage hinterher noch weiter ausspann. Hier lesen wir nun tiefschürfende, persönliche Erschütterung verratende Zeilen über Ende und Tod, der beiden, Kardinal und Novizen, unmittelbar bevorstand (LXXXVI, 1). Die Resignationslizenz ist daher wohl nur aus dem Wunsche heraus zu verstehen, noch vor dem Tode seine Pfründen in die ihm angenehmsten Hände zu legen. Der alte Plan, auf seine Pfründen um der Armut willen zu verzichten, war so lange unrealistisch, wie Nikolaus an der Kurie seiner Amtstätigkeit nachging, setzte vielmehr seinen Rückzug in die Eremitage voraus. Daß er Gebrauch von seiner Lizenz machte, ist uns nur für die Propstei Münstermaifeld belegt. Aber auch sie erhielt Simon von Wehlen erst weniger als 20 Tage vor dem Tode des Kardinals, als er schon hoffnungslos in Todi darniederlag, so daß die Klauseln der bekannten *regula de viginti* die neue Provision Simons durch Paul II. erheischten (LXXXXIV, 3). Die Cusanus erteilte Verfügungsgewalt Pius' II. über seine Benefizien steht in einer

Linie mit seiner äußerst großzügigen Bestätigung des von Nikolaus hinterlassenen Testaments, obwohl das ordnungsgemäß für Kreuzzugszwecke zu vermachende Viertel darin unberücksichtigt geblieben war (LII, 4).

Ohne also Belege erhaschen zu wollen, die in Wahrheit nicht hierher gehören, dürfte das Ergebnis doch eindeutig sein. Der alte unterschied sich wesentlich von dem jungen Cusanus, der die Urteile der Cusanus-Forschung über seine Persönlichkeit so einseitig beeinflußt hat. Der alte Cusanus lebte nach den Grundsätzen, die er in seinem Reformentwurf für alle Kardinäle verbindlich machen wollte. Nicht mehr als 3000 oder 4000 Florenen sollten danach die Einkünfte der Kardinäle jährlich betragen, allen Prunk in Kleidung und Hofstaat sollten sie vermeiden, keine zu große Zahl von Benefizien besitzen, nur *einen* Kardinalstitel. Die Gastmähler sollten nicht üppig sein – wir erinnern uns der Nachricht des Garimbertus –, die Wohnung beschränkt – Nikolaus besaß überhaupt kein eigenes Haus mehr. Und wenn er schließlich von jedem Kardinal forderte, daß er täglich Messe lesen oder zumindest hören solle, so berührte er hier den geistlichen Kern aller vorausgehenden Anweisungen. Mit höchstem Erstaunen blieb den Mönchen in Monteoliveto vom Besuche des Cusanus her in Erinnerung, daß er jeden Tag Messe las. Gehen wir die Nachrichten der Olivetaner-Chronik über die Besuche vieler anderer Kardinäle vor- und hinterher auf deren gottesdienstliches Verhalten durch, so vermissen wir ausnahmslos diesen bei Nikolaus zu lesenden Hinweis des Chronisten, den bei den anderen höchstens die Mitteilung von verschiedentlicher Predigt oder Anhörung der Messe ersetzt (LXXXVI, 1). In einer Zeit geistlichen Verfalls ohnegleichen wahrte Nikolaus von Kues im täglichen sakramentalen Vollzug die ihm anvertraute priesterliche Gewalt. Hier liegt vielleicht der tiefste Grund der respektvollen Hochachtung, die er sich in seinem Umkreise erwarb.

Der Reformentwurf des Cusanus wollte die Zahl der Familiaren jedes Kardinals auf 40 beschränkt wissen, die Reformbulle Pius' II. gestattete 60. Nun ist ebensowenig wie bei den Pfründen des Kardinals die vollständige Erfassung seiner Familiaren möglich. Einschließlich der von ihm unterstützten männlichen Blutsverwandten lassen sich bisher etwa 40 Familiaren nachweisen, die irgendeinmal im Laufe seines Lebens in seinen Diensten standen. 27 von ihnen tauchen in den letzten Lebensjahren auf. Wenn die Zahl in Wirklichkeit vielleicht um ein geringes höher war, so entspricht sie doch wohl dem von Nikolaus selbst erlaubten Maximum. Dies ist um so mehr zu betonen, als der Fall Simon von Wehlen (1456) sehr stark dazu geführt hat, Cusanus als Nepotisten in die Geschichte eingehen zu lassen. Eine detaillierte Liste, die dem Textteil anhangsweise beigegeben ist (Anh. 1), soll Aufschluß über die Pfründenversorgung seiner Familiaren geben, soweit die bisher gesammelten Unterlagen dies zulassen. Auf den ersten Blick erscheint die Zusammenstellung, die natürlich auch wieder nicht Anspruch auf Vollständigkeit erhebt, schon vielsagend genug. Der Pfründenbesitz der einflußreichsten Familiaren wie Peter Wymar, Simon von Wehlen, Heinrich Pomert, Johannes Stam, Wigand Mengler, Johannes von Raesfeld usw. war in der Tat nicht sehr bescheiden. Den größten Teil ihrer Benefizien verdankten sie dem Kardinal. Aber auch hier muß wieder der Vergleich mit den Familiaren der Kardinalskollegen die richtigen Maßstäbe liefern. Wir brauchen gar nicht auf den bekannten Ausspruch des späteren Kardinals Ippolito de Medici vorzugreifen, daß er allein 300 Literaten in seiner Familie habe. Wenn nicht schon ein kurzer Blick in die Register über den kaum mehr übersehbaren Hofstaat der einzelnen Kardinäle Aufschluß gäbe, so kann das in den Reformentwürfen vorgeschlagene Maximum doch einen untrüglichen Hinweis auf die allgemein übliche Familiarenzahl geben. Ebensowenig kann aber der mit anderen Familiaren angestellte Vergleich darüber hinwegsehen, daß einzelne Cusanus-Familiaren tatsächlich bestens ausgestattet waren. Nur müssen wir hierbei in Anschlag bringen, daß der mittellose Kardinal seine Familiaren in ihrer finanziellen Versorgung weitgehend sich selbst überlassen mußte.

Unter den von ihm Unterstützten finden sich fünf Blutsverwandte: sein Bruder Johannes Krebs, seine Vettern Caspar und Johannes Römer und die entfernteren Verwandten Simon Kolb und Simon von Wehlen. Der Wehlener, der in den Quellen immer als *nepos* des Kardinals erscheint, wurde von ihm mit den wichtigsten Aufgaben betraut, war geistlicher, hernach auch weltlicher Generalvikar von Brixen in den Jahren des Streits und führte 1463/1464 in Venedig die Vermittlungsverhandlungen zu dessen Beilegung. Damit ist aber auch schon der Nepotismus des Cusanus abgeschlossen. Alle anderen Familiaren hatte er nach Verdienst und Vertrauen um sich geschart. Es waren nicht gerade die unbedeutendsten Männer.

Neben den Deutschen finden wir vier oder fünf Italiener und einen Portugiesen. Der Portugiese Fernandus Martini de Roriz, Leibarzt des Kardinals, dessen Person schon eine lange wissenschaftliche Diskussion ausgelöst hat, kann nun erstmalig mit seinem vollen Namen belegt werden. Damit bestätigt sich die von der Forschung vermutete Identität des in *De non aliud* auftretenden Gesprächspartners Ferdinandus Martini mit dem Zeugen Fernandus de Roriz im Testament des Cusanus. Roriz führte später Columbus mit Toscanelli zusammen (LXXXXIII, 1). Toscanelli, ebenfalls Arzt, gehörte auch zum Freundeskreis des Cusanus. Als im Juni 1461 Nikolaus lebensgefährlich erkrankte, stellten die Signori von Florenz ihrem Mitbürger einen Empfehlungsbrief an Everso von Anguillara aus, damit dieser ihn ungeschoren nach Rom passieren ließe, wo sich Toscanelli des kranken Kardinals annehmen müsse (LXIV, 2). Die Freundschaft zwischen Cusanus und Toscanelli entsprang ihren gemeinsamen mathematischen und geographischen Interessen. Uzielli ist in seiner Toscanelli-Biographie dem Einfluß des Cusanus auf ihn ausführlich nachgegangen. Wo er die Verbindungslinie von Cusanus über Toscanelli und Roriz zu Columbus ziehen und Nikolaus als Vorbereiter der Entdeckung Amerikas erweisen will oder gar rühmt, daß sein Sterbeort Todi, wo er Roriz und Toscanelli um sich scharte, Umbrien zur Wiege der Entdeckung Amerikas gemacht habe, vermögen wir ihm mit dem besten Willen nicht zu folgen. Auf seinen tatsächlichen Einfluß auf Toscanelli kann im Rahmen dieser biographischen Untersuchung nicht näher eingegangen werden. Ob der Florentiner in die Familie des Kardinals aufgenommen wurde, läßt sich nicht belegen. Jedenfalls war er bis zum Tode des Cusanus häufig in seiner Umgebung.

Zu Toscanelli und Roriz gesellte sich im Testament von 1464 als dritter Zeuge Giovanni Andrea Bussi. Über die Person des bekannten Humanisten braucht hier kein erläuterndes Wort verloren zu werden. Er wurde nach dem Tode des Cusanus sein größter Lobredner und hat dadurch nicht wenig zu dem positiven Bild beigetragen, das die „gute“ Tradition von Nikolaus gibt. Es wäre müßig, Bekanntes zu wiederholen. Über die Zuneigung des Cusanus, deren er sich erfreute und die jenen gar in peinliche Verwicklungen brachte, geben uns Mailänder Quellen neuen Aufschluß. Wie alle Humanisten drängte sich auch Bussi zur Erhaschung einer Einkunftquelle an die Kurie heran. Seit 1451 war er Kurienbeamter. 1455 gelang es ihm, von Calixt III. die Abtei S. Giustina bei Sezzadio im Mailändischen zu erhalten. Sforza und der Lokaladel hätten hingegen gerne den Kaplan des Herzogs, Giovanni de Fermo, dort als Abt gesehen. Der sich nach der Provision Bussis entwickelnde Streit gehört in seiner ersten Phase in eine noch zu schreibende Bussi-Biographie. 1458 nahm Nikolaus den Humanisten als Sekretär ins Haus, wo er sich bekanntlich neben seinen Berufspflichten als Abschreiber betätigte. Jedenfalls hat er sich in kürzester Zeit bei Nikolaus so unentbehrlich zu machen gewußt, daß er es wagen konnte, in ihm einen Rückhalt wissend, an Sforza in ganz unverschämter Weise Forderungen wegen der

Abtei zu stellen. Dies veranlaßte Sforza nun wieder am 15. März 1459 zu der Anweisung an seine Vertrauensleute Sceva de Curte und Otto de Carreto, beim Kardinal schärfsten Protest gegen die Frechheit des großsprecherischen Humanisten einzulegen. In etwas gemilderter Form wandte sich der Herzog dann auch an Nikolaus persönlich.

Sforza ist dem Vigevaner Bussi kaum in grundsätzlicher Feindschaft gegenübergestanden. Seine augenblickliche Schärfe war nur die unmittelbare Reaktion auf Bussis Brief. Die Freundschaft mit dem Kardinal, die sich durch das Verhalten Bussis zu trüben drohte, schätzte er immerhin so hoch, daß er um ihretwillen die Beleidigung durch Bussi verzieh, als er schon wenige Tage darauf dem Kardinal einen überaus freundlichen Brief zukommen ließ, der nicht mehr und nicht weniger als eine Ergebenheitsversicherung war, mit der jeder ungünstige Eindruck, den Sforza durch seinen Protest bei Nikolaus vielleicht hinterlassen hatte, so weit wie möglich wieder getilgt werden sollte. Entsprechend waren die neuen Anweisungen an Sceva de Curte, dessen Brief vom 5. März sich mit jener Anweisung Sforzas vom 15. März unterwegs gekreuzt hatte. In Scevas Brief wurde dem Herzog die Bedeutung des Kardinals in den Fragen der großen Politik mit dem entsprechenden Ratschlag vorgeführt, Sforza möge die besten Beziehungen zu ihm pflegen. Sforza nahm in seinem neuerlichen Schreiben an Sceva vom 21. März auf diesen Rat ausdrücklich Bezug. Nicht weniger war aber auch wohl Nikolaus eben daran gelegen, und er antwortete dem Herzog manu propria mit einigen aufmerksamen Zeilen. Bussi hatte er bei Sceva entschuldigt, der darüber erleichtert nach Mailand berichtete. Der Humanist blieb in der Sache aber hartnäckig, auch als Pius ihn, wohl auf Vermittlung des Cusanus, mit dem Bistum Accia abgefunden hatte. Wieder mußte Sforza 1464 seinen Gesandten Carreto zum Einschreiten gegen Bussis Forderungen veranlassen. Die Einkünfte des neuen Bistums waren aber gering und kamen wegen der neuerlichen Wirren in Genua auch wohl nicht einmal in seine Hand, so daß Bussi nach Carretos eigenen Worten *„sehr arm“* hätte leben müssen, wenn ihn Cusanus nicht unterstützt hätte. Nikolaus schätzte den Humanisten also sehr, und dieser hat ihm die empfangenen Wohltaten nach dem Tode durch seine Ruhmespredigt gedankt, wohl nicht zuletzt durch das wahrscheinlich ihm zuzuschreibende Distichon auf dem Monument des Cusanus in St. Peter zu den Ketten. An der Seite seines obwohl selber mittellosen, so doch zumindest ihn noch von seinem Wenigen unterstützenden Gönners hat er sich dort später beisetzen lassen (XXII, XXIII, XXIV, XXV, XXVIII, XXIX, LXXXXII).

Roriz, Toscanelli und Bussi bildeten den engeren Gelehrtenkreis, in dem sich Nikolaus in Rom bewegte. Besonders Bussi war es, der von dort aus seine Fäden zu anderen Humanisten knüpfte. Er vermittelte die Begegnung des Kardinals mit Filelfo (XXII, 1) und Pietro Balbo[25]. Auch Gasparus Blondus, der Sohn des berühmten Flavio, war als Skutifer des Kardinals sein Familiare (Anh. 1). Wie der erwähnte Bericht Bussis an ihn über die Ereignisse von Bruneck zeigt, hingen die Humanisten alle eng zusammen. Nachdem die Beziehungen des Cusanus zu ihnen in den 40er und 50er Jahren erkaltet waren, sehen wir ihn nun wieder in vielfacher Berührung mit ihnen. Dennoch kann von einer Schule, die er unter seinen Verehrern gegründet hätte, kaum gesprochen werden. Das spekulative Denken des Cusanus stand dem rhetorischen Literatentum des italienischen Humanismus zu ferne, um über seinen Tod hinaus dort großen Einfluß zu erlangen[26]. Beim Werben um die Gunst des Kardinals hatten recht vordergründige Momente nicht die letzte Rolle gespielt. Abgesehen von zwei weiteren Italienern, Petrus Bartholomei de Aleis – wieder ein Florentiner – und Thomas de Camuffis aus Città de Castello, sind die übrigen Familiaren des Cusanus Deutsche.

Wir müssen uns hier auf diejenigen beschränken, die seiner Familie in den letzten Jahren angehörten. Von allen am meisten begünstigt wurde zweifelsohne der nie mit Familienname genannte Cusanus-„*Neffe*“ Simon aus dem Moseldorf Wehlen (im 15. Jahrhundert: Welen). Als seinen „*Rentmeister*“ hatte Nikolaus ihn 1456 auf die bekannte Weise ins Brixner Domkapitel gebracht. Als der geistliche Generalvikar des Bischofs, Gebhard von Bulach, ihn nach Rom begleitete, übernahm Simon dessen Amt. 1461 wurde er auch weltlicher Generalvikar und erhielt vom Salzburger Erzbischof die Verwaltung der ihres Oberhirten beraubten Diözese übertragen. Im gleichen Jahre erwarb er in Padua den Doktorhut im kanonischen Recht. Auch der Kardinal hatte dort studiert. Den späteren Beziehungen zu dieser Universität, auf die das Studium hinweist, müßte noch nachgegangen werden. Die Geschichte des Mailänder Cusanus-Kodex mit mathematischen Schriften hängt mit diesen Beziehungen wahrscheinlich zusammen (XXXV, 5). Ab 1463 verhandelte Simon für seinen Protektor in Venedig wegen Brixen. Aus dieser Zeit ist uns ein sieben Stücke umfassender Briefwechsel Simons mit Bessarion erhalten, der damals als päpstlicher Legat in Venedig weilte und sich unter anderem auch dieser Sache annahm (LXXXV, 2). Wie Bussi

[25] *Vansteenberghe* 30 und 274.
[26] Allgemein dazu *Seidlmayer* in: Humanismus usw., s. S. 40.

ließ Simon sich an der Seite seines Wohltäters in St. Peter zu den Ketten beisetzen (1468)[27].

Aus seiner engsten Heimat Bernkastel hatte schon 1450 Nikolaus den Johannes Stam als Schreiber in seine Familie aufgenommen. Später erscheint er als Kaplan des Kardinals. Besonders hervorgetreten ist er nicht, befand sich aber wohl fortwährend in seiner Begleitung. Nikolaus hatte ihm eine Reihe ertragreicher Pfründen verschafft. Er starb bereits 1463. Ihrem Pfründenstand nach zu urteilen, hatte Nikolaus aus seiner engeren Heimat eine ganze Reihe von Familiaren bei sich aufgenommen. Als Trierer Kleriker wird der Parafrenarius des Kardinals, Damarus Incus, bezeichnet. Der 1460 verstorbene Wigand Mengler, ehemals Sekretär des Cusanus, stammte aus Homberg – wohl der Ort dieses Namens bei Baumholder. Johannes Rutschen oder Rutz, der ohne nähere Amtsbezeichnung als Familiare genannt wird, besaß zwei Trierer Pfründen. Auch Ludwig Suerborn (Sauerborn) stammte aus der Trierer Diözese. Der als Kaplan des Cusanus genannte Heinrich Soetern hatte die Mehrzahl seiner Pfründen zwar im Mainzer Erzbistum, war aber aus St. Wendel gebürtig.

Eine weitere Gruppe von Familiaren hatte sich während seiner bischöflichen Tätigkeit angeschlossen, so sein Generalvikar Gebhard von Bulach aus Rottweil; der als sein Kaplan erwähnte Brixner Domherr Konrad Bossinger, der aber aus einem Erfurter Patriziergeschlecht stammte; der ebenfalls nicht näher bezeichnete Familiare Ulrich Faber, der als Brixner Priester erscheint; der nach dem Tode des Kardinals wieder in Tirol weilende Koch des Cusanus, Conradt Glotz; der als Küchenmeister genannte Kleriker Heinrich Gussenpach und der als Kursor dienende Dominikaner Caspar de Oberwemper; der als Brixner Kleriker erwähnte Parafrenarius Christian Prechenappfel; der Rentmeister des Brixner Hochstifts und Kaplan des Cusanus Conrad Zoppot.

Ebenfalls in Brixen lebte schon vor der Bischofserhebung des Cusanus der Notar Heinrich Pomert, der dann bis 1464 sein Sekretär blieb. Pomert war jedoch Lübecker Herkunft und hatte die Hauptmasse seines umfangreichen Pfründenbesitzes in Norddeutschland (XLV, 6). Als zweiten Sekretär hatte sich Nikolaus Peter Wymar, einen Aachener Domherrn aus Erkelenz ausgesucht, der ab 1459 auch als sein Kämmerer erscheint. Paul II. nahm ihn nach dem Tode des Cusanus als Kämmerer in die päpstliche Familie auf. Später war er Rektor des Nikolaus-Hospitals. Es bedarf hier keiner weiteren Ausführungen über sein Leben, über das schon verschiedent-

[27] *Forcella* IV, 80; *Haubst* 137.

lich gehandelt worden ist. Weiterhin vom Niederrhein stammte der Familiare Dietrich von Xanten, dem noch der Hausmeister des Kardinals, Johann von Raesfeld, anzuschließen ist. Er und Conrad Zoppot sind die einzigen Familiaren, von denen bisher adlige Abkunft belegt ist. Die Familie des bürgerlichen Kardinals stammte ebenfalls aus dem bürgerlichen Mittelstand. Schließlich führten ihm die Beziehungen zur Lütticher Diözese von dorther schon früher Johann von Bastogne und den Lütticher Kleriker Mathias Blomaert aus Diest als weitere Familiaren zu. Der während der deutschen Legationsreise als Schreiber fungierende Walther von Gouda stammte aus den Niederlanden. Der Pfründenbesitz des Familiaren Sigismund Rodestock in Merseburg und Zeitz läßt auf mitteldeutsche Herkunft schließen. Ungewiß ist die Herkunft des Familiaren Johannes Studler der schon vor der Ankunft des Cusanus in Brixen dort Kanoniker war, sich aber später eine Konstanzer Pfründe verschaffte. Bei weiteren nur am Rande Erwähnten ist über die Herkunft kaum etwas auszumachen. Es ist auch nicht immer ganz klar, ob sie zur Familie des Kardinals zählten. Wir besitzen eine ganze Reihe von Pfründenverleihungen, die auf Bitte des Cusanus erfolgten, ohne daß die so Begünstigten in seiner Familie nachweisbar wären. Natürlich scharten sich Freunde und Bekannte aus Deutschland als Bittsteller um ihn, nicht zuletzt seine eigenen Verwandten, von denen sich sein Vetter Johannes Römer nachweislich länger in seiner Umgebung aufhielt (Anh. 1).

Die Bemühungen des Cusanus, seinen Familiaren Pfründen zu verschaffen, fanden bei Pius stets günstige Aufnahme. Die chronologische Anordnung der im Anhang mitgeteilten Pfründenbullen für die einzelnen Familiaren zeigt, daß es sich jeweils um ganze Pfründenstöße handelt, die Nikolaus zu bestimmten Terminen erlangte, am 21. Oktober 1458 gleichzeitig für Zoppot und Johann von Raesfeld, am 24. November 1458 auf einen Schlag sieben: für Pomert (2), Stam, Rutschen, Blomaert, Prechenappfel und Incus. Am 15. Juni 1459 erhielt er die Erlaubnis, fünf Benefizien nach freier Wahl an Familiaren zu vergeben. Am 8. April 1462 erlangte er für seine vier ersten deutschen Familiaren Simon von Wehlen, Pomert, Wymar und Stam freie Permutationserlaubnis. Und schließlich war die Resignationslizenz vom 2. Dezember 1463 ja auch zum Wohle der Familie gedacht, die sich dann weitgehend in den von Nikolaus nachgelassenen Pfründenbesitz teilte. Es würde ermüden, hier nochmal alle Einzelheiten aufzuführen, die im Anhang vermerkt sind. Auch diese Übersicht kann nur vorläufig sein. Sie zeigt zwar die Vielfältigkeit der Herkunft des Familiarenkreises, nicht weniger aber auch dessen rheinischen Kern.

Der größere Kreis, in dem sich Nikolaus zu Rom außerhalb der Familie bewegte, wurde schon als Piccolomini-Kreis gekennzeichnet. Ihm gehörten außer dem Papste Cusanus, Carvajal und Bessarion an. Nicht nur gemeinsame politische Ziele verbanden sie, sondern alte persönliche Freundschaft. Zusammen mit Carvajal brach Nikolaus in den 40er Jahren die deutsche Neutralität, beide unterschrieben im Namen des Kollegs die Enea Silvio gegebene Versprechung auf Kreierung. Auch Enea war wie Nikolaus zunächst dem Konzil verbunden und arbeitete später ebenfalls dagegen. In der großen abendländischen Idee, die sich im Kreuzzug manifestieren sollte, trafen sie sich wiederum, Nikolaus von allen schließlich am meisten ernüchtert. Carvajal wirkte unverdrossen viele Jahre in diesem Sinne in Ungarn. Zu ihnen tritt hier selbstverständlich Bessarion, über dessen einziges politisches Ziel, die Freiheit des Ostens vom Türkenjoch, kein Wort verloren zu werden braucht. Immer wieder begegnen sich die drei Kardinäle in mannigfachen Aufgaben, Bessarion und Cusanus bei der Gründung der neuen Kreuzzugsorden 1459, Carvajal und Cusanus in der Breslauer Angelegenheit, alle drei in der böhmischen Frage (LXXI, 18). Zusammen mit Carvajal weilte Nikolaus im Sommer 1462 in Orvieto (LXXXII). Neben Barbo und Eroli bestimmte Nikolaus ihn zu seinem Testamentsvollstrecker. Die warme Freundschaft, die zwischen Carvajal und Nikolaus bestand, äußerte sich spontan in den beiden Briefen, die Carvajal nach den ersten Nachrichten über die Brunecker Vorfälle an Bessarion und den Erzbischof von Salzburg schickte. Dem einen kündigte er zornig an, wenn er als Legat nach Deutschland komme, werde er nicht gegen die Türken, sondern gegen Sigmund das Kreuz predigen; den andern bat er, Nikolaus als Märtyrer feiernd, alles für die Freilassung des seiner Ansicht nach immer noch von Sigmund Festgehaltenen zu tun (LXXXII, 1). Umgekehrt hatte Cusanus wieder von dem Spanier die höchste Meinung, dem er allein das große politische Projekt mit dem französischen König anvertrauen lassen wollte (LXVI).

Die Bekanntschaft des Cusanus mit Bessarion war zudem noch auf gemeinsamen wissenschaftlichen Interessen begründet. Es ist bekannt, daß sich Nikolaus ein Exemplar der von Bessarion gelieferten Übersetzung der aristotelischen Metaphysik vom Übersetzer eigenhändig an Hand des Originals korrigieren ließ [28]. Bessarion trat ebenfalls persönlich für ihn ein, als er dem Mittellosen 1463 im Kolleg die Erlaubnis verschaffte, auch bei Abwesenheit in den Genuß der Einkünfte zu kommen, die ihm nur als anwesendem Kurienkardinal zustanden. Nikolaus plante damals, selber nach Venedig

[28] *Vansteenberghe* 29 Anm. 11.

zu reisen, um die Verhandlungen wegen Brixen zu führen. Diese Aufgabe übernahm dann zu seinen übrigen Verpflichtungen Bessarion, als Pius ihn zur Vorbereitung des Kreuzzuges nach Venedig entsandte.

Noch völlig im dunkeln liegen die Beziehungen des Cusanus zu dem von Pius II. kreierten Neffen Kardinal Francesco Todeschini-Piccolomini, dem späteren Papst Pius III. Er hatte an der Seite seines Onkels einen Teil der Jugendjahre in Deutschland verbracht und wurde in späteren Jahren Protektor der deutschen Nation. Er ließ sich bei der Anima in Rom als Bruderschaftsmitglied eintragen. Die deutsche Sprache beherrschte er in außergewöhnlichem Maße. Er besaß nicht nur eine Handschrift der *Concordantia catholica*[29], sondern ließ sich, unter Sixtus IV. und Alexander VI., Mitglied der von ihnen eingesetzten Reformkommissionen, auch eine Kopie des cusanischen Reformentwurfs herstellen. Hier sehen wir den Reformplan des Cusanus nicht nur bei Pius II. selbst, sondern über dessen Tod hinaus auch noch bei seinem Neffen fortwirken.

Francesco hat den Deutschen jedenfalls in lebenslänglicher Erinnerung bewahrt. Als 1493 in einem Konsistorium die Frage auftauchte, ob Kardinal Johannes Borgia den Gesandten des spanischen Königspaares, die zur Überbringung seiner Gehorsamserklärung nach Rom kamen, entgegenreiten oder sich ihnen sogar anschließen sollte, und als Alexander VI. dies mit dem Hinweis auf das Verhalten der Kardinäle Longueil und Jouffroy befürwortete, die nämlich zur Zeit Pius II. als Gesandte des französischen Königs aufgetreten seien, warf Francesco den Namen des Nikolaus von Kues in die Debatte und verwies auf dessen von uns schon erwähnte Weigerung beim Regensburger Reichstage 1454, ohne Einholung der päpstlichen Erlaubnis sich zum kaiserlichen Gesandten ernennen zu lassen. Man nahm auf Francescos Einwand hin Abstand von dem genannten Plane[30]. Dreierlei ist bemerkenswert an dem Vorfall: Erstens scheinen Cusanus und Jouffroy noch auf viele Jahrzehnte hinaus als die jedem bekannten Prototypen der zwei Extremmöglichkeiten kurialer Außenpolitik (Universalismus – Nationalismus) gegolten zu haben. Zweitens wirkt die Handlungsweise des Cusanus hier dominierend fort, auch unter Alexander VI. also. Drittens hat nach drei Jahrzehnten der Tote in Francesco Piccolomini noch immer den unerschütterlichen Bewahrer seiner kirchenpolitischen Ziele. Doch nach

[29] *Haubst* 5 f.

[30] *J. Burckard,* Liber notarum, SS. rer. Ital. XXII, 1, Città di Castello 1907, 425 f. Zu Francesco allgemein s. *J. Schlecht,* Pius III. und die deutsche Nation, Festschr. G. v. Hertling, Kempten, München 1913, 305–328.

einmonatigem Pontifikat erloschen 1503 bekanntlich die auf den Senesen gesetzten Hoffnungen.

Was die Beziehungen des Cusanus zu anderen Mitgliedern des Kollegs betrifft, so sind wir auf so kurze Nachrichten angewiesen, daß tiefergehende Schlüsse nicht erlaubt sind. Über die Problematik des Verhältnisses zu Kardinal Gonzaga wurde bereits gesprochen. Ein bisher ganz und gar unbekanntes, in seiner Eigenart höchst überraschendes und nur schwer in jenen Rahmen einzuordnendes Freundschaftsverhältnis hatte sich indes seit 1461 zwischen Nikolaus und Pietro Barbo entwickelt. Barbo gehörte zu den durch Reichtum mächtigen Kardinälen. An Besitz vielleicht hinter seinem in Raffgier nicht mehr überbietbaren Landsmann, dem Kardinalkämmerer Trevisan, zurückstehend, schüttete er anderseits doch von allen am freigebigsten mit vollen Händen sein Geld überall hin aus, Mäzen und Sammler und zugleich Freund der Armen. Und in dieser Eigenschaft ist er als uneigennütziger Gönner und Wohltäter nicht zuletzt Freund des besitzlosen Deutschen geworden. So einleuchtend diese Begründung auch ist, wir stehen bei diesem Verhältnis, dessen Entwicklung wir später noch verfolgen werden, nichtsdestoweniger vor einem Rätsel. Wenn Barbo auch nicht der Barbar war, als den die ihm feindlichen Humanisten, an der Spitze Platina, ihn später anprangerten, tiefergehende wissenschaftliche Bedürfnisse besaß der des Lateinischen kaum mächtige, ursprünglich zum Kaufmannsberuf bestimmte Venezianer nicht. Und doch verkehrten beide mehr als häufig zusammen, weilten im Sommer gemeinsam in Orvieto. Ist dieses Verhältnis innerhalb der Cusanus-Biographie als Beginn eines sich entspannenden Ausklangs in einem dennoch bis zuletzt mit höchstem Einsatz vorgetriebenen Leben zu verstehen? Oder nur als eine der Rückzugsidyllen aus der politischen, hier mehr noch geistigen Verantwortung, aus der *Jagd auf die Weisheit* zu weniger verpflichtender Muße (LXIV, 2)?

Nachdem das Verhältnis des Nikolaus von Kues zu den Kardinälen des Piccolomini-Kreises oben näher erläutert wurde, sind zunächst noch seine Beziehungen zu der zentralen Gestalt des Papstes zu beleuchten. Im Grunde handelt ja unsere ganze Untersuchung davon. Als Enea Silvio 1458 Papst wurde, weilte Carvajal noch in Ungarn, woher er erst 1461 zurückkehrte. Aus seiner Familie hatte Pius noch keinen Vertrauensmann ins Kolleg rufen können. Cusanus steckte noch in den Bergen. Wenn Enea schon bald nach der Aufnahme ins Kolleg 1456 Nikolaus nach Rom rief, so hat das sehr verständliche Gründe; denn er suchte Stützen. Die Papstwahl führte den

Piccolomini nur als Kompromißfigur zwischen den großen Parteien auf den Stuhl Petri. Dennoch gab er sich schon gleich an die Verwirklichung des großen vom ihm entworfenen Programms. Um so bedeutender mußte in dieser Stunde die Ankunft seines deutschen Freundes sein. Zumindest in den ersten Jahren seines Pontifikats nahm Cusanus, wenn auch nicht immer einer Meinung mit dem Pontifex, neben ihm die erste Stelle im Kirchenregiment ein als Vertreter – Legat, als Berater. „*Wenn auch Unser Urteil*", so schrieb ihm zur Legationszeit Pius, „*mit Deinem nicht immer übereinstimmen wird, so wird Uns dieser Liebesdienst* (Deiner täglichen Beratung durch Briefe) *dennoch sehr lieb sein, und Wir hoffen, was gute Werke betrifft, wie meistens dasselbe zu denken wie Deine Umsichtigkeit*" (XXVII). Immer wieder beteuerte der Papst, daß er sich den Vorschlägen des Cusanus anschließen werde, dessen Rat ihm unerläßlich war, dem er als römischem Legaten das höchste Amt anvertraut hatte. Keinem Kardinal hat er solche Worte persönlicher Zuneigung geschenkt, wie Nikolaus etwa in seinem Breve vom 21. Mai 1459: „*Deine Umsichtigkeit lieben Wir und umarmen Wir aus ganzem Herzen und wünschen Ihr Tag für Tag ein besseres Wohlergehen*" (XXXII). So schrieb Sceva de Curte an Sforza: „*Der Papst liebt ihn vor allen anderen und hat die höchste Meinung von ihm*"; so der Breslauer Gesandte Johann Kitzing 1462 an den Breslauer Rat von ihm, „*der nach Unserm Heiligen Vater großmächtig ist*" [31]. In deutschen Fragen sehen wir Pius nie etwas ohne den Rat des Cusanus unternehmen, in anderen Angelegenheiten wurde er immer wieder zur Konsultation herangezogen. Der Einfluß der *Cribratio Alchoran* (1461) des Cusanus auf den etwas späteren Brief Pius' II. an Mahomet ist zwar nicht erwiesen, obwohl Vansteenberghe sogar vermutete, Nikolaus habe dem Papst überhaupt erst die Anregung dazu gegeben [32]. Als Reformprediger war er jedenfalls das geistliche Gewissen des von der Politik nahezu absorbierten Piccolomini, der seinen eigenen Reformplan von 1464 nicht nur am Reformentwurf des Cusanus orientierte, sondern ihn neben einer Reihe von Modifikationen teilweise auch bis in Einzelheiten genau übernahm [33]. Die Wohnungsnahme des Cusanus im päpstlichen Palast tat das ihre, um zwischen beiden auch in den späteren Jahren, als die Kraft des Deutschen nachließ, weiter enge Verbindung zu halten. Die zunehmende Krankheit des Papstes wirkte auf der

[31] Script. rer. Siles. VIII, 77.

[32] *Vansteenberghe* 235. Dagegen *P. Naumann,* Sichtung des Alkoran, Philos. Bibliothek 221, 1943/6, 12 f.: Pius hat keine Stelle direkt von NvK übernommen.

[33] *R. Haubst,* Der Reformentwurf Pius' des Zweiten, in: Röm. Quartalschr. 49 (1954), 188–242.

anderen Seite störend, so daß sich Nikolaus in seinen Briefen an Dritte oft darüber beklagt, den Papst nur selten zu sehen. Doch das sind Klagen, die auch bei anderen immer wieder laut wurden. Von einer Entfremdung zwischen beiden, die man oft aus der Szene schließen zu können glaubte, als Nikolaus ihm 1461 vor der neuen Kreation seinen Groll ausschüttete, ist nichts zu sehen.

Für Cusanus stellte sich aber mit Fortschreiten dieses Pontifikats, ohne daß es zu Entscheidungen kam, immer stärker die Frage nach dem Sinn seiner kurialen Tätigkeit. Nicht verwunderlich, wenn die aus Unwillen über Mißerfolg bei ihm so leicht durchbrechende Tendenz zum Rückzug nun neue Nahrung fand. In jener erregten Zwiesprache mit dem Papst hatte Nikolaus erklärt, daß er die Zustände in Rom nicht für verbesserungsmöglich halte, da alles bodenlos verstockt und verderbt sei. Die Sinnlosigkeit weiterer Bemühungen hatte ihn daher zu dem Entschluß gebracht, sich in die Einsamkeit zurückzuziehen (LXXIV, 5). Der Appell des Papstes an sein Verantwortungsbewußtsein ließ ihn trotzdem weiter an der Kurie ausharren. Einige Monate vorher hatte er dem Bischof von Padua schon ähnlich geschrieben: *„Wenn ich Frieden* (mit Sigmund) *erhielte, würde ich vorziehen, im* (venezianischen) *Dominium vielleicht aus den Einkünften der* (Brixner) *Kirche zu leben, die ihm ja nahe liegt. Dort ist Frieden und ein mir zuträgliches Klima. Ich bin dessen müde, was an der Kurie geschieht"* [34]. Auch dieser Plan eines Ruhesitzes im Venezianischen wurde fallengelassen. Jedesmal riß das Pflichtbewußtsein den Kardinal zu neuer Tätigkeit auf. So hatte er auch im Vorjahre, von den Brunecker Ereignissen verstört und mit sich selber zunächst noch uneins, Sigmund mitteilen lassen, er werde sich zu ärztlicher Pflege vorerst in die Gegend von Padua begeben und erst am 18. Mai in Bologna sein. Statt dessen hatte ihn schon bald neuer Tatendrang der Kurie entgegengeführt, und noch vor dem vereinbarten Termine traf er statt in Bologna in Florenz ein (LI, 2). Als er schließlich in Orvieto einen ruhigen Sommersitz erhielt, konnte er auch dort nicht tatenlos sein und ließ sich vom Papste schon im ersten Jahre zum Kommissar in den mannigfachen Wirren der Stadt ernennen, bis ihm schließlich die italienische Kleinstadt letzte Gelegenheit zur Durchsetzung einer Kirchenreform wurde, die er in großem Stile als gescheitert ansehen mußte und die er mit Verbissenheit nun zumindest im kleinsten Maße verwirklichen wollte. Wir wissen, daß er sich

[34] Cod. Cus. 221 p. 222 f.

nicht nur in Italien, sondern auch nördlich der Alpen bei geistverwandten Freunden schon seit langem in Tegernsee für seine alten Tage eine Klosterzelle hatte bereithalten lassen [35]. Auch auf sie hat er nie zurückgegriffen.

So tritt unter der schon oft vermerkten Hast und Launenhaftigkeit des Cusanus, die nicht immer geduldig ausreifen ließen, was seine Zeit haben wollte, unter einem manchmal vorschnellen Verzweifeln an der Durchführbarkeit des als gut und notwendig Erkannten, unter einem hin und wieder zu weichen Nachgeben und dem Gegenpart dazu, dem unklugen Aufbrausen und Ausladen von Groll und Ärger, ein entscheidender und immer wieder über alle moralischen und äußerlichen Niederlagen hinweg vorwärtstreibender Grundzug hervor: seine ungeheure Pflichthärte. Die Altersjahre des Cusanus sind getragen von der Idee, Leben und Lehre in Einklang zu bringen. Jeder einseitige Rückzug in die vielleicht als beschauliche Spekulation gedachte Muße des Philosophen wurde vom Verantwortungsbewußtsein des Kirchenmannes versperrt.

Warum fand die von Nikolaus geforderte Reform nie statt? Sie setzte Reformwillen auf der Seite des zu Reformierenden voraus. Den Schritt von kirchenfürstlichem Glanz zu priesterlicher Einfachheit, den Nikolaus bei sich persönlich getan hatte, war keiner ernstlich bereit, nachzuvollziehen, auch Pius II. nicht. Es fehlte der innere Aufbruch. Vielleicht hatte das 15. Jahrhundert überhaupt noch nicht die dazu notwendige Beweglichkeit. Das in der Cusanus-Forschung immer wieder vermerkte Versagen des Kardinals hat in dieser offensichtlichen Spannung zwischen seinem Wollen und den historischen Bedingtheiten seiner Zeit wohl den letzten Grund, in einer Spannung, die er nicht weniger in sich selber trug. Der im Weltgetümmel Ringende darf nicht durch Maßstäbe überfordert werden, die die Idealvorstellung von absoluter Heiligkeit an ihn legt, um ihn dann nach diesem Maße für ungenügend zu befinden. Trotz aller Schwächen war Nikolaus von Kues als Mensch nicht weniger groß denn als Denker, nicht so sehr im Erfolg seiner Wirksamkeit als in der Vorbildhaftigkeit, mit der er die kranke Last spätmittelalterlicher Problematik trug.

[35] *E. Vansteenberghe,* Autour de la Docte Ignorance, Beitr. z. Gesch. d. Phil. u. Theol. d. Mittelalters XIV, 2–4 (1915), 139 f.

Fünftes Kapitel

In Orvieto

Seit 1461 wurde die Gesundheit des Cusanus durch teilweise lebensgefährliche Krankheiten nach und nach erschüttert. Auch schon aus früheren Jahren wissen wir von Erkrankungen, die aber wohl nicht ernsteren Charakters waren (XXX, 4). Juni 1461 erkrankte er lebensgefährlich. Die erste Nachricht darüber enthält ein Brief des mantuanischen Gesandten vom 4. Juni. Gerüchte über seinen Tod verbreiteten sich bereits. Der Papst besuchte ihn am 14. Juni, und am folgenden Tage machte er sein Testament. Am 27. Juni konnte Bonatto endlich die Besserung seines Zustandes melden, verbunden mit der Hoffnung, daß er wieder vollkommen gesunden werde. Aus Florenz hatte Nikolaus seinen alten Freund, den Arzt Toscanelli, nach Rom gerufen, der Ende Juni dort anlangte. Nach weiterer Besserung konnte der Rekonvaleszent Mitte Juli zur Erholung nach Orvieto abreisen (LXIV, 2).

Bonatto spricht in einem seiner Berichte von *„Kolikschmerzen“*, die Nikolaus habe (LXIV, 2). Am 23. März 1462 hören wir erneut von einer Erkrankung, die ihn unter anderem von der Teilnahme an dem festlichen Zuge abhielt, der Francesco Gonzaga in Rom einholte. Auch bei der Einholung des Andreashauptes am 12. April konnte er noch nicht anwesend sein[36]. Er habe *„die Gicht in einer Hand“*, berichtete Alessandro, der Bruder des Mantuaner Markgrafen (LXXI, 18). Aus einem Briefe des Kardinals an den Bischof von Feltre vom 23. Juli 1462 erfahren wir, daß er dessen Schreiben nicht sorgsam habe lesen können, *„weil das Podagra gestern zu fließen begann und der Schmerz mich zu aller geistigen Tätigkeit ganz unfähig macht“* (LXXXI, 1). Wie wir im März des folgenden Jahres aus einem Brief des Breslauer Gesandten Nikolaus Merboth an den Breslauer Rat erfahren, lag der Kardinal *„an Podagra und Chiragra“* darnieder[37]. Die Krankheit von 1461 paßt sich ebenfalls in das Krankheitsbild der Gicht ein, die häufig mit

[36] Cusanus-Texte I. Predigten. 6. Die Auslegung des Vaterunsers in vier Predigten, hg. u. unters. von *J. Koch* und *H. Teske*, Sitz.-Ber. Heidelberg 1938/9, 4. Abhandl., Heidelberg 1940, 143.

[37] Script. rer. Siles. VIII, 177.

Verdauungsstörungen, Durchfall oder Verstopfung und kolikähnlichen Krämpfen verbunden ist – die sog. Darmgicht.

Kardinal Barbo hatte Nikolaus die Stadt Orvieto als klimagünstigen Erholungsort empfohlen. Barbo, von Geburt Venezianer, hatte seine Jugend in der umbrischen Bergstadt verbracht. Wie er dorthin kam, ist noch nicht ganz geklärt. Sein Großonkel, der Bruder Papst Gregors XII., Marco Corraro, war ehedem dort Gouverneur. Wichtig für die gleich zu besprechenden Ereignisse sind die Beziehungen Barbos zur Familie der Monaldeschi della Vipera, deren Haupt Gentile er als Pate verbunden war. Seitdem Barbo 1440 Kardinal war, trat er für die Stadt immer wieder bei den Päpsten als Bittsteller und Vermittler ein. Die Abtei SS. Severo e Martirio, die er seit 1448 in Kommende hatte und die sein Nepote Marco Barbo verwaltete, fand seine besondere Unterstützung (LXIV, 2).

Anfang 1461 hatte der Papst dem Venezianer die Prozeßführung gegen Sigmund von Tirol übertragen. Der erste aktenkundliche Beleg dafür ist ein Kammermandat vom 29. Januar 1461, das die Deckung der ihm dabei entstehenden Unkosten anordnete. Am 6. April zitierte Barbo das Kapitel von Brixen und den Propst von Neustift zur Rechtfertigung nach Rom, am 12. Februar des nächsten Jahres Sigmund und alle seine Anhänger. Warum Pius gerade ihm die Sache übertrug, ist noch nicht geklärt. Möglicherweise berücksichtigte er hier die mit dem Streit verbundenen Interessen der Venezianer. Die Annahme früherer persönlicher Beziehungen zu Cusanus ist eine vorläufig nicht genügend belegbare Begründung. Der Prozeß, den Nikolaus für einen Familiaren Barbos, Ippolito Nancisqui aus Amelia, mit einer Definitivsentenz vom 27. März 1461 abschloß, kann vielleicht erst zu Beginn dieses Jahres von Pius in die Hand des Cusanus gelegt worden sein, das heißt, nachdem sich beide Kardinäle durch die Brixner Angelegenheit näher kennengelernt hatten, möglicherweise aber auch schon 1460.

Es handelt sich um die Klage, die der Präzeptor des südlich Montefiascone gelegenen Johanniter-Hospitals St. Viktor und Johannes, der genannte Ippolito, gegen einige Viterbesen erhob, die unter Vorgabe von Eigentumsrechten in den Wäldern des Hospitals Holz schlugen und auf seinen Feldern ernteten. Der Prozeß begann noch zur Zeit Calixts III., der die Sache Kardinal Capranica übergab. Ippolito erhielt recht; der viterbesische Prozeßgegner Johann Juccii wurde zu einer Schadenersatzleistung verpflichtet. Nach Johanns Appellation gegen das Urteil übergab Pius II. die Sache zweitinstanzlich an Kardinal Tebaldi, wegen dessen Abwesenheit dann an

Cusanus. Die Supplik Ippolitos, die um die Weitergabe an Nikolaus ersuchte, billigte der Papst mit dem Zusatz, Nikolaus möge die Strafe gegen Johann verschärfen und könne mit allen Mitteln gegen ihn vorgehen. Nikolaus ließ Johann oder seinen Prokurator, den Palastauditor Rodrigo de Vergara, darauf erneut zitieren. Da sie nicht erschienen, erfolgte nochmalige Ladung auf den Tag der nunmehr am 27. März 1461 gefällten Sentenz. In ihr verpflichtete der Kardinal die Adressaten des Instruments, unter denen sich der Rektor des Patrimoniums, die Bischöfe von Viterbo, Orvieto, Corneto (Tarquinia), Orte und Amelia befanden, für die Erfüllung des Strafvollzugs zu sorgen und dem Hospital die ungehinderte Nutznießung seines Besitzes zu gewährleisten. Im Falle der Weigerung Johanns und der ihn unterstützenden Prioren von Viterbo ordnete er an, daß die genannten Bischöfe alle viterbesischen und den Prozeßgegnern gehörenden Kirchen in und außerhalb der Stadt in den genannten Diözesen mit dem Interdikt zu belegen, die Schuldigen selbst zu exkommunizieren hätten. Über den Fortgang der Sache ist nichts bekannt. Die Prioren von Viterbo nahmen die Sentenz des Kardinals zur Kenntnis, wie auf der Rückseite des Prozeßinstruments notariell vermerkt wurde. Augenscheinlich beugten sich die Viterbesen vor der Gefahr des von Nikolaus angedrohten Interdikts (LXIV, 1).

Daß sich beide Kardinäle jetzt näher traten, läßt auch der am 30. Mai vollzogene Pfründentausch zwischen zweien ihrer Familiaren vermuten. Der Cusanus-Familiare Heinrich Soetern verzichtete dabei auf seine Vikarie in der Martinus-Kirche zu Oberwesel und seine Kaplanei am Marienaltar in St. Markus zu Lorch zugunsten des Barbo-Familiaren Nikolaus Graper (Grapen) und erhielt dafür das durch Tod des Barbo-Familiaren Gerlach Nase aus Butzbach freigewordene Kanonikat an St. Stephan in Mainz, das für Graper reserviert war. Den Wertunterschied zwischen den zusammen 7 Florenen Jahreseinkünften der beiden alten Pfründen und den 6 Florenen Jahreseinkünften des Mainzer Kanonikats ersetzte dabei offenbar die Einheitlichkeit der neuen Pfründe. Die Hintergründe des Geschäfts sind nicht bekannt (LXIV, 2).

Barbo war es also nun, der den Rekonvaleszenten im Juli auf Orvieto aufmerksam machte, wo auch er diesmal den Sommer verbringen wollte, während er sonst in Rom blieb. Einige Tage nach Nikolaus reiste er ab. Der Biograph Pauls II., Michele Canensi, nennt Nikolaus Barbos *„besten Freund“*. Im Sommer 1463 hat Barbo später uneigennützig die Vertretung des Cusanus als Kämmerer des Heiligen Kollegs übernommen, während Nikolaus wieder außerhalb in Orvieto weilte. Damals erhielt Nikolaus die oben erwähnte Erlaubnis doppelter Partizipation. Im gleichen Jahre hatte Barbo ihm schon ein recht ansehnliches Geschenk gemacht. Von den Aufmerksamkeitsbezeigungen der Stadt Orvieto, auf die wir noch zu sprechen kommen, hätte Nikolaus seinen Sommeraufenthalt kaum bestreiten können. Obwohl uns darüber nichts gesagt wird, liegt es nahe, sich ihn als Gast des reichen Venezianers dort zu denken. *„Als Nikolaus nun"*, so berichtet Canensi, *„die von schwerer Tyrannis unterdrückten Rechte seiner Kirche rechtmäßigerweise schützte und keine der Drohungen und Schmähungen Herzog Sigmunds ihn vom einmal übernommenen Schutz der Kirche abhalten konnte, wurde er schließlich von dem wilden Barbaren Sigismund hinterhältig angegriffen, in die Finsternis schrecklichen Kerkers geworfen und allen Kirchenguts beraubt. Dieses harte Los seines Freundes bemühte er* (Barbo) *sich, mit gewohnter Barmherzigkeit zu erleichtern. Da ihm das Kloster der edelsten Heiligen Severus und Martirius bei Orvieto gehörte, wohin sich jener heilige Vater zum Sommeraufenthalte zu begeben pflegte, ... überließ er ihm nicht nur freigebig das Kloster, sondern bezahlte auch noch alle Unkosten der päpstlichen Bulle, und früher als sein Freund Kardinal Nikolaus selber etwas von der Sache erfuhr, erhielt er die Bulle über seinen Verzicht und schickte einen Boten zur Besitzergreifung des Ortes* (für Nikolaus) *aus."* Bei allen harten Urteilen über Barbo hat keiner diesen Zug liebenswürdigster Freigebigkeit an ihm je in Frage zu stellen gewagt; ein wohltuend menschlicher Zug, wie er den ahnungslosen Deutschen mit seinem Geschenk überraschen will! Die Bulle selbst berichtet aber weniger über die Schönheit dieses Platzes, die Canensi in so hohen Tönen lobt, als über den nicht sehr erfreulichen Zustand, in dem sich die Abtei befand, von Mönchen leer, in ihrem Besitzstand ungesichert. Ihre Jahreseinkünfte, die unter Pietro Barbo noch theoretisch auf 240 Florenen taxiert waren, betrugen unter Marco Barbo 1467 der theoretischen Schätzung nach nur mehr 180 Florenen. Der tatsächliche Besitzstand war so ungewiß, daß in der Bulle für Nikolaus, der wie seine Nachfolger keine Obligation machte, von einer Taxierung ganz abgesehen wurde. Immerhin war das wenige willkommen genug. 1464 hat Nikolaus dann den Venezianer vertrauensvoll neben Carvajal und Eroli zu seinem Testamentsvollstrecker ernannt. Canensi hebt in seiner Biographie ganz besonders hervor, mit welcher Sorgfalt und Eilfertigkeit er als Papst dieses Amtes waltete. Tatsächlich gelangten die an der Kurie vergabten Cusanus-Pfründen weitgehend in die Hände von Verwandten und Familiaren des Deutschen; Peter Wymar wurde als Kämmerer in die päpstliche Familie aufgenommen (LXIV, 2).

Die Ankunft des Cusanus war den Orvietanern vorher angekündigt worden. Die Stadt hatte für die Vorbereitung der Unterkunft zu sorgen und beschloß gleichzeitig, dem Kardinal ein Geschenk zu machen. Bekannt war er ihnen von seiner Legationstätigkeit her. Daß er selber schon einmal in Orvieto war, ist nicht bezeugt. An dem Umweg, den Pius II. im Vorjahre mit mehreren Kardinälen von Siena aus über Orvieto gemacht hatte, als er auf der Heimreise nach Rom war, hatte sich Nikolaus nicht beteiligt. Er war vielmehr noch einige Tage in Siena geblieben und dann in gerader Richtung nach Viterbo gereist (LVI, 3). Die Aufmerksamkeit der Orvietaner hatte andere Gründe. Am 26. Juli, als Nikolaus bereits zwei Wochen in der Stadt war, wandte sich der Papst in einem Breve mit ausdrücklicher Empfehlung für ihn an Konservatoren und Kommune. Darin ist von den letztvergangenen Wirren in der Stadt die Rede und von der nun glücklich wiederhergestellten Ordnung, deren Garant neben dem Gouverneur Bindo Bindi vor allem der nun bei ihnen weilende Kardinal von St. Peter sei. Um es vorwegzunehmen: Als ruhigen Rekonvaleszenzaufenthalt empfahl ihm Barbo die Stadt, als Objekt neuer Tätigkeit ließ sich der Rekonvaleszent das Kommissariat über eben diese Stadt übertragen. Selten ist der Sprung von Niederbruch – hier körperlichem – zu tatkräftigem Aufschwung im Leben des Cusanus so überraschend wie hier. Das Ferienidyll war sofort mit einer politischen Aufgabe verbunden (LXIV, 4).

Die Situation in Orvieto. Die Stadt hatte gerade den Versuch der Monaldeschi heil überstanden, in Orvieto die Signorie zu errichten. Am 3. Juni war Luca, Haupt des Familienzweigs der Cervara, unter dem Anschein, als wolle er am Corpus-Christi-Fest des folgenden Tages teilnehmen, mit kriegerischer Begleitung aus seinen Besitzungen Onano, Latera und Farnese in die Stadt gekommen. In seiner eigentlichen Absicht durchschaut, floh er noch am gleichen Tage. Am Feste selbst gelang es dann dem erwähnten Barbo-Schützling Gentile, Haupt des Monaldeschi-Zweigs der Sala, der auch innerhalb der Stadt viele Anhänger hatte, in die Stadt einzudringen. Doch erkämpfte sich der päpstliche Gouverneur schließlich wieder die Oberhand. Ob beide Versuche nun als Konkurrenzunternehmen der sich gewöhnlich befehdenden Familienzweige anzusehen sind, bei denen jeder dem anderen zuvorkommen wollte, oder ob ein Zusammenwirken vorliegt – als Unterlegene sehen wir Luca und Gentile sich hernach jedenfalls, aus ihren Besitzungen im Orvietanischen vertrieben, gemeinsam unter anderen auch an Sforza um Hilfe wenden. Aufgabe des Kommissars war die Untersuchung der ganzen Vorfälle (LXIV, 4).

Nikolaus begann seine Tätigkeit, indem er den aufrührerischen Adel aufforderte, zur Rechenschaftsablage vor ihm oder dem Papst zu erscheinen. Er erhielt zur Antwort, dieses sei nur nach Gewähr eines Salvuskonduktus möglich, jenes nur, wenn der Papst es befehle. Nikolaus berichtete darüber dem in Tivoli weilenden Papst. In seiner Antwort lobte Pius die Sorgfalt des Kardinals bei dem von ihm eingeleiteten Ermittlungsverfahren und beauftragte ihn, Ort und Zeit festzulegen, wo dann der genannte Landadel und ebenfalls die Orvietaner persönlich erscheinen sollten. Dort möge er dann nach vorausgegangenem Verhör Friedensbedingungen zwischen den Parteien aushandeln. Wenn diese Verhandlungen schon zum Erfolg führten, solle er nichtsdestoweniger vor dem endgültigen Abschluß nochmal nach Tivoli berichten und inzwischen das Heft in der Hand halten. Andernfalls möge er ihm die etwaigen Widerstände bei den Verhandlungen mitteilen (LXIV). In einem Breve vom gleichen Tage wies er den Kommissar-Stellvertreter des Cusanus, Andreas von Fano, für alles an den Kardinal (LXVI, 5). Nach Ankunft der Breven in Orvieto ordnete Nikolaus sofort die vom Papste gutgeheißene Verhandlung an und zitierte die Adligen mit ihren städtischen Anhängern vor sich, Andreas von Fano und den Gouverneur Bindo Bindi. Den Stadtrat forderte er auf, ebenfalls Vertreter zu entsenden, um so zu einem allerseits befriedigenden Ergebnis zu gelangen. Am 22. August wählte der Rat der Vierundzwanzig und Sechs aus seiner Mitte vier bevollmächtigte Mitbürger, die allen Anordnungen des Kardinals Folge zu leisten hatten. Gentile und Luca hatten sich inzwischen am 3. August hilfesuchend an Sforza gewandt, der wieder beim Papst vorsprechen ließ. Wie aber schon bei dem Streit zwischen Rieti und den Orsini gesagt wurde, bedeutete für das päpstliche Kirchenstaatsregiment jede Einengung der kommunalen Gewalten durch die Barone Nachteil und Gefahr, so auch hier die mögliche Signorie der Monaldeschi. Welche Entscheidungen Nikolaus im Hinblick darauf noch selber im einzelnen traf, ist nicht bekannt. Immerhin zerstörte Andreas von Fano noch im Oktober die Burg Gentiles bei Ficulle, während Gentile selber nach Frankreich verbannt wurde. Barbo blieb nur übrig, Gentile zur Unterwerfung unter das gefällte Urteil zu bewegen. Die Stadt Orvieto gelangte in einer konstitutionellen Ordnung nun zum Ausgleich zwischen Adel, Bürgern und Volk. Nikolaus war unterdes wieder zur Kurie abgereist. Wie sich in den nächsten Jahren zeigen sollte, waren die Orvietaner mit seinem Eingreifen mehr als zufrieden.

1462 reiste er schon im Mai nach Orvieto. In Verbindung geblieben mit der Stadt war er auch während des Winters und hatte, seine neue Stellung in Orvieto ausnutzend, wiederum den Bruder seines Familiaren Thomas de Castello in das Amt des orvietanische Podestà bringen wollen (s. Kap. II). Pius hatte für den Kardinal am 13. Mai schon ein empfehlendes Breve an die orvietanischen Konservatoren vorausgeschickt, in dem er sie unter anderem aufforderte, Nikolaus wieder den Palast zur Verfügung zu stellen, wo er im letzten Jahre gewohnt habe. Welchen Palast er hier meinte, ist nicht ersichtlich; 1463 residierte Nikolaus nachweislich im päpstlichen Palast. Die Stadt machte ihm wieder ein Geschenk und wandte sich im übrigen schon gleich in verschiedenen Anliegen an ihn (LXXXI). So wurde er gebeten, sich beim Papste dafür zu verwenden, daß er den Ablaß, den er am Fronleichnamstag in Viterbo gewähre, auch Orvieto zubillige, da hier immerhin der Ursprung des Festes sei. Eine weitere an den Papst geleitete Bitte der Stadt betraf das von ihr gewünschte In-Kurs-Bleiben der Markenbolendinen, deren Ausgabe er bereits für Rom und das Patrimonium verboten hatte und in den übrigen Provinzen demnächst verbieten wollte, so daß er der Bitte Orvietos nicht gut stattgeben konnte. Das Breve mit dieser Mitteilung ist an Cusanus und Carvajal gerichtet. Nicht nur den Deutschen hatte Barbo diesmal mitgenommen, sondern auch den gerade aus Ungarn heimgekehrten Spanier. Auch hier wieder konnte Barbo sich als der großzügige Gönner nun gar zweier anerkannter Heroen des Kollegs zeigen. Für Nikolaus verlief der Sommer diesmal ohne weitere politische Tätigkeit. Er beschäftigte sich mit Fischfang und schrieb sein einziges bisher nicht wiedergefundenes Werk *De figura mundi*. Ende August brach er in die Toskana auf, wo Pius und andere Kardinäle diesmal ihren Sommeraufenthalt gewählt hatten. Über Todi kehrte er mit ihnen im Winter nach Rom zurück (LXXXII).

1463 weilte er allein in Orvieto, durch den Besitz der Abtei nun finanziell unabhängig. Auf der Hinreise machte er den bekannten Umweg nach Norden über Monteoliveto. Wie die Reise zeigt, war sein Gesundheitszustand offenbar ganz gut. In seiner Begleitung befanden sich deutsche Freunde, die die Stadt in St. Johannes beherbergte. An die Stelle großer Auslagen für Nikolaus selbst trat, mehr als kleine Aufmerksamkeit, ein Weingeschenk. Die Tätigkeit des Kardinals in städtischen Angelegenheiten setzte sich aber diesmal in verstärktem Maße fort, zunächst nach bestem Wunsch und Willen der Orvietaner, die sich vom Papst sogar Cusanus zu ihrem ständigen

Gouverneur erbitten wollten. Noch am 13. Juli wurden die beiden Gesandten gewählt, die dem Papst diesen Beschluß vorzutragen hatten. Wessen Initiative hinter dem Plan stand, die der Stadt oder die des Kardinals, der sich dann Orvieto als ständigen Wohnsitz erwählt haben würde, ist ebensowenig bekannt wie der Ausgang der Sache. Frei wurde das Amt erst im August 1464, so daß Nikolaus es nie hätte antreten können, wenn der Papst den Plan gebilligt hätte. Der Abgang der orvietanischen Gesandten an Pius macht es auf jeden Fall sicher, daß Nikolaus zumindest einverstanden mit der Sache war, wenn er sie schon nicht selbst erst in Gang gebracht hat. Fraglich erscheint aber, ob nach einigen Monaten bei Stadt und Kardinal noch lebhaftes Interesse an der Ernennung bestand. Die letzte große Möglichkeit vor Augen, sich in Orvieto endlich das Muster einer durch Reform gereinigten, seinen Idealen entsprechenden Kirche und Stadt zu schaffen, der er dann selbst als verantwortlicher Gouverneur vorgestanden hätte, stürzte sich Nikolaus in seine letzte Reformaufgabe. Sie brachte die gegenseitige Zuneigung zu schnellem Ende (LXXXVI).

Nikolaus hatte sich als Visitator und Reformator von Stadt und Diözese (LXXXXI, 1) vom Papste ausdrücklich mit der Reform der Domkirche von Orvieto beauftragen lassen und ließ Anfang Juli die Konservatoren bitten, sie sollten ihm drei Bürger schicken, mit denen er die Reform dann einleiten könne. Den bitteren Ernst der cusanischen Bestrebungen wohl schon gleich erkennend, gab der Rat ihnen nur die Vollmacht, höchstfalls mit dem Kardinal zu verhandeln, nicht jedoch die Erlaubnis, feste Beschlüsse mit ihm zu fassen. Inzwischen hatte Nikolaus aber auch schon in die städtische Verwaltung eingegriffen und verlangte von den Konservatoren, daß der augenblickliche Vizepodestà Gaspar de Archamonibus noch innerhalb seiner Amtszeit zu voller Rechenschaftsablage über seine Amtsführung herangezogen würde. Um welche Unregelmäßigkeiten des Vizepodestà es sich hier handelte, ist nicht ersichtlich. Jedenfalls lagen Beschwerden zweier Piccolomini-Verwandten vor, des Brevensekretärs Goro und des spoletanischen Gouverneurs Bartolomeo. Der Forderung des Kardinals stand aber eine Bestimmung der orvietanischen Verfassung entgegen, daß weder der Podestà noch einer seiner Beamten vor Ablauf ihrer Amtszeit in diesem Sinne untersucht werden konnten. Der Rat beugte sich dem Eingriff des Kardinals in die städtische Verfassung und folgte seiner Anordnung ohne Widerspruch (LXXXVII).

Um so lebhafter brach in der Ratssitzung des nächsten Tages dann die Diskussion über die kirchliche Reform aus. Nikolaus hatte den allerdings sehr rigorosen Plan gefaßt, sämtliche Hospitäler der Stadt dem Domhospital zu unieren, alle Besitzungen dieser Hospitäler ihm zu inkorporieren, und dies alles zudem in kürzester Frist. Da er demnächst zum Papst abreisen würde, sollte diesem bis dahin der gehorsame Vollzug aller Anordnungen seitens der Stadt gemeldet werden können. Wie sich aus dem Plan des Kardinals ergibt, ging er ganz überlegt vor. Zunächst reformierte er die Kathedrale, gewann so einen gereinigten Stützpunkt und konnte an ihn dann die Reform der übrigen Stadt anschließen. Hier begann nun der städtische Widerstand. Zehn Bürger, so wurde im Consilio Generale vorgeschlagen, sollten von den Konservatoren gewählt werden, die im Auftrage der Stadt den Kardinal zu bitten hätten, er möge von der Unierung Abstand nehmen, *„da es nützlicher, bequemer und ehrenhafter für Kommune, Arme und Fremde sei, hier und da Hospitäler für die Aufnahme von Armen und Fremden zu besitzen als an ein und derselben Stelle."*

Dann aber holte der Konsultor Franciscus Johannis Alexandri in seiner Rede vor dem Rate tiefer aus: *„Das war die Absicht der Bürger, die die genannten Hospitäler errichteten und ihnen Almosen und Nachlässe als Legate vermachten, bestimmten und zurückließen, wie es ganz eindeutig erwiesen und ersehen werden muß und kann. Ihr letzter Wille und ihre letzten Verfügungen sind immer und ewig zu achten. Wenn aber die genannten Bürger nur ein einziges Hospital hätten haben wollen, dann hätten sie ihm allein ihren Nachlaß vermacht und Almosen gegeben, wie sie ihren Nachlaß in dieser Weise vermacht und ihre Almosen tatsächlich gegeben haben und mehrere Hospitäler haben wollten. Weil es ihnen aber gefiel, mehrere Hospitäler zu haben . . ."* Nun, die umständliche Begründung des Konsultors sagte in vielen Sätzen immer wieder dasselbe: Der Wille der frommen Stifter muß geachtet werden – das heißt: Rechte orvietanischer Familien, die mit ihnen zu verteidigen waren, Vorteile, die der Stifterfamilie wieder zugute kamen. An jedes Hospital knüpften sich Tradition, Vorteil und Verdienst, soziales und seligmachendes zugleich. Der Kardinal griff hier rücksichtslos in gute alte Rechte ein, die die Städter nicht bereit waren, der Reform zu opfern.

Man war in Orvieto nicht grundsätzlich reformfeindlich eingestellt – im Gegenteil, wie die Reformwünsche zeigten, die Cusanus 1459 aus Orvieto unterbreitet wurden. Aber schon damals war zu beobachten, daß sich rivalisierende Gruppen im Stadtrat, vielleicht von den direkt betroffenen Klerikern, Mönchen und Nonnen gedrängt, der Sache bemächtigten und ein gewisses Gleichgewicht halten wollten, wenn eine Partei durch die Reform zu stark beschnitten wurde. Sobald die Reform diese Bedingtheiten mißachtete, gab es Widerstand. Der orvietanische Konsultor hielt hier dem Reformator die Position eines ganzen Jahrhunderts entgegen, das Festgewurzeltes, ob gut oder schlecht, einfach nicht preisgab, kein Recht freiwillig opferte, keine Reform zugestand, die nicht wieder dem unmittelbaren Nutzen des Betroffenen diente. Zwei Elemente mengen sich also ineinander: Konservatismus und Opportunismus, hier bürgerlich geprägt.

Nikolaus wollte nun keineswegs eigenmächtig Maßnahmen treffen, die die Stadt von der reformatorischen Mitarbeit ausschalteten. Dies ergibt sich aus der Art, wie der Kardinal sich die Reform des Domhospitals dachte, die der Unierung der übrigen Hospitäler mit ihm natürlich vorausgehen mußte. Nikolaus verlangte zwar die Einsetzung eines neuen Rektors und neuer Verwalter dort, überließ die Auswahl aber der Stadt. Protestierte sie gegen die ihr gestellten Forderungen, sich ihrer Hospitäler zu begeben, so war es ihr leichter, dem Wunsche des Reformators bezüglich des Domhospitals nachzukommen. Die Hoffnung, den Kardinal in der Hospitälerfrage umzustimmen, war gering. Der Konsultor mußte seine Rede daher mit einem ganz bezeichnenden Rückzugsgefecht schließen. Die von ihm angeführte Begründung, so fuhr er fort, müsse dem Kardinal eindringlichst vorgehalten werden. Ihm müsse das Heil der Seelen ins Gewissen gerufen werden, das sich an die Stiftungen knüpfe. Wenn er dann noch nicht weiche, dann solle man durch den – wie wir am besten schon gleich das unehrliche Pathos des Konsultors richtig interpretieren – demagogischen Eifer, den man bei der Auswahl des neuen Rektors fürs Domhospital anwende, jedenfalls zeigen, wie ernst es der Stadt in Wirklichkeit mit wahrer Reform sei. Geräuschvollste Bekanntmachung in der ganzen Stadt, wer sich zu diesem Amt berufen fühle, möge sich mit seinen Ansprüchen den Konservatoren vorvorstellen, sollte allen diesen Eifer dementsprechend demonstrativ herausstellen.

Mit dem wahren Ernste dieses Beschlusses war es aber weit weniger gut bestellt. Am 29. September ließ der Kardinal das Consilium Generale unter eigenen Augen in seiner Residenz im päpstlichen Palaste tagen und zwölf Bürger wählen, die den neuen Rektor zu bestimmen hatten. Über die Unierung fand keine neue Diskussion statt. Die Wahl der zwölf Bürger erfolgte schon am nächsten Tage. Dann aber nahmen diese sich auf einmal Woche um Woche Zeit mit der Erledigung ihres Auftrags, ohne daß von ihnen und dem Rat die Reformfrage neu behandelt worden wäre. Was war geschehen? Die Frage ist rasch beantwortet: Der Kardinal war abgereist, grollend über die Stadt, seinen Mißerfolg wohl schon jetzt erkennend. Als Stellvertreter und Vollender der Reform hinterließ er einen Karmeliter Gaspar de Sicilia. Würde dieser durchsetzen können, wozu die Stadt sich nur widerwillig bereit gefunden hatte, als der Kardinal selber noch an Ort und Stelle weilte? Aber er hatte nicht nur den Widerstand der Stadt zu brechen; denn Nikolaus war auf eine Generalreform ausgegangen. Beiläufig erfahren wir später (LXXXXIII), daß sich die Reform auch auf die Orden erstreckte, also nicht nur Orvietaner traf. Bei der Geschichte jeder Reform ist ja zu berücksichtigen, daß Widerstand gegen sie uns quellenmäßig stets besser greifbar ist als Bereitwilligkeit, die keinen umfangreichen Aktenniederschlag im Gefolge hatte. Aber die kritischen Widerstandspunkte waren es gerade, die immer wieder den Erfolg der ganzen Reform in Frage stellten. So hatte Sonnenburg die ganze Tiroler Reformarbeit des Cusanus schließlich durch die Auswirkungen des dort geleisteten Widerstandes untergraben. Die von sittlichem Notwendigkeitsbewußtsein getragene und dennoch unkluge Starrheit der Insistenz, die Nikolaus dann als Reformator zeigte, schadete dem Erfolg, was sie der Gewissenhaftigkeit des Cusanus auch an Ruhm eintrug (LXXXVIII).

Die Orvietaner glaubten offensichtlich nach der Abreise des Kardinals, trotz der letzten Auseinandersetzungen in ihm noch immer den alten Freund und Schützer zu haben, an den sie sich in allen die Stadt nachteilig berührenden Fragen wenden konnten. Noch kurz vorher hatte man sich erkenntlich gezeigt, als mit Rücksicht auf ihn ein nicht näher bekannter Deutscher Herigus Johannis mit seiner Familie von der Stadt Aufenthaltsrechte in Sugano erhielt (LXXXVIII, 1). Als nun Anfang Oktober ein Breve eintraf, in dem der Papst den Orvietanern befahl, einige dem Zoll der apostolischen Kammer unterliegende Herden für einen Monat in ihren Weidegründen aufzunehmen, riefen die Konservatoren gleich Cusanus und Barbo um Hilfe an. Bereits im Vorjahre, so schrieben sie, hätte die gleiche Maßnahme schon mehrere Bürger und Landleute gezwungen, wegen der völligen Abgrasung ihrer Felder die eigenen Herden an auswärtige Plätze zu führen. Im Wiederholungsfalle sähen sich diese nun veranlaßt, Orvieto überhaupt zu verlassen. Der Papst könne doch unmöglich das Vieh der ganzen Welt höher schätzen als das Wohl seiner Stadt. Schließlich wiesen sie noch darauf hin, daß sie dies alles dem Papst schon im vorigen Jahre vergeblich dargelegt hätten. Kurz und gut, der Ruin der Stadt sei gewiß, wenn die beiden Kardinäle nicht beim Papst alles zum Widerruf der Anordnung unternähmen. Sich in der Diktion ihres Briefes sogar einmal an den Text der weitergeführten letzten Vater-Unser-Bitte aus der Messe anlehnend, vielleicht nicht mehr ganz der Gunst ihrer Gönner sicher, wählten sie die demütigsten Worte, die an dieser Stelle möglich waren (LXXXIX).

Was jetzt in Rom geschah, so klein und eng es dabei auch Cusanus erscheinen läßt, wirft es doch auf seinen nun ausgebrochenen Groll gegen die Stadt und von daher wieder auf den Ernst, mit dem er die Reform vorwärtsgetrieben hatte, ein ganz bezeichnendes Licht. In einem freundlichen Handschreiben teilte er den Konservatoren mit, er und Barbo hätten gerne den von ihrem Gesandten noch weiterhin eifrig unterstützten Wunsch erfüllt, doch sei der am Podagra erkrankte Papst leider nicht zu sprechen gewesen. Gerne würden sie immer alles tun, was ihnen möglich sei. Kam der Gesandte Ranaldus auch nicht mit leeren Händen zurück, am guten Willen des Cusanus konnte der Brief keinen Zweifel lassen, wenn ihn nicht ein Schreiben Barbos vom gleichen Tage, ebenfalls an die Konservatoren von Orvieto, als unehrlich entlarvt hätte. Barbo, von dem Nikolaus schrieb, daß auch er nichts hätte ausrichten können, sprach tatsächlich beim Papste vor, erreichte alles für die Stadt, und schon nach wenigen Tagen erhielten die Herdenführer Anweisung, die Weidegründe der Stadt zu verlassen. Hat Nikolaus überhaupt versucht, beim Papst Audienz zu erwirken? Speiste er die Orvietaner, unwillig über ihr Verhalten in der Reformfrage, einfach kurzerhand ab? *Wollte* er nichts für sie tun? Es ist immerhin möglich, daß Barbo erst nach neuerlichem Versuch noch im Laufe des gleichen Tages Audienz erhielt, der Brief des Cusanus zumindest keine Lüge enthält. Dann ist Nikolaus aber nicht so um die Stadt bemüht gewesen wie Barbo und ließ es beim ersten Versuch bewenden. In diesem Fall ist jedoch die Beteuerung des Cusanus, alles in seinen Kräften Stehende für die Stadt tun zu wollen, wiederum nicht sehr ernst gemeint, wo er doch, selber im Hause des Papstes wohnend, die beste Gelegenheit zur Audienz gehabt hätte (LXXXX).

Nun, der Brief besagte in seiner Weise alles. Die Orvietaner wußten jedenfalls, daß auf den Deutschen nicht mehr sehr zu rechnen war. Noch einmal haben im Dezember und im Januar die Glaubsbriefe ihrer nach Rom reisenden Gesandten neben anderen Kurialen auch Nikolaus zum Adressaten. Dann verschwindet der Kardinal aus den Adressatenlisten. Orvieto wandte sich nicht mehr an ihn (LXXXXI, 2). Aber schon wenige Tage nach der Rückkehr des Ranaldus hätte man in der Stadt eigentlich Klarheit über den ganzen Sachverhalt gewinnen sollen, als ein offenbar auf Bericht des Cusanus über den Reformwiderstand hin entsandtes

Breve Ende Oktober dort eintraf. Darin bestätigte der Papst alle Reformmaßnahmen des Kardinals und ermahnte die Orvietaner, den Anordnungen des von Nikolaus eingesetzten Stellvertreters wie ihm selbst unbedingte Folge zu leisten. Alle Privilegien, auf die sich die Stadt etwa berufen könnte, erklärte er für aufgehoben. Um seinem Kommissar einen finanziellen Rückhalt zu verschaffen, ließ Nikolaus ihm am 13. Oktober die Pfarrkirche S. Angelo in Orvieto übertragen, in welcher der Abt von S. Severo Präsentationsrecht hatte (LXXXXI). Als das Breve über die Reform in Orvieto eintraf, war dort nach langem Zögern endlich am 22. Oktober die Wahl des neuen Rektors fürs Domhospital erfolgt. Weitere Verhandlungen waren wegen der Gehaltsansprüche des neuen Rektors Leonardus Colai und seiner ebenfalls neugewählten Helfer nötig. Und als diese Frage am 23. Oktober geregelt war, dachte man doch nicht daran, nun die Reform etwa zu überstürzen. Auch die Kathedralfabrik hatte einen neuen Kämmerer erhalten. Erst für den 29. Oktober, also fast einen Monat nach Abreise des Cusanus, notierte der Stadtkanzler in seinem Terminkalender eine Zusammenkunft der Konservatoren mit dem Kämmerer vor, auf der endlich die Hospitälerfrage besprochen werden sollte, dazu weitere von Nikolaus angeordnete Reformmaßnahmen im Dom (LXXXVIII, 1).

Damit brechen die Quellenaussagen vorläufig ab. Daß reformiert wurde, ist wohl gesichert. Wieweit der Karmeliter aber allen Anordnungen des Kardinals den gehörigen Nachdruck verleihen konnte, verschweigen die Quellen. Nikolaus selbst hat die Stadt nie wiedergesehen. Dennoch war die Orvietaner Frage für ihn noch nicht beendet. Monument seiner reformatorischen Tragik, sollte sie bis an sein Todeslager reichen.

Im Sommer 1464 verwirklichte sich endlich das große Unternehmen des Piccolomini, der Kreuzzug. Was sich tatsächlich in diesen Monaten abspielte, war oft nicht mehr als eine Karikatur der erhabenen Idee. Allein, der Papst spielte die Tragödie seines Lebens bis zum letzten Ende durch. Da sich keine Fürsten als Bannerträger der Kirche fanden, stellte er sich selbst an die Spitze des Kreuzheeres, eines zerlumpten, hungernden Haufens von Strolchen und Leichtgläubigen, die von Versprechungen oder auch nur Hoffnungen nach Italien getrieben wurden. Man hat Nikolaus von Kues immer wieder mit der letzten Expedition Pius' II. in Zusammenhang bringen wollen, direkt, nicht nur als Berater des Papstes, und hat den dunklen Sachverhalt, daß er in dem umbrischen Bergnest Todi starb, mit dieser erdichteten Kreuzzugstätigkeit verbunden. Nicht zuletzt ließ sich damit auch für die Cusanus-Biographie ein erhebender Schluß finden. Einer ganz unverständlichen Verwechslung des Nikolaus von Kues mit Nikolaus Fortiguerra sind dabei nicht nur die älteren Cusanus-Biographen wie Scharpff und Marx zum Opfer gefallen, vielmehr findet sich diese Version auch heute noch hin und wieder. Danach hätte Pius ihn nach Pisa geschickt, von wo er die genuesische Flotte nach Ancona zu bringen gehabt hätte. Jäger wollte dann die ganze Legende sinnvoller gestalten, indem er Todi in eine vernünftige Reiseroute in Richtung Livorno–Pisa einbaute und behauptete, Pius habe ihn erst von Ancona aus mit der besagten Aufgabe dorthin geschickt, doch sei er unterwegs in Todi erkrankt. Den ganzen Irrtum aufgeklärt hat als erster schon Uzielli, unglücklicherweise erst im Anhang seiner Toscanelli-Biographie, während im Hauptteil noch der alte Fehler auftaucht. Ebenso unglücklich wurde Uzielli dann in Pastors Papstgeschichte zitiert. Pastor weiß zu berichten, daß Nikolaus den 5000 Kreuzfahrern entgegengeschickt wurde, die auf dem Wege nach Rom waren. Die Belegstelle für diese neue (übrigens nicht ganz richtig wiedergegebene) Detaillierung ist aber, da Pastor eine halbe Seite mit ihrem Material füllt, leider soweit von dieser Nachricht weggerückt, daß kaum jemand in dem Briefe Carretos an Sforza vom 26. Juni seine Quelle dafür aufspüren würde, während er an Ort und Stelle nur auf Uzielli hinweist. Vansteenberghe wies den Irrtum der Cusanus-Reise erneut zurück, ging auf jene *„5000“* in Unkenntnis der von Pastor benutzten Quelle aber nicht näher ein. Sie ist das bisher einzige tatsächliche Zeugnis über die Tätigkeit des Cusanus bei der Expedition: *„Jene Kreuzfahrer, die in Ancona waren, haben scheinbar nicht länger in Ancona verweilen wollen, sondern sind zu 5000 oder vielleicht noch mehr auf Rom zu gekommen, um den Ablaß zu gewinnen. Einige von ihnen sagen, sie wollten umkehren, weil sie keine Möglichkeit hätten, die Unkosten zu tragen. Die Heiligkeit unsers Herrn hat sowohl in Rom den Kardinal von St. Peter zu den Ketten, der deswegen dort geblieben ist (!), als auch in Ancona den Kardinal von St. Angelus beauftragt, sie sollen alle, die es sich leisten können, bewegen, auf eigene Kosten zu gehen, und ebenfalls veranlassen, daß einer dem anderen hilft; das heißt, drei, vier oder sechs sollen einen Geeigneten bezahlen, der dann geht, und alle, die auf diese Weise beitragen, sollen den Ablaß gewinnen.“* So der Bericht Carretos vom 26. Juni aus Spoleto in der Begleitung des Papstes. Nicht für die genuesische Flotte, sondern für die zerlumpten Haufen der Mittellosen, die damals wie Fliegen in der italienischen Sommerhitze wegstarben, hatte Nikolaus zu sorgen (LXXXXIII, 1).

Wo sich die seiner Obhut anvertrauten 5000 in Mittelitalien auf dem Wege von Ancona nach Rom umhertrieben, dürfte schwer festzustellen sein. Nikolaus ist jedenfalls schon vor dem 3. Juli aus Rom aufgebrochen. Wie gelangte er aber nach Todi, das abseits der Via Flaminia, des geraden Weges nach Ancona liegt? Palmieri berichtet, daß die meisten Kardinäle zwar mit dem Papst auf dieser Straße reisten, *„die übrigen eilten jedoch, um durch die Schar der Reisenden die Gemeinden nicht zu sehr zu belasten, auf verschiedenen Wegen nach Ancona"*. Möglicherweise gehörte Nikolaus zu ihnen. Wie dem auch sei, am 16. Juli lag er in Todi krank darnieder. Über die unerträgliche Hitze klagend, antwortete er an diesem Tage den Konservatoren von Orvieto auf eine recht merkwürdige Zuschrift. Sie beklagten sich schlechthin über eben den Karmeliter Guasparro, den sie jung und unerfahren nannten. Vor allem nahmen sie den Servitenprior von Orvieto, einen Senesen, gegen Guasparros Übergriffe in Schutz und forderten Gerechtigkeit für den Prior Paulo. Wir wissen leider nicht, wer dieser eigenartige Karmeliter im letzten Lebensabschnitt des Cusanus ist, wo er ihn kennenlernte, warum er ihn ausgerechnet zu seinem Stellvertreter und Vollender der orvietanischen Reform einsetzte, offenbar gar nicht im Einverständnis mit der Stadt.

Was führt Nikolaus gegen die vorgebrachten Beschuldigungen an? Nicht mehr als seine gute Meinung von Guasparro. Wenn dieser schon den Serviten *„priviert"* habe, der bei Papst und Gouverneur geliebt und angesehen sei, so könne er das doch wohl nicht ohne Grund getan haben. Im Gegenteil – der Prior habe ihm, dem Kardinal, damals bei der Reform viel versprochen, aber nichts gehalten. Guasparro habe bei seinem Vorgehen gegen den Prior auf dessen Ordenszugehörigkeit überhaupt nicht gesehen. Derartige Objektivität hätten bei dieser Gelegenheit wohl nicht viele gezeigt. Und dennoch, dieser einzige bisher auf uns gekommene italienische Brief des Cusanus klingt sehr müde: *„Ihr wißt wohl, wie schwer es ist, einen Menschen zu finden, der ohne allen Tadel zu regieren versteht."* Meint er damit Paulo? Guasparro, der möglicherweise auch nicht ganz korrekt gehandelt hatte? Sich selbst, der vielleicht nicht den Rechten als Stellvertreter wählte, am Schlusse seines Lebens hier die Erkenntnis von der Unvollkommenheit und Unzulänglichkeit allen Tuns resigniert eingestehend? Nochmal ermahnt er die Stadt, Haltung zu bewahren. Wie sich die Sache auch verhalte, beide, Guasparro und Paulo, sollen zu ihm nach Todi kommen und Rechenschaft geben. Er hat es offen gelassen, wer schuldig ist, der Reformierte oder vielleicht der Reformator. Der Tadel, der auf die

Stadt fällt, wiegt nicht allzu schwer und entspringt der Verteidigung Guasparros. Der letzte Rat an die Stadt: *„Bewahrt Euren Frieden und Eure Ruhe und obliegt, wie auch Wir, dem Gebete zu Gott, daß Er Euch von den gegenwärtigen Gefahren befreie“* (LXXXXIII).

Am 28. Juli berichtete aus Ancona der Mailänder Erzbischof Nardini an Sforza, daß der Kardinal in Todi an schwerem Fieber erkrankt sei, so daß man kaum noch an seinem Tode zweifle. Ebenfalls aus Ancona schrieb am 12. August Barbos Kaplan Simon von Ragusa an Vallaresso, den Erzbischof von Zara, wie ein am Vortage aus Todi eingetroffener Brief aus der Familie des Cusanus besage, sei er von den Seinen bereits aufgegeben. Der erwähnte Brief enthielt wahrscheinlich die Mitteilung an Barbo, daß Nikolaus ihn am 6. August zum Testamentsvollstrecker eingesetzt hatte. Am 11. August erfolgte der Tod. Freunde und Wohltatenempfänger klagten. Francesco Gonzaga stürzte sich auf die Pfründenbeute. (LXXXXIV). Pius II. starb drei Tage später.

Hat hier eine Fügung gewaltet, die in ihrer Art Tieferes bedeuten wollte? Zusammen hatten sie dieses Pontifikat durchgestanden, ein Pontifikat von Enttäuschungen und Ernüchterungen. In einem unterschieden sie sich aber, auch das spiegelt sich in ihrem Ende. Der italienische Humanist starb im pathetischen Finale von Ancona, in einer Schlußszene, die kein Drama wirkungsvoller gestalten konnte. Der Kardinal von Kues blieb in den umbrischen Bergen liegen. Dem unfreiwilligen Verzicht auf das theatralische Ende zu Ancona, dem Liegenbleiben auf halbem Wege, entsprach die von Jahr zu Jahr gewachsene Einsicht in die Unmöglichkeit des universalistischen Programms, über die sich der Piccolomini in immer neuen Hoffnungen verzweifelt hinwegtäuschte. Es blieb die Machtsteigerung, die die römische Kirche indirekt bei diesem Versuche erfahren hatte. Der alte Cusanus hat keinem anderen gedient als ihr. Daß er ihr nicht so dienen konnte, wie sein reformatorisches Gewissen ihn trieb, ist die Tragik dieses Lebens, dessen Verhängnis sein Jahrhundert war.

ZWEITER TEIL

QUELLEN

Siglen

ACO	Archivio Comunale Orvieto
AG	Archivio Gonzaga im Archivio di Stato Mantua
ASF	Archivio di Stato Florenz
ASM	Archivio di Stato Mailand
ASR	Archivio di Stato Rieti
ASS	Archivio di Stato Siena
AST	Archivio di Stato Terni
ASV	Archivio di Stato Venedig
AV	Archivio Vaticano
BA	Brixener Archiv im Archivio di Stato Bozen
BCB	Biblioteca Civica Belluno
BV	Biblioteca Vaticana
Ch.	Chartular, Cod. Cusan. 221, Kues, Hospitalsbibliothek
Dr.	Druck
DS	Dominio Sforzesco im Archivio di Stato Mailand
HStA	Hauptstaatsarchiv München
IE	Introitus et Exitus im Archivio Vaticano
Kop.	Kopie
MC	Mandata Cameralia im Archivio di Stato Rom
Or.	Original
P.	Petschaft
Ref., Rif.	Reformanze, Riformanze, Riformagioni usw.
RL	Registra Lateranensia im Archivio Vaticano
RV	Registra Vaticana im Archivio Vaticano
Z.	Zeile

Normalisiert sind bei der Textwiedergabe Groß- und Kleinschreibung und „u“ und „v“, in lateinischen Texten auch „c“ und „t“. Von offensichtlichen Schreibfehlern abgesehen wird der Text sonst buchstabengetreu wiedergegeben. In italienischen Texten sind Worttrennung, Akzentuierung usw. modernisiert. Briefe ohne nähere Angabe sind von Schreiberhand. Eine Reihe jedem Leser spätmittelalterlicher Texte bekannter Abkürzungen bei Titulaturen wurde beibehalten, ebenso die bekannte Abkürzung *s. R. e.* für *(sacro)-sancta Romana ecclesia.*

Textverzeichnis

Texte I-LXXXXIV

I

Enea Silvio Piccolomini

Brief an Nikolaus von Kues — Rom, 1456 Dez. 27.

Bologna Bibl. Univ. 1200 p. 11–12 (B), BV Chig. I VI 210 f. 5v–6r (C), BV Regin. Lat. 557 f. 85v–86r (R), BV Urb. Lat. 403 f. 6v–7r (U), BV Vat. Lat. 6941 f. 4v (V), Florenz Laur. Plut. LXXXX sup. 44 f. 17v–18r (L): Kop.

Letzter Dr.: Aeneae S. opera omnia 1571 (Basel) n. 197 nach Dr. 1551 (Basel) nach Dr. 1496 (Nürnberg) nach Dr. 1481 (Nürnberg, Hain 151, s. G. Voigt, Die Briefe des Aeneas Sylvius usw., Arch. f. Kunde öster. Gesch.quellen 16 [1856] 333 ff.). — Teildr.: Jäger, Streit I 231 Anm. 9.

Zur Frage der hier nicht zu erörternden Abhängigkeit der Hss. der Piccolomini-Briefsammlungen (C als beste Hs.) s. R. Wolkan, Die Briefe des Eneas Silvius vor seiner Erhebung auf den päpstlichen Stuhl, Reisebericht, Wien 1905.

Aeneas cardinalis Senensis Nicolao cardinali sanci Petri ad vincula s. p. d. Placuit sanctissimo domino nostro pape Calisto per hos dies me longe immeritum ad cardinalatus ordinem assumere vestroque sacro cetui aggregare[1]. Scio, quantum ponderis subivi, nec video, quo pacto credite mihi dignitati satisfaciam, nisi fortasse tua reverendissima paternitas ad curiam redierit. Tunc enim, instructus ab ea, securius in hoc procelloso mari navigarem. Precor igitur, si preces servitoris audiende sunt, ut iam demum in patriam redeas; nam cardinali sola Roma patria est. Etiamsi natus apud Indos is fuerit, aut recusasse pileum opportuit, aut certe receptum Rome gestare et matri omnium sedi consulere. Neque illa excusatio idonea est: Non audior recta monens. Mutantur enim tempora, et, qui olim contemptui fuit, nunc precipue honoratur. Veni igitur, obsecro, veni! Neque enim tua virtus est, que inter nives et umbrosas clausa valles languescere debeat. Scio complures esse, qui te videre, audire et sequi cupiunt, inter quos me semper auditorem discipulumque obsequentem invenies. Vale optime. Ex Urbe Roma die XXVII Decembris MCCCCLVII.

(2) sanctissimo / altissimo et *RLDr.* (8–9) natus . . fuerit/apud Indos is natus fuerit *RDr.* natus fuerit apud Indos *C* (15) Vale optime *om. RLDr.* (16) Roma / Romana *RDr. om. BV* (16) XXVII / XXVIII *RDr.* MCCCCLVII / MCCCCLVI *BUV.*

[1] 1456 XII 17. Zur Rolle des NvK dabei s. LXII und LXVI.

II

Enea Silvio Piccolomini

Brief an Nikolaus von Kues — Rom, 1457 Aug. 1.

B p. 130–131, C f. 60v–61r, U f. 63rv, V f. 59r–60r, L f. 88rv: Kop. (zu den Hss. s. I). Dr.: (Basel) Nr. 360. Teildr.: Jäger, Streit I 231 Anm. 10.

Aeneas cardinalis Senensis Nicolao cardinali sancti Petri s. p. d. Revertitur ad partes Germanie cappellanus meus Nicolaus Creuul, quem in agendis suis dignationi tue, quantum valeo, commendatum efficio[1]. Diu nihil novi de tua dignatione accepi. Puto eam bene valere, quando in contrarium nihil
5 accipio[2]. De prelatis Germanie et dietis eorum multa hic dicuntur non bona[3]. Tuam dignationem nihil latere opinor. Nisi tua circumspectio illis obviet rebus, nescio, quis alius occurrere possit. Ego tamen te in hac curia presentem potius esse vellem, quamvis parum est, quod cardinales rei publice consulere possint. Sed iuvaret me sepe in presentia tua esse et pro
10 veteri more dulces miscere sermones. Fortasse aliquando non tederet dignationem tuam in curia moram traxisse. Quis sit status harum partium, non dubito per familiares tuos dignationi tue scriptum esse[4]. Referam tamen paucis, quomodo res se habeant. Dominus noster imprimis bene valet. Roma quoque preter solitum hucusque sana esse videtur. Obiit cardinalis Neapoli-
15 tanus in curia potius medicorum quam aëris gravitate[5]. Ursini et comes Eversus adhuc inter se armis contendunt, que res facit, ut annus uberrimus sterilis videatur[6]. Huc accedit indignatio, quam pontifex contra Ursinos accepit. Tractatur concordia; nescio quam facilem habebit exitum[7]. Comes Jacobus Piccininus, qui hactenus in regno fuit, nunc suscepta a rege Aragonum
20 magna pecunia exiturus regnum dicitur et contra Sigismundum Malatestam, quem rex odit, arma moturus, quocum profecturus est comes Urbinas. Alii arbitrantur hec fingi contra Malatestas, ut improvisi Senenses inveniantur[8]. Quicquid egerit Piccininus, si regnum exierit, arbitrantur omnes totam Italiam rursus in arma ruituram. Atque hoc modo geretur bellum contra
25 Turcos! Nec melius in Germania res se habent, quando imperator et rex

Hungarie, sicut nosti, inter sese acerrima contentione depugnant[9]. Deus ecclesie sue melius consulat. Commendo me dignationi tue ad eius mandata omni tempore paratum. Ex Roma Kalendis Augusti MCCCCLVII.

(2) Germanie / Alamanie *BV* Creuul / Crewl *BV* (4) tua dignatione / dignatione tua *BV* Puto eam / Puto etiam eam *U* (5) dietis eorum / eorum dietis *BV* (8) vellem / mallem *L* (9) possint / possent *BVL*, *corr. ex* possent *C* (10–11) dignationem / dignitatem *U* (17) sterilis / sceleris *C* (19–20) a. . . pecunia / magna pecunia a rege Aragonum *V* (24) geretur bellum / bellum geretur *L*, contra Turcos bellum geretur *BV* (27) eius / cuius *L*.

[1] Es folgen weitere Briefe mit Empfehlung Kreuls an den Eb. von Salzburg, den B. von Trient, Johannes Tröster und Johann Lauterbach von 1457 VIII 1, an den Elekten von Breslau und Heinrich Senftleben von VIII 5.

[2] Nach dem Scheinüberfall Sigmunds auf NvK im Juni 1457 hatte sich dieser VII 10 auf Buchenstein zurückgezogen (Jäger, Streit 207 ff., neuerdings Koch, Mensch 63 ff. und 70 ff.). Jäger (231) bringt die Anfrage des Enea nach dem Ergehen des NvK mit ersten in Rom eingetroffenen Gerüchten über jene Vorgänge in Verbindung.

[3] Die Tage zu Frankfurt, März und Juni 1457. Ein von Enea diktiertes Schreiben Calixts III. an NvK von 1457 XII 1 (Basel n. 337) beauftragt diesen, den Bestrebungen der rheinischen Fürsten entgegenzuwirken. Das Datum des Drucks, 1457 X 1, ist irrig.

[4] U. a. war damals Leonius de Cruce in Rom (Vansteenberghe 181 Anm. 5).

[5] Raynaldus Piscicellus, gest. 1457 VII 1 (Eubel II 12 n. 4 mit falschem Datum; s. Eubel 32 n. 185).

[6] S. dazu Sora XXX 76 ff., Paschini 193 f. Haupt der Orsini war Napoleone Orsini. Auf der andern Seite stand Everso von Anguillara (s. zu diesem ausführlich unter XI), der mit den Colonna verbündet war. Als durch die Eroberung Caprarolas durch die Vico, 1457 VII 4, Everso zu stark geschwächt wurde, gaben die Borgia ihre anfänglich neutrale Stellung auf. Kardinal Latino Orsini verließ Rom aus Furcht vor päpstlichen Repressalien.

[7] Durch Kardinal Barbo geführte Verhandlungen, die 1457 IX 30 zu einer wenig aussichtsreichen Treuga führten, die erst 1457 XII 31 von einer stabileren zwischen Orsini und Colonna gefolgt wurde, aus der Everso ausgeschlossen war.

[8] Der Graf von Urbino ist Federico di Montefeltro, der sich nach Neapel begeben hatte, um Alfonso gegen Gismondo Malatesta, Herrn von Rimini, zu gewinnen. Giacomo Piccinino zog dann tatsächlich mit Federico gegen Malatesta (am ausführlichsten bei Nunziante, Archivio XVII 325 ff.).

[9] Wahrscheinlich Anspielung auf den langwierigen Streit zwischen dem Kaiser und König Ladislaus V. Posthumus um die Cillier Erbschaft.

III

DIE SIGNORI VON FLORENZ

Brief an Nikolaus von Kues Florenz, 1458 Dez. 8.

ASF Signori. Carteggio. Missive. Prima cancelleria. Registri 42 f. 76rv: Kop.

Cardinali sancti Petri in vincula.

Sicut vobis non ignotum credimus, legati isthic nostri, qui pontifici gratulatum accesserunt, cum illi narrassent esse apud nos sacrum cenobium, in quo sub dive Brigide regula multi sexus utriusque religiosi commorantur
5 vita integerrimi, sanctimonia celebres, quorum spectata iam diu virtus eius loci finitimos compulit eos venerari et supra modum colere, et illos etate nostra tam maxime auctos esse, ut soliti redditus nequaquam posthac eos alere posse videantur, ne rerum inopia monasterium hoc in deterius laberetur, ab eodem impetrarunt, ut abbatia sancti Micaelis Pisane urbis, monacis
10 vacua, illi deinceps quodammodo uniretur, quoniam quidem in ea Pisana ecclesia vix religionis vestigia reperiuntur, cuius fructus eo converti equum erat, ubi divino deditis cultui subveniretur [1]. Nunc vero percepimus parumper ambigi, num ea unio subsistat *[76v]* iuribus ob ea, que cardinales patres nuper decreverunt, quod scilicet nulla sacra hedes, cuius redditus
15 aureos centum excederent, alteri beneficio annecti posset, ideoque causam hanc a pontifice vobis demandatam (esse), ut eam vestra prudentia ad optatum exitum perduceretis. Quamobrem enixe p. oramus vestram, ut solita clementia et humanitate velit niti, quod iam concessa gratia quem cupimus effectum consequatur, habituri loco ingentis gratie, si quid per vos
20 in eius monasterii commodum statuetur. VIII Decembris 1458 [2].

[1] N. Widloecher, La congregazione dei Canonici regolari I (1929) 202 f., wonach sich im Benediktinerkloster S. Michele dell'Orticaja in Pisa außer dem Abt damals nur ein oder zwei Mönche befanden. Nach P. Kehr, Italia pontificia III 364, war das Kloster schon 1412 mit dem sog. Paradieskloster S. Maria e S. Brigida bei Florenz uniert worden. 1463 II 14 übertrug Pius S. Michele auf Bitte Cosimos de Medici an die lateranensischen Regularkanoniker. Zur Problematik, die die sonst nicht bekannte Anordnung des Kollegs über Unierungen berührt, s. A. Clergeac, La Curie et les bénéficiers consistoriaux (1911) 51 ff.

[2] Ankunft des NvK in Rom: 1458 IX 30 (Eubel II 32 n. 192, doch vgl. LI, 4). – 1458 X 12 anwesend bei der Verkündigung der päpstlichen Beschlüsse über den Kreuzzug (Cribellus 81). – Zusammen mit den Kardinälen Bessarion, Estouteville, Coetivy und den Bischöfen Capranica von Rieti und Soler von Barcelona in der von Pius eingesetzten Kommission im Streit zwischen Franziskanerobservanten und -konventualen (Wadding XIII ad a. 1458 n. 19, Bulle *Pro nostra* von 1458 X 11, nach RV 469 f. 158v–160r). – Die Notiz bei Jäger, Streit I 312 und Anm. 38, über Aufenthalt des NvK mit dem Papst

1458 XI 10 in *Polarno* (nach *Handlung*) ist wegen des Verlustes der Hs. nicht nachprüfbar. Wohl existiert von diesem Tage die zu Rom gegebene Bulle *Divina disponente* für Ferrante von Neapel, die auch die Unterschrift des NvK trägt (Raynaldus 1458 n. 48; dazu Kop. AV Arm. XXXV, 31 f. 175v; Arm. XXXV, 33 f. 330v). – Eintreten des NvK für den Auditor Bernardus Roverii in diesen Monaten (Cugnoni 189 f.), für seine Familiaren (s. Anhang 1) und wahrscheinlich auch für seinen alten Begleiter auf der deutschen Legationsreise 1451/2, Thomas Levingston, einen der von ihm bestimmten Visitatoren der Bursfelder Kongregation (Bulle Pius' II. zu seinen Gunsten mit Erwähnung seiner Verdienste im Auftrage des NvK, 1459 II 27; Dr. nach RV 470 f. 400v–402r bei A. Theiner, Vetera monumenta Hibern. et Scot. hist. illustrantia 415 f. n. 789; s. auch: Calendar of papal registers, Papal letters XI [1455–64] 379–81). U. Berlière, Les origines de la congrégation de Bursfeld, Revue Bénédictine 16 (1899) 488 f. Anm. 5 (s. Koch, Umwelt 146), verwechselt Levingston mit Thomas Lauder, B. von Dunkeld, der aber erst 1452 IV 28 (Calendar l. c. X 599) mit Dunkeld providiert wurde und nichts mit NvK zu tun hatte (s. J. H. Baxter, Copiale prioratus Sancti Andree, Oxford 1930, 491). Levingston war von den Baslern mit Dunkeld providierter, nach der Auflösung des Konzils von Rom jedoch nur *in universali ecclesia* übernommener Bischof. – Tätigkeit des NvK als Bullenexekutor: 1458 X 2 (RL 541 f. 173v–174v) neben den Domdekanen von Mainz und Worms für den mit einem Kanonikat in St. Peter und Alexander zu Aschaffenburg versehenen Heinrich Soetern (s. Anhang 1); 1458 X 14 (RL 538 f. 154r–155r) neben dem Propst von S. Michele (all'Adige) und dem Offizial von Brixen für den mit einem Tridentiner Kanonikat versehenen Ambrosius Slaspekch (s. zu diesem L. Santifaller, Urkunden und Forschungen zur Gesch. des Trientner Domkapitels im Mittelalter I [1948] 438); 1458 X 21 (RL 539 f. 183rv) neben den Dekanen von Münster und Rees für den mit einem Kanonikat in St. Viktor zu Xanten versehenen Johannes von Raesfeld (Anhang 1). – 1458 XII 12 und 13 Empfänge der italienischen Fürstengesandtschaften in Kreuzzugssache durch den Papst; anwesend sind Bessarion, Estouteville, Coetivy, Barbo, Mella und NvK, dazu am 13. XII noch Calandrini (Otto de Carreto an Sforza, Rom 1458 XII 14, DS 47).

IV

Francesco Sforza[1]

Brief an Nikolaus von Kues — Mailand, 1458 Dez. 9.

DS 47: Entwurf auf Pap.-Blatt, 29,0×19,7.

Mediolani 9 Decembris 1458. Domino N. tituli sancti Petri in vincula sancte Romane ecclesie presbytero cardinali Brixenensi dignissimo.

Reverendissime in Christo pater et domine amice noster honorande. Grato admodum iucundoque animo intelleximus ea, que ab rma pte va precipuo quodam erga nos mentis affectu commemorata nobis retulit nobilis (5) dilectus cancellarius noster Leodrysius Cribellus[2] per hos dies ab illa Romana curia ad nos regressus, nec minus et per litteras suas nobis significavit egregius orator istic noster [3], quanta diligentia favoreque oratorem nostrum resque nostras apud invictissimum et serenissimum dominum imperatorem iuverit hactenus, quo tempore contigit eandem vestram r. d. in cesarea curia versari [4], nec minus et que se facturam deinceps offert ardenti animo pro felici rerum nostrarum directione non solum apud prelibatam imperatoriam maiestatem, sed etiam apud beatitudinem sanctissimi domini nostri pape. Quo fit, ut ingentes humanitati et erga nos paterno amori vestro gratias habeamus, et eo quidem uberiores, quod non ignoramus r. p^{tem} vestram auctoritate gratiaque antiqua et benemeritis suis maxime apud utriusque maiestatem posse, nosque hanc r^{me} d. v^{e} amicitiam benivolentiamque nobis gratissimam ac peropportunam ad precipuam quandam felicitatem nobis ascribimus. Accepimus preter hec eiusdem relatu cupere vestram r. d., ut protectionem oppidorum locorumque universi episcopatus vestri Brixennensis nobilis quidem et opulenti in nos suscipiamus virumque aliquem e nostris auctoritate clarum ad eius gubernationem dirigamus, quando quidem processurum hoc ex ordinatione summi pontificis affirmet vestra r. p^{tas}, ut securius et quietius gubernentur subditi ecclesie vestre populi, qui fortassis aliqui ab ill^{mo} domino Sigismondo Austrie duci nonnihil molestiarum passi videntur. Nos autem ad ea omnia prompto affecti animo, que bene cedant in rem vestre r^{me} p^{tis}, existimantes etiam prefatum i. d. Sigismondum contemplatione nostra facturum aliquid bene gratum vestre r. p^{ti}, deliberavimus ad ipsius dominationem vel oratorem vel litteras nostras dare in rem tantum vestre r. p^{tis} et episcopatus sui, prout eidem vestre r. p^{ti} gratius et acceptius fuerit, ut intelligat nos negotia vestra pro nostris ducere et nos felici rerum et status vestri directioni non secus quam nostris invigilare. Ac postmodum habito responso ab i. d. sua, dabitur plenior certiorque facultas consultandi deliberandique et vestre r. p^{ti} et nobis pariter, quicquid expediens gratumque fuerit eidem vestre r^{me} p^{ti}, ad cuius beneplacita omnia nos statumque nostrum ex corde paratos offerimus.

(2) sancte – ecclesie *s. lin. add. ms.* (5) nobilis *in marg. add.* (7–8) nec - noster *s. lin. add.* (11) deinceps *in marg. add.* (24) fortassis *s. lin. add.* (27–28) contemplatione *in marg. add.* gratia *in lin. del.* (29) oratorem *s. lin. add.* nuntium *in lin. del.* (32) directioni / directione *ms.* (34–35) gratumque *s. lin. add.* (35) ad *s. lin. add.*

[1] Über frühere Beziehungen zwischen Sforza und NvK ist nichts bekannt, doch müssen sie bestanden haben (s. Z. 8 ff.).

[2] Lodrisio Crivelli (1412 [?] – 1466 [?], der Verfasser der *Vita . . . Francisci Sfortiae* (Rer. It. SS. XIX col. 627–732) und der *Expeditio Pii Papae II adversus Turcos* (ed. Zimolo a. a. O., wo auch S. III–XXIV Crivellis Biographie mit weiterer Lit.), Humanist und schon seit Basel in engerer Berührung mit Enea Silvio. Sept. 1458 als Gesandter Sforzas zu Pius II., vor dem er 1458 X 6 seine berühmte Rede hielt. Zimolo läßt ihn dann

irrigerweise bis zum Frühjahr 1459 in der Begleitung des Papstes sein. Sforzas Brief an NvK beweist seine Rückkehr nach Mailand vor 1458 XII 9.

[3] Otto de Carreto, berühmter Jurist, Freund und Korrespondent Filelfos, 1457–1464 ständiger Gesandter Sforzas an der Kurie, 1462 V 19 Mitglied des Consilio Secreto Sforzas. 1458 war er ein warmer Befürworter der Wahl Eneas. Gest. 1465 I 11 (Santoro 7).

[4] Es handelt sich um die kaiserliche Investitur Sforzas mit Mailand und die Anerkennung des Nachfolgerechts seiner Söhne. Bereits 1451 begannen Sforzas Bemühungen in dieser Frage am Kaiserhofe (Lazzeroni, Atti IV, und zum Ganzen Cusin Arch. I und Vianello). Der hier fragliche Aufenthalt des NvK am Kaiserhof in Wiener Neustadt liegt 1451 II 22 oder früher bis III 1 (Koch, Umwelt 117, 148). Gerade in jenen Tagen war Sforzas wegen der Investitur vorstelliger Gesandter Sceva de Curte am Kaiserhof (s. Mazzatinti 246 f., Lazzeroni, Atti IV 240 ff.). Sceva de Curte weilte jetzt ebenfalls in Rom und konnte so Carreto über das damalige Verhalten des NvK berichten. Pius II. schrieb 1458 X 22 einen Brief an den Kaiser mit der Bitte um Sforzas Investitur; der päpstliche Gesandte Baptista Brenda nahm ihn mit nach Österreich (Abdruck Vianello 239 f., s. Cusin, Arch. III 24 f.). Kopien zweier undatierter Breven an die Ebb. von Köln und Trier von Ende 1458 mit der Bitte um Verwendung beim Kaiser für Sforzas Investitur noch unbenutzt ebenfalls in DS 47.

V

Francesco Sforza

Brief an Otto de Carreto — Mailand, 1458 Dez. 9.

DS 47: Entwurf auf der Rückseite von IV.
DS 47: Or., Pap., 21,8×20,1, Spur von Sekret.

Dux Mediolani etc.

Egregie dilectissime noster. Per satisfactione vostra, di quanto ne haviti scripto alli dì passati et ne ha referto Lodrisi del parlare fece com Vuy il R^mo^ Monsignore il cardinale di Sancto Petro in vincula, Nuy desiderosi de fare cosa grata alla sua R^ma^ P^te^, della quale facemo gram capitale et ne 5 prendemo bonissimo concepto per molte rasone, gli scrivemo per queste nostre alligate et mandamove qui introserta la copia d'esse nostre lettere, acciò intendiate più a compimento la mente nostra et como in questo se moviamo. Però quantunche siamo grandamente inclinati alli favori et piaceri d'esso R^mo^ Monsig^re^ il cardinale, nondimeno ne è parso honesto fare 10 prima intendere questa nostra dispositione ad lo Illmo Signore duca Sigismondo per nostro ambassatore, o vero lettere, secundo più piacerà ad esso R^mo^ cardinale, et poy se adaptaremo dal canto nostro a fare quanto là

Nuy serà possibile per bene et contentamento della sua R^ma^ P^te^ secundo il
15 bisognio della cosa. Et cossì ne offereriti et ricommendareti di cuore al prefato R^mo^ Monsignore il cardinale. Datum Mediolani VIIII° Decembris MCCCC°LVIII.

Cichus [1]

(1) Dux – etc. *deest in minuta, quae inc.* Egregio legum doctori d. Othoni de Carreto oratori apud summum pontificem nostro dilect^mo^ *i. e. in verso originalis* (2) dilectissime noster *deest in min.* satisfactione *s. lin. add. in min.* evidentia *del. in lin.* (3) et – Lodrisi *s. lin. add. in min.* circa *in lin. del.* (1) è *s. lin. add. in min.*

[1] Cicco Simonetta (1410–1480), seit 1444 als Sekretär Sforzas nachweisbar, seit Sforzas Machtergreifung *primus secretarius,* durch Galeazzo Maria 1466 zeitweilig zum *consigliere secreto* ernannt, 1480 durch Lodovico Moro enthauptet (Santoro 8, 49).

VI

Otto de Carreto

Brief an Francesco Sforza — Rom, 1458 Dez. 20.

DS 47: Or. (aut.), Pap., 19,1×21,2, Spur von P.

Illustrissime princeps et ex^me^ domine, domine mi sing^me^. Presente D. Petro de Becharia [1], dedi le littere de V. Ex^cia^ al R^mo^ cardinal Sancti Petri ad vincula et dissi poy a bocha quanto mi parse expediente circa quello che V. S^ria^ mi scrivea del mandare a lo I. duca Sigismondo, o scriverà secondo
5 che a sua R^ma^ S. più fusse grato. Sua R. Pr^tà^ hebbe molto caro quello che per parte de V. Ex^cia^ era et scritto et ditto, et come esso D. Petro più largamente referirà, monstra fare grandissima stima de l'amicicia de V. Ex^cia^ et parla con grandissima reverentia de quella, et quanto a questo fatto, dice che è in certa praticha col prefato duca Sigismondo de ordinare una dieta
10 a la qual deveno essere insieme [2], et che la S^tà^ de nostro S. favorisse la sua iusticia et così la M^tà^ de l'imperatore, et che crede pigliarli qualche partito, et quando li parà opportuno che V. Ex^cia^ o scrivi o mandi nuncio per questa cosa, non refuterà li favori de quella, in la quale ha grande speranza. Et disse ancora come li altri vescuoy suoy predecessori già molti tempi passati
15 hano con la felice recordatione de lo Illmo duca Philippo et altri predecessori havuta certa confederatione et grande intelligentia [3], et che, a tempo del prelibato duca Philippo, l'altro vescuo predecessore d'esso cardinal [4] mandava ogni anno astori et falconi del paese suo al prelibato S^re^ duca et con

tale visitatione refrescaveno loro amicicia, et che sua R^{ma} S^{ria} desidera fare il simile con V. Ex^{cia}. Risposemo che V. Illma S^{ria} haverà sempre gratissima l'amicicia de sua R^{ma} Pr^{tà}, sì per le singularissime virtù sue, sì per non parere ingrato de tanta affectione quanta essa verso Vostra Ex^{cia} dimonstrava etc. Sua R^{ma} S^{ria} dice de volere scrivere alcuna cosa a V. Ex^{cia}. Habitis litteris le manderò [5]. Rome die XX Decembris 1458.

E. v. ex^{tie} fidelissimus servitor Otto de Carreto.

[1] Pietro Beccaria de Mezzano, mehrmals Gesandter Mailands, u. a. in Neapel (G. Robolini, Notizie appartenenti alla storia della sua patria V, 1 [Pavia 1834] 211 f. und Tafel VI; Nunziante XVIII, 457).

[2] Im Brixen-Lüsener Vertrag von Ende August 1458 war eine neue Zusammenkunft zwischen Sigmund und NvK für 1459 IV 24 verabredet worden, zu der NvK wieder aus Rom zurückgekehrt sein wollte (Jäger, Streit I 304).

[3] Filippo Maria Visconti (1392–1447, Hg. 1412–1447) war der letzte Vorgänger Sforzas.

[4] Johannes Röttel, B. von Brixen 1444–1450.

[5] Brief VII, 1458 XII 21.

VII

Nikolaus von Kues

Brief an Francesco Sforza — Rom, 1458 Dez. 21.

DS 47: Or., Pap. (Wz. Schere), 18,5×21,2, P.

[In verso] Illustrissimo principi et excellentissimo domino d. nostro honorando Francisco Sforcie Vicecomiti duci Mediolani etc. Papie Anglerieque comiti ac Cremone domino.

[Intus] Illustrissime princeps et excellentissime domine mi honorande. Litteras v. ex^{tie} legi percupide [1]. Sunt enim plene singularis vestre humanitatis et me supra merita mea honorifice commendantes; eximium quendam pre se ferunt in personam meam amorem vestrum atque caritatem. Nobilis et doctissimus vir Leodrysius Cribellus noster, cancellarius v. ex^{tie}, ut scribitis, dilectissimus, etsi mihi esset carissimus et speciali amore copulatus, non parum tamen solita sua in me officia et ea quidem magna cumulavit hoc tam prestanti in me beneficio, quo ex^{ciam} v. sua sponte mihi affectam secretiore amoris nexu devinxit. Quam rem temporis futuri progressio iudicabit; nam factis non verbis affectio mea erga v. ex^{tiam} comprobanda est [2]. Nunc quoniam ita placuit s^{mo} d. n. pape, legationem Urbis etc.,

prout Dominus me iuverit, administrabo. Et tamen confido me illu^{mam} d. v. Mantue visurum in felici et Deo grata congregatione ac dieta. Ibi nostris de rebus plenius colloquemur, et v. ex^{tie} consilia semper sequar et utar auxilio. Ita tamen, ut gratias iam nunc magnas agam vobis de liberali vestra oblatione, habeo equidem pro singulari munere acceptum, quod mihi tam gratiose scripsistis. Ceterum vestra ex^{tia} differet pro negotio ecclesie nostre Brixinensis ad illu^{em} dominum Sigismundum ducem Austrie vel scribere quicquam vel mittere, donec fuerimus inter nos invicem collocuti. Ego sane mea omnia et me ipsum v. ex^{tie} beneplacitis offero denuo et trado hoc animo, ut malim multo mihi possibilia facere quam dicere. Magnificus vir et generosus miles d. Petrus de Becharia, v. ex^{tie} orator honorificus, referet vobis meis verbis quedam eadem fide, qua ego presens referrem. Alteri vero nobilissimo oratori vestro d. Othoni de Carreto doctori eximio, quicquid me voluerit, pro viribus magna fide affectioneque non deero, quamquam me non magna prestare posse intelligo. Opto ex^{tie} v. atque illustrissime domine consorti vestre necnon liberis vestris ornatissimis diuturnam in Dei amore et gratia sospitatem atque felicitatem meque ac etiam ecclesiam nostram Brixinensem iterum ex^{tie} v. commendo. Rome die XXI Decembris 1458.

N. tituli sancti Petri ad vincula s. R. e. presbyter cardinalis [3].

[1] Brief IV von 1458 XII 9.

[2] Über weitere Tätigkeit des NvK in der Investiturfrage ist nichts bekannt. Deren weitere Geschichte s. bei Cusin (Arch. III 24 ff.), Vianello 241 ff. und F. Cusin, Le aspirazioni straniere sul ducato di Milano e l'investitura imperiale, Documenti (Arch. Stor. Lomb. N. S. I 1936 360 ff.). Zum vorläufigen Verzicht des NvK auf Sforzas Intervention bei Sigmund s. XXVIII, 2.

[3] Sforza bestätigt Carreto 1459 I 11 den Empfang des NvK-Briefes (DS 48): *... havemo ricevuto una littera del R^{mo} Mon^{re} el cardinale Sancti Petri ad vincula responsiva ad una nostra, et scrivene humanissimamente. Havemo etiamdio inteso quanto ne scrivi te havere conferito con luy. Volemo lo regraciati per nostra parte, et ne offeriati alli p ... cu de ..... R^{ma} Sig^{a} in ...... che possamo et bonissima voglia* (teilweise abgerissen).

VIII

Pius II.

Bulle für Nikolaus von Kues (Auszug) Rom, 1459 Jan. 11.

Kues, Hospitalsbibliothek, Archiv, Nr. 38: Or., Perg., 48,0×69,0, Hängesiegel.
RV 515 f. 132r–134v.
Regest: Krudewig IV, 264 Nr. 43.

Pius episcopus servus servorum Dei dilecto filio Nicolao tituli sancti Petri ad vincula presbytero cardinali in Urbe nostra Romana, Patrimonii sancti Petri in Tuscia, Campanie, Maritime provinciis necnon specialis commissionis ac Sabine et Arnulforum terris pro nobis et Romana ecclesia in temporalibus vicario generali salutem et apostolicam benedictionem [1]. 5
Dum onus universalis gregis ... [2], quod nos in nostra absentia repugnante natura non possumus ..., matura deliberatione prehabita super hoc cum venerabilibus fratribus nostris sancte Romane ecclesie cardinalibus [3] de eorundem consilio et assensu te in Urbe Romana, Patrimonii sancti Petri in Tuscia, Campanie et Maritime provinciis necnon terris specialis commis- 10 sionis, ducatu Spoletano, Perusini ac Sabine et Arnulforum terris ad nos et dictam ecclesiam spectantibus et pertinentibus [4] pro nobis et eadem ecclesia vicarium generalem in temporalibus cum pleno apostolice sedis legati de latere officio usque ad nostrum et eiusdem sedis beneplacitum constituimus ..., etiam in ipsa Urbe nostra Romana, quamdiu curia nostra ibi- 15 dem fuerit, in quoscumque curiales et ipsam curiam sequentes sive cortisanos ac officiales quoscumque ipsius curie nostre et officiorum ipsorum presidentes, cuiuscumque status, gradus, ordinis aut conditionis dummodo non cardinalatus existant, omnimodam iurisdictionem exercendi eosque pro excessibus puniendi et, prout demeruerint sive deliquerint, a suorum offi- 20 ciorum exercitio suspendendi et, si id iustitia suaserit, eos etiam officiis huiusmodi privandi et destituendi, basilicas quoque beati Petri principis apostolorum [5] necnon beati Pauli apostoli, sancti Johannis Lateranensis [6], beate Marie maioris [7] et quascumque alias ecclesias, monasteria et conventus ipsius Urbis et personarum earundem a maiore usque ad minimum 25 visitandi, deformata reformandi in illisque statuta et ordinationes perpetuo vel ad tempus inibi servandas condendi et faciendi et personas huiusmodi puniendi iuxta ipsarum excessuum qualitatem ac easdem suadente iustitia beneficiis, officiis et dignitatibus eorum privandi indeque amovendi eorumque beneficia, officia et dignitates preterquam in ipsis sancti Petri, sancti 30

Johannis Lateranensis et Marie maioris ecclesiis prefatis aliis conferendi et de illis providendi, quecumque etiam beneficia ecclesiastica et dignitates, que infra terminos tue legationis vacare contigerint quoquomodo dictarum trium ecclesiarum ipsius Urbis et curiam nostram sequentium sive corti-
35 sanorum, et principalibus collegiatarum atque maioribus post pontificalem dignitatem dumtaxat exceptis, personis, de quibus tibi videbitur, conferendi ... concedentes plenam et liberam harum serie facultatem ... Datum Rome apud s. Petrum anno etc. MCCCCLVIII° tertio Idus Januarii pontificatus nostri anno primo [8].

[1] Zeitgenössische Hinweise auf die römische Legation des NvK: Juzzo di Cobelluzzo bei Niccola della Tuccia 73 Anm. 2: *Lo vice papa, il cardinale di San Pietro in vincula* (singuläre Ausdrucksweise, jedoch im 16. Jh. offenbar gängig; s. G. Moroni, LI 147). Stefano Infessura, Diario della Città di Roma, Fonti per la storia d'Italia, Scrittori, sec. XV (1890) 63: *Et remase in Roma legato lo cardinale todesco del titolo di Santo Pietro ad vincula.* Cronaca di Anonimo Veronese 120: ... *lassà* (Pius) *a Roma legato el cardinal todescho, titolato Sancto Piero in Vincula.* Sigismundus Titius, Cugnoni 37: ... *Nicolaumque Cusam sancti Petri ad vincula cardinalem legatum in Urbe dimiserat.* Platina 350 f.: ... *relictoque Romae legato Nicolao Cusa sancti Petri ad vincula cardinali.* Die Bezeichnung *Generalvikar* fehlt durchweg, da sie für den *vicarius generalis in spiritualibus (vicarius Urbis)* gebräuchlich war: ab 1459 I 26 (RV 515 f. 147r–148r) Francesco de Lignamine, B. von Ferrara; s. K. Eubel, Series Vicariorum Urbis a. 1200–1558, Röm. Quart.schr. 8 (1894) 493 ff., und A. M. Brambilla, Officii cardinalis Urbis vicarii origo et evolutio usque ad annum 1558, Diss. Pont. Ist. Utr. Iuris, Rom 1953. Gouverneur von Rom war seit 1459 I 15 (RV 515 f. 139r–140r) Galeazzo Cavriani, B. von Mantua. – Auch in feierlichen Urkunden nennt NvK sich nie selbst *Generalvikar:* 1459 VI 15 in der Ablaßbulle für Patsch (Or. Pfarrarchiv Patsch) und vom gleichen Tage für Lans bei Patsch (Or. Pfarrarchiv Lans): *apostolice sedis legatus,* mit Anführung der Verwaltungsbezirke wie oben VIII Z. 2–5; 1459 IX 1 in der Ernennungsbulle für Giovanni Antonio de Leoncilli zum römischen Senator (Or. Spoleto, Familienarchiv Leoncilli; s. unten XXXIX, 6 und Vitale II 436 ff.): *legatus etc.*, mit Anführung der Verwaltungsbezirke wie oben Z. 9–12. Bereits 1458 IX 20 (RV 515 f. 33r–35r) wurde Kardinal Castillione Generalvikar in temporalibus für Mark, Massa Trabaria und Präsidat Farfa; bei G. L. Lesage, La titulature des envoyés pontificaux sous Pie II, Mél. Arch. Hist. 58 (1941/46) 217, mit Ammanati verwechselt, der erst 1461 Kardinal wurde (hieß ebenfalls wie Castillione gemeinhin *cardinalis Papiensis),* während Castillione (gest. 1460 IV 14) als Nachfolger Kardinal Francesco Piccolomini erhielt (Eubel II 32 n. 205). Auch diese wurden einfach *Legat* genannt (*Legat* als Titel für *fonctionnaires réguliers,* Lesage 206 ff.).

[2] Formular *Dum onus universalis,* seit der Ernennung des Bertrand de Deaux (1346) zum Generalvikar für diesen Zweck gebräuchlich (Dr. bei A. de Boüard, Le régime politique et les institutions de Rome au moyen-âge, 1252–1347, Paris 1920, 335–339 n. XL), so bei der Ernennung des Albornoz (Dr: Theiner II 248–250 und: Corpus statutorum Italicorum I, Costituzioni Egidiane, a cura di P. Sella [1912] 4–7), Grimaldis (Dr.: Theiner 450–452), Cabassoles (Dr.: Theiner 486 f.), jedoch mit stets wechselnden Gebietsübertragungen; ebenso noch für den letzten Vorgänger des NvK, Kardinal Vitelleschi (1438 III 24, RV 366 f. 284r–285v; im Amt bis zum Tode 1440), sowie für die entsprechenden Generalvikare in der Mark (z. B. Castillione, s. Anm. 1), Avignon usw. Wich-

tigste Neuerung in der Urkunde für NvK sind die Bestimmungen Z. 15–36, übernommen bei der Ernennung des nächsten Generalvikars, Francesco de Piccolomini (1464 II 4, RV 516 f. 217v–220v) und bei dessen Auftragserweiterung auf die Mark (1464 VI 11, RV 517 f. 6r–9v). *Dum onus universalis* erscheint im Formularium AV Arm. LIII, 8 hinter dem Formular für den geistlichen Generalvikar *(Licet ecclesiarum)* an zweiter Stelle (f. 12r–14r). Vansteenberghe (188 f.) vermerkt aus der Bulle für NvK nur einige ganz uncharakteristische Stellen, die zum festen Bestand des Formulars gehören. Eine zusammenfassende Untersuchung der noch nicht erforschten Institution bereite ich vor.

[3] S. dazu die Berichte über die Entwicklung der Kandidatur des NvK: Sceva de Curte an Sforza, Rom 1458 XII 10 (DS 47): *Qua anchora non n'ha determinato* (il papa) *chi lassa per legato. Ha havuto novella che'l camerlengo . . . sia qua . . . Non so se forsi lassasse luy, il quale saria molto apto. Se anche fano mentione d'il viscovo de Mantua.* Antonius de Pistorio an Sforza, Rom 1458 XII 12 (DS 47): *Hermattina fu fatto legato per Roma et lo paese di qua el cardinale thodesco del titulo di San Piero in vincula. Et suo adherente et collega remane el vescovo di Mantua, perchè è pratico de le cose de Italia.* Otto de Carreto an Sforza, Rom 1458 XII 15 (DS 47): *Qui rimane legato il Rm.* . (Rand abgerissen) . . . *etri ad v . . . . notabile. Rimane con luy il vescuo de Mantua con . . . . lengo et . . . . uno asistente, perchè è molto pratico de questo gene . . .* Scalona an Lodovico Gonzaga, Mailand 1459 I 8 (AG 1620): *Uno prete chi viene da Roma et se partì a li XXVI del passato, siando stato in casa de Messer Seva, . affirma . ., la audientia de le cause restarà a Roma, per le quale è deputato Sisto* (Torquemada), *et San Petro in vincula rimane gubernatore. Et apresso è'l nostro vescovo, chi farà lo officio de vicecamerlengo.* Bereits 1459 I 5 fertigt der Rat von Viterbo seinem nach Rom reisenden Gesandten einen Glaubsbrief *rmo d. cardinali legato* aus (Viterbo, Arch. di Stato, Reform. 1457–60 f. 136r).

[4] Zur Verwaltungseinteilung des Kirchenstaates im 15. Jh. s. J. Guiraud, L'État pontifical après le grand schisme, Paris 1896; z. B. zum Begriff *terra specialis commissionis* S. 164.

[5] Einleitung der Reformation durch NvK 1459 I 27: Predigt über 1. Cor. 9. 24 *(Sic currite, ut comprehendatis;* Koch, Predigten 191 n. CCLXXXVI) *in capitulo ecclesie sancti Petri: Quoniam mihi necessitas imminet, ut commissam mihi a pontifice nostro visitationem Deo dirigente perficiam, de tam sancta re mihi verba doctoris nostri Pauli... aliquam dicendi materiam prestant.* Es folgt Einschärfung des kanonischen Lebens. *Et quoniam non omnes obediunt evangelio, visitatio et directio necessaria est mihi, ut audistis ex lectione apostolice bulle, pro vestra salute mihi commissa, ad quam his paucis pro explanatione thematis premissis in Dei nomine accedamus* (zit. nach Vat. Lat. 1245). – 1459 II 10 Einberufung einer Synode des römischen Klerus mit Predigt über Ezech. 36, 23 (*Cum sanctificatus fuero;* Koch n. CCLXXXVII) *Rome in synodo, quam in capella pape apud sanctum Petrum ut legatus Urbis celebravit: Hec sunt verba, que audivimus . . in introitu misse decantari, que nobis introitum dabunt ad officium, quod nunc Deo dirigente peragi cepimus . . .* Die Predigt ist wichtig für die Stellung des alten NvK zum Papsttum.

[6] Einleitung der Reform 1459 II 23 mit dem Sermo *Audistis, fratres* (Koch n. CCLXXXVIII) *in sancto Johanne Lateranensi: Audistis, fratres, Pium secundum sanctum atque maximum pontificem nostrum nobis visitationem huius prime Urbis ecclesie commisisse . .*

[7] Wieder Einleitung durch Predigt (Koch n. CCLXXXIX), 1459 III 6, *Rome ad sanctam Mariam maiorem in legatione: Sicut nuper, dum synodum servaremus, mandatum mihi de visitando factum audistis, ita nunc compareo et initium daturus per preambularem prelocutionem . .* Bisher unbeachtet ist eine frühere Fakultät Nikolaus' V. für NvK

von 1450 XI 2, an einem ihm freigestellten Tag am Papstaltar in S. Maria Maggiore zelebrieren zu dürfen (Or. BV Archivio Liberiano Arm. C. C. Scaff. III Cart. 5. CCXI; Regest bei G. Ferri, Le carte dell'archivio Liberiano, Arch. Soc. Rom. Stor. Patria XXX (1907) 162 f., mit falschem Datum 1454 XI 5). Fakultäten dieser Art enthält für das 15. Jh. das Archivio Liberiano außer dieser nur noch vier, jedoch sämtlich mit Terminfestsetzung (1422, 1422, 1423, 1473; s. Ferri 156–165). Vansteenberghe (189 und Anm. 1) weist irrigerweise auf Tätigkeit des NvK in der Reform italienischer Klöster hin unter Berufung auf D. L. Le Vasseur, Ephemerides ordinis Cartusiensis IV, Montreuil 1892, 465. Es handelt sich dort aber um auszugsweisen Druck einer Anordnung des NvK aus dem Jahre 1460 ohne weitere Datumsangabe für die Kartause Las Cuevas bei Sevilla (!); Druck nach Or. ebendort.

[8] Begrenzung des faktischen Wirkungskreises des NvK auf Latium und den Südwesten Umbriens ergibt sich aus dem archivalischen Befund in den einzelnen Orten. Perugia: Bartolomeus Vitellescus, B. von Corneto, als *pro s. R. e. et sanctissimo domino nostro papa Perusii etc. cum plena potestate legati de latere vicarius et gubernator generalis* (so sich selber nennend in einer Urkunde von 1459 VIII 8; Perugia, Arch. di Stato, Annali Decemvirali 93 (1459) f. 98r) ignoriert NvK. – Spoleto: Bartolomeo Pierio, *gubernator generalis* (Spoleto, Arch. di Stato, Liber reform. 40 passim) steht nach oben ebenfalls ausschließlich mit dem Papst in direkter Verbindung (s. dazu XLVII, 1). – Dagegen in Orvieto: Aufführung des NvK in den Invokationen der Ratsprotokolle (*Ad eterni luminis laudem ... ad honorem status s. R. e. et smi domini nostri pape ... necnon ad gloriam et honorem rmi in Christo patris et domini domini N. tituli sancti Petri ad vincula presbiteri cardinalis Urbis etc. legati et ad exaltationem ... domini gubernatoris* ..., 1459 VI 13 (ACO 215 f. 7v), 1459 VI 25 (ACO 215 f. 20r)). – In Rieti: Regelmäßige Erwähnung des Legaten in den Notariatsinstrumenten über den Verkauf der Wegesteuer (Verbot der Steuererhebung bei allen mit *a smo domino nostro vel suo legato aut gubernatore* versehenen Pässen; zum erstenmal 1459 II 28, ASR Rif. B. 28 f. 211r–213r). Zur Legationspraxis des NvK in diesen Städten s. unten passim. Die Tätigkeit des NvK begann mit Abreise des Papstes aus Rom: 1459 I 20 um 7 Uhr abends Aufbruch des Papstes von St. Peter nach Maria Maggiore; 1459 I 21 (Sonntag) dort eine durch NvK angeführte Prozession, deren Teilnehmer vollkommenen Ablaß erhielten; 1459 I 22 Abreise aus der Stadt (Pastor II 40 Anm. 2; über NvK s. Juzzo di Cobelluzzo bei Niccola della Tuccia 73 Anm. 2; von Pastor übersehen zwei wichtige Briefe zur Frage des Abreisedatums von Cavriani an Lodovico Gonzaga, Rom 1459 I 16 (AG 640), und von Antonius de Pistorio an Sforza, Rom 1459 I 18 (DS 48).).

IX

Pius II.
Breve an Nikolaus von Kues — Perugia, 1459 Febr. 9.

AV. Arm. XXXIX, 8, f. 45v: Kop.

Pius papa II.

Dilecte fili. Salutem et apostolicam benedictionem. Videtur nobis impresentiarum conducta(m) peditum nostrorum ad pauciorem esse nullatenus reducendam, considerato quibus et quantis locis sit eorum distributio necessario dispertienda; nec propterea recusare volumus impensam trium milium florenorum supra quinquaginta milia, quos annuatim in conducta nostra constitueramus[1]. In predictis exponendorum igitur mutare aliquid non curabis de conducta peditum predictorum, quousque aliud a nobis desuper habeas in mandatis. Datum Perusii etc. die nona mensis Februarii MCCCCLVIIII pontificatus nostri anno primo. G. de Vulterris[2].

Dilecto filio N. tituli sancti Petri ad vincula presbytero cardinali alme Urbis legato.

[1] Wo und wann, ließ sich nicht feststellen.

[2] Gherardus Johannes de Maffeis de Volterra, *secr. apost., magister registr. camerae apost.* und *notar. camerae;* s. Hofmann II 115. XXXIX, 8 ist das unter ihm geführte Brevenregister der Kammer. Er starb 1466.

X

Pius II.

Breve an Nikolaus von Kues — Perugia, 1459 Febr. 9.

AV. Arm. XXXIX, 9, f. 14v–15r: Kop.
Raynaldus 1459 n. 10: Teildruck Z. 14–16, 19–Schluß.
Vansteenberghe 189 A. 1: Teildruck Z. 17–18.

Pius papa II legato Romano cardinali sancti Petri del tedesco pro officio auditoris etc.

Dilecte fili. Salutem etc. Si vicarius ille tuus[1], quem scribis, eiusmodi est, ut dignum eum auditoriatu existimes, contenti sumus, et aliorum numero ascribatur, siquidem et nos egisse tecum aliquando meminimus de Almano aliquo ad officium inducendo. Non miretur circumspectio tua cardinalem Nicenum[2] (de) imperatore illa[3] tibi dixisse. Nos enim certo scientes eadem sibi et cardinali de Columna[4] per Baptis(t)am Brendum nuntium nostrum[5] significata fuisse, ne ante reliqui cardinales ex illis quam ex nobis hoc ipsum sentirent, patefecimus eis litteras, quas habebamus[6]. Non tamen propterea animo frangimur, nec minus in divina pietate speramus, cuius causam agimus. Ex Spoleto[7] misimus eidem tue circumspectioni responsum imperatoris et nostrum[8], ut pro sapientia tua videres, cum alia ratione duceres providendum, et miramur ad ea nil nobis esse responsum. Ad XX^{am} Februarii hinc discedemus Senas petituri[9]. De tran(s)ferenda autem curia[10] nichil in hanc diem decrevimus. Cum decreverimus, non dubitet circumspectio tua: statim certior fiet. Interim legationi tue bene gerende omni studio

intende, sicut te fecisse et facere audivimus et facturum non dubitamus. Ceterum, sicut tibi alias scripsimus, volumus et circumspectioni tue iniungi-
20 mus, [15r] ut Almanum illum [11], cui instante cardinali Niceno concessum est decem milia bellatorum in subsiduum fidei congregare, ad nos, antequam alio divertat, Perusium mittas [12]. Intendimus enim hoc initio fervoris conatusque sui ei de aliquo subventionis auxilio providere. Datum Perusii IX Februarii pontificatus nostri anno primo.

(8) Brendum / Brandum *ms* (12) misimus / miserimus *ms*.

[1] Gebhard von Bulach aus Rottweil, Familiare des NvK, *mag.* und *decr. doct.*, Propst von Veldes, Domherr in Brixen, Konstanz, Freising, *vicar. gener. in spir.* von Brixen. 1459 weilte er in Rom und amtierte dort als Auditor des Legaten in einem Prozeß des Angelus Buf(f)ali de Cancellariis, römischen Bürgers, gegen das Kapitel von St. Peter über das Gut Castel Giubileo (bei Primaporta nördlich Rom); s. Prozeßinstrument, Rom 1459 VIII 14, mit Hängesiegel Bulachs und Signet des als Notar fungierenden Heinrich Pomert; Or.: BV Arch. di S. Pietro, caps. 74, fasc. 326, mit Transsumpt zweier an NvK gerichteter Suppliken: a) des Angelus mit Subskript des NvK: *Audiat magister Gebhardus, etiam summarie etc.; citet, ut petitur, et iustitiam faciat. N. legatus;* b) beider Parteien mit Bitte um Übergabe der Sache an Bulach und Subskript des NvK: *Audiat idem, etiam summarie etc., procedat, admittat, prefigat et unica sententia feriis non obstantibus terminet, ut ambe partes petunt, et iustitiam faciat. N. legatus.* Beide Suppliken habe NvK *nobis Gebhardo de Bulako ... auditori suo causeque ... ab eodem ... legato iudici et commissario specialiter deputato* übergeben. Nach verschiedenen vergeblichen Ladungen Buffalis erfolgt vorliegende Sentenz Bulachs zugunsten des Kapitels. Zeugen: Amicus de Fossulanis aus Aquila und der Kanzleischreiber des NvK Christoph Krell, cler. Frising. Nach dieser Ablehnung der Klagen gegen das Kapitel erhebt Buffali neuen Einspruch; Akten darüber mit weiterer Tätigkeit Bulachs a. a. O.; s. dazu BV Indice 401 f. 264r–265r. Bulach ist 1460 wieder in Brixen (Vansteenberghe 194 f.). Rotarichter scheint er aber doch nicht geworden zu sein, s. Hoberg, Admissiones. Auch eine Lizenzbulle, 1464 V 5 (RL 595 f. 222v–223v), für ihn (genannt als *canonicus Constantiens.)* erwähnt nichts davon. Kurzbiographie Bulachs bei Santifaller, Domkapitel 292 ff. Bereits 1423 XI 13 erscheint er *(lic. decret.)* als Zeuge in einem zu Konstanz ausgestellten Notariatsinstrument für Heinrich Nythard (Ulm, Stadtarchiv, Neithart Lit. 3). Das Todesdatum bei Santifaller ist näher präzisierbar durch Erwähnung seines Todes in einer Bulle 1465 VIII 3 (RV 525 f. 202r–203r), in der unter Erwähnung seines ehemaligen Familiaritätsverhältnisses zu NvK seine Pfründen neu vergeben werden. Weiteres s. bei Hausmann 133 und 141 und J. Chmel, Regesta chronologico-diplomatica Friderici III. (Wien 1840) nr. 1350 u. 2436. Begraben ist er in der Spitalskirche zu Brixen.

[2] Bessarion.

[3] Wahrscheinlich die Absage des Kaisers, nach Mantua zu kommen; so Brenda an Sforza, Graz 1459 I 2 (DS 569). Daß die Wahl des Tagungsortes (statt Udine) den Kaiser wegen Mißtrauen gegenüber Sforza abhalte, erscheint Brenda nur als Vorwand zum Fernbleiben. So auch der mailändische Gesandte Giovanni Olesio an Sforza, Graz 1459 I 3 (DS 569): *Non volendo lo imperatore acceptare de andare alla dieta statutta per el papa, non trova alchuna legittima scusa de mantelarse ad questo, se non che'l dice, che per non essere dacordo cum la S. V., non se fida de andare ad Mantoa.* Damit wird auf die Ablehnung der kaiserlichen Gegenforderungen für die Investitur durch Sforza (s. IV und V) Bezug genommen. So sagt auch eine unadressierte Briefkopie ohne Absenderangabe aus Graz

1459 I 3 (DS 391): *La Mtà del imperatore recusa venire personalmente a Mantua per non havere tanti denari come vorebbe del duca de Milano.* Den Gonzaga gegenüber verhielt sich Friedrich III. Mitte Januar noch unbestimmt und ließ durch den mantuanischen Gesandten in Mantua sagen, *che a scomenzamento de lo concilio mandaria deii soii veschovii et arciveschove et signorii et baronii, et poii vegneria luii in persona per fina a certo tempo* (Schivenoglia 16). Carreto schreibt an Sforza aus Perugia 1459 II 1 (DS 48): *Del venire de la Mtà de lo imperatore a la dieta non pare ce sia grassa. La Stà de n. S. me dice che seria venuta sua Mtà ad Udene, ma de venire più in qua se fa pregare; non sa se forse cambiasse proposito,* Pius lege aber großen Wert darauf, ihn persönlich zu sprechen. Zu der ganzen Frage s. Cusin, Arch. III, 29 ff.

[4] Prosper de Colonna. Enge Beziehungen zwischen ihm und Brenda ergeben sich aus einem Empfehlungsschreiben Colonnas für Brenda an Gonfaloniere und Prioren von Siena, Rom 1459 VI 23 (ASS Concist. 1194).

[5] Baptista de Brendis (Brendus, häufiger Brenda) aus Rom, *utr. iur. doct., comes, script. apost.,* augenblicklich päpstlicher Gesandter am Kaiserhof, um den Kaiser nach Mantua einzuladen (Pius Comment. 41). 1458 X 25 erhält er 120 fl. für seine dreimonatige Reise zum Kaiser (MC 1458–60 f. 36r; IE 440 f. 97v, 441 f. 96v).

[6] Wahrscheinlich Brendas Nachrichten (Raynaldus 1459 n. 7). Brenda war sehr freigebig und eilig in Indiskretionen; s. den Brief Anm. 3, auf dessen Rückseite er anweist: *fideliter et cito cito per proprium nuntium, quia important, vel in propriis manibus vel autem Cecho* (Sforzas Kanzler). Der mantuanische Gesandte in Mailand, Vincenzo Scalona, trug die Nachrichten Brendas rasch nach Mantua weiter; s. Brief an Lodovico Gonzaga 1459 I 7 (AG 1620): *Ho veduto una lettera del ambassiatore ....* Aus Scalonas Korrespondenz ergibt sich, daß Brenda auch nach Mantua selbst mehrmals in der Sache schrieb.

[7] Aufenthalt Pius II. in Spoleto: 26.–29. Januar nach Raynaldus 1459 n. 7, 26.–28. Januar nach Paparelli 200 A. 15.

[8] Über die kaiserliche Antwort s. Pius Comment. 41, Pastor II 41, 52. Das Breve an Friedrich III., Spoleto 1459 I 26, nach AV Arm. XXXIX, 9 f. 9r–v bei Pastor II 716; s. Raynaldus 1459 n. 7.

[9] Ankunft in Siena über Assisi und Perugia am 24. Februar.

[10] Pius II. hatte den Römern das Zugeständnis gemacht, die Kurie in der Stadt zu lassen; Bulle, 1459 I 1, bei Theiner, Cod. dipl. III 408–410. Gerüchte über eine Verlegung der Kurie in einem Briefe Scevas an Sforza aus Rom, 1459 II 17 (DS 48): *E como qua se teme, se levarano da qui lo resto di cardinali et tuta la corte, per seguitare la Stà sua.* Die Unruhe der Römer darüber fiel mit einer empfindlichen Teuerungswelle zusammen: *Qua è una grande carestia poych'è partito el papa, li cavalli carissimi como sangue, lo grano XVI carlini lo rugio, la biava de cavalli VII ducato e mezo lo rugio, lo vino forestero CCC fiorini la soma de sey barrilly....*

[11] Gerardus de Campo aus der Diözese Lüttich, stiftete Ende 1458 den Kreuzzugsorden Societas Jesu Christi, anerkannt durch Bulle Pius' II. 1459 I 13 (RV 469 f. 386r). Eine Bulle mit neuen Privilegien 1459 VI 30 (Raynaldus 1459 n. 83). Weitere Unterstützung des Papstes für ihn durch Bullen 1461 IV 18 (RV 480 f. 119r–v) und 1462 XII 8 (RV 518 f. 171r–v). Im Sommer 1463 nimmt er aber schließlich von Gerhards Betrügerei Notiz (RV 509 f. 192v—193r), verleiht erstaunlicherweise 1464 aber wieder ein Privileg (RV 511 f. 346v). Einen eigenhändigen Brief Gerhards *(procurator societatis domini Jesu specialiter deputatus)* aus Asti, 1464 III 29, an Pius II. verwahrt ASS Conc. 2008 n. 3; er berichtet darin, 4000 Mann habe er bereits gesammelt, bald werde er die geplanten 10 000 beisammen haben. Weitere Spuren seiner Tätigkeit bis 1466 s. in der bei Pastor II 39 A. 3 verzeichneten Literatur.

[12] Dazu s. XVII.

XI

Pius II.

Breve an Nikolaus von Kues — Perugia, 1459 Febr. 13.

AV. Arm. XXXIX, 9, f. 15r: Kop.

Pius papa II legato Urbis de comite Everso [1] et Sicurancia [2].

Dilecte fili. Salutem etc. Quia dilectus filius Eversus Anguillarie comes per specialem nuntium suum significari nobis curavit, moram dilecti filii Securancie de Vico in locis terris suis vicinis [3] esse sibi vehementer suspec-
5 tam et occasionem prestare continuorum tractatuum, qui contra eum possent quottidie iniri [4], ideo non intendentes, ut novitatis materia alicui reli(n)quatur [5], volumus et circumspectioni tue per presentes iniungimus, ut hac in parte ita pro sapientia tua provideas, ipsum Securancium, si videbitur, ad alia loca transferendo, ut nil novi scandali propterea oriatur. Da-
10 tum Perusii XIII Februarii pontificatus nostri anno primo.

[1] Everso Graf von Anguillara, Sohn des Dolce I. von Anguillara, hatte umfangreiche Besitzungen in Nordlatium. Zunächst Verteidiger der Kirche, seit 1454 in wachsendem Gegensatz zu ihr; s. Breve Calixts III. an ihn, 1456 VIII 1 (AV Arm. XXXIX, 7 f. 49r). Als Wegelagerer berüchtigt. Über sein Leben s. Sora und Coletti a. a. O.

[2] Sicuranza di Vico, Sohn des 1435 in päpstlichem Auftrag hingerichteten Giacomo II. di Vico, Präfekten von Rom. Jüngere Brüder Sicuranzas sind Menelao und Francesco; s. Calisse a. a. O.

[3] Sicuranza saß z. B. in Caprarola dicht neben dem nach Calixts III. Tode von Everso eroberten Carbognano; s. Sora XXX, 78.

[4] Seit 1456 unternahmen die Vico mit der Wiedereroberung Caprarolas erfolgreiche Versuche, das nach dem Fall ihres in Gegensatz zur Kirche getretenen Vaters verlorene und zu großem Teil in Besitz Eversos übergegangene väterliche Gut wiederzugewinnen. Nach vorübergehender Inbesitznahme durch die Borgia (Juli — September 1458; s. AV Arm. XXXV, 33 f. 99v–101v) fällt ihnen Caprarola Ende 1458 wieder zu. Zur Unterstützung ihrer Ansprüche lassen sich die Brüder durch Pius II. ihre Geburt legitimieren, 1459 I 8 (RV 498 f. 213v–214r). Everso schließt seinerseits 1458 IX 30 einen 30monatigen Vertrag mit Pius II. (Paschini 202), um den er sich in seiner Räuberpraxis wenig kümmert. Er fürchtet aber offenbar eine Verbindung der Vico mit anderen Gegnern, insbesondere mit den Orsini.

[5] Nämlich im Hinblick auf die einjährige Treuga, die der Papst 1458 XII 30 (Theiner, Cod. dipl. III 407–409) zwischen den Herren Latiums vermittelt hatte und die alle am gleichen Tage beschworen hatten; s. *Processus super treugua baronum Romanorum et circumstantium*, AV Arm. XXIX, 29 f. 59v–61v. Everso war zwar nicht persönlich erschienen und schickte Bevollmächtigte mit einer jedoch als ungenügend erklärten Anweisung (Capranica 1458 XII 28, AV Arm. XXIX, 29 f. 60v–61r), hatte aber danach die Annahme der Treuga durch eine besondere Bestätigung vollzogen (s. Breve an Fortiguerra, 1459 II 3, AV Arm. XXXIX, 9 f. 12v–13r), wahrscheinlich vor 1459 I 14, da man ihm zur Ratifizierung eine 15 tägige Frist gesetzt hatte. Als Zeuge erscheint in der Treuga auch NvK.

XII

PIUS II.

Breve an Nikolaus von Kues — Perugia, 1459 Febr. 14.

AV Arm. XXXIX, 9, f. 15r–v: Kop.
Vansteenberghe 189 A. 1: Druck Z. 11–12.

Pius papa II legato Urbis. Responsio ad legatum Urbis.

Dilecte fili. Salutem etc. Accepimus litteras circumspectionis tue et intelleximus, que de responso ad imperatorem nostro et profectione ad dietam
existimas [1]. Laudamus iudicium tuum, quod non solum ab homine sapienti
et bono sed nobis unice affecto proficisci videmus, tibique gratias agimus, 5
quod hoc caritatis officium rebus nostris sedulo prestas, hortantes, ut ita
deinceps agere perseveres et fidenter, sicut potes, iudicia tua nobis aperias [2].
Tempus autem, ut scribis, consilium certius dabit, nosque dictum intelligentes, *[15v]* quousque specte(n)tur principum voluntates, de ipsis te cer-
tiorem reddemus, ut statuere firmum aliquod valeamus, quod nobis sit pro- 10
sequendum. Placuit admodum et consolationem non parvam attulit novisse
ex litteris tuis Urbem et loca circumvicina pacifica esse. Quod, ut continuum esse possit, opera circumspectioni(s) tue futurum confidimus [3]. De
barisello [4] et marescallis destituendis [5] omnia iudicio tuo permittimus,
credentes te, qui presens es et ex pro(p)inquo magis quid expediat noscis, 15
nichil facturum esse, quod non honori et utilitati nostre conducat. Optamus
circumspecti(onem) tuam benevalere et nobis incolumem conservari. Datum Perusii XIIII Februarii MCCCCLVIIII pontificatus nostri anno
primo.

(11) consolationem / consolatorem *ms.* (16) quod / et *ms.*

[1] Vgl. X und X, 8.

[2] Vgl. z. B. XXVII.

[3] Sceva an Sforza aus Rom, 1459 III 19 (DS 48): *Omni cosa di qua sta in tranquillo, et maxime questa alma citade non stete in maior quiete XXV anni passati, como da un mese in qua.*

[4] Antonius Johannes de Bucciarellis aus Grosseto, ernannt durch Bulle 1458 XII 16 (RV 515 f. 110v–111v), erhält aber schon mit Angabe seines Titels 1458 XII 15 aus der apostolischen Kammer 140 fl. *pro sua provisione duorum mensium incipiendorum* (IE 441 f. 107r, 442 f. 108r; nach Mandat 1458 XII 12, MC 1458–60 f. 52r; ein weiteres Mandat über 15 fl. für den laufenden und die jeweils folgenden Monate 1459 I 15, MC l. c. f. 69v, hier als *smi domini n. pape barisellus generalis* bezeichnet).

[5] Einer dieser abgesetzten *marescalli* ist Anfang April mittellos in Montefiascone und kauft mit der Versicherung, er sei aus Siena, auf Pump zwei Pferde, weshalb sich die Prioren von Montefiascone seinetwegen in Siena erkundigen (ASS Conc. 1994 n. 6).

XIII

Pius II.

Breve an Nikolaus von Kues Perugia, 1459 Febr. 17.

AV Arm. XXXIX, 9, f. 16v: Kop.

Pius papa II legato.

Ex litteris imperatoris accepimus serenitatem suam misisse una cum suis [1] litteras nostras [2] ad Almanie principes, quibus, ut ad dietam tempore adsint, per illum et nos requiruntur. Ne quid igitur eorum que aguntur ignores, mit-
5 timus circumspectioni tue copiam presentibus introclusam per ipsum imperatorem nobis transmissam, per quam eosdem principes ad premissa hortatur. Ceteris, que nobis per hos dies scripsisti, nudiustertius [3] tibi plene rescripsimus. Datum Perusii XVII Februarii anno primo.

[1] Kop. AV Arm. XXXIX, 9 f. 16v–17r und danach Druck bei Raynaldus 1459 n. 8.

[2] Es handelt sich wahrscheinlich um die bei Pastor II, 19 A. 2 unter 1458 X 24 angegebenen Breven. So ergibt sich auch aus dem Breve an Sigmund von Tirol, 1459 I 25, bei Chmel, Fontes II, II 180 f. Der Papst hatte diese Briefe dem Kaiser zugeschickt, damit er sie, mit Mahnschreiben versehen, weitersende; s. Voigt III, 21.

[3] Sicher Breve XII vom 14. Februar. Wie der Vergleich von Brevenkopien aus XXXIX, 9 mit einigen erhaltenen Originalen zeigt, treten hier sehr häufig ein- bis zweitägige Datumsdifferenzen zwischen Original und Kopie auf.

XIV

Pius II.

Breve an Nikolaus von Kues Corsignano, 1459 Febr. 22.

AV Arm. XXXIX, 9 f. 17v–18r: Kop.

Pius papa II legato Urbis, quod concordet senatorem [1] et auditorem camere [2].

Dilecte fili. Salutem. Ex litteris senatoris accepimus controversias quasdam exortas esse inter ipsum et auditorem curie causarum camere nostre [3].
5 Quare, cum auctoritate tua ad temperandas naturas illorum opus esse putemus [4], hortamur circumspectionem tuam in domino tibique iniungimus, ut, sicut factum iam esse non dubitamus, ita vicissim ab utroque eorum debitum alteri fieri procures, ut *[18r]* concertationes huiusmodi et querele quiescant

nec scandali aut malivolentie causa illis cum derisu aliorum et nostra displicentia relinquatur [5]. Datum Corsignani ut supra etc. [6]. 10

(7) iniungimus / iniungemus *ms.*

[1] Sceva de Curte aus Pavia, *miles, utr. iur. doct.*, 1451 XII 8 Mitglied des Consiglio Segreto in Mailand, Freund Filelfos und Decembrios, 1450–51 am Kaiserhof, wo er Enea Silvio nahestand; s. die Korrespondenz beider bei Wolkan. 1453 mit Trivulzio Gesandter in Rom, ebenso wieder 1458. Durch die Ernennung zum Senator (RV 515 f. 110r, ohne Datum) für ein Jahr ab 1458 XII 1 verschaffte sich Pius II. einen weiteren Vertrauensmann in der Verwaltung Roms; s. Breve an Sforza über die beabsichtigte Ernennung Scevas, 1458 XI 5 (DS 47 und ibd. an denselben 1459 VII 22). Der erste Brief Scevas als *Urbis senator:* 1458 XII 10 *(Dat. in capitolio Urbis,* DS 47). 1459 II 22 ein Kammermandat über 500 fl., durch Spanocchi an Sceva für zweimonatige Amtstätigkeit ab 1458 XII 9 zu zahlen (AV Annatae 11 f. 133r). Er erhielt vom Papst außerordentliche Vollmachten; s. Vitale II 436 A. 2. Eigenartigerweise ist in der Forschung Scevas Tätigkeit als Senator immer wieder bestritten worden, so selbst Vitale II 436 nach Gigli und noch L. Pompili Olivieri, Il Senato Romano nelle sette epoche di svariato governo I, 1886 270 f., die statt seiner einen gewissen Servando d'Arce 1459 Senator sein lassen; s. aber schon bei Contelori, Adversaria historica, Vat. Lat. 12006 f. 20r: *Stenus de Curte ... 7 Junii 1459 erat senator, ut in statuto vaccinariorum;* Erwähnung in einem Instrument, 1459 VI 22, AST, Perg. cass. X, busta 46. Weitere Gehaltszahlungen an ihn 1459 V 9 für Februar/März, VI 4 für April/Mai, VII 10 für Juni/Juli (IE 442 f. 127v, f. 136v, f. 146r); s. Santoro 4, Lazzeroni 114.

[2] Giacomo Mucciarelli aus Bologna, *can. s. Petri* zu Rom, *utr. iur. doct.* (Egidi, Necrologi II, 13); 1451–54 Thesaurar der apost. Kammer in Perugia (s. Fumi, Inventario 64 ff., 365); 1458 XII 12 zum Kammerauditor ernannt (RV 515 f. 116r–117v); 1459 I 21 Ernennung zum Stellvertreter des abwesenden (Vize-)generalthesaurars (Fortiguerra) in Rom (RV 469 f. 397r–398r; s. Arm. XXXIX, 8 f. 44v von 1459 II 4). Kammerauditor war er bis zum Tode 1476 (Hofmann II 91).

[3] Die Vorwürfe Scevas gegen Mucciarelli ergeben sich aus einem Breve an Sceva, 1459 II 22 (AV Arm. XXXIX, 9 f. 17rv): a) schlechte Kammerverwaltung, b) *malivolentia ducis Mediolani* mit entsprechenden feindseligen Akten gegen Sceva. Der Papst schreibt zum ersten: *Res camere apostolice curiose semper tractavit et in ea frugalem se prestitit,* zum zweiten: *Neque credimus . . . ita esse excordem, ut, cum nos cognoscat nobilitati sue* (Sforza) *tota mente affectos, privatum ipse odium gerat.*

[4] Pius in seinem Breve an Sceva: *Que autem illum fecisse in te aliquando tenacius scribis, ex sua magis consuetudine quam odio tui facta esse non dubitamus. . . . Benefaciet igitur prudentia tua, si . . . . . consuetudini hominis totam hanc difficultatem ascribet.*

[5] Entsprechende Mahnung des Papstes an Sceva, nichts gegen Mucciarelli zu unternehmen, da er NvK alles zur Untersuchung übermitteln werde.

[6] Nämlich wie im vorhergehenden Breve an Sceva.

XV

Pius II.

Breve an Nikolaus von Kues — Corsignano, 1459 Febr. 22.

AV Arm. XXXIX, 9 f. 18r: Kop.

Pius papa II eidem legato de barisello et marescallis etc.

Dilecte fili. Salutum etc. Cum superioribus diebus scripsisses utiliorem esse deputationem quorundam aliorum caballariorum in eos qui erant bariselli, cuius onus camere nostre grave esse asserebas, idque non solum tibi
5 sed dilectis filiis senatori et gubernatori gentium nostrarum[1] videri affirmares, nos totam hanc rem arbitrio tuo agendam remisimus, credentes te, quid expediat, exacte cognoscere[2]. Nunc autem, cum idem gubernator et nonnulli alii ad certos nostros familiares istinc scripserint bariselli destitutionem sibi nequaquam probari, iterum circumspectioni tue rescribimus, ut
10 in hoc facias, quod honori nostro et quieti istorum locorum conducere credis, conformans te illorum iudicio, si bonum existimas, sin minus, tuo adherens[3]. Datum Corsignani XXII Februarii 1459 anno primo.

(3) in / id *ms.*

[1] Giovanni Malavolta aus Siena, 1458 IX 15 zum *omnium gentium armigerarum s. R. e. generalis gubernator* ernannt (RV 515 f. 22rv); 1458 IX 16 entsprechendes Mandat des Vizekämmerers, das alle Herren des Kirchenstaats verpflichtet, den Anordnungen Malavoltas zu folgen (Arm. XXIX, 29 f. 30v). Er war NvK zu freier Verfügung unterstellt; so in einem Breve an Malavolta, 1459 VIII 10 (Arm. XXXIX, 9 f. 64rv), in dem der Papst diesem als *generalis gentium gubernator* zwar weitgehende Vollmachten erteilt, *volentes nichilominus ut, si quid aliud a nostro pro tempore istis in locis legato tibi esset iniunctum seu mandatum, eidem premissis et aliis reverenter obedias.* Er starb Ende 1463 oder Anfang 1464 (G. Levi, Diario nepesino di Antonio Lotieri de Pisano, Arch. Soc. Rom. Stor. Patr. VII, 1884, 122 f.). Nach Levi (a. a. O.) erscheint sein genannter Titel nur in einem Mandat von 1460 III 4, weil Antonio Piccolomini schon zum *gentium armorum s. d. n. pape commissarius* ernannt worden sein soll. Wie die angegebene Ernennungsbulle für Malavolta von 1458, das zitierte Breve und der von ihm ebenfalls geführte Titel *gentium etc. generalis commissarius* zeigen (Breve 1458 XII 12, Arm. XXXIX, 8 f. 40r; 1459 II 4, l. c. f. 44r; 1459 VII 20, l. c. f. 63r; s. auch RV 473 f. 132v von 1459 X 27), ist das irrig. Antonio war damals noch Kastellan der Engelsburg (Pastor II 22 A. 3).

[2] Vgl. Breve XII.

[3] Bucciarelli blieb tatsächlich in seinem Amt, wie die Verlängerung seines vorjährigen Auftrags 1460 III 25 zeigt (RV 515 f. 236rv). Er hielt sich dort auch noch später (MC 834 f. 7v von 1460 III 11; AV Arm. XXIX, 29 f. 174v–175r von 1461 IV 11; MC 837 f. 52v von 1462 IX 23; RV 512 f. 156v–157r von 1463 I 29; MC 837 f. 226v von 1463 X 18; MC 838 f. 70r von 1464 VIII 13 und passim).

XVI

BIANCA MARIA SFORZA

Brief an Nikolaus von Kues Mailand, 1459 Febr. 24.

DS 48: Entwurf auf stark beschädigtem Pap.-Blatt, 29,1×18,9.

Domino cardinali sancti Petri ad vincula.

R^me^ in Christo pater et domine pater nostris optime. Venendo di là el Nobile Cherubino de Amelia[1], presente exhibitore e nostro famiglio, per alchune cose che ha a fare con la Sanctità de nostro Sig^re^, lo recomendamo a la R^ma^ Vostra Sig^ria^, pregandola per nostro amore se digna esserla favo- 5
revole e propicia circa ditte sue facende. E quanto di bene ne reportarà che la S. V. li habbia fatto, lo ascriveremo fatto ad Nuy proprie, offerendosse a qualunqua suo beneplacito. Datum ut supra[2].

In simili forma domino episcopo Mantue.

(9) episcopo *s. lin. add.* cardinali *in lin. del.*

[1] Über den vermutlich aus Ameglia Stammenden war nichts näher auszumachen.

[2] Nämlich wie in dem Brief der Herzogin an Carreto auf dem gleichen Blatt. Leider stark zerstört, gibt er die einzigen ungenügenden Erläuterungen zum Sachverhalt: *. . . lo Illmo Segnore nostro consorte, per sue lettere . . . . . Nobile Cherubino d'Amelia, presente exhibitore, Ve consegnerà . . . . . . suo e de li fratelli, como vedereti. Nè dubitandosse per . . . . . . Vostra diligentia, exequirite ciò che'l prefato Sig^re^ nostro consorte . . . . . ., nondimeno perchè dicto Cherubino è nostro famiglio et l'havemo . . . . . . governo e curia de Ludovico nostro figliollo, non ne . . . . . . lassarlo venire senza queste nostre lettere, per le qualle, quanto . . . . . . possemo, circa quella sua facenda Ve lo recomandamo che faciate . . . . . . per luy, como per nostra creatura e de la famiglia nostra. Mediolani die XXIIII Februarii 1459.*

XVII

PIUS II.

Breve an Nikolaus von Kues Siena, 1459 Febr. 24.

AV Arm. XXXIX, 9 f. 19^v^–20^r^: Kop.

Pius papa II legato Urbis.

Dilecte fili. Salutem etc. Que ad pacem in regno Neapolitano tractandam agenda nobis existimas[1], ea iam multos dies ante facere consilium fuit, et litteras tenoris introclusi transmitti mandavimus. Audientes tamen oratores principis Tarentini Perusium applicuisse tractatum pacis prosecuturos, quem ante di(s)cessum ex Urbe nostrum nobiscum inierant [2], in illis mittendis supersedendum putavimus, ut, si interim veniri alia ratione ad concordiam posset, frustra hic motus non fieret [3]. Letamur tamen iudicium nostrum hac in parte convenisse cum tuo, qu(e)m prudenter videre omnia perspectum habemus. Oblationem autem Eversi comitis, de qua ad nos scribis, acceptandam putamus idque, ut facias, inutile non iudicamus iisdemmet rationibus quibus circumspectio tua ad(d)ucti [4]. Gherardum quoque illum, qui ad gentes contra Turchos parandas profectus est, non alia de causa, sicut scripsimus tibi [5], optabamus ante discessum suum videre, quam ut a nobis in hoc eius fideli proposito aliquid subventionis acciperet. Sed eam in aliud tempus reservabimus. Littere insuper nove religionis, quas poscis [6], per quendam cappellanum venerabilis fratris nostri cardinalis Niceni ad circumspectionem *[20ʳ]* suam ex Perusio misse fuerunt [7], neque a nobis diligentie aliquid est in hoc pretermissum. De triremibus item nostris pro Rodiensibus sibi armandis loquimur cum eorum hic presente oratore et intentionem nostram ei dicemus [8]. Si sollicitator ille religionis predicte intenderet privata impensa unam ex illis, amore non gravabimur eam sibi concedere. De Gabriele quoque illo Lombardo [9] in castro sancti Angeli incluso, cum sit talis qualem significas, omnia potestati tue permittimus, tibi significantes nos hodie iuvante Altissimo ad civitatem hanc Senensem incolumes pervenisse. Datum Senis XXIIII Februarii anno primo.

(5) Tarentini / Taurentimi *ms.* (14) suum / tuum *ms.*

[1] Es handelt sich um den Kampf der süditalienischen Barone, insbesondere des mit Jean d'Anjou in Verbindung stehenden Fürsten von Tarent, Giovanni Antonio Orsini, gegen den von ihnen als König abgelehnten aragonesischen Bastard Ferrante, auf dessen Seite Pius II. stand. Am ausführlichsten darüber berichtet Nunziante, Archivio usw. XVIII 411–462, 561–620.

[2] Führer der Gesandtschaft war ein Minorit Pirro, den der franzosenfreundliche Kardinal Colonna bei Pius einführte. Ergebnis der Unterhandlungen war, daß der Fürst von Tarent den Streit mit Ferrante dem Papst zur Entscheidung in die Hand gab, worüber dieser Ferrante in zwei Breven 1458 XII 28 und 1459 I 3 unterrichtete (Nunziante a. a. O. 453).

[3] Die Absichten des Fürsten bei den Verhandlungen mit Pius waren aber ausgerechnet darauf abgestellt, bis zur Heimreise des zur Krönung Ferrantes ins Königreich gesandten Legaten Kardinal Orsini Zeit zu gewinnen; s. die Belege bei Nunziante 456 f. Aber bereits am 27. Febr. bittet der Papst Sforza, dieser solle seinen Gesandten beim Fürsten vorstellig werden lassen (Or.-Breve DS 258), Begründung: *dissensionem regis et principis Tarentini vehementius continuare.* Zum weiteren s. u. XIX.

[4] Über die Hintergründe dieser positiven Haltung gegenüber Everso s. u. XXVI.

[5] Breve X von 1459 II 9.

[6] Der durch die Bulle *Veram semper* 1459 I 19 gegründete Kreuzzugsorden *B. Mariae Bethlemitanae* (RV 470 f. 4v–6v; f. 4v die Randnotiz *nova religio;* Teildruck Raynaldus 1459 n. 2–3 mit falschem Datum; s. Pastor II 39 A. 3). Mit der Publikation der Bulle und der Obsorge für den neuen Orden wurden Bessarion und NvK beauftragt: Bulle *Hodie a nobis* vom gleichen Tage an die beiden (RV 469 f. 415 rv). Am Schluß der Registrierung dieser Bulle steht der Vermerk: *duplicata de curia* (f. 415v), der wahrscheinlich das von NvK angeforderte Exemplar betrifft.

[7] D. h. vor 1459 II 19, dem Abreisetag des Papstes.

[8] Wahrscheinlich der damalige Ordensprokurator an der Kurie, Michele del Castellaccio; s. I. Bosio, Dell'istoria della sacra religione et illustrissima militia di S. Giovanni Gierosolimitano [2]1630 II 265. Über diese Verhandlungen selbst ist nichts weiter bekannt.

[9] Er gab vor, ein Crivelli zu sein, und wurde der Urkundenfälschung und anderer Vergehen bezichtigt; so nach einem Brief Scevas an Sforza, Rom 1459 I 21 (DS 48): *Alcuni . . . me dicono che ha fatto de molte litere false et altre trame, e luy che'l dica essere di Crivelli, intendo non l'è di cortexii, e vasse varcando lo nome e li effetti in modo che'l sia un altro dessendente di Visconti.*

XVIII

Pius II.

Breve an Nikolaus von Kues — Siena, 1459 März 1.

AV Arm. XXXIX, 8 f. 48r: Kop.

Pius papa II.

Dilecte fili. Salutem et apostolicam benedictionem. Procurator fiscalis [1], qui sequitur nos, asserit aliquas in alma Urbe causas fiscales ad apostolicam cameram pertinentes, que coram diversis iudicibus ventilabantur, dimisisse. Ne igitur propter apostolice camere clericorum et dicti procuratoris absen- 5 tiam dicte cause remaneant indefense, eas omnes et singulas in eo statu, in quo erant, quando pridie ex Urbe predicta discessimus, ad nos advocandos duximus et tenore presentium advocamus. Unde tibi eodem tenore committimus et mandamus, ut omnibus et singulis auditoribus, iudicibus et commissariis causarum predictarum et aliis, ad quos pertinet, quam primum 10 hanc nostram causarum predictarum fiscalium factam advocationem debite intimari facias illisque inhibeas, ne de cetero se de causis predictis quomodolibet intromittere debeant, quousque aliud a nobis illis desuper commissum exstiterit. Verum omnes processus superinde coram eis confectos in debita forma ad nos remittere procurent non obstantibus quibuscumque. 15 Datum Senis sub anulo piscatoris die primo mensis Martii MCCCCLVIIII pontificatus nostri anno primo.

Dilecto filio N. tituli sancti Petri ad vincula presbytero cardinali alme Urbis legato.

G. de Vulterris.

[1] Michele de Arrigheti aus Prato, ernannt und vereidigt 1446 X 2, zum *scriptor s. poenitentiariae* ernannt 1455 X 5, in beiden Ämtern bis zum Tode 1460 (Hofmann II 95).

XIX

Sceva de Curte

Brief an Francesco Sforza (Auszug) Rom, 1459 März 5.

DS 48: Or. (aut.), Pap., 19,1×21,7, P.

Illustrissime et excellentissime domine, domine mi unice ...... Lo Reverendissimo legato qua me ama cordialmente, e como altre fiate me ricordo havere scripto a la V. I. S., ha grande desiderio intrinsecarse cum la V. S., e lo papa l'ama sopra tuti li altri et dàli grande credito. Per certo non saria 5 male che, nel scrivere o vero respondere accada a la V. S. a farli, se li dicesse qualche bone parolle. Rasonando cum luy, m'ha ditto in secreto como esso sa che'l cardinale Ursino è ritornato dal principo de Taranto a la M^tà^ de lo re, e nulla de bono ha potuto concludere, salvo che'l principo debbe mandare duy suoy cum pieno mandato, a remetere circha lo concordio 10 ogni cosa in le manne de la S^tà^ de nostro S[1]. Fra questo mezo dice, che'l ditto principo menava certi trattati contra lo stato de la M^tà^ del re, maximamente de pigliare Brundusio alias Brindici[2], e certe altre cose a la marina cum trattato et intelligentia de darle a Venetiani, e dice sopra ciò havere scripto a la S^tà^ del papa a Siena, confortando la sua S^tà^ a dovere inframe- 15 terse a lo accordio et agrezarlo inanti che'l nule passi più avanti, et, monstrando esso principe essere contento andare per le mane de sua S^tà^, halli risposto ha fatto bene ad avisarlo et che omnino lo volle fare. E già la S^tà^ sua ha scripto uno breve al ditto principo in bona forma per questa casone. E crede li debia mandare se'l sarà bisogno qualche persona reputata. Pensa 20 debia la S^tà^ sua havere anche scripto sopra ciò a la M^tà^ del re, ma non n'è certo[3]. ......[4] Datum ex capitolio alme Urbis die V Martii 1459.

E. v. i. et ex^me^ d. fidelis servitor Sceva de Curte manu propria.

[1] Über den Besuch des päpstlichen Legaten Kardinal Orsini beim Fürsten von Tarent s. Nunziante XVIII 564 Anm. 1.

[2] S. dazu XXIV. Über die Tätigkeit der venezianischen Gesandten in Neapel s. Nunziante XVIII 565 ff.

[3] Der hier erwähnte Brief des NvK ist identisch mit dem im Breve XVII beantworteten; die Antwort des Papstes ist das Breve selbst, bei dessen Inhaltsangabe hier aber die Mitteilung des Papstes über den Aufschub des Briefes an den Fürsten fehlt. – In einem Brief von 1459 V 27 (DS 48) berichtet Sceva dem Herzog über eine in Rom abgeschlossene Verschwörung gegen Ferrante, an der ein Antonello Scayono, ein Gabrielo de Lucha, Adoptivsohn des Antonius Farsetino da Ferenza und *mestro de correri qua*, und ein Paulo Carrazo beteiligt sind, die mit dem Kastellan von Gaeta bereits die Übergabe dieser Stadt an den Herzog von Lothringen festgemacht hatten und ihm weitere Landeplätze auf ähnliche Weise verschaffen wollten. Sceva erhielt Wind davon und will nun Ferrante Mitteilung machen. Da die Sache ein politisches Faktum erster Ordnung im aragonesisch-angiovinischen Streit ist, bekommt er es aber mit der Angst zu tun: *Non volendo imperhò fare dal cappo mio, ne parlay al R^mo Monsignore cardinale di Sancto Petro ad vincula legato in Roma et aprilli el tuto, al quale piaque molto ch'io lo notificasse a la M^tà de lo re, et io manday uno cavallario.* Der bereits an Ferrantes Hof wieder abgereiste Gabrielo de Lucha wird dort daraufhin gleich verhaftet und gesteht alles, entflieht dann aber nach Genua. 1459 VI 11 berichtet Sceva nach Mailand, Ferrante habe ihm inzwischen einen Dankbrief geschickt und bitte ihn, den Paulo Carrazo nach Neapel auszuliefern: *Ho risposto al messo ch'io non lo faria senza licentia del papa o vero de lo legato, e lo legato non pare voglia pigliare questo in caricho.* Am 17. Juni berichtet Sceva jedoch über Carrazo an Sforza: *Io pur cum licentia secreta e consentimento de questo R^mo Mon^re lo legato, non obstando non habia io de ciò havuto licentia altramente dal papa, ge'l ho mandato in una fusta, che sua M^tà a posta fatta per levarlo ha mandato da Napoli qua.* Tatsächlich ist ein heftiger Protest der französischen Kardinäle die Folge. Wie sich aus einem Brief Scevas an Cicco ergibt (1459 VII 28, DS 48), muß der Papst ihn inzwischen deswegen getadelt und weiterhin über sein Verhalten nach Mailand Mitteilung gemacht haben. Der Papst habe geäußert, *non volle lo caricho de questo sopra sè, chè dubita del sdigno de francesi, e non ha olsato dire sia facto de suo consentimento. Io lo posso ben monstrare como e lo papa e lo legato li hanno consentito, ma non lo voglio dire per non darli graveza.* Der Vorfall hat Sceva sein Amt so verleidet, daß er endgültig in diesem Zusammenhang seine Abberufung durch den Papst erwirken will (s. XXXIX, 4).

[4] Im weiteren Verlauf des Briefes berichtet Sceva über nicht ganz durchsichtige Bewegungen in Rom zugunsten des Kardinalkämmerers. Wie ihm, Sceva, NvK berichtet habe, hätten Guido Seracini, Kastellan der Engelsburg, und sein Genosse Nicolo da Modonella dem Papst darüber bereits geschrieben. – Ferner sei der Graf Francesco de Gallese in einem Rechtsstreit mit seinem Bruder Jordano, dessen Leute er des Landes vertrieben habe, an der Kurie unterlegen und zur Restituierung angehalten worden, habe sich aber dazu geweigert. *Poy scripse* (Pius) *qua al legato, che così omnino debia exequire, e così li ha scripto e commandato.* Der Graf habe daraufhin Sforzas Fahne in den betreffenden Ländereien gehißt und sei wegen dieser Unüberlegtheit nun in große Schwierigkeiten gekommen. Da er Sforza immer sehr nahe gestanden habe, bäte er nun Sceva um Vermittlung bei der Beilegung der Sache, *ch'io me offero per luy apparechiato a intercedere e pregare per esso apresso a la S^tà de n. S. et anche de la R^ma S^ria del legato.* Sforza berichtet 1459 III 22 darüber an Carreto nach Siena weiter (DS 258), u. a. daß der Graf *nonobstante che per Mon^re el legato de Roma, et in ultimo ore proprio de n. S., gli fosse commandato che la devesse exequire, ha discorso quella terra et cridato el nostro nome.* – Eine Festsetzung nicht näher bekannter Mailänder ergibt sich aus einem späteren Brief Cavrianis an Sforza, 1459 X 3 (DS 48): *Qui vero illu.^di v. falso retulerunt famulos eius* (Sceve) *et negotiorum gestores carceratos ac detentos exstitisse, ii longius a veritate*

aberrarunt. Tres enim dumtaxat absque meo atque etiam r^{mi} *d. mei legati scitu per sindicos retenti extiterunt. . .* In diesem Zusammenhang ist noch auf eine weitere Festnahme florentinischer Kaufleute durch die römischen Stadtbehörden hinzuweisen, die Briefe der Signori von Florenz an Papst, NvK, Sceva de Curte und Cavriani zur Folge hatte, sämtlich 1459 VI 12 mit nur unbedeutenden Textabweichungen (ASF Signori. Carteggio. Missive. Registri. Prima Cancelleria 42 f. 121^{r}–123^{r}). An NvK: *Accepimus pridie agasones quosdam, qui merces nostrorum ferebant civium, prope Urbem Romam captos et in ipsa Urbe cum rebus ipsis adductos esse eorum iussu magistratuum, qui in Urbe sunt, et merces omnes sub custodia publica retentas esse ad eorum instantiam, qui se filios et heredes Cincii quondam Romani asseverarunt, pretextu cuiusdam montis nostri crediti, quod ad ipsos, ut ferunt, pertinet. Ex quo, quia solutionem debitam non habuerunt, a Calisto pontifice represalie sunt decrete, quarum virtute nunc eiusmodi magistratus merces istas retinuerunt. Quas quidem represalias licet multis de causis non iure concessas esse possemus dicere, tamen ne sub hoc pretextu fidem publicam ledere velle videamur, instituimus, sicut iam pridem convenerat, eam viam assumere, qua istis aliqua honesta conditione satisfieret; et hec res eo magis dilata est, quo mons noster ob preterita bella multus obrutus impensis in tantum es alienum inciderat, ut vix ipsum aliqua ex parte in pristinam formam reducere potuerimus. Unde non solum heredibus istis sed aliis multis ob imminentes undique difficultates solutio nuncusque negata est. Quis enim admirari possit aut conqueri, si nos dignitatem et salutem rei publice privatis aliorum commodis preponendam censuimus. Igitur haud dubie suadeat sibi p. vestra nos brevi modum istis persolvendi tradituros. Sed ne coacti videamur id fecisse ob eiusmodi retentas merces preter nostram dignitatem ac decorem, enixe petimus a p.vestra, ut res illas in sequestrum traditas civibus nostris reddi faciatis nec permittatis modo aliquo, ut pro credito asserto distrahantur. Et quecumque pro illis allegabuntur ad tuenda iura sua ita per magistratus illos, vestra p. admitti faciat, ut intelligant cives nostri preces apud vos nostras non parum momenti habuisse. Licet enim nos velut magistratus publici nil de iure velimus disserere, tamen equum est mercatoribus istis defensiones eis a legibus datas non auferri. XII Junii 1459.*

XX

STADT RIETI

Protokoll der Ratssitzung von Gouverneur, Prioren, Sechsunddreißig und Zwölf Boni Viri (Auszug)[1]. Rieti, 1459 März 5.

ASR Reform. B. 28 f. 214^{r}*–*215^{r}.

Quod mittatur orator ad summum pontificem et munus ad d. legatum Urbis[2].

Primo super relatione ambassiate dicti Silvestri oratoris deliberaverunt, ordinaverunt et reformaverunt[3] ... quod, ne communitas hec indebite
5 molestetur pro sale non habito a camera apostolica in tempore preterito, mittatur orator ad pedes s. d. n. pape ad supplicandum et insistendum, ut dicta communitas pro dicto sale non habito nullatenus inquietetur, auctori-

tate presentis consilii, et quod etiam mittatur Romam isto pascate pecunia salis habiti hoc anno ad minus III^c ducatorum et per illum, qui deferet pecuniam salis, largiatur ex parte dicte communitatis domino legato Urbis 10 etc. aut una salma piscium Reatinorum aut decem pisces marini valoris trium ducatorum auctoritate dicti consilii[4].

[1] Über die Behörden der Städte des Kirchenstaats s. I. Spizzichino, Magistrature dello Stato Pontificio (1930). Gouverneur von Rieti (und gleichzeitig Terni) war ab 1459 I 1 Cesar de Lucca (ernannt 1458 XII 23, RV 515 f.119^rv).

[2] NvK war in Rieti von seinem Aufenthalt 1450 her bekannt (s. L. Baur im Vorwort zum *Idiota*, Op. omnia V (1937) VI und die Bemerkung des NvK a. a. O. 24, sowie die Bulle des NvK für Fontecolombo von 1450 VII 19; Druck mit Erläuterung von H. Lippens, Arch. Franc. Hist. 25 (1932), 286–88; nochmals bei Haubst 137 f.).

[3] Silvester ser Marci, Gesandter Rietis nach Rom, war 1459 II 25 dorthin abgereist (ASR l. c. f. 211^r, *cum pecunia salis)* und gerade zurückgekehrt.

[4] Wie sich aus dem Protokoll über Einlauf eines Briefs des Abts von S. Pastore an Rieti ergibt (1459 IV 10, ASR Rif. B. 28 f. 220^v), hatte man auch an andere Kardinäle geschrieben zwecks Fürbitte beim Papst. Ihre Antwort war negativ und verwies die Stadt an die apostolische Kammer in Rom. Von dort erhielt man offenbar auch negativen Bescheid, da 1459 VI 14 Silvester ser Marci als Orator in Salzsache nach Mantua reiste (l. c. f. 229^r). Kopie der Quittung über 305 Dukaten Salzgeld durch die apostolische Kammer von 1459 IV 11 (l. c. f. 222^v). Das Schmiergeld für NvK betrug 1 % der faktischen Leistung (vgl. Z. 9 und 12). Über die Fortdauer des Problems s. XXXIII, 1, allgemein s. XXXVII und dazu XL, 2 und XLI, 1.

XXI

Pius II.

Breve an Nikolaus von Kues — Siena, 1459 März 10.

AV Arm. XXXIX, 9 f. 24^v: Kop.

Pius papa II legato Urbis de gentibus ecclesie respondet.

Dilecte fili. Salutem etc. Accepimus litteras circumspectionis tue et que nobis de gentibus nostris armorum significas. Non dubitamus verissima esse, teque hec ipsa prudentissime, ut cetera soles, videre perspicimus. Proinde, cum inconvenientia huiusmodi aliena culpa magis quam nostra veni- 5 ant, qui superoptavimus singula quam commode dirigi, hortamur eandem circumspectionem tuam in domino tibique expresse iniungimus, ut sine ulteriori dilatione, habito tecum dilecto filio nobili viro Johanne Malavolta gentium predictarum necnon alme Urbis gubernatore[1] et, si videris

10 expedire, etiam auditore curie causarum camere nostre et seorsum uno quoque, causam huius defectus diligenter inquiras ordine(m)que et modum studeas invenire, per quem utilissima et imprimis expediens nostri status pars ad formam debitam reducatur, intendentes, sicut tu etiam sapienter ostendis, pauciores et benestructas de cetero gentes tenere quam multitu-
15 dinem onerosam in nostris necessitatibus nullatenus utilem[2]. De omnibus autem per te adinventis et ad nostrum commodum ac bonam directionem gentium earumdem excogitatis volumus, ut quantotius nos facias per tuas litteras certiores, scientes, quanto maturius huic rei erit provisum, tanto ad rem nostram et securitatem status ecclesie melius iri consultum. Gentes
20 autem ducis Mediolani, de quibus eidem tue circumspectioni antea dixeramus, ex eo advocandas non duximus[3], quod recuperato iam Assisio et Patrimonio ecclesie in pace relicto[4] minus opus de illis putavimus, credentes presertim, sicut nobis affirmabatur, plus nervorum esse in copiis nostris quam tue littere ostendunt. Te autem, cum istic ad omnia ex nostro desiderio
25 dirigenda si(s) plurimum necessarius, volumus autem medium Maium proxime venturum ab opere tibi commisso discedere, quo tempore revocatorias litteras, quas nunc petis, sine mora mittemus[5]. Ceterum hac ipsa hora decrevimus mittere istuc Romam dilectum filium Elifortem de Boncontibus camere apostolice clericum, plene de intentione nostra informa-
30 tum[6], ut simul cum eadem circumspectione tua reformationi premissorum accurate intendat, quem omnino iussimus hinc discedere postridie et Romam venire[7]. Datum Senis X Martii 1459 anno primo.

(17) volumus / nolumus *ms* (27) quas / pias *ms* (31) discedere / descedere *ms*.

[1] Galeazzo Cavriani, Bischof von Mantua (s. o. VIII, 1). Zu den andern s. o. XIV und XV.

[2] Vgl. IX.

[3] Breve an Sforza von 1459 I 31 (Or. DS 48; ein zweites Or.: Mailand Ambros. Z 219 sup. 9235; Kop. AV Arm. XXXIX, 9 f. 12^{rv} mit Datum 1459 II 1: *De quingentis armigeris non mittendis);* gleichlautende Mitteilung Carretos an Sforza von 1459 II 1 (DS 48) und Antworten Sforzas darauf von 1459 II 8 (DS 48). In einem Breve von 1459 III 30 muß der Papst Sforza gleich um die doppelte Zahl bitten (Or. DS 48; Kop. AV Arm. XXXIX, 9 f. 29^{v}–30^{r} mit Datum 1459 III 29).

[4] Assisi war 1458 VIII 15 durch Piccinino besetzt worden (Soranzo 59 f.). Unter dem Druck Sforzas und Ferrantes mußte er die Stadt Mitte Januar 1459 gegen 30000 fl. räumen und zog seine Truppen in die Mark und Romagna in die Winterquartiere zurück. Pius wurde am 23. Januar darüber verständigt (Pius Comment. 69; die Einzelheiten s. bei Nunziante, Archivio XVIII 244 ff., und Soranzo 80 ff.). Aber schon im März wurden Verbindungen Piccininos mit Jean d'Anjou und dem Fürsten von Tarent ruchbar (Soranzo 96 ff.). Er ergriff dann im neapolitanischen Nachfolgekrieg tatsächlich maßgebend für die Anjou Partei. NvK erscheint nochmals im September in Zusammenhang mit dem Problem der militärischen Sicherung gegen ihn, so Carretto an Sforza aus Mantua, 1459 IX 9

(DS 392): *Insuper dice* (Pius) *havere ordinato et scritto al legato de la Marcha et a quello da Roma, che dagheno ordine, che le gente de la chiesa, oveunque si troveno, ad ogni bisogno et rechiesta del conte d'Urbino siano presti.* (Federico d'Urbino war die papsttreue Gegenkraft gegen Piccinino in Mittelitalien, s. Soranzo 141 ff.).

[5] Äußerungen über den möglichen Termin der Abreise aus Rom sind sehr zahlreich, so schon 1458 X 26 NvK an Michael von Natz (Bozen BA Lade 19 n. 12 litt. M., Lichnowsky CCLXXXIV/V n. 111): ... *usque ad estatem, quando venero ad dietam cum papa,* NvK an denselben 1458 XI 22 (Bozen a. a. O. litt. N., Lichnowsky CCLXXXVI n. 129): *Ego spero circa quadragesimam proprius accedere patriam* ..., NvK an denselben 1458 XII 21 (Bozen a. a. O. litt. O., Lichnowsky CCLXXXVIII/IX n. 154): *Intendebam in quadragesima venire Bruneckam, sed per obedientiam constringor manere Rome legatus. Ero tamen Deo volente Mantue in dieta.* Im Zusammenhang mit den Bemühungen des NvK, Pius an der Weiterreise zu hindern (s. XXVI), tauchte das Gerücht auf, er werde deshalb persönlich nach Siena kommen; so Carreto und Nicodemus von Pontremoli an Sforza aus Siena, 1459 IV 14 (DS 258): *Per questo se dice vegnerà il R^mo^ cardinal sancti Petri ad Vincula, qual era rimasto legato a Roma, et devessi partire a XVII de presente, per venire da nostro S.* Diese Nachricht gibt Sforza gleich nach Venedig weiter; 1459 IV 20 Brief an Marchese de Varese (DS 346). Daß Sforza in diesem Sinne durch Sceva selbst auf NvK hatte einwirken lassen, ergibt sich aus den Belegen bei XXVI; s. Picotti, Dieta 110. NvK hielt statt dessen an dem vom Papst erhaltenen Termin fest, so NvK an das Domkapitel von Brixen, 1459 IV 24 (*Handlung* f. 102^{v} nach Vansteenberghes Abschrift): *Ego XV die Maii abhinc Mantuam proficiscar,* s. Jäger, Streit I 321 f.; vgl. dazu auch noch den Brief des Thomas Pirkheimer an Herzog Albrecht von Bayern aus Petriolo, 1459 IV 26 (München HStA Fürsten-Reg.-Bücher III/1. B. XI f. 106 Nr. 599), daß er die bevorstehende Ankunft des NvK abwarte und sich dann mit diesem nach Mantua begebe.

[6] Gilforte Buonconti aus Pisa, seit 1448 Kammerkleriker, 1454–56 päpstlicher Kammerthesaurar in Perugia (Fumi, Inventario 67 ff., 365), dann wieder an der Kurie, 1458 IX 28 als *registrator* ... *vicethesaurarii vicegerens* erwähnt (MC 1458–60 f. 20^{v}), 1459 II 4 als *camere clericus in cameriatus et thesauriatus s. d. n. pape officiis vicecamerarius et vicethesaurarius* (l. c. 75^{r}). Mit dem Heeresfinanzwesen war er besonders vertraut; 1458 IX 5 erscheint er als *gentium armorum* ... *revisor* (RV 514 f. 1^{r}). 1460 wurde er Nachfolger des zum Kardinal erhobenen Generalvizethesaurars Fortiguerra, ab Sept. 1461 Generalthesaurar (Gottlob 272). Er starb 1462 VIII 12 zu Pienza (A. Vitale, Memorie istoriche de Tesorieri generali pontifici, Neapel 1782 XXVI).

[7] Über die weitere Tätigkeit des NvK vgl. ein Breve an Mucciarelli, 1459 V 4 (AV Arm. XXXIX, 8 f. 53^{v}–54^{r}), mit der Anweisung zur Soldauszahlung *equitibus et peditibus ad stipendia nostra militantibus in deductionem stipendiorum suorum iuxta listam dilecti filii cardinalis sancti Petri legati Urbis, cuius copiam dilectus filius Gilifortes de Boncontibus apostolice camere clericus de commissione nostra ad te nuper destinavit, excepto tamen Nunio de Burgo, quem ulterius ad stipendia nostra habere non volumus.*

XXII

Francesco Sforza

Brief an Sceva de Curte und Otto de Carreto Mailand, 1459 März 15.

DS 48: Entwurf auf f. 1rv eines Pap.-Doppelbl., 30,0×20,2.

1459 Mediolani die XV Martii. D. Sceve de Curte et d. Othoni Carreto.

Vuy sete informati, como Nuy medesimi, che zà havemo havuto animo et desyderio de potere fare qualche bene ad D. Jo. Andrea da Vigievano [1], intendendo che'l è litterato et dotto et del paese de qua nostro subdito, del
5 quale havessimo potuto havere honore, et credendo che'l fosse zovene discreto, humano et virtuoso. La reuscita, che'l ne ha fatto per le mane credemo che habiate intesa, et il fatto de l'abbatia de Sta Justina de Sezzè de Alexandrina sapete similmente como è passato [2], et con quanta instantia supplicassimo ad la S^tà^ de papa Calisto che la volesse conferire al Vene-
10 rabile Domino Johanne da Fermo, nostro capellano, ad chi l'havevamo promissa, et ad chi sapete eravamo debitore da providere de qualche cosa, essendo stato tanto tempo con Nuy et persona da bene como oltre. Et havendola obtinuta esso D. Jo. Andrea da la prefata S^tà^ del pontefice, essendo confortato et admonito più volte per nostra parte che la volesse
15 renunciare et non turbare questo nostro desyderio, con offrirgli altra cosa che accadeva vacare per lo vicino in el dominio nostro, may non li volese assentire, et vene qua ad disputare et piatire con Nuy pro questa cosa. Nuy cercass(im)o con bone parole et offerte removerlo da questa opinione, may non fu remedio. El se levò in una superbia, una arrogantia et estimatione
20 de sè, che ne guastò ogni bona opinione che potesse haver ogni homo da bene di fatti suoy. Et in vero remanessimo molto inganati di fatti suoy, credendo el fosse altro homo et d'altra discretione che'l non è. Parne che'l habii un pocho de lettere; del resto ne pare briso et de non farne stima. Costui poy se partì di qua et ritornò ad Roma, dove sempre impugnò questa
25 cosa. Pur in fine esso Summo pontefice ad nostra supplicatione, et intendendo con que rasone ne movevamo, se reduxe ad revocare quella bolla et conferire essa abbatia ad dicto Domino Jo. da Fermo, reservandoli una certa pensione [3], la quale eravamo anchora contenti de convertirla in qualche altra migliore cosa che fosse vacata per le vicine, et così in executione
30 d'essa bolla esso Domino Jo. intrò et pacifice et iusto titulo ad la possessione. Apparechiato de respondere et satisfare de la ditta pensione ad esso

D. Jo. Andrea, il quale may non l'ha voluta acceptare, nè lassarse redure ad cosa alcuna honesta, nè restituirla, ma de continuo cercato de turbare questo fatto per ogni via indiretta che ha saputo et potuto[4], hora che'l è condutto con el R^{mo} Mon^{re} el cardinale S^{ti} Petri ad vincula, parne che'l sii tanto più cresiuto in elatione quanto che'l s'è appogiato ad maior et più digno ratione, el quale siamo certi non el cognosca anchora, ma la venerà cognoscendo col tempo. Et con la via de sua Sig^{ria} circa suscitate queste lite – et siamo certi li haverà dato ad intendere mille frascherie, donde esso Mon^{re} ne scrive una lettera[5], la quale Ve mandiamo insieme con la risposta che gli facemo per l'alligato[6] pro Vostra informatione – et luy personalmente ne scrive questa lettera, la quale propria originale Vi mandiamo[7]. Et pertanto volemo che Vi retrovate con lo prefato R^{mo} Monsig^{re} el cardinale, et gli recuntate tutte queste cose pro ordine, como Vi parirà meglio; et informate molto bene sua S^{ria} de la verità, et como è passata questa cosa, et li modi che'l ha servato con Nui, scilicet non haveva però servato una barba. Et appresso gli monstrate questa lettera che'l ne scrive, et domandate ad sua S^{ria} se questa li pareria lettera da homo da bene et che habii voglia d'esser servito et ringratiato, et lettera de scrivere per uno subdito ad uno suo signore o ad uno homo da bene. Et quando sua Sig^{ria} habii inteso et vedute tutte queste cose, et li parea siano ben fatte, siamo contenti de starne al iudicio suo, et serà quello che li parirà sii da fare per Nuy. Ma quando sua S^{ria} dirà altramente et che'l se sii portato male verso Nuy, como siamo certi che dirà, excusaretene con essa, ch'ella non se meraviglia nè se lo reputa ad iniuria se ad esso Jo. Andrea occorrerà de le cose che'l va cercando, per farlo più costumato. Et ad sua S^{ria} porà essere caro intendere questa cosa pro cognoscere meglio la natura de costuy, perchè forse, per non intenderla, ne faria più stima che non farà, quando l'haverà inteso li suoy portamenti verso Nui.

Poliza.

Queste lettere siamo contenti monstrate al prefato Mon^{re} S^{ti} Petri ad vincula et così ad Jo. Andrea, como da Vuy in questa proposta ch'a Vi parirà meglio. Et scrivemo questo ad tutti duy, perchè se'l dicto Mon^{re} se retrovasse con n. Sig^{re} ad Sena, Vuy, Miser Otho, supplirete quanto serà bisogno, et, se pur el fosse ad Roma, le mandarete ad D. Sceva, che similiter exequirà. Et poy ne monstrarete de quanto serà seguito, remandandoci poy ditte lettere originale d'esso Mon^{re} et Jo. Andrea.

(17) *post* qua *in lin. del.* da nuy (30) et pacifice – titulo *s. lin. add.* (40) *post* lettera *in lin. del* de *post* mandiamo *in lin. del.* la copia (43) lo – Monsig[re] *corr. ex* la sua R[ma] Sig[ria] (51) et – fatte *s. lin. add.* (54) como – dirà *in marg. add.* (57) *post* pro *in lin. del.* intendere.

[1] Giovanni Andrea Bussi (1417–1475) aus Vigevano, 1462 B. von Accia, 1466 B. von Aleria, unter Sixtus IV. erster Bibliothekar der Vaticana, Initiator des ital. Buchdrucks. Seit 1458 war er Sekretär des NvK; s. die von M. Ihm (Zur Überlieferung des älteren Seneca, Rhein. Mus. 50, 1895 S. 367–372) und anderen abgedruckte Notiz Bussis nach seiner Seneca-Abschrift in Vat. Lat. 5219 f. 113[r], deren letzte bisher ungelesene Zeile lautet: *Johannes Andreas abbas monasterii sancte Justine de Sezadio in domo rev[mi] d. cardinalis sancti Petri ad vincula die ultima Decembris 1458.* Einen Nachweis als Sekretär s. XXXIX, 6. Viele der Original-Briefe des NvK sind von seiner Hand. Vgl. auch den Brief Filelfos an Bussi von 1460 III 27 (Filelfi Epist., Venetiis, f. 113[rv]): *Cum anno superiore venissem Romam .... Ego ex quo die cardinalem tuum adivi salutatum, sumque ab eius amplitudine non humaniter solum, sed etiam liberaliter honorificeque exceptus, cognovique ex eius familiari sermone illo, quanta doctrina esset, quanta eloquentia, quanta sapientia praeditus: incredibili in eum continuo sum amore observantiaque affectus. Nec destiti ex illo ipso die praedicare apud omnes egregias eius divinasque virtutes. Isti ergo tanto et tanta praestantia cardinali me, volo, quam diligentissime commendes et ita deditum facias, ut ea sunt, quae maxime habet in sua potestate. Ad haec duo abs te maxime desydero ac peto, ut, quod gravissimum eruditissimumque opus est ab eo ipso perdocte et pereleganter scriptum: de docta ignorantia, id exscribi nomine meo atque impensa quamprimum cures. Quicquid autem pecuniarum eiusce rei causa dederis, litteris significato, et tibi prope diem, quod impenderis, numerabitur ....* Bussi war damals in Begleitung des NvK in Tirol (Übinger, Phil. Schriften 48–53; Gesprächspartner in *De possest).* Er ist der Verfasser der beiden Briefe aus Bruneck, 1460 IV 24, an Gasparus Blondus (Ch. 249–255), und aus Levico, 1460 V 7, an Georg Hack (Ch. 199–201), mit ausführlicher Darstellung der Vorgänge von Bruneck und Angriffen gegen Sigmund, die auf die Entwicklung der Lage verschärfend negativ wirkten (s. Memorial des Michael von Natz an Peter von Erkelenz Ch. 206 f., in dem Bussi als *commensalis* des NvK erscheint). Vollständig irrige Angaben darüber bei Jäger, Streit II 34, die Übinger bereits verbesserte. Januar 1462 erscheint er als Gesprächspartner im *Tetralogus de Non aliud.* Über seinen Aufenthalt im Hause des NvK berichtet eine Notiz in Vat. Lat. 2049 f. 336[r] von 1462 V 2. Er erscheint im Testament des NvK, 1464 VIII 6 (Übinger, Hist. Jb. 14 S. 553–559; Marx, Armenhospital 248–253), als Zeuge, war also am Sterbelager des NvK. Nach dessen Tode wurde er sein großer italienischer Lobredner, in seiner Titelkirche ließ er sich beisetzen (Grabschrift s. Forcella IV 81 n. 180 und neuerdings Haubst, Studien 137). Ausführlicher gehe ich an Hand umfangreichen bisher unbekannten Materials demnächst in einer Biographie auf Bussi ein. Vorläufig sei verwiesen auf die von Sabbadini in der Enciclopedia Italiana VIII 162 verzeichnete Literatur. Dazu s. noch M. Honecker, Nikolaus von Cues und die griechische Sprache, SB Heidelberg 1937/38 2, Cusanusstudien II, mit neuer Literatur; O. Hartlich, Giovanni Andrea dei Bussi, der erste Bibliothekar der Vaticana, in: Philol. Wochenschrift 1939 Nr. 11/12, 13 und 14 327–336, 364–368, 395–399. Zu den bisher bekannten Nachrichten über Bussis Verhältnis zu NvK s. außerdem Vansteenberghe 23 (mit Verwechslung der beiden Notizen aus Vat. Lat. 5219 f. 101[r] und 113[r]), 26, 30, 237, 266, 273, 436, 461. Über den Fortgang seiner Pfründenangelegenheit in Sezzadio s. XXIII, XXIV, XXV, XXIX und LXXXXII.

[2] 1455 XI 19 providierte Calixt III. Bussi mit der Abtei S. Giustina zu Sezzadio bei Alessandria (Abdruck nach RV 440 f. 162 bei F. Gasparolo, Memorie Storiche di Sezzè Alessandrino. L'Abbadia di Santa Giustina, Alessandria 1912 Bd. II 66–69): *Johannes Andreas de Buxis de Viglevano, decanus ecclesie sancte Marie in Via Lata Januensis,*

accolitus (seit 1451) *et familiaris noster...*" Die Jahreseinkünfte der Abtei taxiert die Bulle mit 500 fl. ein.

[3] Bulle mit der auf Bitte Sforzas und des Lokaladels von Sezzadio erfolgenden Kassation der Provisionsbulle für Bussi und neuer Provision mit der Abtei für Giovanni da Fermo, Mönch von S. Pietro di Borgoglio, Kaplan Sforzas, 1457 VII 15 (Gasparolo II 73–75 Druck nach RV 451 f. 54), mit der Begründung, daß Bussi bisher nicht körperlich Besitz ergriffen habe und wegen des lokalen Widerstandes gegen ihn auch fernerhin nicht werde ergreifen können. Die Abtei wird jetzt mit 350 fl. eintaxiert. Der neue Abt wird jedoch zu einer jährlichen Pensionszahlung an Bussi von 116 ²/₃ fl. verpflichtet, bis Bussi in den Besitz einer Pfründe gelangt sei, deren Einkünfte die Pension übersteigen. Giovanni war der letzte Abt des Klosters; es folgen Kommendatare (Gasparolo I 33 f.). Die mit Bussis Provision eingeleitete Entwicklung war also nicht aufzuhalten.

[4] S. Brief Sforzas an Carreto, 1459 II 4 (DS 48): *Non ve maravigliati, D. Otto, se più presto non Ve habiamo resposto circa quello che a dì passati ne haveti scripto nel fatto ... de la commissione fatta per la Sanctità de nostro Sig*re *ad uno auditore de corte, per la imputatione fatta per D. Johanne Andrea de Viglevano contra Don Zohanne de Firmo abbate de Sancta Justina.... Se possibile serà, Ve ritrovareti cum il ditto D. Zohanne Andrea et gli direti per parte nostra, che'l non se affatichi troppo in simile novelle, nè creda per questa via nè per alcuna altra obtenere ditta abbatia tanto che viveremo. Et de quello che luy imputa il ditto Don Zohanne, dice falsamente, et al fine parerà busardo et vergognato. Se'l vole remanere contento de la pensione fo altra volta ordinata, col nome de Dio, in quanto che non, may non spera de haverne altro. Volemo bene da poy et Ve ne caricamo Ve ritrovati cum la S*tà *de nostro Sig*re*, et li faciati ogni instantia per mettere silentio ad questa cossa ... Et di ciò scrivemo appoe al cardinale de Sancto Petro ad vincula.*

[5] Bisher nicht wiedergefunden.

[6] Brief XXIII.

[7] Bussi an Sforza, 1459 III 6; ein Muster humanistischer Frechheit. Veröffentlichung erfolgt im Rahmen der Bussi-Untersuchung. Hier nur über die vorherige NvK-Korrespondenz einige Auszüge: *Questo me è doluto et dole che per parte de la Excellentia Vostra hanno mandata una lettera al R*mo *Mons*re *lo legato sig*re *mio molto indegnia de uno principe glorioso et vittorioso, el che sono certo, et così gli'ò io detto, che non esse de scientia de la V. Ex*cia*... Non crediti ch'io sia sì superbo che così dica. Ma sapiati, Sig*re *mio, che non mancha l'animo. Assai declara alla Ex*cia *V. el mio R*mo *Signore lo animo mio questi grogni uncti.*

XXIII

FRANCESCO SFORZA

Brief an Nikolaus von Kues — Mailand, 1459 März 16.

*DS 48: Entwurf auf f. 2*r *von XXII.*

1459 Mediolani die XVI Martii. Domino N. cardinali s^ti^ Petri ad vincula.

Grata fuerunt nobis, r^me^ pater, ea que dominatio vestra in re abbatie s^te^ Justine de Sezadio pro responso superiorum nostrarum litterarum scripsit,

et ea non secus ac ab optimo patre et benefactore accepimus, qui nobis et
5 honori nostro bene consultum iri cupit. Verum ea que p[ti] v. persuadere
nititur d. Johannes Andreas de Viglevano contra d. Johannem de Firmo
legitimum ibi abbatem, potius in ipsum Johannem Andream retorquenda
sunt quam in ipsum abbatem, quem falsis calumnie votis infamare studet.
Est ipse dominus Johannes de Firmo legitimus, ut prediximus, in ea abbas
10 habetque opportunas proinde felicis recordationis domini Calisti pontificis
bullas, quibus eius abbatie titulus sibi datus, ipsi vero Johanni Andree
certa super ea pensio reservata fuit. Quam quidem pensionem in aliud, dum
tempus daretur, sibi utilius convertere nobis in animo erat, nisi hic sua
quadam opinione ne dicam insolentia interturbasset. Sed ne littere histo-
15 riam sapiant auresque r. p. v. tedio afficiamus, commisimus d. Sceve de
Curte consiliario et d. Othoni oratori nostris abunde proinde instructis,
ut eidem d. v. omnia referant, quibus fidem ut nobis adhibere velit. His
intellectis non dubitamus, quod r[ma] d. vestra nedum excusabit nos, verum
potius patientiam nostram in illum culpabit. Quod superest – oramus eandem
20 d. vestram, ut honoris nostri rationem habere magis quam eius viri passio-
nibus inustis commoveri velit, quemadmodum confidimus, nobisque et
rebus nostris utatur, qui sumus ad omnia sibi grata et in omne decus et
ornamentum suum ubique paratissimi.

(7) *post* abbatem *in lin. del.* sicut (13) *post* daretur *in lin. del.* in aliud (14) *post* littere *in lin. del.* in (15) *post* afficiamus *in lin. del.* commissi (17) His *s. lin. add.* quibus *in lin. del.*

XXIV

Francesco Sforza

Brief an Sceva de Curte (Auszug) Mailand, 1459 März 21.

DS 48: Entwurf auf f. 1rv eines Pap.-Doppelbl., 29,9×21,9.
DS 48: Or., Pap., 21,8×20,1, Spur von Sekret.

Egregie dilectissime noster ...[1]. Alla parte ne scrivete de li avisi havuti
dal R[mo] Mon[re] el legato et de li trattati del principe de Taranto de dare
via Brindici etc., dicemo che dubitiamo habiate mal inteso o equivocato uno
loco per un altro, perchè Brandici se tiene per esso principe, et non per la
5 M[tà] del re Ferrando. Pur como se sii, el ne piace che'l prefato Mon[re] legato
ne habii dato noticia ad la S[tà] de nostro S[re] et persuasola ad intrometterse

al accordo fra loro, et che sua Beatitudine ne habii preso cura de scriverli, et item de rechiedere le potentie de la liga, che mandano la loro ambaxaria como ha rechiesto [2]. Quello povero S^re^ del principe, per la vechieza et decrepità crediamo habii perso assay del bono et che'l tegni poco del azale. Pur nientedemeno, ultra quello che farà nostro S^re^, credemo se atrovarà de le vie et modi de reconciliarlo con la M^tà^ del re et che cesserano queste novitate fra loro. Del scrivere spesso al prefato Mon^re^ et servare bona amicicia con sua S^ria^, dicemo che recordate benissimo Nuy l'havemo fatto et continuaremo per lo advenire, perchè el è s^re^ da bene et ad chi Nuy portiamo singulare amore et affectione per le sue virtute. Et perchè ne pare che similiter sua S^ria^ ne porti cordiale benivolentia, et pur adesso gli scrivemo per la alligata [3] alcune cose gratamente, et tochiamo li rasonamenti havuti con Vuy, remettendove la credenza; sichè porete conferire con sua R^ma^ Signoria et ringratiarla in quello modo che Ve parirà conveniente, et offerirne sempre ad li suoy piaceri, et così continuarete con sua S^ria^, per sapere de le cose che accadeno et ne avisarete . . . [4].

Poliza.

Miser Sceva. Queste lettere, parendovi, porete monstrare ad Mon^re^ el legato, et anche mandarle ad Miser Otho, perchè possiate scontrare con luy in quella cosa che Vi scrivemo.

(4) Brandici / Brindici *in min.* (14) advenire / venire *in min.* (23–26) *in min. tantum.*

[1] Vorhergehend Bestätigung über Empfang des Briefes Scevas von 1459 III 5 (= XIX).

[2] Sforza vertrat damals gegenüber Ferrante energisch den Standpunkt, daß er nicht auf Hilfe durch die Liga hoffen könne, und förderte die Annäherung zwischen ihm und dem Fürsten von Tarent auf jede Weise (Nunziante XVIII 564 ff.).

[3] Brief XXV.

[4] Es folgt Sforzas Mißfallensäußerung über das Verhalten des Grafen von Gallese (s. XIX, 4) mit der Anweisung, Sceva möge beim Papst nötigenfalls um Entschuldigung nachsuchen und den Grafen auf jeden Fall zur Rede stellen.

XXV

Francesco Sforza

Brief an Nikolaus von Kues — Mailand, 1459 März 22.

DS 48: Entwurf auf f. 2^{r} von XXIV.

1459 Mediolani XXII Martii. D. N. tituli s^{ti} Petri ad vincula apostolico legato alme Urbis.

Si non damus frequentes ad d. vestram litteras, quod per occupationes non licet, non existimet tamen memoriam de r^{ma} paternitate vestra nobis excidisse, quippe quod animo et mente vobiscum sepenumero sumus, letamurque certam a s^{mo} d. n. provinciam d. v^{e} commissam esse, que et consilio et dignitate maiore eam administraret et cui singulari quadam benevolentia et caritate affecti sumus et rem efficere aliquando gratam cupimus. Scripsit nobis his diebus spectabilis d. Sceva de Curte, senator alme Urbis et consiliarius noster dilectissimus, r. p^{tem} v. nonnulla sibi aperuisse, quibus ut in ceteris aliis precipuum in nos amorem et paternam affectionem vestram erga nos clare ostendit. Fuerunt profecto nobis gratissima, et non parvas proinde d. v. agimus gratias. Rescripsimus ipsi d. Sceve, que opportuna nobis visa sunt, que r. p^{tas} v. ab illo accipiat, cui in his et aliis, que de cetero nostro nomine rettulerit, fidem ut nobis preferre velit plenissimam.

(4) *post* tamen *in lin. del.* ita (9) his diebus *s. lin. add.* (11) ut – aliis *s. lin. add.* (12) vestram *s. lin. add.* (15) nostro nomine *s. lin. add.*

XXVI

Galeazzo Cavriani

Brief an Lodovico Gonzaga (Auszug) — Rom, 1459 April 1.

AG 840: Or. (aut.), Pap., 28,7×22,4, P.

Illustris princeps et ex^{me} domine, domine mi sing^{me}. Post commendationem. Ho veduto quanto Vostra Il. S. per soe littere me recommanda el Magnifico conte Everso, de che brevemente et in effetto rendo, che non tanto el ditto conte, che da sè merita pur assai, et lo quale io ho sempre havuto et ho como per patre, ma qualuncha altra persona, fusse chi se volesse io potesse comprehendere et imaginare da me, fusse servitore o cosa de V. Il. S. senza alcune littere et recommendatione di quella, io sempre l'haveria per ricommandata et voriala favorire a tuta mia possa, tanto maiormente quelle, dovi intervene le littere et speciale recommendatione de V. Il. S. Et pertanto, se per mi se poterà fare cosa alcuna che ritorni a favore et bene de lo preditto conte, lo farò voluntieri per rispetto de ditta V. Il. S., specialmente non me rechiedendo Lei in questa tale recommendatione se non ad cose licite et honeste et che mediante l'honore mio se possano fare, et ho speranza, se lo ditto conte non domandarà lo favore mio se non a simile cose quale ho ditto, ello me ritrovarà tale verso de si, che spesse ne renderà gratie a Vostra Il. S. [1]. Apresso, per advisare V. Il. S. de le cose dal canto di qua, havendo sentito lo R^{mo} Mons^{re} lo legato como la M^{tà} de lo imperatore doveva mandare soi ambassotori a Sena a la S^{tà} de nostro S^{re} per doe casone, l'una per excusaresi che non potesse al presente venire a questa tale dieta, l'altra per confortarla et supplicarge la volesse differire et ordinarla una altra volta et in questo mezo ritornarsene et starsene a Roma [2], parea a lo prefato R^{mo} Mons^{re} lo legato, de qui similemente se mandasseno ambassatori da parte de questa alma citade a persuadere et supplicare questo medesimo, de che sua R. S^{ia}, havendo a lo penultimo del passato fatto convocare circa sexanta de questi principali citadini cum li conservatori et officiali de questa citade, et havendoge exposto questo, finalmente post multa gli fu respos(t)o, che questo a loro non pareva, potissimum per doe casone, l'una, che essendosi partita de qui la S^{tà} de nostro S^{re} cum animo et intentione de fare questa tale dieta, ne la quale concerneva lo bene universale de tuti christiani, loro non volevano parere essere quelli chi lo sconfortasseno, nè per soe preghere lo perturbasseno, l'altra, che ge dariano materia de ritornare più tarde a Roma, che quantuncha per soe parole questa dieta se prolongasse et non se facesse al presente, pur havendosi da possa a fare, non pare da credere, che ritrovandosi la S^{tà} de nostro S^{re} uno bono peczo ultra, volesse al presente tornare a Roma per havere casone de ritornare (qui) anchora in dreto, sichè nostro S^{re} haveria casone de stare tanto più longo tempo fuori di (Roma), et andando al presente a la dieta, haveria casone ritornare tanto più presto, sichè in summi(tà), quantuncha per la R^{ma} S^{ria} de lo legato fusse stato proposto, che andando adesso la S^{tà} de nostro S^{re} et non ge venendo la Ma^{tà} de lo imperatore, parea accusasse la contumacia sua et de li altri principi de Alemagna, pur altro non potè obtinere per alora [3]. . . . [4].

[1] 1459 II 19 schrieb Lodovico einen freundschaftlichen Brief an Everso, er werde ihn beim Papst und bei Cavriani empfehlen (AG 2886 1. 35); am gleichen Tage an Cavriani: *Continuamente cum esso conte de Everso havemo tenuta bona amicitia et haveressemo a caro potergli far cosa che gli fusse grata* (AG l. c.). Ein Empfehlungsschreiben Lodovicos an Everso für den Eversos Gebiet durchreitenden Kämmerer Lodovicos, Carlo de Formia, 1459 IV 1, ist in gleichem Ton gehalten (l. c.).

[2] Zum Verhalten des Kaisers s. XXVII.

[3] Ein ähnlicher Bericht Cavrianis an Lodovico in einem Brief von 1459 IV 8 (AG 840): *A dì passati significai a Vostra Il. S^{ria} lo ragionamento fu fatto qui de mandare ambassatori a la S^{tà} di nostro S^{re} et le casone perchè, et etiam la resposta fu fatta a lo R^{mo} Mons^{re} lo legato da quisti citadini Romani, sichè non me pare de replicare altramente, perchè credo V. Il. S. habea havuto mie littere. Ma solum la adviso, como da possa non è subseguito altro.* In gleicher Sache 1459 IV 15 Graf Giacomo Cesarini an Lodovico (AG 840): *Alli dì passati, per parllarsse de qua variamente del parttir de n. S., lo R^{mo} Monsignore el legato suscitò i cetadini dovere alla sua S^{tà} destinare legati solo per diverttere la sua B. Inteso tamen perllo R^{do} nostro gubernatore et anche nostri cetadini, donne tal quisito nasceva, si s'è suso ottima provisione alla negativa, e chosì la domanda è suta sensa effettu. Spettase dunche de dì in dì sentire la partita della sua S^{tà}, e così procedendo insino che'l sarà arivato ad Mantua, hov'è de morata un pezo, pennso tunche avrà la elezione de qua delli ambasciatori luoco ad suaderllo ad tornare, se per aventura senne dementichasse, perchè invero questa nostra padria pare rimasta sensa spirtto, auxigla ch'è abundantissima per esservi de denari carestia.* Für wie lebhaft die Bemühungen des NvK beim Papst gehalten wurden, zeigt ein Brief des Vincentius Scalona an Lodovico aus Mailand, 1459 IV 19 (AG 1620): *Erano tamen alcuni se credevano, debba mutarsi* (Pius) *per la assidua instantia ge n'è fatta da cardinali et da molti altri, et se diceva, che'l legato era partito da Roma a venire personalmente da sua S^{tà} a persuaderli questo medesimo, aziò non facia carico al imperatore et a la sua natione* (s. dazu XXI A. 5). Über die Bemühungen in diesem Sinne berichten aus Siena Carreto und Nicodemus von Pontremoli an Sforza, 1459 IV 14 (DS 258), mit dem besonderen Hinweis: *Et dicessi già per sue littere ha cerchato* (NvK) *confortare sua S^{tà} a questo, maxime perchè venendo a Mantua, sua S^{tà} dà grande caricho a Sig^{ri} de Alamagna, chi non vegnerano, presertim essendosi havuta da loro grande speranza* (s. dazu XXVII). *Pur s'extima che sua S^{tà} starà in proposito. Tutavia parendo a V. Ex^{cia} de confortare sua S^{tà} al venire, credo gioverà et farebbese più pronta.* In der Antwort an seine beiden Gesandten beim Papst nimmt Sforza zur Frage eine neutrale Stellung ein (DS 258, Brief Sforzas von 1459 IV 21): *Del confortare che fanno S^{ri} cardinali nostro S. ad non passare Fiorenza, maxime non venendo alla dieta alcuni Sig^{ri} allamani, et del venire del legato da Roma ad soa S^{tà} preditta casone, piaceve ne habiati avisati. Quanto ad confortare Nuy soa S^{tà} al venire ad Mantoa, questo lassamo in soa libertà. Nuy non volimo impazare de confortarla, nè desconfortarla.* Tatsächlich aber ließ Sforza durch Sceva in Rom gegen die Reise des Papstes nach Mantua arbeiten, vor allem über NvK, vgl. deshalb zum Text XXVI und dem Verhalten des NvK darin den Brief Sforzas an Marchese de Varese (s. o. XXI A. 5): *Tu say che già due volte te havimo scripto che queste venute de la S^{tà} de nostro S^{re} ad Mantua non ne pareva fusse ben se facesse al presente, per le rasone che allegassemo per le nostre littere et che haveressemo recordato a la S^{tà} sua* (nämlich die Abwesenheit der Fürsten und die Furcht Sforzas, sich in der Sache exponieren zu müssen, wenn außer ihm keiner der Aufforderung des Papstes folgen würde). *Ma perchè ciamo certi, che gli seria dispiaciuto, deliberavamo de non farne mentione. Pur nondimanco da poy che'l se partì da Roma, ne scripsimo ad d. Sceva de Corte nostro consigliero ..., el quale ha grande familiarità et intrinsecheza con el prefato nostro S^{re} finchè era in minoribus*

(s. XIV, 1), *che come da luy dovesse persuadere al prefato nostro S^e^ et cossì moverne parole con quelli R. S^ri^ cardinali .... Et cossì el ditto d. Sceva ha messo inanci questa cosa ad soy amici che sonno in corte, et maxime al cardinale de San Pedro ad vincula, quale era rimasto legato in Roma, et fattola etiam intendere ad nostro S^re^, onde è seguito per quello che siano advisati. Ne ò novamente da d. Otho del Carreto ..., che per li R^mi^ S^ri^ cardinali ... è stato fra loro rasonato, et poy l'hanno ditto ad nostro S^re^, confortandolo et persuadendolo che'l seria meglio et per honore de la S^te^ sua et bene de la religione christiana, che per adesso resti de venire ad Mantua, ma che la porà bene andare fin a Firenze et non passare più oltra. Et per questa medesima casone el predicto cardinale de San Pedro ad vincula deva partirse de Roma et andare a trovare la prefata S^tà^ de nostro S^re^.* Im übrigen werde er, Sforza, Carreto anweisen, sich in der Sache offiziell neutral zu verhalten, bei Befragung durch den Papst sich auf die Seite der Kardinäle zu stellen, die Notwendigkeit dazu aber so sehr wie möglich zu vermeiden. Sforzas Haltung war sehr zweifelhaft bei der Sache. Venedig bemühte sich, Sforza zu bewegen, Pius deutlich abzuraten. Sforza wollte die Signorie nicht vor den Kopf stoßen und antwortete seinem venezianischen Gesandten darum im gewünschten Sinne zustimmender als in seinen tatsächlichen Anweisungen an Sceva und Carreto (1459 IV 21 und 24), während er Scalona, dem Gesandten der an der Abhaltung des Kongresses äußerst interessierten Gonzaga am Mailänder Hof, ganz klar sagt, er lasse sich durch die Signorie nicht gegen den Papst gewinnen. Auf diese Weise wollte er sich nicht mit den Gonzaga überwerfen, vgl. Picotti, Dieta 92, 105 ff.

[4] Es folgen Nachrichten über die neueste Entwicklung der neapolitanischen Frage.

XXVII

Pius II.

Breve an Nikolaus von Kues — Siena, 1459 April 1.

AV Arm. XXXIX, 9 f. 31^r^: Kop.
Pastor II 46 A. 2: Druck Z. 6–9.

Pius papa II legato Urbis de non eundo ad dietam respondet.

Dilecte fili. Salutem etc. Accepimus litteras tuas et intelleximus, quid de hac profectione nostra ad dietam Mantuanam existimes. Non dubitamus circumspectionem tuam pro eius in nos et fideli caritate et desiderio conservande apostolice existimationis ita sentire, nosque omnia in bonam par- 5 tem accipimus et tibi gratias agimus [1]. Verum ex his, que variis ex locis accipimus, non putamus ipsam dietam etiam absente imperatore [2] ita infructuosam futuram, sicut est quorundam opinio, multique respectus nos tenent, ut personaliter, sicut toti orbi promissum est [3], illuc accedamus. Quia tamen contraventa sunt nobis incognita et interim supervenire preter 10 spem nostram plurima possunt, cum Bononiam pervenerimus, illic subsi-

stemus [4], et videntes quantum in ipsa dieta effici possit et quid in primis expediat, de omnibus consilium certius capiemus, eandem circumspectionem tuam hortantes et requirentes in Domino ut, sicut semper fecisti et facis,
15 non desinas quottidianis commemorationibus nobis ostendere, quid optimum factu existimes. Nam etsi iudicium nostrum cum tuo conventurum semper non sit, tamen officium hoc caritatis erit nobis carissimum, et speramus ut plurimum nos in bonis operibus idem sensuros quod tua circumspectio. Datum Senis prima Aprilis anno primo.

(10) contraventa / contraventum *ms* (15) desinas / destinas *ms.*

[1] Vgl. über die Bemühungen des NvK XXVI; dazu Cugnoni 192: *Cardinalis Sti Petri unus ex his erat, qui transeundum Apenninum prorsus negabat, scripseratque Pontifici ex Vrbe, ne Germanos proceres ea, ueluti contumelia, afficeret, ut, illis non uenientibus, Mantuam peteret. Cui Pontifex in hunc modum rescripsit: Sapis, qui tuae nationi cum nostra infamia demere ignominiam studes.*

[2] Die früheren Nachrichten vom Kaiserhofe (s. X, 3) waren inzwischen mannigfach bestätigt worden; der offizielle kaiserliche Beschluß, fernzubleiben, wurde Brenda noch vor 1459 II 15 kundgetan. Schon auf der Rückreise zur Kurie schrieb er darüber aus Treviso an Sforza (Cusin, Arch. III, 91 ff.): *Hora expedito dalla Maytà dello imperatore cum totale exclusione del suo venire . . . retornava in dereto.* Zu dem oben (X, 3) erwähnten Vorwand hatte der Kaiser sich als weiteren das wohlwollende Verhalten des Papstes gegenüber Matthias Corvinus gewählt (Pastor II 44 und 716, dort weiteres). Im März erschienen die kaiserlichen Gesandten in Siena, die Pius ebenfalls bewegen sollten, nicht nach Mantua zu reisen (Brief Carretos und des Nicodemus von Pontremoli an Sforza, 1459 IV 14, DS 258). Am 13. März berichtete Antonius Donatus aus Siena an Lodovico Gonzaga, der Papst habe endgültig die Hoffnung auf das Erscheinen Friedrichs aufgegeben (AG 1099). Die Ansicht, Pius würde nicht reisen, wenn der Kaiser absage, war sehr verbreitet (Briefe des Vincenzo da Scalona an Lodovico aus Mailand, 1458 XII 27 und 1459 II 23, AG 1620). Den Gedanken der Nutzlosigkeit der Tagfahrt bei Abwesenheit von Kaiser und Fürsten äußert z. B. Donatus in Briefen an Lodovico aus Siena, 1459 III 20 und IV 10 (AG 1099). Pius II. hat nie viel von Friedrich gehalten (s. z. B. Weiss 181 n. 66); sein Erscheinen sollte propagandistischen Wert haben. Als äußerstes Mittel wurde versucht, den Kaiser durch das Gerücht unter Druck zu setzen, Pius würde im Ablehnungsfall persönlich über die Alpen kommen (Donatus an Lodovico, 1459 IV 11, AG 1099; zum ganzen s. Picotti 58 ff., 87 f.).

[3] So in der Kreuzzugsbulle *Vocavit nos,* 1458 X 13 (Pius, Epistolae 1).

[4] Das war wegen der kritischen Lage in Bologna aber nicht möglich, so daß er nur vom 9. bis zum 16. Mai dort verweilte (Pastor II 48 mit Lit.).

XXVIII

Nikolaus von Kues

Brief an Francesco Sforza — Rom, 1459 April 5.

DS 48: Or. (aut.), Pap., 12,6×22,1, P. mit beschädigtem Deckblatt. Z. 1–2 von Schreiberhand.

[In verso] ... cipi et excellen^{mo} domino d. Francisco... comiti duci Mediolani etc. Papie... que comiti etc. domino meo sing^{mo}.

[Intus] Illustrissime princeps et excellens domine. Recepi humanissimas excellentie vestre semper optatissimas litteras [1], que me ad nobilem et prudentissimum virum d. Scevam de Curte, alme Urbis senatorem, mihi fratrem carissimum remiserunt, qui mihi rettulit gratissima, quo scilicet affectionis gradu illu. d. v. me amplectatur et quantum mihi credat quidque in mei protectionem proponat, de quo numquam condignas referre potero tanto domino gratias. Ad singula d. Sceva me audivit et rescribit, hoc addito, quod me utique ad omnia possibilia v. ex. reperiet fidelem et pronum, que sensero ad honorem et utilitatem cedere illu. d. v., quam oro mihi longevam conservari. Ex Roma V Aprilis 1459.

N. cardinalis sancti Petri ad vincula legatus Urbis etc. manu propria [2].

[1] Briefe Sforzas von 1459 III 16 (XXIII) und III 22 (XXV).

[2] Dazu Begleitbrief Scevas an Sforza, 1459 IV 6 (DS 48): *Mando a la V. I. S. le litere de la risposta Vi fa Mon^{re} lo legato qua, il quale m'ha ditto delibera essere tuto de la V. Illma S. Ma dice non volle dire altro al presente, per darmi affanno di fatti suoy cum el duca Sigismondo, finchè se farà la dieta. E delibera rechiedere e servire la Vostra S. como suo optimo protettore.*

XXIX

Francesco Sforza

Brief an Sceva de Curte (Auszug) — Mailand, 1459 Mai 4,

DS 48: Entwurf auf Pap.-Bl., 29,5×20,5.

1459 Mediolani die IIII° Maii. Spectabili militi et doctori domino Sceve de Curte alme Urbis senatori, consiliario nostro dilectissimo.

Havemo recevuto le Vostre lettere de dì IIII° [1] et XVIIII° [2] del passato, ad le quale respondendo, et primo ad la parte de quanto havete exequito con quello R^{mo} Monsig^{re} el cardinale legato circa el fatto de D. Johanne Andrea da Viglevano per l'abbatia da Sezzè etc., dicemo che'l ne piace che sua S^{ria} habia inteso el tutto, et che'l habii cognosciuto l'errore et insolentia de coluy, che siamo certi li po essere stato caro per più respetti. Al fatto de provederli de altri beneficii in loco de questa abbatia, dicemo che'l ha bisogno de altra correctione che de darli beneficii, et così gli lo faremo vedere se'l accadrà. Ma con sua S^{ria} non monstrarete altro se non bone parole et generale in questa materia, secundo Vi parirà conveniente, che sua R^{ma} Paternità sia rimasta ben chiara et satisfatta circa l'altre sue cose. El ne piace et Ve ne commendiamo et così continuarete in tenercelo amico et benevolo et offerirceli, secundo che Vi parirà meglio, et avisarne de le accorrentie [3].

Alla parte de le cose Vi ha ditto esso R^{mo} cardinale circa li fatti de la S^{tà} del imperatore et quelli altri s^{ri} et baroni alamani in lo fatto de la dieta, el ne piace havere inteso quanto ne scrivete, et così sentendo altro, haremo caro esserne avisati. Appresso el ne piace grandemente, che quella alma cità sii in bona tranquillitate et quiete [4]. . . . [5].

[1] Wahrscheinlich der Brief Scevas von 1459 IV 6 (s. XXVIII, 2).

[2] Ein verlorener Brief Scevas, mit dem wohl Z. 16 ff. in Verbindung zu bringen ist. Über den Verlust von Briefen in der Korrespondenz mit Sceva s. Picotti, Dieta 110.

[3] Bussi blieb in der Sache aber hartnäckig; s. Sforza an Carreto, 1461 II 21 (DS 50): *El ne pare pur uno grande fatto che ogni dì el ne bisogna rompere la testa cum Johanne Andrea de Viglevano* ... Trotz der ihm zugebilligten Pension sei Bussi neuerdings wieder beim Papst vorstellig geworden, da er verlange, diese solle ihm nicht nur ab 1458, wie durch Sforza vorgeschlagen, sondern für 1456 und 1457 noch nachgezahlt werden. Johann von Fermo sei in der Sache nach Rom zitiert, da er den Kreuzzugszehnten und noch ausstehende Verpflichtungen der Abtei gegen Sforza prozentual auf die Pension umgelegt habe, wie Bussis Vermögensverwalter, sein Bruder Hieronymus, Sforza berichtete. Ein von Sforza angefordertes Rechtsgutachten des Juristen Francesco de la Croce habe Bussis Forderungen als ungerecht abgelehnt. Dies solle Carreto dem Papst vortragen. – Bussi führte weiterhin den Titel *Abt von St. Justina* (s. u. a. 1460 IX 1 ein päpstliches Geldgeschenk für ihn, MC 836 f. 10^{v}) bis zu seiner Ernennung zum B. von Accia (1462 I 18, RV 484 f. 162^{r}–164^{r}). Die zunächst bedingungsweise befristete Pension (s. XXII, 3) wurde aber ausgerechnet dann in eine Pension auf Lebenszeit umgewandelt (1462 XI 4 und 1463 I 20, RL 587 f. 212^{r}–213^{v} und RV 489 f. 200^{r}–202^{v}). Weiteres s. LXXXXII.

[4] Ende April begannen jedoch Unruhen in Rom (s. Sceva an Sforza, 1459 V 3, XXXII, 6).

[5] Es folgen Angelegenheiten verschiedener Sforza nahestehender Persönlichkeiten.

XXX

Nikolaus von Kues

Brief an die Konservatoren von Orvieto Rom, 1459 Mai 7.

ACO 678: Or., Pap., 14,5×21,8, P.

[In verso] Magnificis dominis conservatoribus pacis civitatis Urbevetane amicis nostris carrissimis N. tituli sancti Petri ad vincula sancte Romane ecclesie presbyter cardinalis, Urbis etc. legatus.

[Intus] Magnifici domini amici nostri carissimi. Post salutem. Virum spectabilem Paulum de Castello [1] singulariter diligimus, cum propter eius 5 virtutes, tum etiam respectu eius fratris domini Tome de Castello [2] familiaris nostri dilectissimi et carissimi. Is, quia vobis et vestre illi civitati multum afficitur, cupit in vestrum futurum primum potestatem eligi. Quare vos hortamur quanto possumus maiore studio, ut ad complacentiam nostram eum, ut premittitur, eligere velitis in vestrum futurum potestatem, signi- 10 ficantes vobis quod nihil hoc tempore nobis gratius facere potestis. Quod si vos eum eligere contigerit, ex nunc ipsum confirmamus et pro confirmato habemus. Bene valete. Rome ex palatio die VII Maii 1459 [3].

[1] Paulo di Camuffi, 1449 und 1450 als Kanzler in Spoleto nachweisbar (s. Anm. 3 und Breven 1449 I 1, III 22 und IX 23; AV Arm. XXXIX, 6 f. 19r, 20v und 21r).

[2] Thomas di Camuffi, *scriptor apost.* und als solcher laufend in den Registern Pius II. (s. Mandat 1460 X 12, MC 836 f. 28r; die Bulle *Pastoris aeterni* von 1461 V 12 für NvK bei M. Bihl in Arch. Franc. Hist. 18 (1925) 74 f. und Bullarium Francisc., Nova Series II, 1939 n. 909; die Bulle *Mittentes nuper* von 1461 X 25, RV 506 f. 20rv und Ch. 227 usw.). In dieser Stellung noch 1481 nachweisbar (IE 507 f. 9r).

[3] Über den Mißerfolg der Bitte s. XXXVI und XXXVIII. Neue Bemühungen für den Kandidaten seitens NvK nach engerer Berührung des NvK mit Orvieto in späteren Jahren (als päpstlichen Kommissars) ergeben sich aus einem Protokoll des Rats der Neun *pro electione potestatis* von 1462 I 7 (ACO 215 f. 470v): ... *per me cancellario fuit expostum, qualiter domini conservatores duas receperant litteras, unam a domino cardinali sancti Petri ad vincula, alteram a vicecancellario* (Borgia) *exortatorias* (nicht erhalten), *ut dignerentur facere electionem potestatis et mittere infrascriptos, videlicet pro parte sancti Petri ad vincula Paulum de Camuffis de civitate Castelli, pro parte vicecancellarii Jacobum Blondanum de Pisis, et post predictas litteras commissarius etiam petierit eligi quendam alterum suum amicum nominatum Riccium Todeschi de Tuderto, unde . . . fuit decretum facere electionem potestatis incipiendi ... prima Maii 1461II. Hoc autem facto concluderunt facere dictam electionem ... primo de Paulo de Camuffis, secundo ....* 1462 I 30 (ACO 215 f. 475r) Brief der Konservatoren an Pius II. mit der Kandidatenliste. Die Bestätigung Pauls durch Breve von 1462 II 9 (ACO Perg.) wurde hinfällig durch Breve von 1462 II 18, das den Orvietanern ab sofort erlaubte, wegen ihrer finanziellen Schwierigkeiten das Amt des ersten Podestà unbesetzt zu lassen (G. Pardi, Serie 413; Bestätigungen dieser Konzession durch Breven 1462 VIII 19, 1463 III 14 und 1464 II 1

ebd. und Fumi, Codice 722). In Unkenntnis dieses Sachverhalts ein Brief des Thomas de Castello an die Konservatoren aus Rom, 1462 IV 20 (Or. ACO 679): *La Vostra Magnifica comunità ad requisitione dello Rmo cardinale de Sancto Piero ad vincula se degnò elegiare Paulo di Camuffi da Citedecastello mio fratello in Vostro podestà, e la Stà de n. S. per suo breve se degnò confermarlo, lo quale breve portaro li Vostri oratori. Maravigliomi che già sia passati du misi et tale electione ad mio fratello per le V. S. non sia stata mandata. Supplico quelle se degneno mandarli o vero avisarmi la cagione de tal suprasedere ....*

XXXI

Nikolaus von Kues

Brief an die Konservatoren von Orvieto [1] Rom, 1459 Mai 15.

ACO 214 (Riformagioni) f. 139r: Kop.

Copia littere officii cancellarie civitatis Urbisveteris in personam ser Baldassarris ser Petri Antonii.

Die XVIII⁰ Maii presentata per Raynaldum schutiferum magnificorum dominorum conservatorum.

5 A tergo. Spectabilibus viris conservatoribus pacis populo Urbevetano presidentibus amicis nostris carissimis.

N. tituli sancti Petri ad vincula s. R. e. presbiter cardinalis, Urbis etc. legatus.

Intus. Spectabiles viri amici nostri carissimi. Post salutem. Vidimus litteras vestras super electione facta de cancellario civitatis vestre et eas probavimus ac ratas habuimus. Et quoniam sumus testimonio fidedigno informati ser Baldassarrem esse ad illius officii exercitium multum idoneum et aptum ac toti insuper gratum civitati, ipsum per presentes autoritate legationis nostre pro tempore consueto, ut in litteris vestris continetur, confirmamus, volentes ut eum ad canzellariatus officium cum honoribus et oneribus consuetis admittatis et ita tractetis, prout ceteros vestre civitatis probos canzellarios tractare estis soliti. Ex Urbe in palatio apostolico die XV⁰ Maii 1459 [2].

[1] Vorangegangen war 1459 IV 13 die Wahl von drei Kandidaten für das Amt des Stadtkanzlers (ACO 214 f. 122v). Die entsprechende Vorschlagsliste, an der Spitze Baldassar (de Lionardellis) Petri Antonii, war dem damals in Siena weilenden Papst zugeschickt worden, damit er einen der drei bestätige. Der Papst leitete entweder direkt den Brief nach Rom an NvK weiter oder bedeutete dem orvietanischen Gesandten, daß die Stadt sich mit einem neuadressierten Brief an den Legaten zu wenden habe.

[2] Beginn des neuen durch Baldassar ab 1459 VI 1 geführten Bandes der Riformagioni (= ACO 215) mit dessen notarieller Erklärung: *Hic est liber... scriptus... per me Baldassarrem de Lionardellis de Urbeveteri... confirmatum per rm dominum dominum N. tituli sancti Petri ad vincula presbiterum dignissimum cardinalem s. R. e. et benemerito legatum, ut in libro ser Tome de Monte Flascone latius continetur* (= ACO 214)..

XXXII

Pius II.

Breve an Nikolaus von Kues — Ferrara, 1459 Mai 21.

AV Arm. XXXIX, 9 f. 37rv: Kop.
Pastor, Ungedruckte Akten 102 n. 70: Druck Z. 1–3, 8–12, 16–18.

Pius papa II legato Urbis. *[37v]*
Dilecte fili. Salutem etc. Summa nobis est consolatio, quod circumspec(t)io tua consilium remanendi nostra hortatione susceperit[1]. Id enim speramus statui ecclesie et terre Romane ad eius protectionem et institutus *[!]* salutare futurum. Nos, ut commode istic esse et omnia diligenter administrare possis, 5 efficacem operam dabimus tuaque negotia in dieta Mantuana perinde ut nostra curabimus[2]. Provideat tantum circumspectio tua, ut procurator aliquis assit nomine tuo, qui in particularibus suam operam prestet. Laudamus plurimum, que ad reprimendos motus comitis Eversi[3] sunt per te instituta, et hortamur, ut in his studiose continues pacique et tranquillitati tue 10 legationis totis viribus consulas, sicut usque in hanc diem cum tua summa commendatione fecisti[4]. De Rota conabimur exequi, quod nobis ostendis et quod tibi antea sumus polliciti[5]. Breve quoque ad senatorem Urbis et eius copiam cum presentibus mittimus et plurimum commendamus, que cum cardinali Ilerdensi prudenter et moderate egisti, sue valitudini et sen- 15 sibus optime consulens[6]. Circumspectionem tuam diligimus et toto corde complectimur in diemque magis benevalere optamus[7]. Datum Ferrarie XXI Maii anno primo.

[1] Hier ist möglicherweise ein nicht überliefertes Breve samt Antwort des NvK gemeint, worauf sich ein Kammermandat von 1459 V 22 (MC 834 f. 93v) bezieht: *Item Bartholomeo Cerchiato, qui die X eiusdem (Maii) fuit missus de Bononia ad Urbem cum similibus brevibus et directis eisdem rmo d. legato ... et rediit cum responsione usque Florentiam.*
[2] Gemeint ist der Brixener Streit, s. XXXV.
[3] Einzelheiten über Eversos Verbrechen in diesen Wochen sind nicht bekannt; s. Sora XXX 79 A. 1, wo aber auch nur Pastor, Ungedruckte Akten a. a. O., angeführt ist; s. aber

allgemein dazu Cugnoni 190 und Ammanati in Pius II., Com. 373. Politisch gefährlich wurde er aber gerade jetzt durch seine Verbindung mit dem Fürsten von Tarent, s. Nunziante XVIII 457.

[4] Im März war die Situation in Rom kritisch geworden, s. o. XXVI, 3 und einen Brief des Donatus an Lodovico Gonzaga aus Bologna, 1459 III 8 (AG 1141): *Romani che voleno demostrare* (anläßlich einer von Cavriani verfügten Steuer) *non intendere de esser in quella subiectione che se'l papa glì fusse, disseno non volerlo comportare, e parte se levono in arme, de che tuti quelli cardinali e prelati rimasti là steteno et stanno in gran pagura.* Dem widerspricht Scevas Bericht, s. o. XII, 3. Nach dem Brief Cesarinis an Lodovico (s. o. XXVI, 3) war Cavriani sehr beliebt in Rom und Garant der Ordnung. Von den meisten seiner Zeitgenossen wird er aber negativ beurteilt.

[5] Näheres darüber ist nicht bekannt.

[6] Antonius de la Cerda, Bischof von Lerida, seit 1448 Kardinal, gest. 1459 IX 21; vgl. Eubel, Hierarchia 10, 167. Zur Sache berichtet ein Brief Scevas an Sforza, 1459 V 3 (DS 48): Ein des Mordes angeklagter Katalane war am 30. April von Sceva aufgehängt worden. Sceva stand dabei offenbar unter dem Druck der spanienfeindlichen Römer, die die Gelegenheit zu entsprechenden Demonstrationen benutzten. Sceva fährt fort: *Hor lo cardinale Ylardensis..., il quale è talle et in vita et in costumi como dio permete, licet me havesse fatto respondere questo non era suo famiglio, nè cum lui haviva a fare nulla, se non che qualche fiata li andava in caxa, e lo quale vorria pure questi catellani facessero tuto impune como facevano al tempo de d. Borgia, e vorria rasone per tuto, se non dove tocha al suo appetito, molto molto ha havuto a male questo atto, e molto se lo reduce aperto. E dice e fa de le cose che, se io non temperasse pur me ystesso che faza luy l'animo suo inraxonevole, hormay ne saria sequito tal scandalo contra lui che se porria ricordare fin a longo tempo. Lui ha scripto al papa, e vero non trova altro a dire se non che costui era chierico, dove io non doviva metere la mane, e che perciò son excomunicato. Et io anche ho scripto al papa la verità de la cosa, e lo Rmo Monre lo legato ha scripto in mio favore. Symelmente li hanno scripto tuti li conservatori e caporioni de Roma, perchè tuto lo populo è ne cum me. E se io pur cignase, non remuneriase me nè del cardinale preditto nè de catellani, chè tuti sono exossissimi per li lor mali modi e periculi vicii. Non so che farà el papa, ma spero me darà laude,* sonst könne es leicht *uno vespero de Sicilia* in Rom geben.

[7] Die päpstliche Freundschaft zeigt sich in vielen Gunstbeweisen für NvK.: 1458 X 12 ein Weingeschenk für ihn zu 53 fl. (MC 834 f. 34v, s. Vansteenberghe 188 A. 2.), 1459 II 6 für 18 fl. Ungarwein (AV Annatae 11 f. 133v), 1459 II 7 für 29 fl. Weizen (l. c.), 1459 II 10 für 59 fl. griechischer Wein (l. c. f. 134r), 1459 II 26 für 29 fl. Gerste (l. c. f. 137v mit der Anweisung, die angegebene Summe dem Kämmerer des NvK, Peter von Erkelenz, auszahlen zu lassen). Die angeführten Kammermandate sind aus einem nicht sichtbaren Grunde in die Reihe der *Annaten* gelangt. Es handelt sich jedoch nur um ein den Monat Februar umfassendes Heft. Mit ziemlicher Sicherheit sind weitere versprengte Faszikel mit Kammermandaten verloren, und eine regelmäßige Fortsetzung dieser Geschenke ist anzunehmen. Zufällig erhalten ist nämlich ein Breve an Mucciarelli, 1459 V 22 (AV Arm. XXXIX, 8 f. 57v); er soll für NvK 15 Fässer Wein, 30 Rubren Weizen und 50 Rubren Gerste kaufen lassen, *expositasque super hiis pecunias ad ordinarium exitum describi procurabis;* das betreffende Kammermandat fehlt aber wie der Exitus. 1459 VI 24 weist der Papst Mucciarelli an, NvK 200 fl. für die Fabrica seiner Titelkirche auszahlen zu lassen (Breve l. c. f. 61r): *per eum in fabricam in ecclesia predicta sancti Petri ad vincula convertendos.* Was NvK für seine Kirche trotz seiner finanziellen Notlage aus eigenen Mitteln getan hat, ist nicht mehr ganz zu sagen. In seinen beiden Testamenten bestimmte er 2000 fl. für diesen Zweck (Uebinger, Lebensgeschichte, 553 ff.). Vgl. im Zusammenhang

damit O. Panvinius 325 *(quem [titulum] restituerat)*; F. Cecconi, Roma sacra e moderna (1725) 92 *(fu ristaurata la presente chiesa . . . . dal cardinal di Cusa, da Sisto IV, Giulio II)*; Gregorovius VII, 650. Das Archiv von S. Pietro in Vincoli ist das einzige, wo mir durch den Prior die Konsultation nicht gestattet wurde. Zu dem Band *Annatae 11* und seiner Eigenart vgl. E. Göller, Das Inventar des Finanzarchivs der Renaissancepäpste, Misc. F. Ehrle V, Studi e Testi 41, (1924) 240. Derartige Geschenke an Kardinäle sind ein Unikum. Von weiteren Gunstbeweisen sind zu nennen: 1459 I 2, Bulle *Provida Romani*, in der Pius II. die Stiftungsurkunde des NvK für das Hospital zu Kues von 1458 XII 3 bestätigt und das Hospital unter Schutz, Eigentum und Gerichtsbarkeit des Hl. Stuhls nimmt (Or.: Kues, Hospitalsbibliothek, Archiv Nr. 37; Regest: Krudewig IV 264 Nr. 42; ebenfalls noch: RV 473 f. 164v–166v; Ausgang dieser Bulle 1459 X 30 nach der Ankunft des NvK in Mantua s. Annatae 12 f. 190r); 1459 II 8, Bulle für NvK mit Privileg für einen Tragaltar in der Hospitalskapelle bis zu deren Konsekration (RV 469 f. 362r *Sincerae devotionis)*; 1459 VI 15, Bulle für NvK mit der Lizenz, fünf Familiaren in freier Wahl mit Benefizien zu versehen (RV 471 f. 392rv *Dum exquisitam*).

XXXIII

Stadt Rieti

Protokoll der Sitzung von Gouverneur, Prioren, Boni Viri und weiteren Bürgern — Rieti, 1459 Mai 23.

ASR Reform. B. 28 f. 226r.

Pro oratore mittendo ad dominum legatum Urbis facto arcis Montiscalvi[1].

Die XXIII Maii magnifici domini gubernator et priores antedicti existentes in sala parva palatii platee leonis residentie ipsius magnifici domini gubernatoris una cum duodecim bonis viris regiminis civitatis Reate et sex (5) civibus deputatis super differentiis, quas commune haberet cum dominis de Ursinis et maxime in facto Montiscalvi etc., ac certis aliis civibus ad hec vocatis, ibi collegialiter cohadunatis, habitis inter eos sanis colloquiis et consultationibus super littera rmi domini legati Urbis etc., qua precipitur huic communitati, quod aut roccha Montiscalvi restituatur dominis archi- (10) episcopo Tranensi abbati Farfensi[2] et Neapolioni de Ursinis[3] aut mittatur ad d. suam aliquis bene instructus, qui iura dicte communitatis tueatur etc., super quo facto exiticiorum etc. deliberaverunt, ordinaverunt et decreverunt communiter et concorditer, discrepante nemine, quod mittatur orator ad prefatum rmum dominum legatum super continentia dicte sue littere ad (15) informandum d. suam de iuribus communitatis predicte et ad instituendum advocatum et procuratorem, si opus erit, nomine dicte communitatis pro defensione dictorum iurium etc., et sit dictus orator Silvester ser Marci, qui de dicta re est bene informatus atque instructus. Qui Silvester orator predictus die XXVIIII Maii iter arripuit versus Romam. Die V Junii reversus est[4].

[1] Zur Sache vgl. ein Protokoll der Ratssitzung von 1459 IV 24 (l. c. f. 223r–224r) über einen Brief des Napoleone Orsini aus Vicovaro, 1459 IV 23 (Abdruck bei Michaeli 349), in dem er sich über die Besetzung von Montecalvo und die Gefangennahme des dort von ihm eingesetzten Kastellans durch die Reatiner beschwert, da er mit ihnen immer in guten Beziehungen gestanden habe (s. dagegen ASR Reform. B. 28 f. 214v, 1459 III 5: Klage über die Wegtreibung Rieti gehörenden Viehs durch Vasallen Orsinis; andererseits schon Oktober 1458 Versuch Rietis, Steuerrechte in Montecalvo geltend zu machen, l. c. f. 185r), sowie über einen Brief des Pietrangelo Orsini (s. über ihn einige aus vatikanischen Akten zusammengestellte Belege bei Contelori, Historia Cameralis, BV Barb. Lat. 2705 p. 165, und AV Arm. XXXV, 46 f. 272r, sowie über seine Teilnahme am Herrentag 1458 IX 30, AV Arm. XXIX, 29 f. 60r und 61r), enthaltend *multam superbiam et inhonestatem adversus hanc comunitatem maxime occasione represaliarum iuste concessarum Lorisio de Reate per ipsam communitatem contra homines dicti Petrangeli etc.* . Darauf Beschluß, *quod hec omnia notificentur magnifico domino Cesari gubernatori etc. et rmo domino legato sedis apostolice in alma Urbe per oratorem communitatis et mittatur etiam orator ad s. d. n. et ad rmos dominos cardinales super predictis contentis in dictis litteris et super facto salis non habiti . . . . ., et orator mittendus Romam in eundo loquatur cum domino archiepiscopo Tranensi* . . Zum Streit um die ehemals reatinische, dann von den Orsini besetzte, 1455 vergeblich, 1458 erfolgreich von Rieti zurückgewonnene Burg, die die Orsini in der unsicheren Lage des Jahres 1459 erneut zu erlangen versuchten, s. Michaeli 254 ff.; zu NvK: 259.

[2] Giovanni Orsini, seit 1450 Eb. von Trani (Eubel II 254), 1437–1476 (resignierte zugunsten seines Bruders Kardinal Latino) Abt von Farfa (I. Schuster, L'imperiale abbazia di Farfa [1921] 355 ff. und 422).

[3] Bruder des Abts Giovanni und des Kardinals Latino Orsini (De Cupis 612 f. und F. Sansovino, L'Historia di casa Orsini, Venedig 1565, II 29 f. und 67 ff.). Zu beachten ist: Napoleon ist Gegner Eversos (trotz Treuga von 1455 IV 24, RV 438 f. 276v–281r) und unterstützt Ferrante (Sansovino II 97 ff.)

[4] Zum Fortgang der Sache s. XXXIV.

XXXIV

Stadt Rieti

Protokoll der Sitzung von Prioren,
Sechsunddreißig und Zwölf (Auszug) Rieti, 1459 Mai 27.

ASR Reform. B. 28 f. 226v–227v.

Prima proposita littere rmi d. legati super arce Montiscalvi.

Primo quid videtur et placet dicto consilio deliberare, ordinare et reformare super continentia littere rmi domini legati alme Urbis etc. scripte super facto arcis Montiscalvi in dicto consilio lecte et exposite, de qua etiam supra facta est mentio; et super ea deliberatum fuit, ut mittatur orator ad ipsum r^mum^ d. legatum, ut supra generaliter proponendo ...   5

Dictum consiliarii super prima.

R^dus^ pater dominus Claudius de Collis prothonotarius apostolicus etc. vocatus specialiter ad dictum consilium dixit super prima proposita de littera r^mi^ domini legati, quod mittatur omnino orator, sicut alias fuit decretum, ad Urbem eidem r^mo^ domino legato ad excusandum hanc communitatem de mandato facto in dicta littera et ad informandum d. suam de iuribus ipsius communitatis, que habet in arce predicta et de omni re acta in tempore, quo roccha illa subtracta fuerat dicte communitati, et demum ad supplicandum, ut supersedeatur et nulla molestia inferatur communitati super ea re, donec s^tas^ d. n. pape rediverit Romam vel Senas, et ad audiendum et referendum voluntatem prefati r^mi^ domini legati, qui tueri debet iura communitatis, que sunt s. d. n. et ecclesie, et ad ordinandum et instituendum, si opus erit, pro communitati procuratorem et advocatum auctoritate presentis consilii ... [1].   10 15 20

[1] Die folgende Abstimmung der Sechsunddreißig beider Kredenzen ergibt 67 Stimmen für den Antrag, 5 dagegen. NvK verhielt sich in der Sache offenbar genauso ungünstig für Rieti wie vorher. 1459 VI 14 reiste ein Gesandter Rietis nach Mantua ab, der 1459 VII 25 (ASR l. c. f. 229r) ein Breve an den Abt von Farfa und Napoleone Orsini von 1459 VII 9 (Or. Rieti, Arch. Capitolare, Arm. IV fasc. A, 5 bis) mitbrachte, in dem der Papst diesen befiehlt, bis zu seiner Rückkehr von Maßnahmen gegen Rieti abzusehen. Von städtischer Seite aus hatte man 1459 V 31 (ASR l. c. f. 228r) durch die Wahl eines Kastellans für die Burg den Standpunkt Rietis eindeutig unterstrichen. 1460 II 29 (ASR Reform. B. 26 f. 135rv) Kompromiß der Stadt mit dem Abt.

XXXV

Pius II.

Breve an Nikolaus von Kues — Mantua, 1459 Juni 9.

AV Arm. XXXIX, 9 f. 46rv: Kop.
Pastor II 719 n. 15: Regest und Druck Z. 18–19, 25 duci–26.

Pius papa II legato Urbis.

Dilecte fili. Salutem etc. Cum sepissime post discessum nostrum ex Urbe et per cardinales et per litteras tuas instatum apud nos sit, ut circumspectioni tue ab ista legatione liberam missionem daremus, cogitaveramus id

5 facere tuo magis quam nostro commodo et per certum breve fecisse meminimus[1]. Verum cum postea frequentibus litteris multorum testimonio nobis ostenderetur, quante utilitatis ad pacem et tranquillitatem Urbis esse(t) presentia tua quantumque omnium desideria ad te retinendum inclinarent, nos, etsi videbamus reditum tuum ad prosecutionem presentis diete esse 10 magnopere utilem, voluimus tamen securitati status ecclesie consulere et circumspectionem tuam rogavimus[2], ut continuare *[46v]* legationem non gravaretur. Inpresentiarum itaque attendentes menses aliquos antea preterituros, quam vel frequentia ulla hic sit vel fieri aliquid debite possit[3], proptereaque de studio redeundi equiori animo a te possit remitti, 15 fiduciam capimus iterum tuam circumspectionem exhortandi atque rogandi, ne in singularem beneplacitum nostrum et totius Urbis consolationem nobis opus creditum tam cito deponere(t), sed in benefactis tuis, que omni testimonio predicantur, perseverare(t)[4]. Te enim is(t)ic presente, quiete animo vivimus et nostra omnia in tuto posita credimus. Quod si aër iam ingraves- 20 cens esset tibi molestus, ut asseris, potes vicinum Tibur aut alium locum secedere atque inde, si quando necessitas ingruit, in Urbem redire[5]. Tui quoque adeundi tam Romanis quam aliis eo in loco non incommoda potestas prestabitur, gubernatoreque in Urbe relicto, habebis qui mandatorum tuorum sit executor. Nos interim, sicut alias scripsimus, curam rerum tuarum non 25 omittemus, nec tibi aut ecclesie tue nullum preiudicium fieri duci Sigismundo efficacissime scripsimus, et non dubitamus ipsum intuitu nostro treugas inter vos dudum initas et postmodum prorogatas adhuc ad tempus aliquod, sicut petivimus, prorogaturum[6]. Eo autem ad dietam personaliter accedente, sicut forte possit contingere[7], poterimus tunc de te revocando liberius cogi- 30 tare, intendentes, quantum in nobis erit, tue et Brixinensis ecclesie paci intercessione nostra consulere. Que autem cum comite Everso hucusque egisti, summe nobis probantur, et ad continuandum hortamur. De marescallis quoque observari est gratum[8], quod utilius tibi fuerit visum, cuius rei potestatem tibi permittimus. De correctore[9] quoque et Rota sequimur 35 iudicium tuum conabimurque, quantum honestas patietur, in eo quod diximus permanere. Executionem denique reformationis basilice apostolorum principis et aliarum Urbis ecclesiarum tibi eidem, qui illam fecisti[10], committimus, non dubitantes circumspectionem tuam, sicut hactenus solita est, mature ac graviter omnia esse facturam. Datum Mantue IX Iunii.

(8) inclinarent / inclinaverent *ms* (14) possit / posse *ms* (16) ne / ut *ms* (33) marescallis / marescall *ms*.

[1] Breve 1459 III 10, s. o. XXI.
[2] Dazu s. XXXII und ebenda Anm. 1.

[3] Über die Situation zu Mantua s. Pastor II 50 ff.

[4] Zuletzt verzögerte sich die Abreise dann wegen einer Krankheit des NvK, darauf nochmal wegen einer Krankheit in seiner Familie; s. Sceva an Sforza aus Rom, 1459 VIII 11 (DS 48): *Monsignore lo legato similemente se sente male, di che è uno grandissimo dampno. Non vidi may el meliore nè più digno homo .... Lo legato se intende partire, se el sarà sano a dì XVI del presente.* 1459 IX 5 schreibt NvK an das Brixener Kapitel (*Handlung* f. 70[rv], zit. nach Vansteenberghes Abschrift): *Unde cum nunc me precingam, ut Mantuam accedam ob causam ecclesie nostre, et spem habeam, quod ex vobis aliqui veniant ..... Iam diu accessissem proprius, sed familia mea infirmata fuit. Nunc Dei gratia bene stamus paucis exceptis. Romani etiam et s. d. n., licet potius vellent me manere Rome, tamen indulgebunt ob causam ecclesie nostre, ut semel ad concordiam producatur.*

[5] 1459 VII 8 ist NvK in Subiaco und konsekriert in S. Scolastica einen Altar (Subiaco Arch. di S. Scolastica, Pergamene Arca IV n. 34 = V. Federici, I monasteri di Subiaco II, 1904, Doc. Subl. n. 2876: Or., Perg., 25,3×32,5, Löcher von Hängesiegel, H. Pomert als Sekretär): *Nicolaus ... ac alme Urbis Romane etc. apostolice sedis legatus universis ... christifidelibus ad quos .... sempiternam. Cum pium sit, . . hinc vobis ... attestamur, quod nos die dati presentium .... altare et capellam sita ad latus sinistrum prope introitum chori in ecclesia monasterii sancte Scolastice Sublacensis ... sub honore sancti Gregorii pape et confessoris necnon sanctorum Andree et Thome apostolorum ac sancti Ambrosii etiam confessoris iuxta ritum .... ante missam, quam inibi decantavimus, ... consecravimus, . . omnibus ... qui altare predictum in Nativitatis, Circumcisionis, Epiphanie, Resurrectionis et Ascensionis ... ac Penthecostis necnon Assumptionis, Nativitatis, Conceptionis et Visitationis ... Marie . . atque sancti Johannis Baptiste ac . . Petri et Pauli aliorumque apostolorum ac omnium sanctorum . . festivitatibus ac eorundem altaris et capelle dedicationis die . . visitaverint, . . de bonis . . augmentatione manus porrexerint adiutrices, . . centum dies de iniunctis eis penitentiis . . relaxamus.* Regest der Bulle im Indice chronologico dell'archivio di S. Scolastica (1752) des Isidoro de Su da Parma II 632, Hs. im Archiv, mit dem Vermerk: *Pendet sigillum in cera sola de funiculo sericeo rubri coloris.* Auf der Rückseite des Or. jüngere Notiz: *Hec cappella sancti Gregorii renovata est elegantiori opere ac forma anno D. 1643, cum esset abbas monasterii Sublacensis r. p. d. Julius a Castello, qui chorum et omnis ecclesie capellas de novo construxit.* Wie ich im Kloster erfuhr, ist dieser wie die anderen Altäre der Kirche heute nicht konsekriert. Die Bibliothek bewahrt 4 Kodizes mit Werken des NvK: CXLIV (= Allodi 148), CCXXVII (= Allodi 230), CCXXXII (= Allodi 235), CCLXXXVIII (= Allodi 295). 148 und 295 sind mit Sicherheit immer in Subiaco gewesen (Bibl.-Vermerk: *Est sacri monasterii Sublaci,* jeweils f. 1[r]); 230 und 235 waren einmal Eigentum der Kongregation von S. Justina, der auch Subiaco angehörte (*Iste liber est congregationis Casinensis alias Ste Justine deputatus ad usum monachorum monasterii Sublacensis,* f. 4[r] bzw. 1[r]), sind also vielleicht erst später dorthin gelangt. 148 und 295 enthalten kleine theologische Schriften. In Hs. 295 f. 52[r] steht am unteren Rand: *1460* vermerkt, d. h. auf der Seite, mit der die Cusanustraktate beginnen. Hs. 148 ist aber von Hs. 295 abhängig (nach gütiger Mitteilung durch Herrn Prof. Wilpert, der bei der bevorstehenden Ausgabe der Traktate näher auf die Hss. eingehen wird), Hs. 295 von einer noch nicht gefundenen Hs. Die eingetragene Jahreszahl legt die Vermutung nahe, daß die Abschrift eine Folge des Cusanusbesuchs ist. Vielleicht bat man ihn bei der Gelegenheit um ein eigenes, eben das noch unbekannte Exemplar, um Abschrift davon zu nehmen. Als Schreiber nennt sich ein Frater Johannes de Reno. In einem anderen Sublazenser Kodex (Allodi 197) erscheint er unter dem Namen *Johannes Wism[o] de Rheno* als Verfasser eines *Libellus de arte bene moriendi* 1445. Über seine Herkunft (Konstanz) s. Federici II, 11. 1459 VIII 8 war NvK wieder in Rom und beendete seine *In mathematicis aurea propositio: Finit Rome 1459 8 Augusti tempore*

legationis Urbis etc. (Mailand, Ambros. G 74 inf. f. 3'r; s. J. E. Hofmann und J. Hofmann, Die Schriften des Nikolaus von Cues, Die Mathematischen Schriften, Hamburg 1952 [Philos. Bibliothek 231] 136–142). Auf f. 2'r der Hs. befindet sich ein bisher unbeachtetes Wehlen-Autograph: *Omnia pro meliori. Sy. de Welen lxiiii.* Wie viele andere Handschriften des Kardinals hat Simon offenbar auch diese (14)64 einem Freund nach dem Tode des NvK geschenkt, vielleicht nach Padua, wo er 1461 promoviert wurde und wofür er sich bei dieser Gelegenheit erkenntlich zeigen wollte. So wäre auch erklärlich, wie die Hs. in die paduanischen Pinelliani der Ambrosiana gelangt ist.

[6] Die ursprüngliche Treuga des Brixen-Lüsener-Vertrags galt bis 1459 IV 24, an welchem Tag eine von Herzog Sigmund nach Sterzing einberufene Versammlung stattfand, auf der mit den Vertretern des NvK, Jakob Lotter, Simon von Wehlen und Bartholomä von Lichtenstein, eine Verlängerung bis 1459 VII 25 abgeschlossen wurde (Jäger, Streit I 321 ff.). Bezug auf die Sterzinger Abmachung nehmend, bittet Pius Sigmund in einem Breve 1459 V 31 (Or. Innsbruck, Pestarchiv XXXII, 12; Kop. AV Arm. XXXIX, 9 f. 42v) um weitere Verlängerung bis 1459 IX 29; bis dahin solle er persönlich nach Mantua kommen oder seine Gesandten schicken, damit dort unter päpstlicher Vermittlung der Streit beigelegt werde: *Verum nos propter nonnullas urgentes causas necesse inpresentiarum habemus* (NvK) *in urbe Roma, ubi illum in discessu nostro legatum reliquimus, ad aliquod ultra tempus circumspectionem suam tenere et securitati terre Romane per hunc modum consulere. Cum itaque hoc medio tempore nobis debitum sit providere, ut eadem circumspectio sua detrimenti aliquid propterea non patiatur, hortamur . . . .*

[7] Aufforderungen des Papstes an Sigmund, zur Tagfahrt zu erscheinen, ziehen sich durch das ganze Jahr hin: Okt. 1458; 1459 I 25 (Chmel, Fontes II 180 mit Erwähnung der ersten Einladung); 1459 V 1 ein Breve für den päpstlichen Legaten Stephan von Forlì, der die Streitigkeiten zwischen Sigmund und seinen deutschen Gegnern beilegen soll (Chmel, Mat. II 169, Lichnowsky CCXCIII n. 203); 1459 V 31 (s. Anm. 6); nach erfolgreichem Abschluß der Bemühungen des zu Sigmund geschickten Legaten 1459 VII 24 neues Breve mit der Mahnung, endlich zu kommen, da nach dem Frieden kein Hinderungsgrund mehr bestehe (Lichnowsky CCXCV n. 237); 1459 IX 21 ein Glaubsbrief für die neuen päpstlichen Gesandten zu Sigmund, Eb. Hieronymus von Kreta und den Magister Franz von Toledo (Lichnowsky CCXCVII n. 260); 1459 X 2 Breve an Sigmund, jetzt zu kommen, da NvK da sei (Lichnowsky CCXCVII n. 263, Kop. Florenz, Laur. LXXXX sup. 138 f. 19r); 1459 X 6 mit gleichem Inhalt (*Handlung* 78, nach Jäger, Streit I 330 f.); 1459 X 24 ebenso (AV Arm. XXXIX, 9 f. 89v). Am 10. November erscheint Sigmund schließlich vor Mantua. Bisher unbekanntes Material über Sigmund und sein Verhalten zum Kongreß werde ich andernorts veröffentlichen.

[8] Vgl. XII und XV.

[9] Johannes Rode, Protonotar, Propst von Bremen und St. Marien zu Hamburg, Korrektor 1452–1477 (abgesetzt), aber sehr lange abwesend (s. XXXIX; Hofmann II 77; Egidi, Necrologi 2, 13).

[10] Hier kann vielleicht auf die *Reformatio generalis* des NvK Bezug genommen sein, in der sich ein Abschnitt mit der Reform der römischen Kirchen befaßt (Düx II 463 f. nach der Hs. Clm. 422; Ehses, Hist. Jb. XXXII 295 nach Vat. Lat. 8090; eine weitere von Vansteenberghe angemerkte Hs. [Vansteenberghe 474] Vat. Lat. 3883 f. 1r–11r). Das Breve legt aber die Vermutung einer eigenen *Reformatio basilice apostolorum* usw. nahe, die NvK dem Papst gerade mit Bitte um Übertragung ihrer Exekution zugeschickt hatte. Bezüglich der Rota muß NvK offenbar ebenfalls Reformvorschläge gemacht haben. Die *Reformatio generalis* bringt nichts darüber. Vielleicht brach der Text in dem Entwurf des NvK nicht schon dort ab, wo dies heute in der handschriftlichen Überlieferung der Fall ist, oder er verfaßte auch eine eigene *Reformatio Rotae.* Die falschen Lesungen bei Düx und

Ehses (z. B. dessen in der Textinterpretation dann S. 280 ein ganz falsches Bild gebende Lesung *ruina* S. 294 Z. 1 statt *nimia* in der Handschrift f. 119r) und die noch unbenutzte Handschrift rechtfertigen eine neue Ausgabe. Über die traurigen Zustände an St. Peter geben zwei Breven an das Kapitel und an den mit Vikarsobliegenheiten betrauten Mucciarelli von 1459 VII 28 Aufschluß (AV Arm. XXXIX, 8 f. 64v): *Dicitur, quod in ecclesia nostra sancti Petri post nostrum ex alma Urbe discessum divinus cultus sit plurimum diminutus, presertim in cotidianis missis ibidem ex debito consuetudine celebrandis. Credatis, quod hec non sine animi nostri perturbatione percipere potuimus, quod in ecclesia, que caput est et speculum aliarum, tantam in divinis sentiamus adhibitam negligentiam. Nam postposito Dei timore saltim temporalis honor vos movere deberet, ut ecclesia predicta supra ceteras suum debitum continuo susciperet obsequium. Ex quo precipimus vobis, ut . . . . ipsa ecclesia tam in missis quam aliis divinis officiis de cetero nullum patiatur detrimentum* (so an die Kanoniker). An Mucciarelli *(qui vices vicarii geris): Fertur, quod in ecclesia basilice sanct Petri* usw. wie oben . . . *Sed in te pre ceteris . . . fiduciam obtinebamus specialem, quod in absentia nostra in ipsa ecclesia divina essent potius augumentum subsecutura. Quare* . . usw. ähnlich wie oben.

XXXVI

Die Konservatoren von Orvieto

Brief an Nikolaus von Kues [1] Orvieto, 1459 Juni 20.

ACO 215 (Riform.) f. 15r: Kop.

Copia littere misse ad d. legatum in commendationem et pro confirmatione potestatis Petri predicti.

Rme in Christo pater et domine, domine noster singularissime. Post humilimas commendationes. Rme dni v. trium electionem potestatum transmisimus [2], quorum unus Petrus nuncupatus aliis prevalet et magis huic populo 5 et ecclesiastico statui suis mediantibus virtutibus ac nobilitatibus acceptus. Cuius intuitu ipsum ante tempus decrevimus pro magno bono et quiete civitatis huius et scribi fecimus, eoque cum dictus Petrus dicto comuni certam denariorum quantitatem percipere deberet, quapropter commisse fuerunt Perusii ad petitionem sui contra comune istud represalglie, que 10 quidem esset civitatis Perusii et huius civitatis detrimentum massimum. Et ut id evenire non possit, et primo suis preclaris attentis virtutibus, secundo denariorum pecunia huius civitatis perspecta necnon pace consequenda idpropter inter comune Perusinum et Urbevetanum, ipsum decrevimus in pretorem eligi et sic eidem scribi polliciti sumus. Placeat igitur rme dni v. pro predic- 15 tarum duarum civitatum concordia ipsum confirmari predictis de causis et aliis per magnificum d. nostrum gubernatorem [3] eidem v. rme dni scribendis, et nobis et toto huic populo rem quam maxime gratam r. d. v. faciet, quam Deus diu conservet. Ex Urbeveteri die XX Junii 1459.

20 E. v. r. d. servitores, conservatores pacis Urbevetano populo presidentes[4].

[1] Zur Vorgeschichte s. Protokoll der Sitzung von Gouverneur, Konservatoren und Neun im Palast des Gouverneurs von Orvieto, 1459 VI 17 (ACO 215 f. 14r): *Electio potestatis post tempus finitum domini Jacobi domini Petri de Nangelis de Viterbio* (s. Pardi 412, irrig *Narnelis)*, d. h. ab 1460 XI 1: . . . *dictum Petrum domini Mathei de Perusio in potestatis electionem pro primo . . . mandaverunt poni et mitti . . ., pro secundo dominum Antonium Jacobum de Ancona e(t) pro tertio Lodovicum de Turri Mediolanensem. Et sic dictam electionem, proprio ordine reservato, mitti debent aut ad sanctissimum dominum n. papam aut ad dominum legatum Romam secundum voluntatem dicti Petri, prout ei melius visum fuerit pro expeditione sui negotii, tamen suis sumptibus et exspensis . . .* 1459 VI 18 Sitzung desselben Rats (ACO l. c.) mit Beschluß, die beiden nur pro forma aufgestellten Mitkandidaten des Petrus Mathei durch zwei andere zu ersetzen (s. Anm. 2), vielleicht weil jene noch zu gewichtig waren (s. z. B. zu Lodovico XLIV). 1459 VI 19 (l. c. f. 14v) Sitzung der Konservatoren, vor denen Petrus Mathei bittet *sibi electionem fieri, qui domino legato destinaretur. Et magnifici domini conservatores . . . commiserunt mihi* (cancellario) *dictam electionem . . et litteras in sui favorem. Et ego quidem . . . .* Es folgen die Briefe XXXVI, 2 und XXXVI selbst.

[2] Nach Formular abgefaßtes Schreiben an NvK vom gleichen Tage entsprechend dem von 1459 VIII 29 (XLIV, 1): *Cum opus pro quiete huius civitatis . . . . . Quapropter pro semestri incipiendo die primo mensis Novembris anni MCCCCLX et ut sequitur finiendo viros nobiles elegimus: Petrum domini Matthei de Nais palatinum comitem pro primo, ser Ciprianum magistri Antonii de Sghirilglis de Gualdo pro secundo, Santem Crisostomi de Bennatis de Monte Falcone pro tertio . . . Confirmet igitur r. d. v. quem quidem maluerit . . . . . .* Vom gleichen Tage ein Brief der Konservatoren an einen in Rom weilenden und offenbar einflußreichen Landsmann Franciscus, litterarum doctor: . . . . *quia scimus vos non dignitare rapresalglias contra nos commissas ad petitionem Petri domini Mathei per comune Perusinum vel eius rectores et officiales adeo, quod non poterant cassari. Et prout Deo placuit, dictus Petrus huc veniens nostrorum rogatu venit ad compositionem, prout alias eritis certiores. Tandem inter aliis* (!) *promisimus ei ipsum in potestatem eligere, et aliter concordia non poterat oriri . . . . . Placeat igitur humanitati vestre operam dare, quod penitus et omnino ipsius operatione mediante r. d. legatus ipsum confirmet . . .*

[3] Gouverneur von Orvieto war Petrus Philippus de Martorellis aus Spoleto, *miles, comes, utr. iur. doct.*, ernannt 1458 IX 22 (RV 515 f. 26v), Gouverneur bis April 1460 (Pardi 412).

[4] Überbringer der Briefe war Petrus Mathei selbst oder dessen persönlicher Bote; s. Protokoll der Sitzung der Konservatoren vom gleichen Tage (l. c. f. 15r): . . *Comparuit dictus Petrus coram supradictis dominis conservatoribus . . . et petiit sibi dictam electionem et dictas commendatorias litteras dari, offerens se Romam ad dominum legatum dictas electionem et litteras misurum.* Nach Billigung durch die Konservatoren händigt Lionardelli ihm die Briefe aus, *et sic dictus Petrus cum dictis electione et litteris ex dominis conservatoribus et eorum palatio discessit.* Die Antwort des NvK s. XXXVIII.

XXXVII

Pius II.

Breve an Nikolaus von Kues Mantua, 1459 Juni 23.

AV Arm. XXXIX, 8 f. 59v–60r: Kop.

Pius.

Dilecte fili etc. Novit discretio tua, quod introitus salis camere semper precipui fuerint. Unde providere velis, quod serventur illesi, et *[60r]* in sale conficiendo de presenti diligentiam adhibeas. Ita, si possibile sit, copia salis supra solitum conficiatur. Salinarii quoque deputati et deputandi absque 5 intermissione suas operas continuas prestent, ut tenentur. De ceteris etiam, que ad augumentum predictorum opportuna fore cognoveris, provisionem debitam facere procurabis[1]. Datum Mantue die XXIII mensis Junii MCCCCLVIIII pontificatus nostri anno primo.

Dilecto filio N. tituli sancti Petri ad vincula presbytero cardinali alme 10 Urbis legato.

G. de Vulterris[2].

[1] Über das päpstliche Salzmonopol als Haupteinnahmequelle, insbesondere da unter Pius II. die Monatsabschlüsse der apostolischen Kammer bis April 1462 einen Fehlbetrag ergaben, s. Gottlob 243 ff., 259 f. und G. Tomassetti, Sale e focatico del Comune di Roma nel medio evo, Arch. Soc. Rom. Stor. Patr. XX, 1897 313 ff. Bezüglich des Salzes gab es sowohl Verpachtung wie Selbstbetrieb, wie sich auch aus dem Breve ergibt (Gottlob a. a. O.). Zur selben Sache mahnte Pius schon vorher Cavriani in einem Breve 1459 V 4 (AV Arm. XXXIX, 8 f. 54r), *ut oblata per illos* (Romanos) *diligenter intelligas et licentiatis predictis Grossetanis ipsos Trasteverinos ad confectionem huiusmodi salis cum solitis capitulis et refectione pecuniarum predictarum conducere et ipsos se gravissimis penis adstringere, quod in confectione salis predicti omnem eorum diligentiam prestabunt;* dazu immer wieder die gleichen Anweisungen der Kammer: *Commissio facta Gaspari de Petronibus pro exactione salis pecunie* (1458 XII 27, AV Div. Cam. Arm. XXIX, 29 f. 57v), *Commissio facta Petro Johanni Cintii ad compellendum quoscumque debitores salis* (1459 I 22, f. 59r), *Excommunicatio contra defraudantes salariam Perusii ad instantiam salariorum eiusdem* (1459 II 16, f. 67v–68r) usw. Über laufende Betrügereien beim Salzgeld s. Breven von 1459 IV 14, V 2, V 5, VI 23 (AV Arm. XXXIX, 8 f. 42r, 54v, 54v–55r, 55v, 60r).

[2] Ein Steuernachlaß des NvK für den Pächter der Fleischsteuer, Anselmus Anselmi Nardi Dominici, römischen Bürgers, und seine Bürgen wird erwähnt in einer Anordnung des päpstlichen Vizekämmerers Eb. Hieronymus von Kreta an den Schuldenprovisor der Kammer, Franciscus de Burgo, von 1461 VII 8 (AV Arm. XXIX, 29 f. 194v): . . . *Quinymo attento quod per rmum d. cardinalem sancti Petri ad vincula tunc temporis alme Urbis legatum certis legitimis de causis dicta medietas ultime sextarie* (gabelle de anno 1458) *dicto Anselmo et fideiussoribus extitit plenarie remissa, prout ex patentibus ipsius d. cardinalis litteris testimonium dicte facte remissionis continentibus nuper in apostolica*

camera plenaria extitit facta fides, volumus . . . . quatenus eosdem . . . de omnibus . . libris, in quibus ratione dicte ultime medie sextarie debitores apparent, dummodo vobis constet illos de omni alia quantitate ratione gabelle predicte plenarie satisfecerint, tollatis . . . .

XXXVIII

NIKOLAUS VON KUES

Brief an die Konservatoren von Orvieto Rom, 1459 Juni 30.

ACO 678: Or., Pap., 14,8×22,5, P.
ACO 215: (Riform.) f. 30r: Kop.

[In verso] Spectabilibus viris dominis conservatoribus pacis Urbevetani populi amicis nostris carissimis.

N. tituli sancti Petri ad vincula s. R. e. presbyter cardinalis alme Urbis etc. legatus.

5 *[Intus]* Spectabiles viri, amici nostri carissimi. Post salutem. Accepimus litteras vestras de electione vestri pretoris pro semestri proxime futuro, que nobis placuerunt; et licet de prudentia et equitate dilectionum vestrarum confisi existimemus omnes nominatos per vos esse aptos probosque, tamen certis bonis respectibus moti et de integritate nobilis viri Petri domini Matthei de 10 Perusio comitis palatini plenam in Domino sumentes fiduciam ipsum in pretorem vestrum, ut prefertur, confirmamus per presentes, requirentes vos et horum serie mandantes, ut eum ad officium et exercitium preture secundum consuetudinem admittatis cum omnibus oneribus et honoribus consuetis, in contrarium facientibus non obstantibus quibuscumque. Ex 15 Urbe in palatio apostolico die XXX Junii 1459[1].

[1] Einlaufnotiz über der Kopie: *MCCCCLVIIII Julii die vero sexto.* Am Rand: *Copia littere confirmationis potestatis Petri domini Mathei de Gualdo.* Formeller Brief der Konservatoren an Petrus de Nais mit der Nachricht von seiner Ernennung, 1459 VII 13 (ACO 215 f. 31r): . . . . *mandato etiam et voluntate rmi d. legati, sicut ex eius litteris evidenter nobis constat . . .*

XXXIX

PIUS II.

Breve an Nikolaus von Kues — Mantua, 1459 Juli 22.

AV Arm. XXXIX, 9 f. 59rv: Kop.

Pius papa II legato Urbis.

Dilecte fili. Salutem etc. Accepimus litteras tuas et plurimum in Domino commendamus fidelem diligentiam, quam in factis comitis Eversi continuo adhibes, que profecto cordi nostro acceptior esse non posset. Consilium autem de capienda possessione Caprarole et vexillo ecclesie ibidem erigendo nobis 5 probatur atque ut sequaris mandamus, volentes etiam ut eum locum opportuno presidio velut alia loca ecclesie munias[1]. Quoniam vero innovationem aliquam istis in locis iudicio nostro tempora non patiuntur, satius esse ad presens putamus ipsum comitem ab inferendis damnis per diligentem custodiam prohibere, quam excessus eius ullis animadversionibus prosequi. Nam 10 cum ad omne scandalum paratum semper animum habeat, querenda est occasio, quia sine excitatione maioris tumultus recognosci preterita possint[2]. Captivos autem, sicut facit circumspectio tua, relaxari animo procuret et cetera ad tempus dissimilet[3]. Senatori, ex quo ita desiderat, licentiam proficiscendi ad suos concedimus[4], volentes tamen ut ante suum discessum tua 15 circumspectio usque ad complementum anni eius loco constituat dilectum filium Johannem Antonium militem Spoletanum[5] cumque ea potestate et salario, que ipsi per nos erant concessa[6]. Aliter tutam non putaremus Urbem sine idoneo ministro iustitie per hunc modum relinqui[7]. Correctori quoque emolumenta prothonotariatus licet absenti dari mandabimus, et 20 que ex officio correctoratus percipere est solitus, audimus per substitutum suum etiam percipi[8]. Itaque equo animo poterit Rome de cetero esse. Ubi tamen retineri non possit, placet ut alterum eorum *[59v]* quos scribis substituas. Circumspectionem tuam benevalere in Domino cupimus. Datum Mantue XXII Julii anno primo[9]. 25

(6) atque / adque *ms.*

[1] Zu den Vorgängen in Caprarola s. Niccola della Tuccia 259: *Alli 6 di luglio, il conte Averso andò a correre a Caprarola, ove stava Menelao, figlio di Iacovo da Vico, e felli il guasto, e menò via sei prigioni e bestiame grosso e minuto, dicendo che lo faceva per diparere d'un certo Gregorio da Caprarola aderente a detto conte, e abitante in Ronciglione, nemico di detto Menelao* (wegen Getreideforderungen an ihn). *Per lo che il capitano della chiesa, Giovanni Malavolta, mandò in Caprarola a favor di detto Menelao il contestabile Losa con 36 fanti.* Hier ist auch zu berücksichtigen, daß Malavolta vor 1435

im Dienst der Vico stand (a. a. O. 118). *Il dì seguente, detto conte Averso ritornò a Caprarola, e pigliò detto contestabile ferito e la più parte di quei fanti e 8 prigioni di Caprarola, e subito scrisse al papa, che quello aveva fatto era in difesa della roba sua.* Ein ähnlicher Brief Eversos an Sforza aus Vetralla, 1459 VII 6 (DS 48). C. de Cupis, Regesto degli Orsini e dei conti Anguillara (1903) 616, verlegt dies alles irrigerweise nach 1458.

[2] Die Vico blieben unter päpstlicher Fahne dort; s. Brief Carretos an Sforza aus Mantua, 1459 XII 14 (DS 393), über einen Brief Eversos an den Papst. Vgl. auch Zippel, Vite 118 f. Anm. 1. Securanza und Menelao traten in päpstlichen Sold (MC 837 f. 133r). Durch Eversos Einfall in Viterbo im August, der als Vorbereitung zum Landungsunternehmen Johanns von Anjou in Civitavecchia anzusehen ist (C. Calisse, Storia di Civitavecchia, 1936 S. 238), wurden die Hoffnungen des Papstes schnell enttäuscht (Nicola della Tuccia 73 ff., Moroni CII 345 ff., Pinzi 162 ff., Signorelli II, 1 142 ff. mit irriger Datierung der Legation des NvK auf 1460, Silvestrelli II 649): Zusammen mit Leuten der Viterbesen Maganzesi, die in Fehde mit den zur Zeit dort herrschenden Gatteschi lagen, drangen unter Führung des Alessio Tignosi am 28. August Truppen Eversos in die Stadt ein. Als der neue Rektor des Patrimoniums, Bartolomeo Roverella (Erzbischof von Ravenna, ernannt zum Rektor 1459 VIII 17, RV 515 f. 186r–187v), am 31. August mit Truppen erschien, entflohen die Leute Eversos. Alessio wurde gefangen; doch die Bürger hatten sich ihm schon unterworfen. Diese Treulosigkeit versuchten sie zu legitimieren mit der Begründung, Alessio sei durch die (freilich erzwungene) *petizione* des Auditors des alten Gouverneurs von der Kirche bestätigter Herr Viterbos geworden. *Nel giovedì* (30. August), *li detti cittadini rifero consiglio, e mandorno a Roma dui ambasciatori al vicario del papa, a notificare come Alessio teneva Viterbo a petizione della chiesa. Li mandati furno messer Giovan del Madiani medico, e Mariotto di ser Nicola de Tondi. Come gionsero in Roma, il vicario del papa li fe' pigliare, e mettere prigioni in Castel S. Angelo.* Der ehemalige Rektor, Galeotto degli Oddi, wurde hinterher von den Viterbesen des Einverständnisses mit Alessio bezichtigt. *Sentendo lui sì fatti rimproveri, montò a cavallo, e andò a Roma per far sue scuse col legato del papa. Il legato non lo volse udire, per cagione aveva avuto cattive informazioni di lui, e disseli andasse al papa. Così lui tornò a Viterbo mercoredì 12 di settembre.* Er konnte sich dort soviel Fürsprecher erwerben, daß man ihn ungeschoren abziehen ließ. Am gleichen Tage *venne novella che Mariotto di ser Nicola era libero di prigione di Roma, essendo rimasto messer Giovanni medico.* Alessio wird am 13. Sept. hingerichtet. Von NvK heißt es dann: *Il legato del papa partì da Roma, e andò a Mantova per notificare al papa le cose di qua. Messer Giovanni di Mandiano antedetto fu cavato da Castel S. Angelo con ricolta di non partirsi da Roma* (Zitate aus Niccola della Tuccia 75 f.). Everso schrieb in der Furcht, NvK werde in Mantua alles berichten, gleich an Lodovico Gonzaga, der ihm darauf 1459 X 1 (AG 2186) antwortet: *Habiamo ricevuta la littera che la Vostra Mtia ce scrive ad excusatione sua circa questo gli è opposto, la qual de la bona voglia havemo fatta vedere a la Stà de n. S., et lei ha risposto che'l sono tante le querelle . . . de la prefata M. Vostra, che meritamente la deberia essere grandemente turbata verso quella . . .;* er, Lodovico, wolle aber sich weiter für ihn bemühen. Die Wirkung des Überfalls auf Viterbo in Mantua war: *perturbatio et preiudicium non modicum et iactura* (Pius II. an Antonius de Pistorio, 1459 IX 11, RV 472 f. 168v), mit Rückwirkung auf die päpstliche Position in Mantua. Über den Zusammenhang mit der Flottenoperation Johanns von Anjou s. Marchese de Varese an Sforza, Venedig 1459 IX 11 (Picotti, Dieta 421 ff.). Erfolgte das günstige Ende des Oddi unter mailändischem Einfluß, da er Sforza nahestand? Aber auch Alessio stand mit Sforza in Korrespondenz (DS 47 und 48 passim).

[3] Die Gefangenen, die Everso in Caprarola gemacht hatte, waren 1460 X 9 von ihm noch nicht zurückgegeben; Klage des Papstes darüber in einem Breve von diesem Tage an

den Rektor des Patrimoniums, Jakobus Feo, B. von Ventimiglia, (Florenz, Laur. LXXXX sup. 138 f. 26v–27r).

[4] Sceva hatte das Amt schon im Winter nur widerwillig angenommen; s. Breve an Sforza, 1458 ? 5 (wahrscheinlich November), mit der Bitte des Papstes, Sforza solle Sceva zur Annahme veranlassen (DS 47); Carreto an Sforza, 1459 XI 7 (DS 47, mit Verweis auf beiliegendes Breve), Sceva wolle nicht annehmen, obwohl Pius ihm *altri avantagii et emolimenti* angeboten habe. Ferner zeigte sich ihm der Papst durch eine Dispens für die ihre Ehescheidung beantragende Tochter Scevas dankbar; s. Carreto an Sforza, 1458 XI 14, und Dank Sforzas dafür beim Papst du-ch Brief an Sceva und Carreto, 1458 XI 24, mit der Bitte an Sceva, um des mailändischen Einflusses in Rom willen das Amt anzunehmen (DS 47). 1459 I 22, II 17, III 1, III 5, V 3, V 5 Briefe Scevas an Sforza, er solle seine Abberufung beim Papst erwirken (DS 48). 1459 VII 28 Sceva an Sforzas Sekretär Cichus (DS 48): *Ho scripto al papa li piaza de darme licentia per duy mexi fin a caxa per fatto de mia fiola, dimisso ydoneo substituto loco mei. Et ho fatto che'l legato e lo vesco(vo) de Mantua anche li hanno scripto pregandolo lo faza, licet lo vescovo de Mantua nè si à in mente e non ne sa nulla de questo fatto. Aspetto la risposta del tuto* (nämlich das Breve XXXIX und weitere Briefe) *da d. Otto fra uno dì, lo qual del tuto et pieno è informato.* Die Nachricht kam noch am gleichen Tage in Rom an, da schon vom 28. Juli Scevas Dankschreiben an Sforza für die endgültige Abberufung durch den Papst datiert (DS 48), doch wird er dann schon bald krank; Brief an Sforza, 1459 VIII 11 (DS 48): *Io sono tanto fevole, so certo fin a qualche dì non poriva cavalchare, etiam per non abandonare li mei li quali ho condutto di qua ..... Humilemente prega la V. S., perchè lo legato, se intende partire ...., el quale haveva uno breve de concederme licencia che io potese venire a casa – e veniremmo più che volentera, se questa infirmitade non me fosse acaduta – piacia a la soa Sanctità per uno suo breve a me direttivo concederme ditta licencia graciosamente, como me pare essere forte a potere cavalchare. E como zà ho scrito a la V. S., doe cazone me la fano domandare principalmente, la prima per essere apreso a la V. IllmaS ..., la secunda per respetto a uno lo quale dicano Franceisi che io ho mandato a la Maiestà del re al suo despecto, e nondemancho la Sanctitade del nostro Signore, e Monsignore lo legato e mesere Otto nostro del Carreto, sano che io de quella materia ne sono in nulla* (s. dazu XIX). – Tod Scevas 1459 VIII 14 (nach Santoro 4) oder VIII 17 (nach Lazzeroni 114).

[5] Johannes Antonius de Leoncillis aus Spoleto, 1450 Podestà von Perugia (RV 433 f. 106v–107r, 435 f. 165r), 1453 Podestà von Bologna (RV 534 f. 35v–36r) und nach seiner Senatorzeit Gouverneur von Terracina (MC 836 f. 15v), dazwischen laufend in einflußreichen Ämtern zu Spoleto tätig (s. z. B. Spoleto, Arch. di Stato, Lib. Ref. Com. Spol. 39 und 40 passim), letzte Erwähnung in Spoleto 1459 V 28 (l. c. 40 f. 19v); s. auch A. Sansi, Documenti stor. ined. in sussidio allo studio delle memorie Umbre, 1879 S. 47 und 97.

[6] Ernennungsurkunde des NvK mit Berufung auf das Breve für Leoncilli: 1459 IX 1 (Or., Perg., 29,3×42,0, Löcher von Hängesiegel; Sekretär: Bussi; Vermerk in verso: *Ego Antonius de Muscianis scriptor ad vitam dominorum conservatorum de mandato ipsam* (bullam) *registravi in eodem libro* (palatii dominorum conservatorum) *sub f. CCIIII°...*, ein Hinweis auf die im Sacco vernichteten Stadtbücher Roms; falsche Angaben über die Urkunde und entstellte Wiedergabe unter irrigem und dann immer wieder übernommenem Datum bei Vitale II, 436 ff.). Das Or. ist im Privatbesitz der Familie Leoncilli zu Spoleto, die mir das Stück freundlicherweise zur Verfügung stellte. Die Amtszeit wird darin für 1459 IX 1 bis 1460 I 1 festgelegt. Den in der Urkunde geforderten Eid hat der Senator NvK am 1. oder 2. Sept. geleistet, da er am 2. Sept. schon seinen Eid auf dem Kapitol leistet (Vermerk in verso). Zu den Einkünften Scevas s. XIV Anm. 1; auch Leoncilli erhält 250 fl. je Monat (1459 IX 22, IE 445 f. 89r, 333 fl. für September; X 25, f. 100r, 333 fl. für Oktober; 1460 I 15, f. 116r, 333 fl. für November/Dezember).

[7] In der Zeit zwischen Tod Scevas und Ernennung Leoncillis ist Pius' Neffe Guido Caroli Piccolomini, Vizekastellan der Engelsburg, mit den Geschäften des Senators betraut; s. Breve 1459 VIII 27 (AV Arm. XXXIX, 9 f. 75v–76r) und seine Besoldung von 1459 IX 12 (IE 445 f. 86v) für 18tägige Amtstätigkeit (158 fl.), aus der sich mit ziemlicher Sicherheit der 14. August (Santoro, s. Anm. 4) als Todestag Scevas errechnen läßt.

[8] Johannes Rode war 1452 VII 20 Protonotar geworden (Hofmann II 77, s. XXXV Anm. 9). Diese Kumulierung von Korrektorat und Protonotariat bereitete juristisch schon damals Schwierigkeiten. Zur Lösung dieser im Hinblick auf seine Stellung zum Kardinalskolleg sich schwierig gestaltenden Frage wurde er zum *camerarius protonotariorum participantium* bestellt (1453 XII 10, Hofmann a. a. O.). Wegen seiner häufigen Abwesenheit erhielt er ständig Vertreter. So erscheint 1458 XII 19 als sein Vertreter Georg Cesarini, der wahrscheinlich der im Breve erwähnte Substitut ist. 1460 I 12 erhält Rode einen Heimatpaß (Hofmann II 255). Durch die in dem Breve erwähnte Regelung der Bezüge wurde das von Calixt III. erlassene (1457 V 19) und von Pius II. bestätigte (1458 XII 19) Verbot umgangen, daß abwesende Protonotare ihre Amtsbezüge Stellvertretern zukommen lassen konnten (s. Hofmann II 22 n. 86 und 23 f. n. 98). Über die alten Beziehungen Rodes zu Enea Sylvio s. Weiss 75.

[9] Dies ist das letzte Stück der im Briefbuch verzeichneten Korrespondenz zwischen Papst und Legat. Daß diese sich noch weiter fortgesetzt hat, zeigt ein Vermerk in den *Spese del maggiordomo*, 1459 VIII 22 (Rom, Staatsarchiv Buste 1348 f. 9r und 9v): *Ducati uno de camera pagamo a Antonio Rocchetta maestro de corrieri, perchè mandasse uno corriere a Roma al cardinale de Sampiero in Vincola, legato de nostro S....*

XL

Die Konservatoren von Orvieto

Brief an Nikolaus von Kues — Orvieto, 1459 Aug. 1.

ACO 215 (Riform.) f. 38v: Kop.

MCCCCLVIIII Augusti die primo.

Copia littere oratoris misse ad d. legatum [1].

Antergo: R^mo^ in Christo patri et domino, domino N. tituli sancti Petri ad vincula s. R. e. presbytero cardinali ac Urbis etc. benemerito legato, 5 domino ac benefactori nostro singularissimo.

Intus vero: R^me^ in Christo pater et domine, domine noster singularissime. Post humilimas commendationes etc. Quoniam, que sunt nobis communicanda, neque(u)nt calamo plena serie reserari, ad v. r^am^ d. nostrum mittimus oratorem egregium doctorem dominum Franciscum civem et oratorem 10 nostrum Urbevetanum latorem presentium nonnulla ex parte huius civitatis eidem v. r. d. explicaturum [2]. Itaque supplicamus v. r. d. ut eidem credere dignetur tamquam assertionibus oris nostri cum votivo exauditionis munere. Ex Urbevetana civitate die primo Augusti MCCCCLVIIII.

E. v. r. d. servitores conservatores pacis Urbevetano populo presidentes etc.

(3) domino, domino / domino domini *ms* (7–8) communicanda / communicandi *ms* (12) nostri / nostre *ms*.

[1] Zur Wahl des Orators s. Protokoll der Sitzung von Konservatoren und Neun von 1459 VII 11 (l. c. f. 30^{v}): ... *considerantes fore necessarium mittere oratorem ad r^{m} d. legatum pro facto salis et pro factis Pauli Fustini ac etiam pro aliis negotiis ..., reformaverunt eligere unum oratorem solum cum uno equo et mittere pro causis supradictis, et sic ... nominaverunt infrascriptos, de quibus unus eisdem iturus esset, quem domini conservatores maluerint; et primo requireretur ser Gaspar Blasoli si ire vellet, secundo autem Leonardus Antonius magistri Antonii, et si dicti duo renuerent, quod magnifici domini conservatores autoritate presentis consilii novem habeant autoritatem unum ipsorum libitu voluntatis eligendi ....* Über die Angelegenheit des Paulus Fustini s. Protokoll der Sitzung von Gouverneur und Konservatoren vom gleichen Tage (l. c. f. 30^{r}): *Electio depositarii bonorum Pauli Fustini. Cum hoc fuerit et sit, quod magnificus dominus gubernator predictus quasdam litteras r^{mi} domini legati receperit super fructibus bonorum Pauli Fustini, quod deponarentur penes tertium, quousque per s^{mum} d. n. aut per r^{mam} d. suam aliter provisum super id erit* (verlorener Brief); *qui magnificus dominus gubernator volens dictas litteras, quas humiliter receperat, executioni mandare, in presentia domini potestatis et dominorum conservatorum ... facta discussione de pluribus bonis hominibus ..., qui haberet conservare bona dicti Pauli Fustini, videlicet fructus vinearum et agri ..., autoritate sue gubernationis et commissionis eidem facte per supradictum r^{mum} dominum legatum magnificus dominus gubernator oretenus dominum Johannem ser Batiste elegit in conservatorem.* Bezüglich des Orators gab es Komplikationen; s. Protokoll der Ratssitzung der Konservatoren, 1459 VII 30 (l. c. f. 38^{r}): ... *super electione fienda de oratore mittendo ad dominum legatum ..., visa prima recusatione (recutiatione* ms.) *facta per ser Gasparem et Leonardum Antonium necnon viso arbitrio eisdem concesso a dicto consilio novem et visa voluntate domini gubernatoris et de eiusdem voluntate elegerunt et deputaverunt ... dominum Franciscum Christofori ...*

[2] S. das Memoriale für den Gesandten, 1459 VIII 1 (l. c. f. 38^{v}–39^{r}): *Memoriale vobis domino Francisco civi et oratori nostro Urbevetano agere cum r^{ma} d. legati, ut civitatem ecclesiasticam Urbevetanam habeat perpetuo recommissam. Item supplicare r^{am} d. s., ut permittat civitatem istam restitui et eidem dari sal residuatum et debitum a dohanerio aut permittat resaltari huic civitati et admitti incompetum a thesaurario pretium dicti salis. Item quod r. d. s. permittat exequi conde(m)pnationes Bartutii et filii necnon Pauli Fustini iuxta voluntatem s^{mi} d. n., litteris r. d. s. non obstantibus. Item supplicare r. d. s., cum canonicos Urbevetanos de facto post discessu(m) s. d. n. et in assentia (essentia* ms) *episcopi* (Marco Marinoni, Bischof 1457–1465, in Kuriendienst und nicht residierend; vgl. G. Buccolini, Serie critica dei vescovi di Bolsena e di Orvieto, Boll. R. Dep. Stor. Umbria 38, 1941 S. 67 f.) *spoliarunt ex monialibus monasterium (monesterium* ms) *sancti Pancratii ecclesie, suorum bonorum monasterium sibi ipsis applicari, quod dicte (dicti* ms) *moniales remittantur in dicto monasterio usque ad reditum s. d. n. pape et bona ipsorum restituantur eis usque ad dictum reditum. Item r. d. s. permittat civitatem rehabere a comuni Fichini aureos triginta septem mutuatos eidem in suis necessitatibus, et id cum opportunis faciat remediis. Item in predictis rebus et aliis comunitati incumbentibus oratoris sapientia suppleat.* Aufbruch des Orators nach Rom am 2. August (f. 39^{r}), am gleichen Tage Brief

der Konservatoren an alle Gemeinden orvietanischer Obödienz mit Befehl unverzüglicher Überweisung der Salzgelder (f. 39rv). Fichini ist das spätere Figline, heute Fighine bei Casciano, damals noch orvietanisch, später durch Pius II. Siena zugesprochen (Fumi, Codice 722).

XLI

Nikolaus von Kues

Brief an den Gouverneur von Orvieto — Rom, 1459 Aug. 9.

ACO 215 (Riform.) f. 40v: Kop.

Littera d. gubernatoris [1].

Antergo: Spectabili militi et i. u. doctori eximio domino Petrophilippo de Martorellis gubernatori Urbevetano amico nostro carissimo. N. tituli sancti Petri ad vincula s. R. e. presbiter cardinalis, Urbis etc. legatus.

5 Intus vero: Spectabilis vir, amice noster carissime. Post salutem. Committimus vobis introc(l)usam supplicationem [2], ut vocatis vocandis justitiam partibus ministretis, prout conscientie et prudentie vestre videbitur expedire. Ex Urbe in palatio apostolico VIIII Augusti 1459 [3].

(6) introclusam / introcusam *ms.*

[1] Inseriert in Protokoll der Sitzung von Konservatoren und Neun, 1459 VIII 11 (f. 40v–42r): *MCCCCLVIIII Augusti die vero XI. Reditus domini Francisci, cum ivit Romam ad rm d. legatum. Dominus Franciscus Christofori orator civitatis ausilio Yhesu Christi reversus fuit ex Roma et tulit infrascriptas litteras sic registratas de verbo ad verbum.* Es folgen XLI, die Supplik XLI Anm. 2, Brief XLII, das Breve XLII Anm. 1 und die drei Suppliken XLII Anm. 1 *Omnia suprascripta dominus Franciscus tulit a rmo domino legato et retulit de facto salis nihil potuisse facere, et sic ambasciatam suam revellavit coram magnificis dominis conservatoribus et novem . . ., qui . . . primo Deum et rm d. legatum secundo laudaverunt, tertio dominum Franciscum . . . .*

[2] *Rme domine. Urbevetana comunitas . . . supplicat v. r. d., quod, cum nonnullam pecuniarum quantitatem mutuaverit ac mutue dederit et muneraverit comunitati et hominibus castri Fichini pro indigentiis rebus comunitatis dicti castri expedientibus . . . fuerintque . . . interpellati de restituendo et faciendo debitum dicte civitati, idcircho ad eandem v. r. d. recurrit, ut eius solita gratia et iustitia dignetur mandare et committere domino gubernatori dicte civitatis, quatenus se de predictis diligenter informet et co(n)scito de debito . . . pro dicta quantitate et expensis contra dictam communitatem et homines executionem realem et personalem faciat aut fieri faciat . . . Manu alterius talis littera et signatura erat in fine dicte supplicationis: Committimus domino gubernatori, ut compellat, si et prout de iure. N. leg.*

[3] Zum Fortgang der Sache s. Protokoll der Ratssitzung der Konservatoren, 1459 VIII 13 (f. 42v): *Commissio facta Moscatello super commissione facta d. gubernatori facti et*

debiti Fichini ... Mandaverunt Moscatello generali scindico comunis Urbevetani presenti, audienti et intel(l)igenti, quatenus commissionem magnifici domini gubernatoris per r^{m} d. legatum eidem factam presentet dicto magnifico gubernatori super executione fienda contra illos de Fichino de denariis per comunita(te)m istam dicto castro Fichini mutuatis vel mutui causa eidem ac(c)omodatis. Cui enim domino gubernatori placeat dictam commissionem iuxta signationem r^{mi} d. legati executioni mandari ...

XLII

NIKOLAUS VON KUES

Brief an die Konservatoren von Orvieto — Rom, 1459 Aug. 9.

ACO 215 (Riform.) f. 41^{r}: Kop.

Littera d. conservatorum.

Antergo: Spectabilibus viris conservatoribus pacis Urbevetano populo presidentibus amicis nostris carissimis. N. tituli sancti Petri ad vincula s. R. e. presbiter cardinalis, Urbis etc. legatus.

Intus vero: Spectabiles viri, amici nostri carissimi. Post salutem. Eximius doctor dominus Franciscus civis et orator vester nonnulla nobis (ex) parte vestra exposuit ac etiam certas porrexit supplicationes, quas, prout conscientia nostra dictavit, signavimus et ex eis quasdam presentibus introclusimus [1], ut possitis de nostra plenius intentione fieri certiores. Ipse supplebit in ceteris, et vos ei fidem dabitis opportunam. Ex Urbe in palatio apostolico die VIIII Augusti 1459.

[1] Nämlich

a) Supplik des Paulus Fustini:

R^{me} pater et domine. Postquam alias Petrusphilippus de Martorellis gubernator civitatis Urbevetane contra devotum oratorem vestrum Paulum Fustinum civem Urbevetanum sibi tunc per nonnullos cives emulos dicti Pauli de certis criminibus tunc expressis per eundem Paulum, ut pretendebant, perpetratis falso delatum ... inquirens nonnulla mobilia ipsius Pauli oratoris tunc a civitate predicta propter contumaciam absentis bona sequestraverat seu sequestrari fecerat, s. d. n. papa Pius secundus per quoddam breve suum, cuius copia prescribitur, eidem gubernatori mandavit quatenus sequestrum bonorum huiusmodi relaxaret, donec aliud super his ab eodem d. n. papa recepisset in mandatis; cuius quidem brevis vigore dictus gubernator sequestrum huiusmodi relaxavit, et deinde, postquam ... papa ad partes Lombardie se contulerat, gubernator ... contra mandatum predictum ... iterato inquirere cepit. Cum autem, r. p., propter diversas partialitates civium et comunitatis dicte civitatis prefatus orator coram gubernatore prefato ad se defendendum comparere non audeat et interim bonis suis per eundem gubernatorem privari ... formidet, supplicat igitur p. v. r. dictus Paulus Fustini ..., quatenus eidem *gubernatori mandare dignemini, ut, quicquid post dictum mandatum de relassando per ipsum aut alios quoscumque in premissis attemptatum fuerit, revocet nec contra ipsum ... usque ad prefati d. n. pape reditum vel nisi de eius mandato speciali aliquatenus inquirat .... Sequitur littera et signatura alterius manus immediate videlicet: Servetur mandatum s. d. n. in brevi positum per d. gubernatorem Urbevetanum et in contrarium non patiatur quodcumque fieri, quousque a s. d. n. aut a nobis aliud receperit in mandatis. N. legatus. Deinde sequitur alia signatura de eadem manu sic dicens videlicet: Si post breve, cuius copia premittitur, s. d. n. aliud mandavit, non impedit signatura prescripta, quoniam s. sue obediri debeat. N. legatus.* Das entsprechende Breve von 1459 II 10 aus Perugia erwähnt u. a. ein weiteres vorhergehendes in der Sache, ebenfalls an den Gouverneur: *... postquam tibi scripsimus ut delatores Pauli ... ad nostram curiam mitteres, nullus contra eum comparuit aut alia apparuit causa, propter quam vinum suum debuerit sequestrari,* weshalb die Beschlagnahme aufzuheben sei. In jenem ersten Breve hatte Pius wohl auch selbst schon einmal die Konfiszierung der Güter angeordnet, da er in einem weiteren Breve, 1459 X 5, an Gouverneur und Kastellan nun gegen Bartuccio und Paulo Fustini jenes Konfiszierungsgebot bestätigt, da sie gegen den *status* der Stadt gewühlt hätten (Fumi, Codice 718).

b) Supplik der Stadt bezüglich der Übergriffe des Domkapitels gegen die Benediktinerinnen von S. Pancrazio: *Rme domine. Humiliter et devote recurrit et supplicat v. r. d. Urbevetana comunitas, cuius est eiusdem et civium saluti providere ... Hinc est quod moniales monasterii sancti Pancratii de dicta civitate ordinis sancti Benedicti per archipresbyterum vicarium episcopi et canonicos ecclesie sancte Marie de dicta civitate expu(l)se extra dictum monasterium et conventum et spoliate sint ipsius monasterii possessionum, (quarum) fructus fuerint sequestrati, et quia, r. d., quemadmodum pisces sine aqua carent vita, ita monaci et moniales sine monesterio, idcircho attento quod dicti vicarius et canonici de iure non possunt se in predictis intromittere ..., ne ecclesia predicta et monasterium detrimentum patiatur et iniuste eius bona et fructus deveniant in dictos canonicos et indotata remaneat, recurrit ad eandem r. d., ut eius solita pietate et clementia dignetur mandare dicto vicario episcopi, quatenus dictas moniales restituat ad dictum monesterium et fructus eiusdem possessionum, vel saltim causam et causas dicti spolii cum tota eius sequela committere venerabili et religioso viro domino Gregorio priori ecclesie sancti Andree cognoscendas et decidendas ... cum potestate restituendi ipsas moniales et bona ad dictum monasterium dictosque vicarium et canonicos condempnari .... Sequitur deinde immediate littera alterius manus videlicet: Mittemus visitatorem cum plenaria potestate. N. legatus.*

c) Supplik der Stadt bezüglich Reform der orvietanischen Klöster:
Rme domine. V. r. d. exponitur et supplicatur pro parte communitatis civitatis Urbevetane, quod, cum in eadem civitate fuerint et sint nonnulla monialia monesteria, in quibus propter humanam flagilitatem plerumque moniales inclinantur ad peccandum et nocendum ..., quod propter ipsarum et peccantium cum eis peccata interdum Deus provocatur ad iram, adeo quod civitas propter ipsas patiatur adversitatibus et, nisi Deus et e. v. r. d. salubriter provideat, ex quo incessabiliter ad mala magis quam bona inclinate sunt, dubitatur ne sint cause destructionis dicte civitatis, idcircho ad predictis occurrendum humiliter recurritur ad e. v. r. d., ut eius pietate, gratia et solita clementia dignetur ad eternam rei memoriam v. r. d. permittere, quod dicta monasteria omnia ad unum reducantur et monialium, monacorum vel fratrum alicuius bone et sancte vite boni exempli et dictorum monesteriorum bona ad dictum unicum deveniant, ut sit Deo laus et gloria, et humiliter pro animarum salute postulatur a v. r. d. .... Sequitur immediate littera alterius manus videlicet: Mittemus visitatorem. N. legatus.

XLIII

NIKOLAUS VON KUES

Brief an die Prioren von Rieti — Rom, 1459 Sept. 4.

ASR Reform. B. 26 f. 118r: Kop.

Tenor littere rmi d. legati.

A tergo: Spectabilibus viris prioribus populi civitatis Reatine amicis nostris carissimis. N. tituli sancti Petri ad vincula s. R. e. presbyter cardinalis, Urbis etc. legatus.

Intus vero: Spectabiles viri, amici nostri carissimi. Post salutem. Vester orator vir singularis et doctor eximius dominus Nicolaus latissime per se ipsum nobiscum acta per litteras suas vobis explicabit, quia nos erimus in scribendo breviores [1]. Volumus omnino rem istam fine debito, Deo adiuvante, quantum in nobis est terminare, et idcirco eidem commisimus et mandavimus, ne Roma absque licentia nostra discedat. Mittite ad eum plenum, amplum et liberum mandatum in nos de iure et facto compromittendi, et cetera facite, que ipse vobis intimabit [2]. Ex Urbe in palatio apostolico die IIII Septembris 1459.

[1] Zur Geschichte des seit der Antike währenden Streits zwischen Terni und Rieti um den Velino-Abfluß bei den Marmore s. Michaeli, Rossi-Passavanti, A. Pozzi, Storia di Terni dalle origine al 1870 (Spoleto 1939), E. Duprè Theseider, Il lago Velino (1938). Die zunehmende Versumpfung des Agro Reatino im Spätmittelalter machte das Problem wieder akut, ohne daß Rieti gegen Terni bisher viel erreichen konnte. 1459 VI 3 (ASR Ref. B. 28 f. 228v): gegen den Willen des Gouverneurs Wahl eines Bürgerschaftsausschusses zur energischeren Betreibung der Angelegenheit; 1459 VII 25 (l. c. f. 234v–238r): entscheidende Ratssitzung mit Beschluß, nötigenfalls mit Gewalt die Abflußbohrung zu erzwingen. Als Gesandter zu NvK wird Nikolaus de Alegris nach Rom geschickt. Ein von den römischen Konservatoren ausgearbeiteter Vermittlungsvorschlag, den NvK übernimmt, lag XLIII zur Begutachtung durch die Stadt Rieti bei; s. *Copia capitulorum factorum super facto Marmorum per dominum Nicolaum de Alegris oratorem communis Reate et dominum Monaldum oratorem Interampnensem secundum modum adinventum per conservatores Urbis Rome* (ASR Ref. B. 26 f. 121 rv): *Memoriale sopra lo facto de le Marmora trovato et penzato per li S. conservatori de Roma. Inprimis che la forma de Pedeluco non se degga toccare. Item che la forma che se dice Ratina se degga reducere a lo antiquo* ... Es folgen weitere Bestimmungen über die einzelnen Bohrröhren (*formae*, s. über diese Duprè Theseider 71). *Et sopra detto debiano essere exequtori et commissarii citadini Romani, piacendo ad monsignore lo legato. Item che le preditte cose tutte se debiano fare a le spese de Reatini.* Über die Verhandlungen in Rom s. XLV.

[2] Über den Brief Alegris und die Kapitel der römischen Konservatoren erfolgte 1459 IX 7 Ratssitzung in Rieti (ASR Ref. B. 26 f. 118r–119r): ... *presentissimus litterarum doctor dominus Johannes Cola de Baractanis de Nursia locumtenens prefati m. d. gubernatoris cum presentia, consensu et voluntate ipsorum dominorum priorum fecit et*

proposuit propositam hanc ...: Cum per virum prestantem dominum Nicolaum de Alegris concivem et oratorem emanatum communitatis Reatine parte super re Marmorum rmo domino alme Urbis legato etc. fuerint transmisse littere et capitula, ... ut de duobus alterum aut acceptentur dicta capitula aut committatur de iure et facto in manibus prefati rmi d. legati differentia Marmorum cum Interampnensibus ... Prestans legum doc. dominus Cristoforus de Valentinis unus consiliariorum et hominum dicti consilii ... consuluit super dicta proposita, quod parte huius Reatine communitatis liberaliter remittatur in manibus rmi d. legati et quod fiat mandatum in personam prestantis litterarum doctoris domini Nicolai de Alegris oratoris communis super re Marmorum ad compromittendum de iure et facto in r. d. legatum, prout in dictis litteris continetur. Ut res ipsa celeriter expediatur, mittatur dictum mandatum in publicam formam. Annahme des Antrages mit 85 gegen 1 Stimmen. Darauf Bestimmung Alegris als *sindicus, yconomus et procurator, actor, factor negotiorum, gestor et certus nuntius specialis ... ad comparendum et se presentandum in alma Urbe coram rmo in Christo patre et domino nostro domino N. tituli sancti Petri ad vincula presbytero cardinali dignissimo, alme Urbis etc. Dei et apostolice sedis legato seu alio et quocumque, ubi necessarium foret et expediens, ad compromittendum de iure et de facto in prefatum r. d. legatum cum Interamnensibus super effossione Marmorum cum adiectione penarum et iuramenti interpositione et omnibus et singulis clausulis in compromisso necessariis et opportunis .... promittentes ipsi constituentes et qualibet ipsorum omne id et totum, quod per ipsum constitutum ... fuerit ... se nomine dicte communitatis ratum ... habere ....* Inzwischen war 1459 VII 29 im Rat von Terni beschlossen worden, der Bohrandrohung Rietis entgegentretend, die Marmore durch Bewaffnete besetzen zu lassen (AST Reform. 1456–62 f. 266v). Pius II. beruhigte Terni durch ein Breve von 1459 VIII 10 (Or. AST Perg. Cass. X Busta 46) mit Insert eines Drohbreves an Rieti, von allen Maßnahmen Abstand zu nehmen (Druck bei Rossi-Passavanti II 494).

XLIV

NIKOLAUS VON KUES

Brief an die Konservatoren von Orvieto Rom, 1459 Sept. 6.

ACO 678: Or., Pap., 14,7×22,5, P.
ACO 215 (Riform) f. 66r: Kop.

[In verso] Spectabilibus viris conservatoribus pacis populo Urbevetano presidentibus amicis nostris carissimis. N. tituli sancti Petri ad vincula s. R. e. presbyter cardinalis, Urbis etc. legatus.

[Intus] Spectabiles viri, amici nostri carissimi. Post salutem. Placuit
5 nobis intelligere electionem per vos factam de futuro potestate istius civitatis [1], licet facta sit pro tempore futuro videlicet de anno 1461 inchoando a mense Maii. Sed quamvis omnes electos idoneos existimemus et bonos, tamen consyderatis smi d. n. litteris in modum brevis confectis in favorem splis viri domini Ludovici de Turre [2], autoritate legationis nostre ipsum per
10 presentes confirmamus, cum hoc etiam quod, si casus interveniret quod

aliquis suorum predecessorum ullo modo vel impeditus vel nolens ad officium non accederet, volumus ut ipsum Ludovicum ad officium admittatis in locum eius, nisi quid per s^{mi} d. n. litteras habueritis in contrarium, que debent nostris anteponi. Ex Urbe in palatio apostolico die VI Septembris 1459 [3]. 15

[1] S. Protokoll von 1459 VIII 27 (215 f. 58^r): *Electio trium potestatum post finitum tempus Petri domini Mathei de Perusio. Magnifici duo conservatores . . ., habentes autoritatem ab aliis duobus conservatoribus . . ., volentes executioni mandari deliberationem heri inter eos super electione fienda de novo potestate rogatu s. d. n. captam, decreverunt cohadunari consilium novem, in quo fieret electio dicti Lodovici in potestatem cum duobus aliis more solito . . ., et de dictis tribus electio fuit facta . . ., committentes destinari electionem et scribi predicto ordine servato aut s^{mo} d. n. aut ad r^m d. legatum . . . . Et sic dicti duo domini conservatores et sex numeri novem mandaverunt . . . electionem facere de dictis tribus . . . destinandam r^{mo} domino legato, qui habeat pos(t)modum exequi voluptatem s^{mi} d. n., si sibi placuerit, in confirmando dominum Ludovicum etc.* Entsprechender Brief der Konservatoren an NvK von 1459 VIII 29 (f. 58^v) nach dem Formular XXXVI Anm. 2 mit der Kandidatenliste: . . . *dominum Lodovicum de Turre comitem de Mediolano pro primo, Batistam Mariani* (Santis) *de Quarantotto de Nursia pro secundo, et dominum Batistam Bartoletti de Terne pro tertio.*

[2] Breve an Konservatoren und Komune, Mantua 1459 VII 16 (ACO Perg. und 215 f. 57^v). Lodovico schrieb sich selbst *Lodovico de Laturre* (Briefe aus Orvieto an Lodovico Gonzaga, 1461 V 6 und IX 15, AG 641); 1447 oder vorher war er Podestà von Fabriano (R. Sassi, Documenti sul soggiorno a Fabriano di Nicolò V e della sua corte 1449–50, Fonti per la storia delle Marche, Ancona 1955, 4), 1447 IX 3 wurde er zum Podestà von Gualdo und Nocera ernannt (RV 432 f. 100^{rv}), 1450 V 10 von Viterbo (RV 433 f. 88^r); 1458 war er Podestà von Sassoferrato (AG 840), 1459 von Fabriano (AG 2886 lib. 36); 1460 V 17 ein Brief Gonzagas an ihn, daß er ihm die Prätur von Pesaro beschafft habe (AG 840); 1462 war er Podestà von Sermide (AG 2887).

[3] Einlauf in Orvieto 1459 IX 8 (über der Kopie) und vom gleichen Tage Mitteilung der Konservatoren darüber an Lodovico *(voluntate s. d. n. et r^{mi} d. n. legati . . .)* nach dem Formular XXXVIII, 1.

XLV

Nikolaus von Kues

Kommissorie für Francesco de Lignamine, B. von Ferrara — Rom, 1459 Sept. 15.

ASR Reform. B. 26 f. 120^v–121^r: Kop.

Copia seu transsumptum litterarum apostolicarum commissionis facte per r. d. legatum Urbis etc. r. d. episcopo Ferrariensi, quarum litterarum et commissionis tenor talis est videlicet:

Nicolaus miseratione divina tituli sancti Petri ad vincula sacrosancte
5 Romane ecclesie presbyter cardinalis, alme Urbis etc. legatus reverendo in Christo patri domino Francisco episcopo Ferrariensi, s^mi d. n. pape dicte Urbis in spiritualibus vicario etc. salutem in Domino. Cum alias exorta differentia inter Reatinos et Interampnenses super aquaductu apud Marmorea commisimus r. p. v., ut illuc accederet et huic negotio finem impo-
10 neret, et quia facta bona diligentia per v. r. p. non potuit de consensu partium res illa terminari, partibus ipsis a v. p. iniunctum fuit, ut coram nobis comparerent per oratores suos, quod et fecerunt. Quibus coram nobis comparentibus et suas rationes allegantibus, Monaldus Interampnensis orator [1] allegabat arbitrium duorum tirannorum, in quos fuerat compromissum,
15 a quibus differentiam illam sopitam fuisse [2], petens ut ad antiquitatem reduceretur, videlicet quod, sicut ab antiquo aqua illa currebat sine aliqua nova excavatione, observetur antiquitas. Demum v. r. p. relatione audita, temptatum fuit per magnificum dominum primum conservatorem dicte Urbis [3], an partes ipsas ad concordiam reducere posset. Cui, prout in ora-
20 torum ipsorum presentia retulit, visum est ipsos oratores secum in unam sententiam convenire, prout hec scripta etiam certis eorundem oratorum manibus factis ostendit. Dixerunt tamen ipsi oratores se speciale mandatum ad concludendum non habere, unde comunicato consilio iniunximus eisdem oratoribus, ut ante certum terminum a suis civibus mandatum procurarent
25 de et super modo per dictum conservatorem adinvento de ipsorum oratorum consensu vel saltem de alto et basso in nos compromittendo. Allegavimus quoque Interampnensi oratori, cum aliquando in tyrannos compromiserunt, non possent rationabiliter compromissum in legatum recusare. Quod quidem preceptum describendi oratores ipsi acceptarunt. Per Reatinos hoc medium,
30 modo quo premittitur, acceptatum est etiam in nos compromittendi. Interampnenses vero, nescitur quo spiritu ducti, neque medium per oratorem eorum laudatum receperunt, neque compromissum in nos facere voluerunt, sed orator ipse eorum a nostro mandato temere appellare presumpsit. Cui, cum appellasset, respondimus, quod, habita copia pretense sue appellationis
35 in forma publica, ei infra terminum iuris de apostolis [4] respondemus. Fecimus post hec eumdem oratorem peremptorie citari, ut certo die coram nobis et consilio compareret nostrum super apostolis de et super pretensa sua appellatione auditurus responsum. Qui contempta citatione huiusmodi non solum statuta die non comparuit, sed etiam statim, postquam citatus fuerat,
40 ab Urbe recessit. Nos autem veniente die consilii statuti, expectato usque ad ultimum ipso oratore et neque eo neque alio pro ipso comparente, habito

consilio, *[121r]* declaravimus ipsos Interampnenses a pretensa eorum appellatione recessisse et per nos ad ulteriora fore procedendum verum modum per ipsum conservatorem de dictorum oratorum consensu, ut prefertur, adinventum. Quocirca e. v. r. p. harum serie, auctoritate legationis nostre 45 et qua fungimur, committimus, quatenus in reversione vestra [5], dum tempus vobis concessum fuerit, ipsum modum per dictum conservatorem adinventum debite executioni demandetis cum omnibus et singulis, que ad hec necessaria fuerint seu etiam opportuna, contradictores quoslibet et rebelles compescendo ac etiam, prout expediens visum fuerit, puniendo, in contra- 50 rium facientibus non obstantibus quibuscumque. In quorum testimonium has nostras litteras fieri et per secretarium nostrum subscribi nostrique soliti sigilli iu(n)ximus et fecimus impressione communiri. Datum Rome apud sanctum Petrum decima quinta Septembris MCCCCLVIIII° pontificatus s^{mi} in Christo patris et domini nostri domini Pii divina providentia pape 55 secundi anno secundo.

A tergo: Registrata. H. Pomert [6]

(14) arbitrium / arbitrio *ms* (15) ut / ut ut *ms* (16) reduceretur / receduceretur *ms*.

[1] Monaldo Paradisi (Michaeli 259 f.).

[2] König Ladislaus von Durazzo 1409 (Rossi-Passavanti II 420) und Braccio da Montone 1417 (a. a. O. 424 f.).

[3] Ceccho de Marcellinis (nach Vitale II 438).

[4] Über *apostoli (litterae dimissoriae)* im Appellationsverfahren s. Du Cange, Glossarium mediae et infimae latinitatis I 318 f.

[5] Franz de Lignamine war bereits nach Umbrien abgereist (s. XLVI, 1; auf welche Weise die Urkunde des NvK ihn erreichte, s. ebd. Die Abschrift in Rieti erfolgte wahrscheinlich, als der reatinische Gesandte auf dem Wege von Rom nach Montefalco mit dem Schreiben Rieti passierte.).

[6] Heinrich Pomert, *not. publ., cler. Lubicensis,* 1453 III 1 (RV 400 f. 292^r–293^r) Propst von St. Andreas in Verden, 1458 XI 24 (RL 540 f. 38^v–40^r) Kanonikus an St. Marien in Hamburg und (RL 541 f. 247^v–249^r) Kanonikus in Lübeck (er besaß damals: die Pfarre Wens, die Kapelle im Hospital St. Johannes Bapt. und Evang. Sonnenburg, ein Kanonikat an St. Kreuz Hildesheim, ein Kanonikat an St. Peter und Paul in Bardowiek, eine Vikarie am Altar B. Mariae Virg. in St. Thomas zu Straßburg und ein Kanonikat in Bremen); 1460 I 10 (AV Obl. part. 4 f. 12^r) Obligation Pomerts für die Propstei Alter Dom in Münster. NvK fand ihn in Brixen 1451 als Notar vor und nahm ihn auf seiner Legationsreise als Kaplan und Sekretär mit (Koch, Umwelt 108). Er blieb Sekretär des NvK bis zu dessen Tode (Belege: die zitierten Bullen für ihn von 1453 und 1458; Instrument 1459 VIII 14, X,1; Bulle 1459 VII 8, XXXV,5; Instrument 1461 III 27, LXIV,1; vgl. zu 1461 VII 10 Arch. Franc. Hist. XVIII, 74 f.; zu 1461 VI 15 Hist. Jb. 14, 555; zu 1462 I 31, Ch. 286). NvK verschafft ihm eine Prärogative 1460 VIII 31 (RV 503 f. 226^{rv}), Permutationsrecht 1462 IV 8 (RV 486 f. 224^v–226^v, RV 506 f. 141^{rv}; dazu Obligation 1462 VII 15, AV Ann. 13 f. 154^r). Ende 1463 wurde Pomert in Kammersachen nach Deutschland geschickt; s. die *Commissio pro d. Henrico Pomert in provincia*

Bremensi de mandato pape Alexio (Cesari aus Siena, Eb. von Benevent, Vizekämmerer): *..... ut compellat Ottonem Berlin collectorem et omnes eius subcollectores ibidem se in camera apostolica personaliter presentare ...* (1463 XII 23, AV Arm. XXIX, 30 f. 117v–118v). Vansteenberghes knappe Angaben (457 Anm. 6) sind also erheblich zu ergänzen.

XLVI

Nikolaus von Kues

Brief an Prioren und Rat von Rieti — Rom, 1459 Sept. 18.

ASR Reform. B. 26 f. 120r: Kop.

Spectabilibus viris d. prioribus et consilio Reate amicis nostris carissimis. N. tituli sancti Petri ad vincula s. R. e. presbyter cardinalis, Urbis etc. legatus.

Spectabiles viri, amici nostri carissimi. Post salutem. Eximius doctor
5 dominus Nicolaus orator vester refert vobis, que in negotio vestro apud nos per eum sunt gesta maturitate et consilio, ut nobis videtur, singulari. Est enim vir propter prudentiam et modestiam suam mira diligentia ornatam dignus laude et commendatione, et nostrum propterea testimonium viri benemeriti de vobis et nobis gratissimi eidem libenter imprimis impertimus.
10 Simili etiam modo obedientiam et promptitudinem vestram in mandatis per nos vobis factis observandis in Domino plurimum commendamus et debita relatione ac predicatione, quando erimus cum smo d. n., prepositis et officialibus, presertim rdo in Christo patri d. F. episcopo Ferrariensi, quem stas sua, ut putamus plene vos nosse, in illis partibus cum amplissima
15 potestate presidem fecit[1]. Ipse in hac re efficiet, que fuerint necessaria omnia. Habet enim plenam potestatem, et mentem nostram plenissime habet cognitam[2]. Valete. Ex Urbe in palatio apostolico die XVIII Septembris 1459.

[1] Über die neuen Funktionen Franz von Ferraras s. XLVII, 1. Er teilt sie bereits 1459 IX 15 nach Rieti mit (ARS Ref. B. 26 f. 119v): *Quoniam ex nova commissione a smo d. n. michi facta in toto ducatu Spoletano et civitatibus Interamnensi et Reatina vestra sum profectus in ducatum Spoletanum et die mercurii* (IX 19) *applicabo Montem Falconem, (h)ortor ... s. v., quod ad me ... super differentiis, que inter vos et Interampnenses vertuntur, mittatis ... In reditu autem spero ad vos venire et prefatas differentias ita componere, quod bene contenti eritis.*

[2] 1459 IX 23 Brief Lignamines aus Montefalco an die Prioren von Rieti (ASR Reform. B. 26 f. 121v): *Mandatum r.domini legati alme Urbis super Marmoribus illis per cursorem vestrum mihi redditum et abs me reverenter acceptatum est, animusque meus ad executio-*

nem eiusmodi mandati est admodum propensus. Da er noch längere Zeit in Umbrien festgehalten werde, mögen sie sich noch etwas in Geduld fassen. *Nec defuturum est, quin, quamprimum hinc sim expeditus, r^{mi} domini legati mandatis abs me obtemperetur.* – 1459 IX 27 (l. c. f. 122^{rv}) ein weiterer Brief an die Prioren, jedoch mit der scharfen Mahnung, die gegen Terni begonnenen Feindseligkeiten unverzüglich einzustellen. – 1460 I 27 Ratssitzung des Consilium Generale von Rieti *in facto Marmorum* (l. c. f. 134^{rv}): *Primo, cum de presenti fuerit presentatum prefatis m. d. prioribus quoddam monitorium ex parte r. d. d. F. episcopi Ferrariensis et commissarii r. d. legati Urbis etc. continens in effectu, qualiter sua r. d. intendit et vult executioni mandare sententiam latam per prefatum r. d. legatum in facto Marmorum, necessarium esset preparare, que necessaria sunt pro expeditione effossionis . . .* – 1460 III 14 Breve an Prioren und Komune von Terni mit inseriertem Breve an die Komune von Rieti (Or. AST Perg. Cass. X Busta 46): Befehl, nichts zu unternehmen, bis der Papst nach Rom zurückgekehrt sei, wobei insbesondere die Reatiner gerügt werden, daß sie zu Gewalttätigkeiten geschritten seien, weshalb er sie ermahnt *et quibuscumque iudicibus et executoribus quavis auctoritate super dicta lite constitutis et nostre vero auctoritatis . . . . . asserto executori dilecti filii N. tituli sancti Petri ad vincula presbyteri cardinalis, tunc alme Urbis nostre legati, quatenus in dicta causa quicquid ullatenus innovare non presumatis . . .* – 1460 VI 7 Breve an Prioren und Komune von Terni (AST l. c., Dr.: Rossi-Passavanti II 495) mit dem Bescheid, daß er dem Gouverneur von Rom befohlen habe, die Ausführung der Anordnung des NvK aufzuschieben. Indessen hatte Rieti schon gewaltsame Bohrungen vorgenommen, mußte aber Terni dann Ersatz für den angerichteten Schaden leisten (Instrument 1460 VIII 22, Dr. bei Pozzi, Storia di Terni 147).

XLVII

NIKOLAUS VON KUES

Brief an die Konservatoren von Rom — Acquapendente, 1459 Sept. 23.

ACO 678: Or., Pap., 14,9×22,1, P.

[In verso] Spectabilibus viris dominis camere alme Urbis conservatoribus amicis nostris carissimis. N. tituli sancti Petri ad vincula s. R. e. presbyter cardinalis, alme Urbis etc. legatus.

[Intus] Spectabiles viri, amici nostri carissimi. Post salutem. Commisimus certam controversiam de nonnullis porcis existentem inter communitates Urbevetanam et Bulsenensem r^{do} in Christo patri domino gubernatori patrimonii [1]. Volumus, ut ita faciatis in eo, quod ad vos attinet, prout ipse vobis mandabit aut ordinabit, contrariis non obstantibus quibuscumque. Ex Aquapendente die XXIII Septembris 1459 [2]. 5

[1] Statt eines Nachfolgers mit gleicher Gewalt als Generalvikar und Legat übernahmen nach Abreise des NvK verschiedene Beauftragte mit Teilbefugnissen die Verwaltung in

den vorher NvK unterstellten Gebieten des Kirchenstaats. Im Patrimonium ist der Gouverneur Bartolomeo Roverella, Eb. von Ravenna, dem Papst unmittelbar verantwortliche Instanz (s. z. B. ACO 215 f. 82r und Originalbriefe Roverellas l. c. 678). Bereits 1459 VIII 31 (RV 472 f. 157v–159r) Ernennung des Franz de Lignamine zum *commissarius generalis* in den Gubernaten Todi, Foligno, Spoleto, Rieti und Terni (diesbezügliche Geldanweisung von 1459 IX 4 an ihn AV Arm. XXXIX, 8 f. 71r und Auftauchen als Kommissar in den Reformanzen von Spoleto mit Residenzangabe *Montefalco;* Spoleto, Arch. di Stato, Lib. ref. 40 f. 46 ff., September und ff.); 1459 X 27 (RV 473 f. 132rv) Ernennung zum Kommissar der päpstlichen Truppen. 1459 X 28 Ernennung Cavrianis zum Kommissar in Rom und dessen Distrikt (RV 473 f. 108v; Arm. XXXI, 60 f. 35r; Theiner III, 413; irreführend Boulting 292).

[2] Besuch des NvK bei Toscanelli in Florenz auf der Reise nach Mantua nimmt Uzielli (258) an.

XLVIII

Bianca Maria Sforza

Brief an Nikolaus von Kues — Mailand, 1459 Okt. 30.

DS 393: Entwurf auf Pap.-Bl., 30,2×19,8.

D. cardinali sancti Petri ad vincula.

Rme in Christo pater et domine pater nobis optime. Havemo qui in questa Nostra città uno monastero di monaci Heremitani di Sancto Yheronimo, di singulare fame, optima vita e bono exemplo[1], a qualli portamo singulare devotione[2]. Intendemo esserne similemente uno a Roma[3], ove la Rma Vostra Segria è legato, la qualle perchè sapemo li po asay giovare, e loro meritano ogni bono trattamento e favore, venendo maxime là el priore de qui[4], siamo moste a recomandarli per questa Nostra littera a la prefata Rma Segria Vostra, pregandola che, oltra el sancto e ben vivere loro, etiam per Nostro amore li voglia essere propicia, favorevole e trattarli bene in ogni sua cosa, el che, posto che serà opera digna di essa Vostra Segria, ad Nuy anchora compiacerà singularemente, a beneplacito de la qualle ne offerimo etc. Mediolani die XXX Octobris 1459[5].

[1] Kloster S. Girolamo in Castellazzo (südlich Mailand) der Hieronymiten von der Observanz (s. Hélyot, Histoire des ordres monastiques, religieux et militaires III, Paris 1715, 451 ff. mit der dort verzeichneten Spezialliteratur).

[2] Das Kloster war eine Gründung Gian Galeazzo Viscontis für die spanischen Eremiten vom hl. Hieronymus, die schon zu Lebzeiten Lopes von Olmedo um die Vereinigung des Klosters mit den Hieronymiten von der Observanz baten, deren zweites italienisches Kloster es so wurde. Hg. Filippo Maria machte Lope große, von diesem aber abgelehnte

Angebote, ein Zeichen für die Bevorzugung des Klosters durch die Mailänder Herzöge.
[3] Nämlich S. Alessio auf dem Aventin.
[4] Bianca Maria schrieb am gleichen Tage an Carreto (l. c. unter dem Entwurf an NvK): *El Venerabile priore del Castellatio serà el portatore di questa, qualle vene lì per impetrare alchune cose de la Sanctità di Nostro Segnore, como da luy intenderiti.* Sie ermahnt ihn, sich für ihn einzusetzen. Näheres ist über die Angelegenheit bisher nicht bekannt.
[5] Zur gleichen Zeit wandte sich der päpstliche Protonotar Lodovico de Lodovisi an Sforza mit der Bitte um Unterstützung bei NvK wegen einer Pfründensache; Brief von 1459 X 12 (DS 393): *Poichè a Vostra Excellentia mi son date in tuto et in quella poste ogne mie speranze, non so nè voglio ricorrere ad altri che a quella. Pertanto prego V. Ill*[ma] *S*[ria] *se degne in questa iniustitia et oppressione, quale me hè fatta in lo archidiaconato de Bologna, aiutarmi. È venuto, commo sa V. Excellentia, lo R*[mo] *cardinale de Sancto Petro ad vincula, al quale la Sanctità de nostro S*[re] *fece zà la commissione che intendesse e fecesse vedere le rasone de la parte adversa et le mei, et quelli IIII*[o] *dignissimi prelati, a quali sua R*[ma] *S*[ria] *la commisse, iudicareno la iustitia esser mia, e cusì sua R*[ma] *S*[ria] *più volte ha scripto a la Sanctità de nostro S*[re]*, et hora ha ditto a bocca, et molto ha favorito la mia iustitia, unde credo la cosa mia essere in megliori termini.* Ferner möge Sforza an die Kardinäle Barbo, Calandrini und Borgia, sowie an die Mailänder Gesandten beim Papst empfehlend schreiben. S. auch Carreto an Sforza vom gleichen Tage: *Per la presentia del R*[mo] *cardinal de San Petro ad vincula molto hè favorita et dischiarata la iusticia del R*[do] *D. Lodovico prothonotario da Bologna.* Es folgt die gleiche Bitte wegen der Briefe Sforzas an die genannten Persönlichkeiten. – Im folgenden Jahre bringt die Promotion des Lazaro Scarampo zum B. von Como, die Pius NvK übertragen hatte, Sforza in erneute Berührung mit diesem; s. Carreto an Sforza, Siena 1460 VII 26 (DS 260), er habe wegen der Übertragung von Como an Scarampo mit dem Papst gesprochen. *Sua Beatitudine rispose era contenta de fare quello che V. Ex*[tia] *rechiedeva, et extunc mandò la commisione de la promotione sua al R*[mo] *cardinale de Sancto Petro ad vincula, et cossì vederemo in primo consistorio che se faci, che non sarà prima che venerdì.* Durch gleichzeitige Bewerbung Scarampos um Pavia und seines Bruders um die Propstei von Ferrania ergaben sich verschiedene Komplikationen, die hier unberührt bleiben können (Material dazu in DS). 1460 VIII 1 antwortete Sforza an Carreto (DS 261), für dessen Mitteilung dankend, *como sua S*[tà] *haveva commissa la promotione del ditto D. Lazaro al R*[mo] *Mon*[re] *cardinale Sancti Petri ad vincula etc., del che havemo havuto grandissimo piacere et contentamento, et così expectiamo de dì in dì ne mandiati la novella de la creatione sua al ditto vescovato.* Im Konsistorium von 1460 VIII 8 gaben die Kardinäle ihre Zustimmung (der übrigens unmittelbar darauf die Exkommunizierung Sigmunds von Tirol folgte; Briefe Carretos und des Antonius Cardanus von diesem Tage DS 261).

XLIX

Pius II.

Breve an Nikolaus von Kues Siena, 1460 Febr. 3.

AV Arm. XXXIX, 9 f. 110v: Kop.

Pius papa II cardinali s. P. ad vincula.

Dilecte fili. Salutem etc. Si mansura istic Mantue e(s)t circumspectio tua et habitura commoditatem ad expediendam causam vicecomitis Uticensis delati de heresi[1], placet ut, non obstantibus omnibus que hactenus
5 ad te scripsimus, non obstante etiam absentia cardinalis sancti Sixti[2], tu ipse in ea procedas et secundum iuris formam illam termines et decidas; si minus, etiam contenti sumus, ut recepta sufficienti et ydonea cautione, quod se infra prefigendum terminum personaliter representabit, cum fuerit a nobis vel mandato nostro citatus, causam ad curiam nostram remittas et
10 ipsi vicecomiti licentiam ad partes redeundi concedas[3]. Datum Senis III Februarii[4].

(10) vicecomiti / vice committis *ms.*

[1] Jehan, siebter Vicomte von Uzès, geb. zwischen 1406 und 1427, sehr wahrscheinlich um 1406 als Sohn des Robert d'Uzès; auf Betreiben des B. von Uzès, Bertrand de Cadoene, 1437 vom Baseler Konzil exkommuniziert und nach Unterwerfung im gleichen Jahre wieder losgesprochen; gest. 1475 II 14; (vgl. L. d'Albiousse, Histoire des ducs d'Uzès (1887) 44–47, wo über die im Breve erwähnte Angelegenheit nichts aufgeführt ist. Die Exkommunikation von 1437 hat rein politischen Hintergrund: Streit um die Lehnsabhängigkeit des Vicomte vom Bischof. Frdl. Durchsicht des mir unzugänglichen Buches erfolgte in Paris durch H. Dr. Albrecht.

[2] Johannes Torquemada O. P., seit 1439 Kardinal von S. Sisto, der führende Theologe im Kardinalskolleg.

[3] Zum Fortgang der Sache s. die Bulle Pius' II. von 1460 IX 1 (RV 503 f. 306v, am Rand: *Annullatio processus etc. vicecomitis Uticensis.): Quia maiores cause maxime fidem contingentes secundum doctrinam sacrorum canonum sunt ad Petri sedem ac Romanum pontificem referende, predecessorum nostrorum vestigiis inherentes, convocatis Johanne episcopo Penestrino* (Torquemada, der mehrere Titel zugleich besaß), *Nicolao tituli sancti Petri ad vincula, Johanne tituli sancte Prisce Zamorensi* (Mella), *Berardo tituli sancte Sabine Spoletano* (Eroli), *Alexandro tituli sancte Susanne* (Sassoferrato) *s. R. e. presbyteris cardinalibus, Roderico Ovetensi* (Sanchez de Arevalo), *Johanne Atrebatensi* (Jouffroy), *Nicolao Ortano, Dominico Torcellano* (Dominichi), *Laurentio Ferrariensi* (Roverella), *Agapito Anconitano* (Rustici-Cenci) *episcopis venerabilibus ... et compluribus aliis in sacra pagina magistris et in utroque iure doctoribus, processum et sententiam. ... Michaelis de Morello ordinis predicatorum professoris tanquam vicarii inquisitoris* (s. Bulle 1459 III 11, RV 498 f. 270r–271r) *heretice pravitatis et commissarii in partibus Gallie adversus Johannem vicecomitem Uticensem in causa fidei formatos .... examinari et discuti fecimus et votis eorum ...... annullandos esse decernimus .... Verum quia nonnulli testes in eo*

producti multa turpia et nephanda de ipso crimine deposuerunt ipsumque verba erronea et heresim sapientia protulisse aliquotiens affirmarunt famamque publicam in partibus illis esse retulerunt, ex quibus in hiis que sunt fidei idem vicecomes nobis merito sit suspectus, quamvis coram prefato Nicolao cardinali sancti Petri et nonnullis aliis prelatis interrogatus de fide bene sentire se dixerit et responderit, eapropter volumus et harum tenore mandamus, ut prefatus vicecomes coram prefato cardinali personaliter compareat responsurus super hiis, que deducta sunt in articulis et attestationibus coram prefato inquisitori deductis et factis et aliis proponendis, cui in hiis et aliis hanc causam concernentibus ad effectum relationis nobis fiende committimus vices nostras. – Diese Bulle mit Neuzitierung trat offenbar an die Stelle einer anderen von Pius geplanten, zu der ein eigenhändiger (undatierter, also wohl vor 1460 IX 1 anzusetzender) Entwurf in BV Chis. I VII 251 f. 269r erhalten ist (Dr. bei Cugnoni 337 mit vergeblicher Bemühung, über den von ihm abgedruckten Beleg hinaus den Vicomte näher zu identifizieren; Faksimile am Schluß des Bandes.) Die Irrlehre, die Jehan öffentlich verkündet haben soll, war: *quod anima est sanguis.* Pius absolvierte ihn, *quamvis secundum confessionem habitam coram dilecto filio nostro Nicolao sancti Petri ad vincula cardinali vicedominus Uticensis catholicus sit repertus et processus adversus eum per inquisitorem heretice pravitatis formatus . . . in(v)alidus existat,* da neue Anschuldigungen vorgebracht worden seien, nur unter der Bedingung, daß er in seiner Kirche die ihm zugeschriebene Lehre während des Sonntagsgottesdienstes öffentlich verleugne, andernfalls er der Strafe verfalle, *que in hereticos a iure* (nicht: antea, wie Cugnoni) *statuta reperitur.* – Der ausführlichste Bericht dann in einer weiteren Bulle von 1461 V 25 (RV 505 f. 39r–40v), gerichtet an die Ebb. von Toulouse, Embrun und Aix: *Officii nostri . . . . . Nuper siquidem pro parte . . . . Johannis vicecomitis Uticensis nobis exposito, quod, cum alias. . . Michael de Morello* (O. P.) *. . . per viam inquisitionis certos contra ipsum vicecomitem articulos formasset et . . . . . dictum vicecomitem hereticum iudicasset et condemnasset, prefatus vicecomes ad sedem apostolicam appellavit nosque causam appellationis huiusmodi dilecto filio nostro Nicolao tituli sancti Petri ad vincula presbytero cardinali et venerabilibus fratribus Atrebatensi et Torcellano episcopis ac diversis divini et humani iuris magistris . . . . . . commisimus . . ., post quam quidem commissionem dictus vicecomes famam suam purgare volens ad civitatem Mantuanam, in qua tunc residebamus, se contulit et coram dicto cardinali et aliis predictis personaliter accedens interrogatus et examinatus super dictis articulis respondit se tenere et credere, quod sancta Romana ecclesia tenet, credit et predicat; postmodum vero, cum dictus vicecomes cum plena licentia ab eadem civitate discessit, nos, convocatis prefato Nicolao et Johanne tituli sancti Sixti ac Johanne tituli sancte Prisce necnon Alexandro* (usw. wie oben) *. . . . ., sententiam et processum dicti Michaelis . . . . examinari fecimus . . . . . . et . . . . anullavimus. Et quia nonnulli testes in eo producti multa de ipsius crimine contra dictum vicecomitem prima facie . . . verba enorma et heresim . . . protulisse aliquotiens affirmasse videbantur . . . . . ., mandavimus ut idem vicecomes iterum coram dicto Nicolao cardinali personaliter compareret articulis et attestationibus . . . responsurus. Cum quidem Nicolao cardinali in hiis et aliis causam hanc concernendam commisimus vices nostras, prout in eisdem litteris . . . . . continetur, cum autem . . . idem Johannes vicecomes cupiat suam . . . . . sinceritatem cunctis fore notam . . . ., ad nostram nihilominus et dicti cardinalis in Romane curie presentiam obstante quadam alia lite . . . contra eum criminaliter in parlamento regio Tolose . . ., in quo sub gravissimis . . . penis personaliter adesse . . . tenetur, nequeat se conferre, pro parte . . . Johannis . . . nobis . . . fuit . . . supplicatum, ut . . sibi . . . de opportuno remedio . . . providere dignaremur. Nos igitur . . . . causam . . . a prefato cardinali . . . ad nos . . advocantes . . . fraternitati vestre . . mandamus, quatenus . . . eundem vicecomitem coram vobis . . . evocetis . . . .* – Ebenfalls 1460 liegt der von NvK geführte Prozeß gegen Ambrosius von Cambrai, B. von Alet; ausführlich geschildert von Pius II. selbst (Cugnoni 200–204, dazu einige eigenhändige Aufzeichnungen Pius' II. in Chis. I VII 251 f. 265^{r}–266^{v}, die bei Cugnoni fehlen, vor allem die Rede Pius II. 203 f. betreffend, wahrscheinlich ein Vorentwurf zu dieser Stelle der Commentarii), von Vespasiano da Bisticci (360 f.) und in der Bulle *Universarum quibus* von 1460 IX 8 (RV 504 f. 125^{rv}) mit Erwähnung der *commissione pape* erfolgten Verurteilung durch NvK. Dazu s. Raynaldus 1460 n. 113 und C. Devic – J. Vaissete, Histoire générale de Languedoc XI (1889) 33 f. und 84–87, mit Lit., und Dict. d'Hist. et Géogr. eccl. II 165, Art. *Alet,* aus dem Vansteenberghe 458 Anm. 1 schöpft. Bisher unbeachtete Mitteilungen Bonattos an Barbara Gonzaga vom Mai des Jahres über die ersten Anschuldigungen und Maßnahmen gegen Ambrosius, bevor NvK ihn zur Aburteilung erhielt, s. AG 1099. Nach gütiger Mitteilung durch Prof. E. Griffe (Toulouse) existieren in den geistlichen Archiven am Orte keine Akten über den Prozeß. Erwähnung der durch NvK erfolgten Sentenz mit Privation des Bistums Alet und der anderen Pfründen des Ambrosius bei Gelegenheit der Provisionsbullen für die Nachfolger: 1460 VIII 31 (RV 477 f. 236^{v}–238^{v}) Archidiak. Evreux für Guilleaume Avure, (RV 478 f. 7^{r}–9^{v}) Archidiak. Langres und Châlons-sur-Marne für Jean Jonguet, Sekretär des frz. Königs (1461 II 10, RV 480 f. 150^{v}–151^{v}, *perinde valere* der Provision mit erneuter Erwähnung der Privationssentenz des NvK; 1464 I 28, RV 511 f. 273^{r}–275^{r} und 495 f. 229^{v}–230^{r}, Kassation einiger Bullen, diese Pfründen betreffend, mit erneuter Erwähnung der Sentenz des NvK), 1460 VIII 31 Archidiak. Châlons-sur-Marne (RV 483 f. 201^{r}–203^{r}), Archidiak. Evreux (RV 483 f. 204^{v}–206^{v}) und Archidiak. Langres (f. 208^{r}–209^{v}) für Kardinal Sassoferrato, 1460 IX 5 (RV 514 f. 81^{v}–83^{v}) Bistum Alet für Antonius Goberti (Gobert), womit sämtliche bisherigen Angaben über dessen Provision bei Eubel II 149, im Dict. d'Hist. et Géogr. a. a. O. usw. zeitlich genau fixierbar werden; 1460 IX 8 (RV 504 f. 125^{rv}) Mitteilung des Papstes über alles ans Kapitel von Alet mit dem Verbot, einen neuen Bischof zu wählen.

[4] Weitere NvK übertragene Angelegenheiten: 1460 VII 29 (RL 552 f. 185^{v}–187^{v}) neben den Offizialen von Hildesheim und Halberstadt Bullenexekutor für den mit der Pfarrkirche St. Nikolaus zu Lehndorf (Braunschweig) providierten Berthold Timerla jun. *cler.Halberst.* – 1460 IX 9 (H. Keussen, Regesten u. Auszüge z. Gesch. d. Univers. Köln 1388–1559, Mitt. aus d. Stadtarch. v. Köln 15 [1918] 157) Bittbrief der Universität an NvK, er möge ihre Klagen gegen die Übergriffe des Annatenerhebers Zeuwellgin beim Papst unterstützen. – 1460 XII 9 (RV 485 f. 154^{v}–158^{r}) Bulle an NvK mit Auftrag, Pedro Gundisalvi de Villaverde, Zeremonienmeister der päpstlichen Kapelle, dessen Prozeß gegen Francisco de Villalpando um den Archidiakonat von Mayorga, Diözese León, NvK zweitinstanzlich dem Papst unentschieden zurückgegeben hatte, mit der Pfründe zu providieren, für seine Aufnahme ins Kapitel von León zu sorgen und Villalpando und dessen Vorgänger als Archidiakon, Pedro de Vega, zu exkommunizieren. – 1460 XII 19 (RV 503 f. 420^{v}–421^{v}) Bulle für Johann Hinderbach, Dompropst von Trient, der in seinem Streit mit Herzog Albrecht von Bayern um ein Augsburger Kanonikat zu dessen Gunsten auf Intervention des NvK verzichtet und dafür eine neue Prärogative ebendort erhält. – 1461 IV 22 (RV 504 f. 259^{r}–260^{v}; s. Dr. bei L. Weibull, Diplomatarium Dioecesis Lundensis, Lunds Ärkestifts Urkundsbok IV [1909] 3–5; Regest in Acta Pontificum Danica, Pavelige Aktstykker vedrørende Danmark III [1908] 303 f. n. 2210) Bulle Pius' II. an den Eb. von Lund und die Bb. von Aarhus und Viborg mit Schweigegebot für Peder Akselsen, Propst von Lund, bezüglich seiner gegen B. Mogens Krafse von Odense vorgebrachten Ansprüche auf das Bistum Odense, nachdem NvK den von ihm erstinstanzlich geführten Prozeß dem Papst zurückgegeben hatte. In der gleichen Sache neue Bestätigung Krafses und Schweigegebot für Akselsen 1462 VII 1 (RV 487 f. 98^{v}–100^{v}, Dr. Weibull IV 15–18 n. XIV, Regest Acta l. c. 335 n. 2258) nach Neuübertragung des Prozesses an NvK, *ut de suggestis huiusmodi dictis* (der Appellation Akselsens) . . . . *se, vocato dicto Magno episcopo, etiam*

extra dictam curiam et in partibus diligenter informaret ac ea, que in premissis vera esse reperiret, coram nobis in consistorio referret. Et postquam idem Nicolaus cardinalis in causa huiusmodi ad nonnullos actus citra tamen conclusionem inter partes processerat, drittinstanzliche Untersuchung durch den Palastauditor Gaspar de Teramo, der die Sache zur Definitivsentenz dem Papst übergab. An dieser Stelle sei auch noch auf eine von NvK, Barbo und Mella ausgestellte Ablaßbulle von 1461 X 7 für das Klarissinnen-Kloster zu Roeskilde verwiesen (Teildr.: Acta l. c. 318 f. n. 2237 nach Or. Arnemagn. Dipl. LXII, 8. L. Dipl.). – 1461 IV 25 (RL 564 f. 249^{v}–251^{r}) Bulle Pius' II. an NvK, dem er drittinstanzlich den Prozeß des Lampert von Goch gegen den Mainzer Kleriker Heinrich Wynner um die durch Tod des Heinrich Medets freigewordene Kustodie von Naumburg überträgt, die Wynner auf Grund seiner Expektanz durch Calixt III. eingenommen hatte; 1461 V 16 (RV 484 f. 51^{v}–54^{r}) Bulle an NvK, die ihm aufträgt, nachdem er den Prozeß drittinstanzlich beendet habe (*. . tuque in ea ad observationem omnium terminorum citra tamen cause conclusionem diceris processisse . . . .*) und von dritter Seite das Recht beider Prätendenten auf die Kustodie bestritten worden sei, *quatenus, si per eventum litis huiusmodi tibi seu auditori in locum tuum surrogato constiterit neutri ipsorum Henrici Wynner et Lamperti in dicta custodia vel ad illam ius competere, custodiam ipsam . . . eidem Henrico Wynner auctoritate nostra conferas.* Endgültige Entscheidung für Wynner unter Anführung der Tätigkeit des NvK beim Prozeß erst 1463 III 15 (RV 493 f. 312^{r}–314^{r}, RL 584 f. 214^{v}–217^{r}). Nach frdl. Mitteilung durch Fr. Prof. Dr. Höß (Jena) sind Lokalakten zur Sache nicht vorhanden. Ich verweise noch auf AV Ann. 14 f. 192^{v} (Obl. annat. Wynners von 1463 X 14) und f. 227^{r} (neue Obligation). – 1461 V 6 (J. Hansen, Westfalen und Rheinland im 15. Jh. II [1890] n. 454) Brief Peter Bogarts, burgund. Gesandter, an Hg. Johann von Kleve über Audienz beim Papst in der Kölnischen Angelegenheit in Anwesenheit des NvK, der über briefliche Mitteilung an ihn durch Dietrich Eb. von Köln berichtet. 1461 XII 9 (RV 505 f. 47^{v}–48^{r}) und 1462 I 16 (RV 505 f. 132^{v}–133^{r}) päpstliche Bullen für Peter Bogart mit Erneuerung der seinerzeit unter Mitwirkung des NvK durch Nikolaus V. für Walram von Moers ausgestellten Bullen von 1451 III 31 (RV 395 f. 121^{r}–122^{r}) und 1453 IV 17 (RV 400 f. 74^{r}–75^{r}) bzw. 1450 III 1 (RV 391 f. 185^{v}–186^{v}). – 1461 V 12 päpstliche Bulle an NvK mit Auftrag zu Prüfung und Genehmigung der neuen Statuten des Dritten Ordens vom hl. Franz, inseriert in einem für den Vikar der Straßburger Franziskanerprovinz ausgestellten Instrument des NvK von 1461 VII 10 (Dr. B. Bihl, De Tertio Ordine s. Francisci in Provincia Germaniae Superioris sive Argentinensi syntagma, Arch. Franc. Hist. 18 [1925] 74 f., und Bullarium Franciscanum, Nova Series II [1939] n. 909). – 1461 V 27 (Keussen 159 n. 1262) Brief der Universität Köln an NvK, die ihm, um Beistand bittend, ihr Beweismaterial in der Annatenklage überschickt. – 1462 II 20 Supplik des NvK bezüglich verschiedener Gnaden für die dem ultramontanen Generalvikar unterstellten Minoriten und Klarissinnen der regularen Observanz, inseriert in Brief des zismontanen Generalvikars von der Observanz, Zegerius, an die zismontanen Minoriten von der Observanz von 1462 XI 15, mit Hinweis auf die durch jene Supplik veranlaßte päpstliche Bulle von 1462 III 4 (Dr.: Wadding XIII 302–304). – 1462 IV 3 (RV 506 f. 128^{v}–131^{r}) erscheint NvK neben dem Eb. von Mainz und dem B. von Speyer als Bullenexekutor für die Benediktiner der Mainzer Kirchenprovinz. – 1464 III 3 (RL 598 f. 178^{r}–180^{r}) datiert eine päpstliche Bulle zugunsten des Peter Bertrandi, Kanonikus in Barcelona, in seinem Streit um das Kanonikat gegen Johann de Borgia mit Erwähnung erstinstanzlicher Untersuchung der Sache durch NvK.

L

BARBARA GONZAGA

Brief an Lodovico Gonzaga [1] Mantua, 1460 Febr. 3.

AG 2096: Or., Pap., 14,5×20,0, P.
AG 2886 lib. 37: Kop.

Illustris princeps et excellens domine, domine mi singularissime. Essendo hozi doppo disenare andata a visitar Monsignor il patriarcha[2], el qual delibera pur da mattina partirse, glie sopravenne il cardinale de Sancto Petro in vincula[3], sì per tuor licentia dal prefato patriarcha, sì anche per
5 tuorla da mi, perchè dice volersi ance lui partire da mattina et andar in Alemagna[4]. Io feci la excusa mia, dicendo, com'è'l vero, ch'io credeva la S^ria^ sua dovesse restar qui per questa septimana, chè seria andata a la casa a far il debito mio. Doppo gli disso che'l me rincresceva assai el si dovesse trovar fora di corte in questo tempo, dove havea gran speranza in lui per la
10 facenda di Francisco[5], monstrando haver in lui confidentia assai. El me rispose che al tempo se trovaria ben in corte et non in Alemagna. E replicandoglimi ch'io credeva questo si dovesse fare in queste tempore, chè così diceva qui, el me ha risposto, ch'è non. Ancichè n. S. differirà a far altro fin a la Pentecoste, sichè a quello tempo esso molto bene si glì trovarà, dil
15 che m'è parso darne aviso a la Cel. Vostra, a la cui grazia de continuo me ricomando. Mantue III Februarii 1460.

Vestra Barbara cum recomendatione

[1] Lodovico befand sich eine große Zeit des Jahres immer auf Reise in seinem Territorium. Das hatte stets eine umfangreiche Korrespondenz mit Barbara zur Folge, die am politischen Leben stärksten Anteil nahm. Für die Literatur sei auf die Bibliographie bei Torelli-Luzio verwiesen; zu Barbara s. Hofmann, Barbara; Kristeller a. a. O. Lodovico (1414–1478, regierend als Lodovico III. seit 1444) hatte von Barbara (1423–1481, Tochter des Markgrafen Johann von Brandenburg, seit 1433 vermählt in Mantua lebend) acht Kinder, darunter Federico (geb. 1441), den Nachfolger Lodovicos, und als zweitältesten Sohn Francesco (geb. 1444), den späteren Kardinal. Erwähnung des Briefes bei Picotti, Dieta 347.

[2] Der Kardinal-Kämmerer Lodovico aus dem Hause Trevisan, irrigerweise Scarampo genannt, Patriarch von Aquileja. Er wohnte im Haus des Cavaliere Giovanni Francesco Uberti. NvK war im bischöflichen Palast einlogiert, also Gast Cavrianis (Donesmondi II 5 f.). Der Kämmerer brach nach Schivenoglia (28 f.) am 8. Februar auf, doch sind Schivenoglias Nachrichten unzuverlässig.

[3] NvK war in Mantua seit 1459 X 2 oder kurz vorher (s. XXXV, 7); auch hier ist Schivenoglias Angabe (Ankunft: 1459 X 24, S. 26) falsch. Auch nach Virgilio Bornato war NvK schon vor dem 8. Okt. da (Picotti, Dieta 237 Anm. 3). Bessarion und NvK sind auf

dem Kongreß die hervorragendsten Figuren neben Pius II. (s. ausführlich Picotti 264 ff.). Über erste Verhandlungen der venezianischen Gesandten (Orsatus Giustinian und Lodovico Foscarini) mit ihnen *(cum dominis cardinalibus deputatis)* Briefe der Gesandten nach Venedig von 1459 X 14, 15 und 16 (ASV Senato Secr. 20 f. 194^{r}, Dr.: Picotti 461–63 n. XXVIII). Im November greifen beide energisch ein und wollen die zögernden Venezianer zu einer definitiven Entscheidung zwingen, nicht ohne die Signorie unter taktischen Druck zu setzen. Auf die Briefe der Gesandten, 1459 XI 21, 23, 25, behandelt in der Senatssitzung 1459 XI 30 (ASV l. c. f. 198^{v}, erwähnt bei Picotti 215 und 264 ff.) und in einer weiteren 1459 XII 3 nach neuem Brief der Gesandten von 1459 XI 29, wird ihnen geantwortet (ASV l. c. f. 199^{v}, Druck bei Picotti 477–79 n. XXXVI): ... *quoniam ad hanc summam res et materia diete, per quantum ad nos pertinet, reducta esse videtur ad alterum duorum partitorum vobis propositorum per r^{mos} dominos cardinales Nicenum et s. Petri ad vincula, presentibus patriarcha et s. Marci, qui iudicio vestro adesse iussi fuerant, ad ea que vobis dicebantur, vobis respondemus et . . . committimus, ut vel cum summo pontifice vel cum eisdem r^{mis} dominis cardinalibus, sicut vobis melius ad utilitatem et commodum rerum nostrarum visum fuerit, esse debeatis* ... ... *Inter alia nuntiastis vobis praticas et colloquia habita cum r^{mis} dominis cardinalibus Niceno et s. Petri ad vincula per summum pontificem designatis ad materiam expeditionis contra Turcum et quid tandem dixerint vobis in ea re de ultima intentione b. sue. Subinde delate sunt nobis alie littere vestre diei XXVIIII mensis eiusdem, quibus . . . cognovimus, quantum per accessum vestrum ad conspectum Romani pontificis illis duobus diebus agere studueritis, ut niteremini modis omnibus intelligere, si quod ultimate vobis dictum fuerat per ipsos r^{mos} cardinales, erat ultimum intentionis beatitudinis sue* .... *Denique intelleximus, quantum conclusive et diffinitive circa hanc expeditionem summus idem pontifex vobis dixerit* . . Auch bei den Verhandlungen Venedigs mit der Kurie zur Vorbereitung des Zuges von 1464 spielt NvK wieder eine wichtige Rolle; s. Instruktion für den wieder mit der Sache betrauten Gesandten Lodovico Foscarini, 1463 XII 8 (ASV Senato Secr. 21 f. 211^{rv}): *Volumus quod ultra r^{mum} d. cardinalem s. Marci inter ceteros te restringere debeas cum r^{mis} d. cardinalibus s. Angeli et s. Petri ad vincula, quos scimus promptos et optime dispositos esse ad hoc sanctum opus et presertim circa favores exhibendos regis magnifici Hungarie* ... – Auf Bitten der deutschen Fürsten ordnete Pius NvK als Bevollmächtigten für alle Deutschland berührenden Fragen des Kongresses ab; s. Joachimsohn 166 nach dem wahrscheinlich von Heimburg stammenden Protokollbuch (Cod. musei Ungar. Miscell. 1560, mir nicht zugänglich) zu 1459 XI 8: *Ad hoc velit sanctitas sua deputare cardinalem. Respondimus placere, ut petitur, ut deputetur sancti Petri, tamen pro libitu sanctitatis d. n. papa deputat eum.* Nach Ausführungen reichsfürstlicher Gesandter gegenüber den kaiserlichen soll sich NvK ihrem vor allem von Heimburg vorgetragenen Argument angeschlossen haben, zur Sicherung des Zuges müsse erst der Kaiser mit Corvinus ins Reine kommen: *Und unser here der cardinal von Brixen uns selbs bekennt, das kain zuge mag volfuert werdden, es sey dann solchs vor erleuttert, und auch dobey gesagt hat, das unser hailiger vatter selbs die sache auch also verste* (Joachimsohn S. 171 Anm. 1). Die bekannte Entgegnung des NvK auf Heimburgs Vorhaltungen (in dessen Apologia, nach Goldast zitiert bei Voigt III 97, Joachimsohn 170 f., Picotti 213) bezüglich der vorherigen Klärung dieser Fragen: das stehe alles zurück, auf Gott allein müsse man hoffen, — widerspricht dieser Äußerung zur Ungarnfrage wohl nicht, wie Joachimsohn meint. Die ungarische Frage war für Heimburg nur ein willkommener Vorwand. Auch Pius sah sie gerne geklärt. Aber er erkannte wie NvK die Unehrlichkeit des Argumentes in Heimburgs Mund, die auch NvK zu der angeführten Entgegnung veranlaßte. Dem 1460 I 5 (so Bornato bei Picotti 292 Anm. 2 und ein Brief des Felix de Magistris aus Mantua an Bianca Maria Sforza, 1460 I 7, DS 394; falsch Schivenoglia 27, nämlich 1459 XII 31) in Mantua ankommenden Albrecht Achilles, Oheim Barbaras und Stütze des päpstlichen Kreises, reitet NvK persönlich *extra ordinem* entgegen (Pius, Comment. 91). Albrecht kannte Nikolaus von früher schon (Vansteenberghe 219, Koch, Umwelt 148) und versuchte vergeblich im Streit mit Sigmund zu vermitteln (Vansteenberghe 194). Andererseits sehen wir Bemühungen des NvK für Albrecht in dessen territorialpolitischen Angelegenheiten; s. Brief Albrechts an den Kaiser aus Ansbach, 1460 II 6, nach Rückkehr aus Mantua (Hasselholdt-Stockheim, Beilage XIX[a] S. 120): Er habe vom Papst gewisse Befugnisse erlangt, die er dem Kaiser in Abschrift beilege (wohl die Übertragung von jenen Rechten, die in die Jurisdiktion der Hochstifte Bamberg und Würzburg eingriffen, und des Titels ‚Herzog in Franken', auf den seit der Auflösung des fränkischen Herzogtums der Bischof von Würzburg Anspruch erhob; s. Kluckhohn 135). *Vnd vmb das das ich sorge hett, ob das gebote ewren gnaden zu nahen griffe der penehalben han ich den legaten den Cardinal Nicenn in gegenwertikeit des Cardinals ad vincula petri zu vnnserm heiligen vater dem Babst bracht* .... — Im Streite Albrechts mit Ludwig dem Reichen suchte NvK nach Möglichkeit zu vermitteln (s. Hasselholdt-Stockheim 63 ff. mit ausführlicher, leider sehr mit Irrtümern durchsetzter Darstellung nach einem Berichte nicht näher genannter bayerischer Gesandter und einem weiteren des Gesandten Friedrich Maurkircher an Ludwig; HStA Neuburger Kopialbuch XXXIX f. 81[v]–87[v] bzw. 88[r]–94[v]). Ich gebe hier nur die nach Einsicht in das Kopialbuch verbesserten Fakten wieder: 1459 XII 20, Unterredung des Streitvermittlers B. Johanns III. von Eichstätt mit dem Gesandten Ludwigs, die dessen Protest wegen Johanns Verhalten in Nürnberg vorbringen, in Gegenwart des NvK, des Bischofs von Trient und kaiserlicher Gesandter in der Mantuaner Wohnung des NvK; 1460 I 14, Audienz des Gesandten Maurkircher und der pfalzgräflichen Räte beim Papste in Beisein des NvK mit einem für Albrecht positiven Referat des Papstes über dessen Darlegungen des Sachverhalts; zwischen der Ankunft Albrechts in Mantua und dieser Audienz drei Audienzen Albrechts beim Papst, bei denen NvK Dolmetscher war; 1460 I 17, Besuch Maurkirchers bei NvK, um von ihm unter der Hand weitere Kenntnis über Albrechts Aussagen zu erlangen; NvK findet sich nicht nur gleich bereit dazu, sondern erklärt sogar, daß er seinerseits die Absicht hatte, Maurkircher deswegen vertraulich zu sprechen, da Ludwigs Ehre hierbei offenbar ins Spiel gezogen worden sei. Es folgt das ausführliche Referat des NvK.

[4] Das Datum 1460 I 19 bei Eubel (Hierarchia II 32 n. 199) hat Vansteenberghe (194) irrigerweise als Abreisetermin des NvK verstanden. Vielmehr ist das der Abreisetag des Papstes. Da NvK in Mantua bleibt, partizipiert er von diesem Tage ab nicht mehr, vielmehr heißt es über ihn nur, *quia ibat ad suam ecclesiam.* Ein Gewaltsbrief des NvK von 1460 I 20 ist in Mantua ausgestellt (Sinnacher VI 480). Erst 1460 I 27 kann der sanesische Gesandte Nicolaus Severinus aus Cafaggiolo (in der Begleitung des Papstes zwischen Bologna und Florenz) mit Sicherheit nach Siena berichten: *San Piero in vincula va nel Alamagna al suo vescovado;* man brauche für ihn deshalb kein Quartier zu besorgen (ASS Conc. 1996 n. 53). Abreisetag ist offenbar der 4. Februar. Am 7. Februar hat er seine Diözese betreten, ob er da schon in Bruneck war (Jäger I 369 Anm. 17), ist fraglich; jedenfalls war er dort vor dem 13. Februar (Jäger I 367 ff., Vansteenberghe 195 Anm. 2). Daß sein Aufenthalt, wie auch Barbara andeutete, nur kurz sein werde, ließ er gleich das Kapitel wissen (Vansteenberghe 194). Der Veroneser Chronist läßt ihn als Legaten zum Kaiser nach Deutschland reisen (Cronaca 135), offenbar eine Verwechslung mit Bessarion.

[5] S. Anm. 1 und passim in den folgenden Texten, 1461 XII 18 Kardinaldiakon von S. Maria Nova, gest. 1483. Vor seiner Kreierung erscheint er in den Quellen stets als *Protonotar* ohne Zufügung seines Namens; dazu ernannt wurde er durch Pius II. anläßlich des Kongresses.

LI

BARBARA GONZAGA

Brief an Giovanni Marco de Rodiano,
Podestà von Ostiglia — Mantua, 1460 Mai 13.

AG 2886 lib. 37: Kop.

Potestati Hostilie[1].

Havemo visto quanto per la tua ne scrivi del gionger lì del R^mo^ Monsignore s. Petri in vincula[2], dil che assai te commendiamo, volendo che subito tu te trovi cum la sua R^ma^ Si., et da parte nostra cum quelle miglior parole saperai faci la scusa nostra, se lì la non è cussì bene trattata como la meritava, che questo solamente è stato per non esser previste de la venuta sua; et che haressemo a caro, et se reputaressemo a grazia assai, che la se dignasse volere venire a stare et ripuosare qui qualche zorni, ricomandandome grandemente ad essa sua R^ma^ Si., et fagli ad ogni modo pagare le spese l'haverà fatte lì[3]. Ut supra[4].

[1] Der Name des Podestà ergibt sich aus seinen Briefen an Lodovico und Barbara (AG 2394). Der von Barbara erwähnte Brief des Podestà war nicht zu finden.

[2] Abreise des NvK von Bruneck 1460 IV 27 (Vansteenberghe 198 Anm. 1). 1460 IV 29 ist er im Ampezzano (Vansteenberghe 198 Anm. 2). Nach Vallazza (135 f.) reiste er dorthin über Buchenstein, wo sich der Lokalüberlieferung nach NvK mit seinem Hauptmann Brack getroffen und ihn sehr getadelt habe, weil er nicht rechtzeitig nach Bruneck zu Hilfe gekommen sei und auf eigene Verantwortung unter schwerer Schädigung für NvK mit Sigmund eine Übereinkunft getroffen habe, worauf sich ein heftiger Wortwechsel entwickelt haben soll, bis NvK erzürnt seinen Knechten befohlen habe, Brack an einem Fenster der Burg aufzuhängen. Die Angaben bei Jäger II 28 scheinen aber einen Aufenthalt auf Buchenstein auszuschließen. Abreise aus dem Ampezzano 1460 IV 29 (NvK an Michael von Natz aus dem Ampezzano 1460 IV 29; *Handlung* f. 128^v^–129^r^, BA *Acta concordiae* f. 47, Lichnowsky VII, CCCCLXVI: *Festinabo citius papam accedere ... Hodie ab hinc iter continuabo).* Über seinen Reiseplan schreibt er am gleichen Tage an Leonard Weinacker aus dem Ampezzano (*Handlung* f. 130^r^–132^r^, *Acta concordiae* f. 48 f., Ch 197 f., Lichnowsky VII a. a. O.): *Item sagt Im* (Sigmund) *wie Ich umb ettliche presten willen nottdurfft hab ains Artz und darumb muess Ich in ein Stat gen Padan oder anderswo mich fuegen. Doch so mag Er die sein zu mir sennden wie das geredt ist; die werden mich zu Bolonia vinden des Suntag vor dem Auffarttag* (18. Mai) *verer ze reiten zu dem Babst den sachen nachzekomen.* In Belluno hat NvK auf seiner Weiterreise Besprechungen mit städtischen Vertretern über die Wiedererrichtung des selbständigen Bistums Belluno (s. LIV, LVI). 1460 V 7 kommt er nach Angabe des Veroneser Chronisten (137) in Lonigo an: *El cardinal thodescho ... venuto a disacordia del suo vescovato con li duci de Sterlich, per quelli duci fi expulso et incognito capita a Lonico, dove gionto si fa conoscere per cardinale; fu el suo giongere a Lonico a dì VII maggio MCCCCLX.* Sein Begleiter Bussi war 1460 V 7 in Levico, reiste also eine andere Route (Ch 199); Jäger hat sich hier ver-

lesen und rätselt erfolglos an der Sache herum (II 34 Anm. 13). NvK überschreitet den Po von Lonigo aus natürlicherweise bei Ostiglia. Über Aufenthalt in der Gegend von Vicenza s. LII Anm. 2.

[3] Nachricht Barbaras an Lodovico über die ganze Sache aus Mantua, 1460 V 15 (AG 2886 lib. 37): ... *Il cardinale de sancto Petro in vincula martidì passato fu ad Hostia a disinare e stete glì tuto quello zorno. Ne fui avisata la sera per il potestade lì, al qual rescrisse subito devesse fare la excusa mia, se era stato mal trattato, che non era per altro se non per non sapere cosa alcuna de la venuta sua, et che me seria stato a piacere assay sua Rma S. havesse vogliuto venire qui, a dimorarsi per qualche zorni, commetendo ad esso potestade che gli facesse pagare l'hostaria. Quello che doppo ne sia seguito, non lo so, perchè da Hostia non ho ancor intieso altro.*

[4] 1460 V 14 schreibt NvK aus S. Giovanni bei Bologna an Simon von Wehlen (Ch. 210 f., Vansteenberghe 198 Anm. 1). Wie sich aus einem Briefe des B. von Fermo, Nicolaus Capranica, an Sforza, Florenz 1460 V 17, ergibt (DS 270), war NvK am 18. Mai nicht mehr, wie vorgesehen, in Bologna, sondern schon tags vorher in Florenz: *Haviva deliberato restare alcuno jorno ad Bologna. Ma, per li vinuta del Rmo Monsre lo cardinale de Sancto Pietro ad vincula, m'è bisognato mutare propositio et accompagnar la sua Rma S. in corte.* Baldesar de Castillione berichtet 1460 V 21 aus Petriolo an Barbara (AG 1099): ... *che'l cardinale de Brissen subito serà a Siena, et nostro S. in consistorio ha prexo per partito de excomunicare publicamente el ducha Sigismondo, et interdire tut(t)e le terre et subditi de la sua S., che serà una grande facenda.* NvK war 1460 V 26 noch in Florenz (Brief an den Pfarrer von Brixen dieses Datums, *Handlung* f. 439v, Ch. 195) und kam am Abend desselben Tages in Siena an (LIII). Das vom Kleriker der Kollegkammer Dupont genannte Datum 1460 V 28 (Eubel, Hierarchia II 33 n. 207) betrifft also nicht die Ankunft in der Stadt als solche, sondern den Beginn der offiziellen Anwesenheit an der Kurie und damit den Beginn der Taxenpartizipation. Dies ist übrigens bei allen Angaben des von Eubel exzerpierten Manuales zu beachten, dessen Abreise- und Ankunftstermine der einzelnen Kardinäle in diesem modifizierten Sinne zu verstehen sind.

LII

JACOBUS CHICIUS [1]

Brief an Barbara Gonzaga (Auszug) Siena, 1460 Mai 14.

AG 1099: Or. (aut.), Pap., 20,1×20,9, am Rand teilweise abgerissen, P.

Illustrissima et excellentissima domina, domina mea singularissima. Post humiles recommendationes etc. Son certissimo (che la V.) Illa. S. habia persentito, più dì passati, quanto inhumanamente sia sta perseguitato lo Rmo cardinale di sancto Pet(ro in vincula) dal ducha Alberto de Austria [2],
5 non havendo pur una minima sentilla de rasone de commettere tanto inexcogitabile (e...) male contra deta sua Rma S. [3], essendo quella reputata tra lo collegio de li Rmi S. cardinali uno spegio, una luc(erna di ...) e di santi-

monia[4], la qual cosa quanto sia despiazuta a la S^tà del n. S. e similiter a tuti li R^mi cardinali, non poteria facilmente scri(vere a la V.) Illu. S., inperhò che li dimonstratione son sta grandissimi più dì passati, li quali hano 10 fati universalmente li diti S. cardinali tr(a altre in) concistorio privato, per punitione de tanto obrobrio. Ma perchè il n. S. se ritrova essere a li bagni, como grandissima indignatione ha m(andato) el cardinale de Spolleto a Sena[5], il quale per nome de sua S^tà faza fare concistorio publico, e in quello è sta conumerate per un (advocato) concistoriale[6] tute li exorbitancie 15 fate dal ducha de Austria al R^mo Mon S. cardinale, li quali invero, Illa. Madona, non seriano sta excog(itate) nè commisse chomo più deffrenato appetito dal Turcho inimico de la fede cristiana, quanto son sta fate da dito duca de Austria, non havendo rispetto nè a iusticia, nè a dignitade pontificale, la quale secondo il vero iudicio a ciscuno bono cristiano debe essere 20 continuo terrore, perchè a tanta dignitade non mancha già mai el modo de fare vindicta iustamente, e punire quelli che in ogni sua cogitatione cerchano essere adversi a la sede apostolica. Ora se considerasseno maturamente quanto aspere e crudele soleno essere li punitione di pontifici, li quale da Dio omnipotente ge son concesse, molti fiate da simile sue iniusti impresi se 25 removeriano, alor non manchano excomunicatione, interdicti, concitacioni de populi e molti altre diverse eclesiastici punitione, li quale senza dubio per vigore de iusticia et equitade dito duca de Austria experimentarà cum suo detrimento e vergogna, perchè questa causa è sta commissa a dui cardinali, che iudicare habiano secondo a lor piazerano e parerano. E in questo 30 mezo la S^tà del n. S. ha scripto dui brevi a lo Serenissimo Imperatore et a la Illustrissima S. de Venetia, e, secondo ho inteso da persona digna di fede, se ne vederà grandissima punitione[7]. . . . Ex Senis die 14 Maii 1460.

E. v. ille. d. humilis servitor Jacobus Chicius apostolice sedis acolitus cum recommendatione semper[8]. 35

[1] Iacopo Chigi, wahrscheinlich aus der ursprünglich Parmeser Familie der Ghisi (Maffei 769), *magister* (Brief Lodovico an Cavriani 1459 II 15, AG 2186), Vertrauensmann der Gonzaga an der Kurie (Torelli-Luzio III 182 Anm. 1). Erwähnung des Briefes bei Picotti, Execrabilis 30 Anm. 1.

[2] Die Verwechslung Sigmunds mit Erzhg. Albrecht VI. im Zusammenhang mit NvK findet sich häufiger; s. z. B. Carreto, Augustinus Rubeus und Johannes Caymus an Sforza, 1460 VIII 18 (DS 261), also selbst noch nach Sigmunds feierlicher Exkommunizierung.

[3] Über den Überfall Sigmunds auf Bruneck gibt es in Italien nur negative, meist die Sache übertreibende zeitgenössische Zeugnisse: Carlo Franzoni an Barbara Gonzaga, Siena 1460 V 16: . . . *Postmodum non so se la S. V. Exma ha sentito de la parte de 'Lamagna lo inconveniente de Mon S. di sancto Petro in vinculla, recento dal S. ducha de Austria. Credo quella intendesse nel partire de la corte da Mantua andò in quelle parte per acordarse et equietarse cum el preditto duca, e questo fece per certe advisi ebe la S. s.*

da li suoi chalonici, qualli l'ano tradito, secondo s'à del certo. E perchè quella intenda più chiaramente quando è sucesso dopoi questo, notificho a la Ill. S. V. brevemente, esendo acordato cum el S. duca de darli certe miglia de ducati l'ano per censo, dopoi questo ne fu tratato remissione de ogne iniuria facta, e così per litera del duca a Mon S. fu fatta plenaria fede, in modo che l'uno da l'altro parse esere satisfati. Unda vedandose Mon S. esere dissolto da questo vinculo, deliberò la S. s. di venir in corte, di che el S. duca, trato questo, mandò a Mon S. dui chavaleri, li qualli lo atrovareno in uno suo chastello credo se chiama Bronello, li qualli chavaleri sapero tener modo che intrareno de molti fanti e prese le porte, e per alcuni giorni è stato la S. s. ne le force del duca. Or come ha piaciuto a Dio, l'è schampato fora, et s'è redutto fora e suso quello di Vicenza, et s'à come la S. s. se extende verso queste parte... (AG 1099, s. Picotti, Execrabilis 30). Schon 1460 V 7 äußert Barbara nach den ersten in Mantua eingetroffenen Nachrichten aus Tirol in einem Brief an Johannes Lochner ihre dunklen Befürchtungen (AG 2886 lib. 37); da sie hoffe, daß sich die Gerüchte als unwahr herausstellen werden, wolle sie vorerst über die *guerra* Sigmunds gegen NvK nichts weiterverbreiten. Weitere Äußerungen in negativem Sinne enthalten zahlreiche Briefe aus Siena im Zusammenhang mit der Vorbereitung der Exkommunikation Sigmunds. Der Text der Exkommunikationsbullen selbst legte dann das Urteil für die öffentliche Meinung Italiens fest; s. z. B. Michele Canensi, De vita et pontificatu Pauli II (Zippel 92 f.): *Is enim, cum Brixinensis ecclesiae praesul esset et iura ecclesiae eiusdem gravi tyrannide diu oppressa legittime tueretur, neque ulla ducis Sigismundi minarum obprobriorumque asperitate a suscepto ecclesiae patrocinio desisteret, tandem a saevissimo barbaro Sigismundo Brixinensi duce per insidias in ipso itinere captus, horridi carceris squalore attritus est et cunctis ecclesiae emolumentis enudatus.* Platina, Vita Pauli II (356 f.): ... *quod Nicolaum Cusanum cardinalem ad vincula Petri cepisset* (Sigmund) *ac comprehensum aliquandiu in carcere detinuisset...*; s. auch Titius (bei Cugnoni 51) und die ganze weitere Überlieferung bis etwa zu P. P. Alvi, Todi (1910) 174: *Dalla lunga e penosa prigionia, cui avealo condannato Sigismondo III;* ebenso L. Leonii, Cronaca dei vescovi di Todi (1889) 125, nach einer alten französischen (!) Quelle. Das hier nicht näher angegebene Material wird im Rahmen der Brixen betreffenden NvK-Korrespondenz zu behandeln sein.

[4] Derartige Urteile über NvK gibt es viele; Vespasiano da Bisticci in den *Uomini illustri*, der ihn als einzigen Deutschen darunter aufnimmt (119): *La pompa e la robba non istimò nulla. Fu poverissimo cardinale, non si curò d'avere. Fu di sanctissima vita e di buonissimo exemplo in tutte l'opere sue . . . e fu la fine sua quale era stata la sua vita: santissimamente morì.* P. Cortesius, De cardinalatu, (1510) 45 und 83, stellt NvK in seiner Einfachheit neben Bessarion und Torquemada; s. L. Mohler, Bessarion 252; s. auch die Äußerung Scevas, XXXV, 4 und Garimbertus 204: ... *una tanta frugalità di vita, che servì per occasione di qualche invidioso della sua gloria in tasserlo di avaritia, che ne' suoi conviti levando le candele, egli usasse le lucerne.* Über seine Armut s. XXXII, 7 und LXXXV und auf der Grundlage seiner beiden Testamente von 1461 und 1464 Übinger, Lebensgeschichte 560, über die Verringerung seines Barvermögens. Über seinen Pfründenbesitz s. die Zusammenstellung LXXXXIV, 3, dazu Vansteenberghe 458; seine Gewissensnot selbst bei ziemlich begrenzter Pfründenkumulierung s. Koch, Mensch 60; ibd. über die von ihm schon 1453 geäußerte Unmöglichkeit, mit seinem kleinen Vermögen Kurienkardinal werden zu können. Seine Familie in Rom ist bescheiden, wiewohl er sich für die wenigen Mitglieder sehr einsetzt, s. Anh. 1. In den 50er Jahren hatte er ein Haus in Rom (LRA Innsbruck, Sigm. IX 62 f. 157; s. auch Koch, Briefwechsel 95). Als Legat residierte er im Vatikan (alle Datierungen *apud sanctum Petrum*), wo er auch später als Hausgenosse des Papstes blieb (s. den Bericht Bonattos, 1461 II 4 [LVII], und die Vollmacht des NvK für Wehlen und Weldersheim, 1464 II 25, Ch. 548 f.: *datum Rome*

apud sanctum Petrum in domibus nostre solite residentie ibidem). Die unbewiesene Äußerung bei Gregorovius (IV 210), NvK habe in (!) seiner Titelkirche gewohnt, schmückt Rotta, Cusano 105 f., mit einiger Phantasie weiter aus (*casa sua, la modesta dimora ch'egli aveva presso la sua chiesa di S. Pietro in Vincoli,* wo er sich mit Bussi, Toscanelli und Roriz zu häufigen wissenschaftlichen Gesprächen getroffen haben soll, die ihn in seiner *grande tristezza* sehr getröstet hätten). – 1461 V 5, 1461 VI 5 und 1461 VII 13 Eintragungen des päpstlichen Kubikulars Niccolò Piccolomini in der *Uscita* der *Tesoreria segreta* (Buste 1288 im römischen Staatsarchiv f. 79r, 80r und 81v): *Ducati dugiento cinquanta dati di comandamento di sua Stà al Rmo cardinale di San Piero in Vincolo, li quali sua Stà dà al dispoto della Morea.* Im Juli erfolgte die Auszahlung *a Guasparre di Misser Biondo da Forlì fameglio del Rmo c. di San Piero ...,* da NvK bereits nach Orvieto abgereist war. Es handelt sich um die durch Papst und Kardinäle zu leistende Unterstützung für Thomas von Morea (s. Pastor II, 228). – 1461 XII 23 Kammermandat über 15 fl. an das Bankhaus Medici oder den NvK-Familiaren Gasparus Blondus zahlbar für die entsprechende von den Medici vorgestreckte Summe zur Bezahlung eines Läufers an Sigmund aus der Zeit des Mantuaner Kongresses (! MC 836 f. 216v). 1463 III 31 Kammermandat für NvK (MC 837 f. 121v): *... solvi faciatis rmo d. N. ..... seu nobili viro Gaspari Blando eius scutifero et familiari fl. auri de camera octuaginta duos sol. LXVI et den. VIII pro rata sue d. tangenti duorum milium similium flor. per cunctos rmos d. cardinales contributes nuper in subsidium Rhodorum, quos fl. LXXXII sol. LXVI et d. VIII s. d. n. in se suscepit ac prefato rmo d. cardinali solvit in dictam subventionem ...;* als *donum* des Papstes im Exitus 1463 IV 18 (IE 452 f. 179r, 453 f. 177r). – 1462 bis 1464 zahlt Pius II. ihm mehrmals den Zuschuß, den die Kardinäle in ihrer Kapitulation vor der Wahl Pius' II. für alle Kardinäle vorgesehen hatten, deren Gesamtjahreseinkünfte unter 4000 fl. blieben: 1462 IX 27 (Tesoreria segreta l. c. f. 122r), 100 fl., 1463 IV 3 (Buste 1289 f. 73v) 200 fl., 1463 X 11 (f. 101r) 100 fl., 1463 XI 4 (f. 102v) 100 fl., 1463 XII 5 (f. 113r) 100 fl., 1464 I 2 (f. 116v) 100 fl., 1464 II 3 (f. 119v) 100 fl., stets als Eintragung des Niccolò Piccolomini mit dem sich gleichbleibenden Wortlaut: *Ducati ciento dati di comandamento di sua Stà al Rmo cardinale di Sancto Pietro in Vincola per la provisione di questo mese,* oder ähnlich. Zur Sache siehe Raynaldus ad 1458 nr. 5, Pastor II, 9. – Zur Anspruchslosigkeit des NvK s. die laufenden Berichte des senesischen Gesandten zu Mantua über die sehr anspruchsvollen Quartierwünsche der anderen Kardinäle für den Aufenthalt in Siena; nur einmal erscheint dabei NvK (Brief des Nicolaus Severinus, Mantua 1459 XII 31, ASS Conc. 1996 n. 28): *Resta poi aloggiare el patriarca, San Marco et Bologna, et questi per nulla voglano conventi. Et anco San Piero in vincula tedesco, al quale era legato a Roma, per cui si potrà provedere degl'Umiliati.* Trotz der Brixener Verluste erwirbt er in den letzten Jahren neu nur die Abtei SS. Severo und Martirio bei Orvieto als Geschenk Barbos (1463 II 5, RV 489 f. 55rv; Meuthen 38, s. u. LXIV, 2) und die Propstei St. Mauritius zu Hildesheim (1463 XI 10, RV 495 f. 58r–59r), auf die für ihn Simon von Wehlen verzichtete, der sie 1460 XII 22 unter Verzicht auf sein Brixener Kanonikat erhalten hatte, das 1456 soviel Staub aufgewirbelt hatte (RV 481 f. 266r–267v, Annatae 13 f. 3v von 1461 IX 10). Die Angaben bei Vansteenberghe 458 Anm. 1 sind reichlich irrig, die von ihm zitierten Stellen der Bullen sind Formular und werden bei Kardinälen regelmäßig verwandt. NvK selbst weist aber wiederholt auf seine Armut hin; z. B. an Bernhard, Gesandten Venedigs an der Kurie, 1463 X 19 (Ch. 537–39): *Sed quia ego non habeo unde vivere ....* Dagegen verzichtete NvK 1461 VI 1 auf sein Lütticher Kanonikat zugunsten seines Familiaren Dietrich von Xanten (RL 580 f. 53v–55r). 1463 XII 2 (RV 494 f. 97rv), Bulle für NvK mit Lizenz freier Verfügung über seine Benefizien, die vor allem als Verzicht auf sie aufzufassen ist; s. die Obligation des Johannes Römer im Namen des NvK von 1463 XII 12 *super facultate resignandi* *omnia beneficia ecclesiastica etc., que nunc obtinet et imposterum obtinebit, simpliciter vel ex causa permutationis videlicet de certificando cameram de nominibus et cognominibus beneficiorum ipsorum et personarum quibus collata fuerint ac eorum veris valoribus . . .* (Annatae 14 f. 220r). Haben wir hier eine Ahnung des Todes, die ihn seine Benefizien für die Familiaren erhalten lassen will? Eine ähnliche Bulle stellte ihm Pius 1461 VI 13 aus, als er lebensgefährlich erkrankt war; s. Krudewig IV 265 Nr. 48. – 1464 VIII 13 Bulle, in der Pius das Testament des NvK bestätigt, obwohl er ordnungswidrig nicht ein Viertel seines Besitzes für Kreuzzugszwecke vermacht hatte (Or.: Kues, Hospitalsbibliothek, Archiv Nr. 49; s. Krudewig IV 267 Nr. 55; RV 497 f. 59v–60r; s. Vansteenberghe 461 Anm. 4). Nach seinem Tode schreibt 1464 VIII 15 Fabian Hanko über ihn (SS. rer. Sil. IX 93): *Der hochwirdige vatir s. Petri, der vor got heilig ist . . .*, (94): *Sein corpus ward gefurt von Tuderto ken Rom ungesalbet und ungebalsamt in der grossen hytz und roch nicht anders denn ein rosa; man sal erfinden, das er noch große signa thun wird, wan er was die cron der gerechtikeit und vil ander togent, die er an im hatt* (so 1464 IX 2); ein unbekannter Pole über ihn (o. D. bei Lewicki 120): *cuius michi mors acerba dolendaque est, . . . quod eius . . . eximiam et preclaram doctrinam virtutem integritatem viteque sanctimoniam* (cognovi), *nec eum quispiam facile, pace aliorum dixerim, religione pyetate equitateque superabat, qui eciam res publicas non suo ac privato comodo sed honestate ac iusticia meciebatur eisque sincere ac intrepide consulebat, licet ob id eum plerique duri cervicis esse referebant. Ita enim hoc sane tempore usu venit, ut qui iusticiam, religionem et quietatem colit, is opus est, ut multis displiceat odioque sit.* Zur Frage der Heiligkeit s. Huizinga, Herbst des Mittelalters, Stuttgart [6]1952 193. Dagegen war in Deutschland der Spottvers verbreitet: *Cusa, Lisura pervertunt singula iura* (so Peter von Neumagen, BV Regin. Lat. 557 f. 85v; zuletzt gedruckt bei Haubst, Studien 26 f.). Über die Entstehung dieses Verses s. Enea Silvio, De dieta Ratisbonensi (Wolkan, Fontes II, 68 548): *Nulla sine invidia virtus eminet, murmuri subjacet alta probitas;* wegen ihres Eintretens für Eugen IV. sei damals in Basel dieser Spruch gegen sie geprägt worden. Eine andere Form in Cod. Berol. Lat. in fol. 246 f. 2 nach W. Wattenbach, Aus Handschriften der Berliner Bibliothek, Neues Archiv 9 (1884) 628: *O Kusa Kusa, qualiter symphonisat tua musa, tu cum Lesura pervertis omnia jura.* Joachimsohn (56) glaubt in Döring den Urheber des Spruchs zu erkennen. Vermutlich übernimmt aber Döring ihn schon.

[5] Berardo Eroli, seit 1460 III 5 Kardinalpriester von S. Sabina; s. auch Carlo de Franzoni an Barbara Gonzaga aus Siena, 1460 V 16. Bisher ist nur sein Eingreifen in den Streit 1464 bekannt; bei Jäger, Streit, und Vansteenberghe über seine Tätigkeit 1460 keine Nachrichten. Darüber an anderem Ort; s. aber schon Picotti, Execrabilis 30.

[6] Andrea de Santa Croce; s. Franzoni l. c.; Bonatto an Barbara aus Siena, 1460 V 17 (AG 1099); Picotti a. a. O.

[7] Das Breve an Friedrich III. datiert aus Macereto, 1460 V 13 (Innsbruck, Sigm. IX 62 f. 226r–228v, AV Arm. XXXIX, 9 f. 171v–172v; s. Jäger, Streit 46 ff. und Regesten IV 323 n. 295 nach *Handlung* 437 und Picotti 30); das Breve an Venedig ist bisher nicht bekannt.

[8] Im weiteren Verlauf des Briefes berichtet Jacobus über den Empfang Lodovicos an der Kurie. Die Ankunft des NvK in Siena brachte einige Unordnung in die Finanzen der Stadt, da man ihm wie den im Winter mit dem Papst angekommenen Kardinälen ein Geschenk machen mußte, nun aber außer der Reihe; s. Verhandlung des Concistorium von 1460 VII 9 (ASS Conc. 563 f. 7r), also reichlich spät, . . . *quod plene sit remissum in m. dominos capitaneum populi et vexilli magistros, qui teneantur et debeant visitare, facere et presentare rmum d. cardinalem sancti Petri in vincula, qui nondum fuit presentatus et visitatus ut alii, non expendendo in predictis plus quam expensum fuerit in presentando alios rmos cardinales, qui presentati fuerunt;* der gleiche Beschluß im Con-

silium Generale, 1460 VII 22 (sicher falsches Datum statt VII 9, da zwischen Protokollen von VII 8 und 9, ASS Cons. gen. 228 f. 269v); 1460 VIII 28 Concistorialbeschluß mit Bezugnahme auf den von VII 9: ... *quod pro solutione dicti ensenii accipiantur denarii qui sunt in deposito pro domino Galgano Burghesio oratore electo ad illu*um *ducem Mediolani, qui non vadit* (Conc. 563 f. 31v); erneut 1460 VIII 31 (f. 34r): *Visa remissione in eos facta per consilia populi et generalis ad faciendum unum ensenium r*mo *d. cardinali . . ., et intelligentes qualiter camera bicherne habet im manibus l. 168 s. 14 d. 6, qui denarii sibi dati fuerunt pro mittendo dominum Galganum . . ., quod camera bicherne ... debeat dare et solvere Martino Antonii expensori nostro et nostri palatii dictas l. 168 s. 14 d. 6 pro totidem quos expendidit in dicto ensenio* .... – 1460 X 22 Consilium Generale von Siena über *quedam petitio prorecta ex parte trium r*morum *cardinalium in favorem Johanis Johanis de Colonia . . ., cuius petitionis tenor talis est: Dinanci a Voi Magnifici et potenti Signori S. priori governatori del comune et capitaneo di popolo de la città di Siena, exposti per parte de li Reverendissimi S. cardinali Monsignor di Sancta Susanna, Monsignor di San Piero in vincula et Monsignor di Ruani, come avendo inteso che ... è stato formato il processo contro Giovanni di Giovanni di Colonia per cagione di certi furti per lui fatti in Firence ne la buttigha di Bonifatio di Lonardo racamatore, col quale stava per garcone, et desse cose furate ne portò a la città nostra oncie XXXII d'argento lavorato in scaglietto . . ., et avendo informatione che esso Giovanni è di buone genti et bene nato et che, attesa la età et conditione sua, piutosto si puo presumere per semplicità che per malitia abbi commesso tali delitti in Firence ... et, per la sciocheca sua lo detto Bonifatio gli a perdonato, et pertanto confidandosi nella buona et optima amicitia et benivolentia anno cola V. M. S. . . ., raccomandano esso povaro et miserabili giovano a quelle, che lo piaccia fare provedere ... che esso Giovanni sia et essere si intenda libero et absoluto dal detto processo.* Es folgt die der Supplik beigegebene Billigung durchs Concistorio vom 11. Oktober mit der Einschränkung, *quod non exeat de carceribus, quin primo solvat . . . libr. XXXV . . ultra quindecim, qui solvuntur pro tassa presentis petitionis,* die sämtlich bezahlt werden. Darauf wird die Petition der Kardinäle gebilligt (ASS Cons. Gen. 228 f. 293r–294r nach Concistorio von 1460 X 19, l. c. Conc. 564 f. 25r, mit gleicher Billigung der Petition nach erfolgter Zahlung). Mitteilung von Gonfaloniere und Prioren von Siena darüber in gleichlautenden Briefen an die drei Kardinäle, Sassoferrato, NvK und Estouteville von 1460 X 28 (Kop. Conc. 1678 f. 139r): *Cupimus, quemadmodum nostra requirit summa devotio et precipua erga v. r. d. fides omnia semper studiose efficeret, que fore grata v. r. d*ni *intellexerimus. Quapropter cognita eius voluntate dedimus operam cum nostris consiliis ad liberationem Johannis Johannis filii de Colonia, qui magni facinoris reus custodia et carcere asservabatur capitis supplicio obnoxius, ac tandem vitam illi condonavimus v. r. d. intuitu, ut facilius pernoscat v. r. d. huius reipublice devotissimam voluntatem et gratificandi flagrantissimum desiderium.*

LIII

GIAMPIETRO VITELLI[1]

Brief an Pietro Ballastro,
Podestà von Belluno[2] Siena, 1460 Juni 1.

BCB Ms. 65 (Liber provisionum B) f. 260rv: Kop.
BCB Ms. 412 (Lucio Doglioni, Notulae in libros Provisionum Magnificae Communitatis civitatis Belluni .... Ms. 18. Jh.) f. 38v: Regest.[3]

Dado in Siena a dì primo zugno 1460.

Magnifico et generoso signor mio honorando. Per dar aviso a la vostra Signoria quello che io ho fato fina a hora da poi el partir ... de la qua, per lo qual per mia lettera avisai la Signoria vostra etc.:[4] in questi zorni passadi
5 zonze qui un coriere cum una lettera ... de inclita S. responsiva a la Santità del papa[5], como la prefata Signoria g'era contenta de la creation del vescovo de cividal et de Feltro[6], e cusì per questo el dito vescho ha manda(do) un so vicario, a tuor la tignuda de li diti vescovadi. E questo me disse el reverendissimo cardinal de Santo Marcho[7], siandomi andado a visitar la Signoria sua, de
10 compagnia de miser Lohabutis de Camenzello[8], al qual reverendissimo cardinal recomandie la nostra comunitad, supplicando che, quando serà zonto qui el cardinal de S. P. V.[9], se debbia piaser de esser de so compagnia, da puo che non possemo aver prelato, nè pastor speciale per adesso, almancho noi lo habiamo per lo avegnir, subito post accessum vel decessum istius etc.;
15 el qual Monsignor de S. Marcho me responde gratiosamente, che volintiera se fadigerà in questo fato, a cason che per lo avignir habeamo el nostro vescho proprio, e si serà volintiera cum la reverendissima Paternitade de Monsignor de Sant P. V., el qual Monsignor r^{mo} qui in Siena, mezz'ore da sera a dì 26 maio, è intrado dentro de Siena, acompagnado da 4^{tro} cardi-
20 nali, et cum pliù de 200to cavalli. La zuobia de matina, io sì indie a visitarlo, et per dar principio a quello che son qui per far etc., pur cum grave fadica; e cum ipsi me presentai a la so S^{a}, el fasime bona ciera, ma per esser molto occupado, per cason de grande visitation a lui fata per molti e gardinali et vescovi et altri prelati asay, non potè quello zorno pliù esser cum la
25 sua S^{a}. Subito el venere da sera, introy a la sua Sig., et in quela volta lui clamò uno suo acietario, e li ge imposse lui me fassesse la nostra suplicanza, vedando et sapiando, tuto quello che ... la nostra inclita Signoria a la S^{tà} del papa, s'era el fato del nostro vescho, e per lo mea fato far la suplicatione, che in lo avignir habiamo vescho proprio etc., la qual suplicanza,

cum la lettera de la nostra Signoria, presentarà a la S[tà] del papa; et cum la so Signoria andarò a solicitar, cum quello ordene me darà etc. Fin qui non è seguido altro, poi che me *[260v]* . . . . como vescho proprio a honor de Dio etc., et si farà far il privilegio etc. Me recomando a la vostra S[a], et laus Deo. Non scrivo tropo . . . . . , ancora vedrà a bocha, perchè el pliù de le nostre pratiche el è stato presente. El vostro servidor Zampietro da Vit. scripsit. 30 35

A tergo: Magnifico et generoso domino domino Petro Ballastro dignissimo potestati et capitaneo civitatis Belluni et eius districtus in cividal.

Recepta a dì 8 mensis iunii.

Registrata a dì 9 mensis iunii. 40

(3–5) *charta corrupta, deest unum verbum* (27) *charta intacta, sed lacuna in textu* (32) *charta corrupta, desunt prima linea paginae et dimidia secunda* (34) *charta corrupta, desunt circa quattuor verba.*

[1] Gesandter Bellunos an der Kurie, um die Trennung Bellunos von Feltre als selbständigen Bistums zu betreiben; vgl. Piloni VI, 236 ff. (Neudruck: 414 f.); G. Cappelletti, Le chiese d'Italia X (Venedig 1854) 186; F. Miari, Cronache Bellunesi (Belluno 1865) 77 f.; L. Alpago-Novello, Teodoro Di Lelli, vescovo di Feltre e Treviso (Arch. Veneto a. LXVI, ser. V, vol. XIX, 1936) 238. Diese Werke, mehr oder weniger fehlerhaft, stützen sich fast ausschließlich auf Piloni, der seinerseits wieder unzuverlässig ist.

[2] Irrigerweise nennt Piloni als damaligen Podestà von Belluno den Paduaner Astrologen und Philosophen Candiano Bollani. Wie sich aus den Texten ergibt, hatte dieses Amt Pietro Ballastro, an dessen Stelle nach Ausweis des Liber Provisionum erst im August Bollani trat. Damit ist auch die von Piloni angeführte Bekanntschaft des NvK mit Bollani unbelegt.

[3] *Lettera di Giampietro Vedelio al Consiglio con cui rende ragguaglio di quanto andava operando per la separazione de' vescovati di Belluno e di Feltre col patrocinio dell'Abate Bernardino Marcello e del cardinale di S. Marco e massimamente di Monsig[re] di San Pietro Vincola il qual monsig[e] rivò qui in Siena mezzore da sera adì 26 maio et intrò dentro de Siena accompagnato da quatro cardinali et con pliù de 200 cavalli.* Doglioni hat in diesem Ms. (BCB Ms. 412) wie in einem weiteren *(Notae historicae passim collectae a clar. viro Lucio Doglioni Canonico 1180–1720,* BCB Ms. 411) sämtliche in unseren Zusammenhang gehörenden Stücke aus dem *Liber Provisionum* regestiert.

[4] Brief Vitellis an Ballastro aus Siena, undatiert; wie sich aus dem Inhalt ergibt, zwischen Mai 22 und 26 abgefaßt (Kop.: BCB Ms. 65 f. 259v), Juni 2 in Belluno eingetroffen, Juni 6 registriert. Inhalt: über seine gemeinsamen Bemühungen mit Bernardo Marzarello, Abt in Brescia, bei Kardinal Barbo in dieser Sache, *mostrandoli le copie de le nostre lettere ducali etc.* (befürwortender Dogenbrief, s. Anm. 5); *el qual reverendissimo s. cardinale* (Barbo) *benignamente se offerse d'aiutare toto suo posse, et simelmente farne aiutare ancora de li altri segnor cardenali, digando noy: Aspitaremo Monsignor de S. P. Vincola. Quando luy serà qui, noy seremo in compagnia etc. Conferirà de compagnia in modo spero che noy havaremo quello che longamente avemo desiderado. Ben è vero che'l nostro Segnore ha creado M. F. del Ligname* (s. Anm. 6) *nostro vescovo; ma luy per fin qui non ha voruto e non vole acetar, solo per non far colsa che non sia grata a la nostra illustrissima Signoria* (Venedig; Lignamine stammte aus Padua). Podestà und Stadt Belluno mögen dem Abt für seine Bemühungen danken, *siando zentillomo e del germino dei nostri signori de Venesia.* Auf Empfehlung Barbos hätten sie Audienz bei Kardinal Colonna erlangt, *el quale è molte cum Monsegnor de Santo Marcho, e a luy recomandarà el fato*

nostro, che a la venuta de Monsignor de S. P. Vincula ie plaqua esser cum noy etc. Deshalb solle die Stadt auch Barbo einen Dankbrief senden. *Per esser el papa fuora ai bagni,* sei zu fürchten, daß die Sache sich etwas hinstrecken werde, *ma finaliter averà bon fin, debiandomi praticar questa tale nostra facenda non picola, et maximamente cum tali signor.* Inzwischen sei am 22. Mai ein Brief Ballastros eingegangen. Darauf sei er zusammen mit dem Abt und einem diesem befreundeten Bischof zu Besuch bei Kardinal Orsini gewesen, wo der Abt die Sache sehr empfohlen habe. Orsini habe freundlich geantwortet, *digando che quando Monsegnor de S. P. Vincula serà qui, debba esser cum sua rma Paternitade, e si farà el so poder habiama nostra intentione.* Vitelli empfiehlt dem Podestà, *che per parte de la nostra comunitade fosse scripto una letera al cardinal de Santo Marcho, e una al cardinal de Sancto Piero, pregandoli la lor rma P. replase de suplicar al Sancto Padre, ne volesse consentir per nostro vescovo el prelibato miser Bernardo Marzarello abate predicto, cum reservacion de la so badia, perchè io credo e sì son certo noy avessamo degnissimo prelato. Luy hè doto e bono chabone, e perfeta nomenanza e bon credito qui in corte tra tuti i cardinali ...*

[5] Ein Dogenbrief an Pius II., Venedig 1460 IV 26 (Kop.: BCB Ms. 65 f. 258v; Regest: Doglioni Ms. 411 f. 82v): Er möge die Trennung Bellunos von Feltre vollziehen, die bereits Nikolaus V. für den Zeitpunkt der nächsten Vakanz der vereinigten Bistümer versprochen habe. Daß Pius sich über dieses Versprechen hinwegsetzte, s. Anm. 6. Nach Piloni war 1460 IV 6 Vettor Carpedono als Gesandter Bellunos nach Venedig aufgebrochen, um die Supplik der Signorie zu veranlassen, und brachte die Supplik selber nach Belluno zurück, von wo sie dann Vitelli mit nach Siena nahm. Wie sich auch aus dem Inhalt des Dogenbriefes vom 26. April ergibt, ist er nicht identisch mit dem von Vitelli hier erwähnten Dogenbrief, der durch einen venezianischen Kurier direkt zum Papst gelangte und offenbar die Antwort auf die päpstliche Bulle von 1460 III 26 ist (s. Anm. 6). – Bereits 1460 IV 16 wandten sich Podesà und Rat von Belluno brieflich an Giacomo Zeno, B. von Padua, der gerade von Belluno-Feltre dorthin transferiert worden war, er möge sie beim Papst unterstützen (Kop.: BCB Ms 65 f. 258r; Regest: Doglioni Ms. 411 f. 82v).

[6] Nach Transferierung des Giacomo Zeno von Feltre-Belluno nach Padua 1460 III 26 erfolgte am gleichen Tage Transferierung des Francesco de Lignamine von Ferrara nach Feltre-Belluno; s. die Provisionsbullen, Siena 1460 III 26 (RV 476 f. 50r–51v, es fehlt hier die Anm. 5 genannte Mitteilung an die Signorie, die nach den Angaben Vitellis vorauszusetzen ist; Kop. der Mitteilung an die Laien von Stadt und Diözese Belluno ebenfalls noch BCB Ms. 65 f. 51r; Regest desselben Stücks bei Doglioni Ms. 411 f. 82v mit irrigem Datum 1459 II 23). Die Obligation Lignamines erfolgte 1460 IV 18 (AV Obl. 76 f. 184r über 1600 fl.; s. Eubel, Hierarchia 103; Randnotiz im genannten Band der Obl.: *Habuit postea remissionem de servitiis comuni et minutis quia translatus;* s. Obl. 78 f. 50v und 79 f. 5v). Sein Nachfolger in Ferrara, Laurentius Roverella, mußte ihm eine Jahrespension von 500 fl. zahlen (Bulle 1460 III 27, RV 476 f. 111v–112v). Über die Hintergründe der notgedrungenen Transferierung Lignamines (Streit mit Borso d'Este) s. Cornelius 31 und L. Barotti, Serie de' vescovi ed arcivescovi di Ferrara (Ferrara 1791) 91 f.

[7] Kardinal Pietro Barbo aus Venedig.

[8] In dem Regest Doglionis (s. Anm. 3) irrigerweise an dieser Stelle der Abt Bernardinus Marcello genannt.

[9] Aufzulösen in: *Santo Pietro Vincula.* Die Verwendung dieser Sigle durch Vitelli zeigt, daß NvK den Bellunesen sehr bekannt war, zumindest in Verbindung mit ihrer Angelegenheit. Über den Aufenthalt des NvK in Belluno s. LIV.

LIV

PIETRO BALLASTRO, KONSULN UND KOMMUNE VON BELLUNO

Brief an Nikolaus von Kues — Belluno, 1460 Juni 5.

BCB Ms. 65 f. 260r: Kop.
BCB Ms. 412 (Doglioni) f. 39r: Regest.

1460 5 Iunii.

Quamquam pro vestra erga nos et ... arbitremur, christianissime pater, ex habundantia tamen desiderii, quo tantopere circa ... afficimur, ora loquuntur, ita ut difficile nobis terrere sit, quod estis ... Quamobrem cum oratorem nostrum iam diu ad summum pontificem, ut scitis, miser ... , 5 memores vestris piis oblationibus, quas nobis humanitas vestra ultro polliceri dignata est, cum pridem apud nos esset, quibus possumus precibus clementiam vestram iterum atque iterum exoramus, ut illarum promissionum in causa nostra sentiamus effectum. Prefato oratori omni cura, opere, studio dignemini esse consilio atque favori, ita ut vel in presentiarum secundum 10 antiquas consuetudines obtineamus, si fieri potest, aut de cetero proprium episcopum actualiter, secundum quod alias de hac materia una contulimus. In paternitate vestra utique spes omnis nostra iacet, in ingenio atque doctrina, quibus nostra, ut ita dixerimus, pendet ipsa victoria. Dignemini igitur hanc nostram leta fronte provinciam suscipere et ei rei, que et saluti con- 15 sulit animarum et ad maiorem ipsi Dei cultum intendit, totis cum viribus, toto pectore incumbere, ut spem illam, quam vestra vestraque erga nos caritate magnam concepimus, pro vestra integritate cognoscamus ipsa re et virtute long(ior)em et maiorem fuisse. Nihil est enim, quod maius vestro ab officio et vestra r^{ma} pietate vel iocundius aut carius vel optabilius fieri 20 possit. Valete, cuius vestre paternitati(s) gratie et orationibus nos humilime commendamus. Ex civitate Belluni die quinto Iunii 1460.

P. Balastro p. et cap., consules et comune civitatis Belluni.

R^{mo} in Christo patri domino, domino nostro colendissimo domino Nicolao episcopo Brixinensi, tituli sancti Petri ad vincula sancte Romane 25 ecclesie episcopo cardinali dignissimo.

(2) *charta corrupta, desunt* 5 *verba* (3–5) *charta corrupta, desunt* 2–3 *verba.*

[1] Veranlassung dieses Briefes durch den Gesandten Vitelli Ende Mai 1460 (s. LIII, 4). Die von ihm ebenfalls erbetenen Bittbriefe an Kardinal Barbo und den Abt Marzarello sind im *Liber Provisionum* nicht registriert und wurden wahrscheinlich nicht geschrieben.

LV

NIKOLAUS VON KUES

Brief an Podestà,
Konsuln, Rat und Bürger von Belluno — Siena, 1460 Juni 12.

BCB Ms. 65 f. 261r: Kop.
BCB Ms. 411 (Doglioni) f. 102v: Regest.

[In margine] Copia litterarum rmi domini chardinalis sant Petri ad vincula.

Magnifice domine, nobiles . . . . . . applicui Sennas. Veniente sanctitate domini nostri . . . , presentatis litteris illu. d., allegato coram domino
5 nostro sanctum desiderium vestrum honorabile esse, quia patrem aliquando ab apostolica sede et sacro imperio civitati vestre assignatum nunc pro augumento divini cultus et salute animarum restitui petentium, qui solum cure pastorali civitatis et diocesis Belluni preesset, prout ab initio sanctissime ordinatum et provisum fuit, statim sanctitas domini nostri annuit
10 petitionibus vestris, scilicet quod per cessum vel decessum domini episcopi olim Ferrariensis, nunc Feltrensis et Bellunensis, amplius imperpetuum proprium episcopum vobiscum residentem habeatis. Est etiam supplicatio signata. Orator vester, vir solicitus et prudens, latius scribet. Ego enim in mihi possibilibus conabor semper grate vobis complacere. Ex Senis 12 Iulii[1] 1460.
15 Nicolaus gardinalis sancti Petri ad vincula manu propria.

A tergo: Magnifico domino et nobilibus et prudentibus viris potestati et capitaneo ac consulibus, consilio et civibus civitatis Belluni amicis nostris karissimis.

(3) *charta corrupta, desunt* 5–10 *verba* (4) *charta corrupta, desunt* 1–2 *verba.*

[1] Irriges Datum des Kopisten, das auch Doglioni in sein Regest übernommen hat. Das Datum *Iunii* wird bestätigt durch einen auf der gleichen Seite kopierten Brief Vitellis an Ballastro, *in Siena a dì 12 zugno: Ieri a dì 11 zugno ricevei vostre* (wahrscheinlich ein zusammen mit dem Brief an NvK von 1460 VI 5 (s. LIV) abgesandtes Schreiben Ballastros an Vitelli), *a le qual breviter respondo, per dar aviso a la vostra Magnificentia. Ieri a dì 11 de questo fo reportada la vostra supplicatione signada et spazada dal papa qui a Siena, et presentada al registro. Domani a dì 13 de questo comenzaremo a dar spazamento, e se farrà tuto el solicitar si porà, a caxon che possa ancora mi repatriar* (es handelt sich um die Herstellung der Bulle). Die Zeichnung der Supplik erfolgte am 7. Juni, da die Bulle dieses Datum trägt. Die Bulle selbst (*Universalis ecclesiae regimini*, Petriolo 1460 VI 7, RV 476 f. 287v–288r) ist, soweit ich sehe, noch unbekannt. Sie entspricht inhaltlich den Angaben im Briefe des NvK. Taxwert der Mensa von Belluno: 800 fl. (Feltre und Belluno zusammen: 1600 fl.), wird bei der Obligation des ersten selbständigen Bischofs von Belluno 1461 auf 700 fl. herabgesetzt (s. LVI, 2); der Taxwert von Feltre wird dagegen von 800 fl. auf 900 fl. erhöht.

LVI

Nikolaus von Kues

Brief an den Podestà, die zehn Deputierten
und die Kommune von Belluno Siena, 1460 Juni 27.

BCB Ms. 65 f. 261v: Kop.
BCB Ms. 411 f. 102v (Doglioni): Regest.
Piloni 237 f. (Neudruck: 414 f.): Dr. (sehr fehlerhaft).

Spectabiles amici dilectissimi. Post salut*em. Discr*etus et *integ*re probitatis *vir concivis vester* Johannes *Petrus orat*or communitatis vestre ad s^um^ dominum nostrum papam, et litteris prius vobis intimavit, et nunc plenius oretenus referet, votis et petitionibus vestris ac dignitati civitatis vestre abunde de speciali ipsius s^mi^ domini nostri gratia esse satisfactum, ita ut melius vobis non potuerit complaceri. In qua re plurimum vobis gratulor et communiter vobiscum gaudeo, qui civitatem vestram mira devotione complexus, iamdudum ipsam in antiquam dignitatem presulis sui proprii certo argumento ac munimine reponendam statim ex litteris apostolicis, ut debeo, incredibiliter exulto. Ipse Johannes Petrus referet distincte operam meam pro caritate vestra affectuose interpositam et rei obtinende propter magnitudinem eius difficultatem. Et tamen, quantum ad me attinet, nolo, mihi ex hoc ipso regratiemini. Nam adeo vobis ex humanitate etiam vestra affectus sum, ut, quicquid gratia vestri ago, minus mihi multo videatur esse meo desiderio. Solum vos certiores facio constanti quidem iustificatione, sepius doluisse mecum ipsum Johannem Petrum, quod tam tarde, ut sibi videbatur, in expeditione teneretur, faciebatque omnia diligentissime, ut multo maturius, si modus fuisset, ad vos reverteretur. Sed cum causa sponte sua esset ardua et perdifficilis ac insuper s^mus^ d. n. esset necessitate cogente in balneis a nobis magno intervallo separatus, habuimus pro grato munere, quod potuimus in hoc termino dierum expediri. Vos s^mo^ domino nostro erga civitatem vestram benignissimo et gratiosissimo primum, deinde illu^mo^ vestro dominio Venetiarum intercedentibusque ceteris amicis ac etiam Johanni Petro oratori sollerti post Deum, a quo sunt omnia dona, estis merito non mediocriter obligati, in tempore habituri optatum pontificem proprium. Quod quidem bonum et faustum et Deo omnipotenti acceptum in omne tempus fore, miris votis opto et queso, paratus semper ad vestra desideria et honesta beneplacita. Datum Senis die XXVII Iulii [1] 1460. Vester N. car^is^ sancti *Petri manu* propria.

30 Uti, cum vobiscum essem, vera retuli de persona r. p. domini Francisci de Pad*ua*, *nunc* episcopi vestri, qui vir est nostra etate, inter pontifices Deum timens et sa*lutem sibi* commissi gregis querens, ita et nunc illa confirmo de ipso, quem recipite *etiam ob meam* commendationem affectuoso desiderio in patrem spiritualem; nam sibi similiter *id ipsum de vobis* facile 35 persuasi. Et gaudebitis, ut non dubito, ipsum pro nunc vobis pre*latum, dum cessio aut* decessio venerit et unicum pontificem habebitis. Oro Deum, *ut numquam minus dignum habeatis* [2]. In omnibus possibilibus me vobis offero.

A tergo: Spectabilibus viris domino potestati et decem deputatis civibus et communitati civitatis Belluni amicis dilectissimis [3].

(1–2, 29, 31–37) *charta corrupta, textum restitui secundum editionem Piloni.*

[1] Wie im Briefe des NvK von 1460 VI 12 (LV) wird auch hier statt *Iulii* richtig *Iunii* zu lesen sein. Doglioni übernimmt das Julidatum. Piloni liest ganz irrig: 28. Juli. Alpago-Novello (s. LIII, 1) 238 nennt ohne Quellenangabe den 27. Juli (als Datum von LV: 12. Juli), möglicherweise nach Doglioni. Eigener Angabe nach hat er die beiden Briefe nie selbst gesehen und gibt lediglich an, daß sie sich früher im Archivio Vescovile zu Belluno befunden haben, ohne dies näher zu belegen. Mir ist unklar, wie sie dort hingelangt sein könnten; ein entsprechender Fondo des Archivio Vescovile, der sie enthalten könnte, existierte nie (s. B. Cecchetti, Statistica degli archivii della regione veneta I, Venedig 1880, 16 ff.). Das Julidatum ist nur sinnvoll, wenn die Zeichnung der Supplik, wie in allen unter LIII, 1 genannten Werken, in den Juli verlegt wird; doch widerspricht dem das eindeutige Datum der Bulle vom 7. Juni.

[2] Francesco de Lignamine starb 1462 I 11 (Forcella II, 10 nr. 26; Eubel, Hierarchia II² 103). 1462 I 15 wird Teodoro di Lelli Bischof von Feltre (RL 572 f. 60ʳ; Obligation über 900 fl.: 1462 II 20, s. AV Obl. 78 f. 86ᵛ und 79 f. 30ʳ sowie IE 449 f. 55ʳ; Eubel II² 153 mit irrigem Ernennungsdatum 1462 II 15) und Lodovico Donato aus Venedig Bischof von Belluno (verlorene Registrierung in RL Pius II. a. IV nr. 4 f. 16, nach AV Indice 329; Datum nach den Angaben bei der Obligation über 700 fl. von 1462 IV 2, AV Obl. 78 f. 85ᵛ und 79 f. 32ᵛ sowie IE 449 f. 70ᵛ und weitere Angaben AV Indice 481 (Garampi) f. 47ᵛ; s. auch RV 484 f. 169ʳ–171ʳ: Erwähnung als Elekt von Belluno 1462 I 18, sowie RV 507 f. 141ᵛ–143ʳ und f. 154ᵛ–155ʳ: 3 Bullen mit der gleichen Erwähnung von 1462 I 15). Zu Donato vgl. F. Giovanni degli Agostini de Minori della Osservanza, Notizie istorico-critiche intorno la vita e le opere degli scrittori viniziani (Venedig 1752) I, 326–352.

[3] Letzter Nachweis des NvK in Siena durch seinen Brief von dort an Nikolaus Pomperger von 1460 IX 16 (Ch. 140 f.). Bussi-Autographe von 1460 IX 18 und 20, die in Siena geschrieben sind (BV Vat. Lat. 5219 f. 72ᵛ und f. 61ᵛ), machen Aufenthalt des NvK in Siena auch für diese Tage noch wahrscheinlich. Den Besuch des Papstes in Orvieto 1460 IX 27–30 machte er nicht mit (keine Erwähnung des NvK im Bericht der Riformanzen ACO 215 f. 282ᵛ über den Aufenthalt des Papstes; s. Fumi, Codice 719). Dagegen schreibt Niccola della Tuccia (81) unter 1460 IX 28: *Nel detto dì gionse in Viterbo il cardinal S. Pietro a Vincola, ed era tedesco, con sessanta cavalli, e smontò nella casa di Mariano di Battista di Ludovico nella piazza di S. Maria Nova, nella strada che va alle Pietre del pesce, e l'arme sua era un gambro rosso nel campo giallo.* Erster Brief des NvK aus Rom: 1460 X 11 ans Brixner Kapitel (Ch. 173).

LVII

BARTOLOMEO BONATTO[1]

Brief an Barbara Gonzaga Rom, 1461 Febr. 4.

AG 841: Or. (aut.), Pap., 30,6×20,6, P.

Illma Madona mia. Io non mi extenderò cercha a quanto sia accaduto per li fatti del Ill. Si. nostro, chè la Si. V., per quella ge scrivo, vederà il tutto[2]. Io mi sono ritrovato cum lo R^mo^ Monsignore S^ti^ Petri ad vincula, il quale visitai per parte del Ill. Si. nostro et de la Si. V., che molto li parse piacere, et doppo la visitatione ge demostrai quanta confidentia haveano in 5 lui le Si. Vostre. Intrando in quella facenda de Trento[3], per il modo me comandò V. Ex., el che steti molto attento ad intendere et dissemi che ringratiava V. Si. de la confidentia pigliavano de lui, che nel vero ge era servitore, et che li parea potere dire cussì: Vox populi, vox Dei; chè havendo inteso, per alcuni veneano di là, che lì se tenea che Monsignore el protono- 10 tario ge havesse ad esser vescovo, non saperia dare se non bona speranza a V. Si., et che poi ge domandava el parere, conscilio et adiuto suo, sempre ge consigliaria come a si medesimo, et che per hora ad lui parea non ne fusse da parlare, fin tanto che non se vedesse a che terminasse il processo era fatto contro questo vescovo per privarlo, el quale era comesso a Mon- 15 signore de San Marco[4], et da sei dì in qua havea mandato la citatione per corero aperta[5], per la quale ge era statuito termino peremptorio per fin a Nostra Dona de marzo che comparesse[6]; che poi non comparendo, se procederia più ultra, et alhora se ne poteria rasonare, et pareali che dovesse venire fatto, prima perchè extimava che lo imperatore non li contradiria per la 20 ex^tia^ de la casa, etiam perchè ciò che se fa qui, et è fatto contro el duca Sigismondo et questo vescovo, è fatto de sua participatione et voluntà, l'altro che el favore del Ill^o^ Si. lo duca[7] ze varia assai, sì quanto ad ottenere quanto ad havere la possessione, perchè confinava cum si per una valle che fa di homini V^M^, chi è el più forte del vescoato[8], li quali, vedendo la 25 privatione et el favore che havesse el prothonotario, è certo seriano ubedienti, et la terra crede non seria renitente perchè s'à V. Si. esser lì amata, et che etiam Venetiani non poriano obstare a questo, essendoli quella via del duca ha ditto. Et hame ditto che lui, mostrando esser suo motivo, ne parlarà cum nostro Si., per vedere de intendere la mente sua, et che me advisarà 30 de ogni cossa li parerà se habia a fare. Se'l zogarà de bon sigillo, ge haria bona speranza, perchè nostro Si. ge da un gran credito et adesso l'ha tolto

in casa in lo palazo proprio et falli le spese [9]. Io lo terò visitato aciò che, se altro accaderà, me ne possa far advisato. Del duca Sigismondo dice
35 tenere opinione mutarà voglia, perchè havendo hauto tregua cum Sviceri, nostro Sig. ge ha comandato la rompano [10], et che'l comenza ad esser refutato da ceschuno, et che la rasone perchè fin qui è stato pertinace è, perchè il duce Alberto tenea praticha de accordo, el quale vedendolo ustinato, se n'è tolto fora [11]. Se altro accaderà ne farò adviso a V. Si., et a la gratia sua
40 quanto più posso me recomando. Rome IIII Februarii 1461.

Ex^{tie} v. servitor B. Bonattus cum r [12].

[1] Gesandter der Gonzaga an der Kurie seit Anfang 1459 (s. Pastor II 39). Nach Berichterstattung in Mantua traf er Anfang Februar wieder in Rom ein, vor allem mit der Vorbereitung der Kreierung Francesco Gonzagas betraut, im übrigen s. Pastor II, 804 unter *Bonatto.*

[2] Briefe Bonattos von 1461 II 4 an Lodovico und 1461 II 5 an Barbara und passim: AG 841.

[3] Nach der (wegen seiner Verbindung mit Sigmund von Tirol) erwarteten Absetzung des Bischofs von Trient, Georg Hack, wollten die Gonzaga das Bistum gerne für Francesco beschaffen.

[4] Pietro Barbo. Der Prozeß gegen Sigmund, Heimburg, Hack und ihre Freunde war 1461 I 8 eröffnet worden (Jäger, Streit II 172); 1461 I 29 ein Kammermandat für Barbo (MC 836 f. 71^v) über 100 fl. zur Deckung persönlicher Auslagen bei der Prozeßführung (Exitus von 1461 II 10; IE 446 f. 122^v, 447 f. 132^v). In einem Brief an das Brixner Kapitel und den Propst von Neustift von 1461 IV 6 (Jäger, Regesten II 31; Ch. 235; Brixen, Fb. Hofarchiv n. 7335; Bozen BA Codex Nr. 6 p. 47–48) nennt er sich *in causa heresis contra Sigismundum ex Austrie principibus, Georgium assertum episcopum Tridentinum, abbates, canonicos, presbyteros et laicos in citatione comprehensos apostolicus commissarius.*

[5] Zitationsbulle *Contra Satanae* von 1461 I 23, handschriftlich sehr oft überliefert und mannigfach gedruckt (u. a. Raynaldus 1461 n. 11; die übrigen s. bei Lichnowsky VII Reg. Nr. 471; Jäger, Streit II 174 f.; Picotti, Execrabilis 35; Vansteenberghe 202 Anm. 10). Der Läufer ist Marcus Melman (s. LVIII, 2), der wahrscheinlich 1461 I 29 abgeschickt wurde (Beauftragung des Franziskaners Martin von Rottenburg mit der Verkündung in den süddeutschen Kirchenprovinzen und Aquileja an diesem Tage; Druck: Bullarium Franciscanum, Nova series II, 1939 n. 879).

[6] S. den Text der Zitationsbulle: ... *peremptorie citamus et requirimus, ut sexagesimam diem* (Jäger, Streit II 175: *binnen 50 Tagen) a die data, quae et affixionis hujus ad valvas Ecclesiae Principis Apostolorum de Urbe,... computandam*... (Raynaldus l. c.), NvK gibt als rundes Datum für den Termin hier Mariä Verkündigung (25. März) an.

[7] Pasquale Malipiero, Doge 1457–1462.

[8] Nämlich Val di Non (s. LVIII).

[9] Vgl. dazu LII, 4.

[10] Treuga zwischen Sigmund und den Eidgenossen in Konstanz, 1460 XII 7 (Chmel, Materialien II n. 173), die von 1460 XII 10 bis 1461 V 24 gelten sollte (s. Jäger, Streit II, 162 f.), wogegen der Papst sich sofort protestierend an die Eidgenossen wandte (Jäger II, 164 f. nach *Handlung* 421 ohne Datum); weitere Breven: an die Schweizer Bischöfe, 1461 I 15 (Ch. 190–92; Jäger, Streit II, 165 f.); an die Pfarrer der Diözese Konstanz, 1461 I 26 (Ch. 72; 1461 I 22 nach BV Regin. Lat. 557 f. 87^v und nach dieser Hs.: Goldast,

Monarchia II, 1589); Enzyklika an mehrere eidgenössische Städte, 1461 I 30 (Ch. 161 f. und *Handlung* 423 nach Jäger II, 179); Bulle an B. Heinrich von Konstanz, die Züricher und die anderen Eidgenossen, 1461 I 31 (Wirz II n. 89).

[11] Über die Korrespondenz zwischen Erzhg. Albrecht, dem Papst und NvK aus dieser Zeit s. Jäger, Streit II, 167 ff. Albrecht hatte seine Vermittlung angeboten. Darauf schrieb NvK zunächst an Albrechts Kanzler, 1461 I 4 (Ch. 189): *Item velitis, queso, regratiari d. meo archiduci meo nomine de eo quod, ut intellexi, pro concordia et pace diocesis mee et mea s. d. n. scripsit* . . . Augenscheinlich davon überzeugt, daß Albrecht am Ausgleich viel gelegen sei, konzipierte der Papst ein recht scharf gehaltenes Breve an ihn, offenbar um ihn zum Druck auf Sigmund zu veranlassen (1461 I 9, Ch. 186–88). Er ersetzte es aber dann vorsichtigerweise durch eine gemäßigtere Fassung (AV Arm. XXXIX, 9 f. 232r–233r und f. 253r–254r, Raynaldus 1461 n. 13; überall ohne Datum). Dies alles zeigt, von welcher Wichtigkeit ihm und NvK Albrechts Verhalten war. Ihre Hoffnungen erwiesen sich jedoch als trügerisch, wie die schon bald getroffenen Vereinbarungen zwischen Sigmund und Albrecht zeigten (s. Bachmann I 34 ff.).

[12] Antwort Barbaras auf diesen Brief aus Mantua, 1461 II 14 (AG 2888 lib. 48): . . . *Ne piace il rasonamento che hai havuto cum il Rmo Monsignor S. Petri ad vincula, e cossì da parte nostra debi ringratiar la sua R. Si. del consiglio te ha dato et de le proferte bone te ha fatte. Se porai intendere altro, haveremo a caro et ne dagi de continuo aviso* . . .

LVIII

Bartolomeo Bonatto

Brief an Barbara Gonzaga (Auszug) — Rom, 1461 März 4.

AG 841: Or. (aut.), Pap., 29,8×21,0, P.

Illma Madona mia. Essendo io andato hozi a visitare el Rmo Monsignore Sti Petri ad vincula, come vado spesso[1], sua Si. me disse: „Haveti fatto bene a venire, chè mi sono supravenute alcune cosse, che voglio comunichare cum vui, et se'l vi parerà, ne potereti scrivere. Per intendere se l'animo del Si. è de attendere fermamente a questa cossa, – non perchè adesso se ge possa far altro, ma è pur bono a saperlo, perchè, se la privatione segue, se possa imediate procedere a questo, chè non ge seria poi il tempo de pratichare –, ne adviso che per quello comprendo nostro Si. serà per vui. Heri essendo venuto el corero, che a questi dì fu mandato a citare il viscovo, come ne disse, il quale, benchè per li rectori de Verona non ge volesse esser lassato exequire, dicendo che prima ne voleano havere risposta da Venesia, non potendo lui stare lì ad aspettare, pur ha exequito et posto le citatorie et lì a la gesia et a Rovereto, secondo la forma de la rasone[2], rasonando cum nostro Si. de questa facenda, li dissi: ‚Ben, P. S., non s'è emendando

15 questui che ne farà la B. V.' Me rispose: ,Non possiamo fare che non faciamo rasone. Lo privaremo.' Et io li risposi: ,La Stà V. ha fatto pensiere a chi la ne voglia provedere.' Respose: ,Non bisogna haverli pensiere. Da l'un canto bisogna sia persona grata al imperatore, da l'altro guardarse da Venetiani, perchè hano cum questo una certa intelligentia et conspirano a quello stato.'"
20 Et dice che'l papa nominò Estitensis [3], dicendo seria bono. Et esso li risposi: „,A me andava per la mente el prothonotario da Gonzaga, del quale extimo seria contento lo imperatore, et el Si. marchese tene bona amicitia cum quelli da Archo [4], et anche è ben voluto in quella terra, et la reputatione del padre et de la casa operaria assai.' El papa ge rispose: ,Dite molto bene.
25 Ancor ad nui piaceria. Ma qui è da vedere chi ge disse la possessione se Venetiani se adversasseno, chè piutosto se oponeriano forsi a quella casa che non fariano a un altro, et volesseno per questo favorire questo vescovo per la intelligentia hano cum si.' A che risposi, che Venetiani a questo non poriano obstare, quando el Si. Messer lo duca, il quale confina cum una
30 valata del vescoato, dove sono più castelli et sono tutti Italiani [5]" – et lui la domanda(va) Vallis Anania [6], per hora non so altramente il suo nome in vulgare – „volesse cum demostratione et cum fatti favorire el prothonotario. Per quella via poteria havere el dominio, perchè questi homini non voriano stare sotto a lo interdicto e a li danni che potessero ricevere, et
35 continuo lo verà che la terra ha il castello [7], adesso pur credo che anche lei pigliaria partito.'" Nostro Si. pare che li respondisse: „Benchè ne persuademo dal duca faria favore, pur tute queste cosse se voriano intendere. Andiamo dreto al far lo nostro. Forsi se emendaralo, che non bisognerà far quelli pensieri." A Monsignore pareria, che la Si. V. vidisse de intendere
40 dal Si. Messer lo duca, come ge piaceria questa facenda et, quando la se conducesse, che favore voria fare, se per altra via non se potesse havere la possessione che per questa, et anche dice che non seria male tolesse il parere del conte F. da Arco per havere deliberato poi a tempo quello ge paresse, et largamente promette de esser propitio et advisarme del tutto.
45 Del tutto m'è parso advisare V. S., aciò me advisi de quanto sia il pensiere suo. Al Ill. Si. nostro non scrivo de questa materia [8], perchè da la Si. V. hebi la comissione ad lei ne pare de continuare. So perhò che la participarà et deliberarà cum Sua Ex. Questa farà perhò parole generale, et al stringere non so quello seguesse. Pur non ho voluto stare che non scriva quanto me
50 accade, et, non havendo altro messo, ho tolto questo a posta, perchè il corero è qui, come fu armato, se amalò de artresi, et è stato male et ancor non è fora de periculo. Pur spero guarirà. Doppo questo Monsignore disse:

„Pur al fine bisognerà che questo Sigismondo se emendi. Ho adesso littere del paese che quelli Si. de Sansonia a conplacentia del papa, per opera de uno prothonotario è di là, sono stati contenti se metta lo scomunicha contro de lui in le sue terre, et cussì se pratichano li altri.[9]" Io lo ringratiai somamente del tutto e dissi che ne faria adviso a V. Si. E cussì farò de quanto altro accaderà per lo advenire[10]. ... Rome IIII Martii 1461. 55

Ex^tie^ v. servitor B. Bonattus cum recomendatione[11].

(58) Martii *corr. ex* Februarii.

[1] Briefe Bonattos an Barbara aus Rom, 1461 II 11 (AG 841): ... *Non ho poi hauto altro de quella facenda de Trento. Io tengo visitato el cardinale. Finchè non sia el tempo de la citatoria, non se farà altro*, und 1461 II 23 (l. c.): *Per li fatti del R^mo^ Monsignore prothonotario nostro non è po' seguito altro. Come scripsi, se bisogna aspettare ch'è'l tempo de la citatoria, che a Nostra Dona de marzo sia spirato. De quello più ultra se farà, de continuo farò adviso a V. Si., et non starò perchè non soliciti Monsignore S^ti^ Petri de esserme advisato.*

[2] Die Signorie lehnte die Verkündigung der Exkommunikation Sigmunds in ihrem Territorium rundweg ab. Bisher unbekannte Quellen darüber und über die Rolle Venedigs im Brixner Streit überhaupt werden im Rahmen der Brixen betreffenden Quellen zu behandeln sein. Zu der Verkündigung in Verona s. aber schon jetzt den Bericht des mailändischen Gesandten in Venedig, Antonio Guidoboni, an Sforza, 1461 II 19 (DS 348): *Questa S^a^ gli* (dem Papst) *ha negato se facia nè in Verona nè in altri loro lochi.* Dazu auch der Veroneser Chronist: *Nicolao, cardinale de Sancto in vincula, spogliato da Sigismondo, duce de Austria, dedutto in corte e querellato de lo inorme atto, el ditto Sigismondo, suoi sequaci e suo terre fino excomunicati e più chi unquam per quelle passarà o con quelli in mercimoniare pratichargà. La qual scomunica molto desviò li Veronexi, per non poter pratichare; fu tal scomunica fatta del anno MCCCCLXI* (144). Der Anschlag der Zitationsbulle in Rovereto samt einer anderen Schrift, die die Namen der Vorgeladenen, ihre Verbrechen, die Fristbestimmung und den Zweck der Zitation enthielt, erfolgte 1461 II 12 durch den apostolischen Läufer Marcus Melman, wie es scheint, in Anwesenheit des Simon von Wehlen (Cgm. 975 f. 68^r^, *Handlung* 180 nach Jäger II, 176). Über die Aussichten s. den Bericht des Johannes Lochner an Barbara (unterwegs, bei Rom, 1461 II 24, AG 439): *Der pischoff von Trint ist uff eyn newes citiret, und auch herczog Sigmund. Ich gelaube man wer iin schir priviren.*

[3] Johannes von Eych (1404–1464, B. von Eichstätt 1445–64), ehemals Kanzler Albrechts VI., mit Enea Silvio eng befreundet, der ihm die Schrift *De miseria curialium* widmete. Er führte ein asketisches Leben und war als Reformator in seiner Diözese tätig, wo er mit seinem Kapitel in Streit lag. Auch NvK stand schon lange mit ihm in Verbindung (Koch, Briefwechsel 45; Umwelt 19 f., 121 unter 1451 IV 8 [s. dazu die Bestätigungsbulle Nikolaus' V., 1452 IX 26, RV 400 f. 293^r^–294^v^], Umwelt 139, 152). Er war, ebenfalls Ostern wie NvK, durch Ludwig den Reichen in Eichstätt belagert und zu einem für die Freiheit seiner Kirche ungünstigen Vertrag gezwungen worden; s. dazu den wichtigen Brief des NvK an ihn aus Siena, 1460 VI 11 (Clm 19697 f. 145^r^–146^r^; Jäger, Streit II 60 ff.; Vansteenberghe 199).

[4] Über die engen Beziehungen zwischen Gonzaga und Arco s. Torelli-Luzio II, 224 f. Odorico d'Arco, der Sohn des zur Zeit regierenden Reichsgrafen Francesco (s. Brief), heiratete Cecilia Gonzaga, eine Tochter Carlos, Bruders des Markgrafen Lodovico, und erwarb Mantuaner Bürgerrecht.

[5] Über die Feindschaft zwischen Italienern und Deutschen, die in Georg Hack eine starke Stütze hatten, s. Ambrosi 202 ff. Die Verträge zwischen Sigmund und dem Bischof vom Frühjahr 1460 wurden von den Italienern als Auslieferung des Territoriums an die deutsche Überfremdung angesehen.

[6] Val di Non, stets romanischen Charakters, wo aber der Widerstand gegen den allmählich ins Land ziehenden deutschen Adel besonders stark war (V. Inama, Storia delle Valli di Non e di Sole nel Trentino dalle origine fino al secolo XVI, Trient 1905; O. Stolz, Die Ausbreitung des Deutschtums in Südtirol, 1927 ff. I 152 f., II 282 ff.). Das venezianische Territorium grenzte von Westen her ans Noce-Tal. Hack hatte zum Schutze die Burg von Coredo stark ausbauen lassen.

[7] Die Burg von Trient, Castello del Buon Consiglio, war als besonders empfindlicher Schlag für die Tridentiner ebenfalls Sigmund ausgeliefert worden (Ambrosi 202; zu den Verträgen: Jäger II, 40 ff.).

[8] An Lodovico schreibt Bonatto in der Sache Trient erst nach einigen Wochen in einem späteren Stadium (LX und LXI).

[9] Gemeint sind Kurfürst Friedrich II. von Sachsen (1412–1464) und sein jüngerer Bruder Hg. Wilhelm III. von Sachsen-Thüringen (1425–1482), die auf der Seite des Albrecht Achilles standen. Wilhelm war auf dem Wege nach Italien, um eine Pilgerfahrt ins Hl. Land zu unternehmen. Der Protonotar ist möglicherwise Thomas Pirckheimer, über dessen Bemühungen bei Ludwig dem Reichen für die Verkündung der Exkommunikation, sowie über die bereits erfolgte Verkündung in Augsburg und Nürnberg (wahrscheinlich dieselbe Information, die NvK hier seinen Angaben zu Grunde legt) ein Brief Bonattos an Lodovico aus Rom, 1461 III 19 (AG 841), berichtet. Über Pirckheimers Tätigkeit in dieser Zeit s. Düx II 218; Jäger, Streit II 141 ff.

[10] Der Rest des Briefes handelt von einem Besuch Bonattos bei Kardinal Calandrini in anderer Angelegenheit. Das ganze Tridentiner Projekt fand natürlicherweise den Widerstand der Venezianer, die sich nach dem kaiserlichen Ausgreifen gegen die Grafen von Görz auf der einen Seite nun durch die Ausdehnungspolitik der den Sforza nahestehenden Gonzaga auch auf der anderen vor allem wegen der Gefährdung der Handelswege bedroht sahen. Anfang März wurden in Venedig *dispositio et animus i. ducis Mediolani et marchionis Manthue, ut unus filius marchionis ipsius per certam praticam quam tenent cum r. domino episcopo Tridentino habeat episcopatum illum*, durch einen Boten Georgs von Lodron bekannt; ein Hinweis auf direkt geführte Verhandlungen der Gonzaga mit Hack. Darauf 1461 III 4: Absendung des Phebus Capella als Gesandten Venedigs nach Trient mit der Instruktion:... *Sumus namque diversis modis facti certiores, quod opera i. domini ducis Mediolani et marchionis Manthue tam apud summum pontificem quam apud suam r. p. fiunt magne instantie ..., ut renuntiare velit illi episcopatui, ut exinde conferatur uni filio ipsius marchionis, et ob id conantur isti p. sue quasdam facere promissiones. Nos quippe, his auditis, non exiguam sumpsimus displicentiam tum respectu honoris et commodi sue r. p., quam semper dileximus ..., tum omni alio bono respectu, ideoque pro pondere huius rei hortari affectuose volumus p. suam, ut in hoc advertere velit et in nullo modo se circumvenire sinat.* Instruktion für den Gesandten nach Mailand, Marcus Donatus, Hauptmann von Bergamo, vom gleichen Tage: ... *marchionem Manthue quesivisse et querere magna instantia apud r. d. episcopum Tridentinum ..., in qua re etiam ex*[ia] *ipsius domini ducis ad requisitionem dicti marchionis posuit et ponit operam suam, que res profecto, cum ita exquisite et anxie perquiratur, nobis aliena visa est ab expectatione nostra. Est enim ... desiderium nostrum in pace et tranquillitate quiescere ... nescimusque quid inferre velit, quod idem ... marchio ... talia ita instanter querat. Est civitas Tridentina nobis finitima, et non nisi suspitionem, ubi non est, concitare potest. Hinc itaque factum est, ut mittere ad ex*[ie] *sue presentiam ... decreverimus ..., ut ...*

libeat huic rei interponere operam suam providereque, quod non sortiatur effectum (alles nach ASV Senato Secr. 21 f. 35^{rv}).

[11] Barbara beantwortet den Brief 1461 III 15 (AG 2186): *Havemo ricevuta la littera tua, per la quale ne hai significato quanto t'è accaduto sentire circa li fatti de Trento dal R^{mo} Monsignore Sancti Petri, dil che et de quanto altro ne hai scripto te comendiamo grandemente. Ne più presto havemo spaciato il correro, expectando de dì in dì che'l ce accadesse qualche cossa da scriverti... Tu harai già visto per le altre de lo Illu. Si nostro, como a la Si. sua non pare che de questa facenda se rasoni più, anci che la se metta in tacere per rispetto de la difficultà seria ad havere la possessione, e poi per non far cossa dispiacesse a questi nostri vicini, e como dice n. S., Dio sa ancor quello seguirà de questa cossa. Perhò non hai a rasonarene più, et aciò che tu intendi quello che circa ciò è seguito, c'è parso de avisarti, come trovandosi Marsilio mercordì passato* (11. III.) *a Milano, fu mandato a posta da quello Illu^{mo} Si. uno Messer Marco Donato, capitaneo de Bergamo, ambassatore ben cum 30 cavalli, a condolersi per parte de la I. S. de Venesia cum esso I. S., che nui cercassemo questo vescovado per la via de sua Ex., sichè considera come questa cossa poteria venire facta. La Cel. sua ge rispose, com'è il vero, che lui non ne havea parlato, nè ancor era stata richiesta. Marsilio doppo fece intendere a quella, come già ben de X o XII zorni inante te era sta scripto, che non ne dovesti parlare. Questo n'è parso farti intendere, nondimanco non ne far altra demonstracione, anci debbi tenerlo presso te.*

LIX

Francesco Sforza

Brief an Nikolaus von Kues — Mailand, 1461 März 13.

DS 50: Entwurf auf Pap.-Doppelbl., 30,0×21,0, f. 1r.

1461 Mediolani die XIII Martii. Domino cardinali sancti Petri ad vincula.

Intelleximus negotium expeditionis bullarum patriarcatus Antiocensis reverendi in Christo patris domini fratris Lodovici de Bononia apostolici oratoris [1], qui una cum aliis oratoribus orientalibus [2] nuper ad nos venit, a s^{te} d. nostri r^{me} dominationi vestre fuisse commissum, quod certe nobis carissimum fuit, quippe quod nulli alii rectius aut dignius mandari potuerat. Cum autem ipsi d. fratri Lodovico multa debeamus, sic promereatur eius singulari doctrina et vite et morum integritate, cumque existimemus huiusmodi expeditionem suam nonnisi magno honori et commodo huius suscepte provincie in Turcos Christiani nominis hostes cessuram esse proptereaque principes et fideles populi, quanto digniore et ornatiore auctore incitabuntur, tanto magis incenduntur, r. d. vestram oramus atque obsecramus, ut in re huiusmodi auctoritatem et operam suam interponere velit apud summum

15 pontificem, a quo hoc pro speciali gratia petimus, quod item patriarcatus bulle, quanto citius fieri possit, ipsi d. fratri Lodovico transmittantur, quin etiam alia concedatur bulla, qua prefatus d. patriarca consecrari et pallium et cetera que ad dignitatem patriarcalem spectant ornamenta sumere possit, quod certe magno decori erit apostolice sedi et fervor ac 20 devotio proinde omnibus augebitur. Nos vero tale munus a r. d. vestra gratissimum accepturi sumus, qui eandem d. paternam singulari amore et studio prosequimur. Eius vero huc adventum ac ipsorum orientalium oratorum carissimum habemus et hanc eorum peregrinationem vehementer commendamus [3].

(16) *post* possit *verbum incertum del.* (23) carissimum habemus *s. lin. add.*

[1] Bereits unter Nikolaus V. und Calixt III. päpstlicher Beauftragter in Äthiopien, Persien, Armenien und bei den Tartaren, um sie zum Kampf gegen die Türken zu gewinnen. Pius II. bevollmächtigte ihn 1458 X 4 beim orientalischen Episkopat und verschiedenen orientalischen Fürsten, die 1460 eine Gesandtschaft nach Rom schickten, die der Franziskanerpater Lodovico (offensichtlich in Jerusalem einem Konvent angehörend) dem Papst zuführte. Sie baten dabei, Lodovico zum Patriarchen von Antiochia zu ernennen. Pius bewilligte dies, *ea moderatione adiecta, ne Ludovicus se patriarcham aut scriberet aut appellaret, antequam reverteretur, neve litteras huiusce dignitatis secum afferret, sed in custodia essent apud cardinalem sancti Petri, ut maior interea de finibus patriarchatus haberi notitia posset* (Pius, Comm. 128). Darauf reisen sie mit Lodovico als Kreuzzugswerber über Mailand nach Frankreich und Burgund. Biographie Lodovicos bei Moritz Landwehr v. Pragenau, in MIÖG 22 (1901), 288–296, im wesentlichen nach Wadding (s. bei diesem XII, 339 f., 485; XIII 30 f., 69 f., 174 ff.; ferner Raynaldus 1461 n. 101; Pastor II, 225 f., und mit neuen Details: W. Heyd, Hist. du commerce du Levant au moyen-âge II, Leipzig 1923, 363 f.). Vom gleichen Tage, 1461 III 13, existiert ein warmes Empfehlungsschreiben Sforzas für Lodovico an den Papst (l. c. f. 1v). Er werde für den Erfolg der Kreuzwerbung Lodovicos und der Gesandten alles tun, bitte aber den Papst, *ut bullas sui patriarcatus, que, ut intellexi, apud r. d. cardinalem Sti Petri in vincula sunt, transmitti facere dignetur.* Ausführlicher Sforza am gleichen Tage an Carreto, *de le qual cose scrivemo etiamdio al Rmo Monre cardinale Sti Petri ad vincula, el quale intendemo ha questa cosa in le mane de commissione de nostro Signore. Pertanto volemo che tanto appresso sua Stà quanto da esso Monre cardinale et dove serà expediente, faciati ogni opera et diligentia per l'expeditione de ditte bolle, le quale expedite che siano, farete dare al presente portatore nostro messo quale mandiamo lì solo per questa casone.* Es folgt weitere wärmste Empfehlung für Lodovico und Erwähnung eines gleichzeitigen Briefes an den Papst.

[2] Es handelt sich um Michael de Aldigeriis, Gesandter des Kaisers David von Trapezunt, Nicolaus Tephelus, Gesandter Kg. Georgs von Persien, Mahumet Trucoman, Gesandter Kg. Asams von Mesopotamien, Cassadan Carcecha, Gesandter Hg. Gorgoras von Großgeorgien, und Moratus Armenius, Gesandter Verthbrechs (Urtebec), Herrn von Klein-Armenien (Wadding XIII, 174 f., 179 f. nach Pius, Comm. 127 f.; Sforza an Carreto, l. c.); über ihre Ankunft in Rom bereits vorher, 1460 XII 26, Carlo de Franzoni aus Rom an Barbara Gonzaga (Pastor, Akten 131 n. 107).

[3] Zusammen mit einer burgundischen Gesandtschaft waren Lodovico und die Orientalen 1461 X 27 nach Mailand zurückgekehrt (Sforza an Carreto, 1461 X 27, DS 51).

Lodovico hatte in Frankreich aber seine Befugnisse überschritten und war an der Kurie der Unehrlichkeit bezichtigt worden. Auch bezüglich der Echtheit der Gesandten waren Zweifel aufgetaucht. Die Folge war, *quod patriarchatus litteras haudquam obtinere potuit* (Pius, Comm. 176 f.). 1461 X 28 schreibt Sforza erneut in der Sache an Carreto (DS 51): *El Rdo D. frate Ludovico da Bologna, patriarcha de Antiochia, ne ha ditto, che el messo, quale venne altra volta lì in corte con nostre littere per la expeditione de le bolle del suo patriarcato, che erano in le mane del cardinale Sti Petri ad vincula, quando el se presentò da Voy con le nostre littere, Voy non li facesti troppo bon volto nè desti quella grata risposta che'l se haveria creduto, il che gli pare puro difficile ad credere, nè Nuy lo credimo.* Er mahnt ihn, die Sache besser zu fördern. Ein entsprechendes Schreiben Sforzas ging am gleichen Tage an den Papst. Carretos Antwort aus Rom berichtet, 1461 XI 11 (l. c.), der Papst habe starke Bedenken erhoben und deshalb ausweichende Antwort gegeben. Darauf 1461 XI 24 (DS 52) Cicco an Carreto zurück: Die Sache dränge nicht sehr, da Lodovico sich erst nach Venedig begebe, ehe er nach Rom zurückkehre. 1461 XI 28 dagegen nochmaliger Mahnbrief Sforzas an Carreto, alles für Lodovico zu unternehmen. In Venedig gelang es Lodovico dann, von einigen Bischöfen geweiht zu werden. Pius befahl daraufhin dem Patriarchen von Venedig, ihn zu ergreifen, doch ließ ihn der Doge entkommen. 1465 tauchte er wieder als Gesandter bei den Tartaren und Polen auf; Sixtus IV. schickt ihn 1476 nach Persien; *nuncupatus patriarcha Antiochenus* heißt er in der betreffenden Bulle (Wadding XIII, 425 und XIV 165 f.). Lebhafte Verteidigung der Lauterkeit Lodovicos erfolgt durch Marcellino da Civezza, Storia Universale delle Missioni Francescane VI, (Prato 1881) 317–323 (Erwähnung des NvK 322).

LX

Bartolomeo Bonatto

Brief an Lodovico Gonzaga (Auszug) Rom, 1461 März 16.

AG 841: Or. (aut.), Pap., 30,8×21,1, P.

Illmo Si. mio. Visto quanto me comanda la Extia V. per le sue portate per el franzoso cavalaro, me sono ritrovato cum el Rmo Monsignore Sti Petri, et ditto quanto scrive Vostra Si., rengratiandolo sumamente del opera et bona dispositione sua [1], me rispose: „Qui non è da dire altro. Voria potere far contento el Si. se faria la voluntà sua. Pregovi me recomandati 5 a sua Si., et se venereti qualche volta qua, non starò de darne adviso come passarà la cossa [2]." ... Rome XVI Martii 1461.

Extie v. servitor B. Bonattus cum recomendatione [3].

[1] Hier ist ein unbekannter Brief Lodovicos erwähnt, der noch vor dem Eingreifen der Signorie geschrieben wurde.

[2] Es folgen Bonattos Bemühungen beim Papst um den Erlaß der Exkommunikationsverkündung in Mantua. Auf das umfangreiche Material über die Reaktion auf Pius' Auf-

forderungen zur Exkommunikationsverkündung in den einzelnen Ländern gehe ich andernorts ein. Ferner berichtet Bonatto über Fragen des italienischen Krieges und die Konzilsmöglichkeiten in Mantua oder Deutschland. Diese Stelle ist gedruckt bei Pastor II 728 n. 43, erwähnt ebd. 151 Anm. 1 und bei Picotti, Execrabilis 38 Anm. 1.

[3] Inzwischen war Nicolaus Capranica, B. von Fermo, bereits als päpstlicher Gesandter mit mehreren Aufträgen an den Kaiser abgereist, darunter (nach Brief Bonattos an Barbara, 1461 III 8, AG 841): *Quarta ha a parlare del viscoato de Trente, cum demostrare questui esser digno de privatione et che la mente de nostro Si. seria stata ... grata a la sua Mtà de provederne al prothonotario nostro et demonstrarge, quanto se g'è opposto Venetiani, che non si crede sia per altro se non che conspirano a quelle parte.* Zu diesem Zeitpunkt intervenierte Sforza aber auf die oben (LVIII, 10) erwähnte Aufforderung Venedigs hin bereits in Mantua und teilte dies 1461 III 13 seinem venezianischen Gesandten Antonio Guidoboni mit (DS 348): ... *De questa cosa volemo tu ne parli ad la prefata Sria, advisandola appresso, che, trovandosi essere qui duy cancelleri del prefato marchese, gli ne havimo parlato ..., et che del tutto volesseno subito advisare el suo Sre, li quali ne hanno ditto ch'è li vero, che più dì anno trattandose in corte de Roma de la privatione del ditto vescovo de Trento, fu proposto ad esso Sre marchese per alcuni cardinali che se operariano, che se daria al filiolo el ditto vescovato. Ma, intendendo el ditto Sre, che'l non sia de piacere de quella Sria nè nostro, se astena de tal pratica.* Darauf erfolgte Barbaras entsprechende Anweisung an Bonatto von 1461 III 15 (LVIII, 11). Die Signorie ließ sich 1461 IV 13 durch Sforzas Gesandten Albricus Maleta dafür bedanken (DS 348). Die Venedig genehme Antwort Hacks, welche durch die Gesandtschaft der Signorie nach Trient verursacht wurde (s. LVIII, 10), ergibt sich aus der Senatsparte von 1461 V 8 zur Brixener Frage (ASV Senato Secr. 21 f. 44v; ebendort die Parte über die Maleta zu erteilende Antwort, 1461 IV 11, f. 42r).

LXI

BARTOLOMEO BONATTO

Brief an Lodovico Gonzaga (Auszug) — Rom, 1461 März 20.

AG 841: Or. (aut.), Pap., 31,0×20,9, P.

Illmo Si. mio. Questa matina el Rmo Monsignore Sti Petri mandò per mi et dissemi: „Bartholomeo. Io te disse questi dì, che de quanto succederia de quella facenda, te ne faria advisato [1]. Essendo passato el primo termine de la comparitione de quello amico, heri sera ne fu cum nostro Si. per
5 intendere la voluntà sua. Et in effetto la Stà sua è in questo preposito et cussì me ha ditto, lo scomunichi cum cecho. Et te lo dia in secreto, perchè non voria andasse ad orechie al cardinale de San Marco, a cui è comessa la causa, ch'è sì, et in quantum el veda modo alcuno de dare la possessione, delibera de provederne al prothonotario vostro, et in quanto ge accada
10 scropolo alcuno, deferirà la cossa finchè ge parà el tempo, et se'l non vederà

poterge dare la possessione, non ge vole dare el titulo. Vole se finisca el processo usque ad sententiam exclusive, perchè quando parerà ad lui, se ge possa intrare et far sententiare esso privato et pronuntiare el prothonotario, prima che altri possano mandare qua per impedire. E continuo a me pareria, che el marchese ancor lui facesse ogni experienza possibile cum quelli da Archo, cum el duca de Milano et cum altri chi paresse ad lui, per intendere del modo de la possessione. Et dico te più, che nostro Si. ha ditto, perchè se tene ubligato al marchese, che pur veda se possa ottenere el principale, videlicet la terra, se ben ge fusse qualche castello adversante[2]. Non ne farà cura de pronuntiarlo motu proprio senza participatione alcuna cum cardinali, perchè non se ge opponessaro, et se non, deferirà la cossa fin tanto ge parà el tempo.“ Et dice, o farà lui o non mai alcun altro, perchè, non havendo fatto ad la Si. V. et ad quello in questa dieta alcun dono, ge vole far questo. Io vedendo le cosse preparate et ben disposte, perchè el dice, se'l vede non se ne possa havere la possessione, deferirà, benchè habia comissione de non me ne impazare, – non è perhò che me levi, ch'è non ol da l'altro che queste sono cosse accadeno rare –, disse che ne scriveria a V. Si., rendendomi certo seria sempre obsequentissima a la voluntà de nostro Si., et ubligata a la sua R[ma] Si. E da l'altro canto, perchè da Vincenzo[3] sono advisato che a Milano è venuto uno messer Marco Donato, capitanio de Bergamo, mandato per la Si. de Venesia, che mostra haver sentito de questo, perchè el duca non se ne impaci, ho fatto che messer Otto, el qual è affectionato a V. Si., scrive questa voluntà de nostro Si. al duca, a ciò che non titubasse, mostrandoge che lui molto ben se po salvare, ad non volere dare carico al papa per li beneficii forra del suo dominio et non pertinenti ad essi nel suo dominio, quantumche de questo non ne sapia cossa alcuna[4]. A me pareria, se questa ventura se potesse havere, non se lasasse, perchè non vengono molte volte l'anno. ... Rome XX Martii 1461.

Ex[tie] v. servitor B. Bonattus cum recomendatione[5].

[1] S. LX.

[2] Nämlich die Sigmund hörigen Burgen.

[3] Vincenzo Scalona, augenblicklich Gesandter der Gonzaga in Mailand.

[4] Diesen Brief schrieb Otto de Carreto 1461 III 21 (DS 50): ... *Haverà* (Sforza) *inteso da lo Ill. marchese de Mantua, come la St[à] de nostro S. procede contra lo vescovo de Trento per privarlo del vescoato, perchè in contemptu sedis apostolice assiste al duca Sigismundo d'Austria, et intendo per bona via sua St[à] secretamenti haver deliberato de dare tal vescoato al fiolo del prefato S[re] marchese de Mantua, sì perchè desidera fare bene ad esso Signore, sì ancora perchè li pare più idoneo a conseguire la possessione che alcun altro, et lo fa ancora più voluntieri per metter +uno stecho in l'ochio de Venetiani+.*

Ma in tal cosa delibera procedere ad a siò, iustificandose con citatorie, finchè veda al quanto redrizate queste cose del Regno o vero +li Venetiani+ involupati +in la guerra con lo Turcho+, come si spera, perchè è certo li debia +dispiacere+ questa cosa. Ma, seguendo l'una de le cose preditte, bisognerà +habino pacientia+, et questa tal cosa stima molto debi giovare a la secureza del stato Vostro. Tamen de questo non m'ha parlato sua Stà, ma la tene molto secreta. Mit + versehene Stellen sind chiffriert. Sforza antwortet darauf 1461 III 30 an Carreto (DS 50) unter Erwähnung der Gesandtschaft des Marcus Donatus: in Venedig wisse man schon alles und fordere ihn, Sforza, zu abmahnender Einwirkung auf die Gonzaga auf, *perchè quando se facesse, non poria quella Sigria ricevere maiore iniuria nè maiore offesa . . , la qual seria casone de provocarli in guerra;* er habe Venedig seine Unschuld an der Sache beteuern lassen, sei durch die Gonzaga versichert worden, daß sie nichts weiter unternehmen würden, und bitte Carreto, dem Papste die Sache auszureden. Dieser läßt das Projekt dann fallen; s. Brief Carretos an Sforza, 1461 V 5 (DS 50): *Del vescovato di Trento molto s'è maravegliato nostro S., dove sia proceduta questa novella, perchè dice non fece may parola de darlo al fiolo del S. marchese di Mantua, nè ha questa dispositione per adesso, sichè di questo non bisogna affaticarse.* Auf den Brief Barbaras von 1461 III 15 hin (LVIII, 11) antwortet Bonatto an sie 1461 III 26 (AG 841), er werde nicht weiter für die Übertragung arbeiten, sondern *suprastare finchè fusse il tempo apto . . . Vada come se voglia, tanto che viva papa Pio, so bene non sarà alcun Venetiano lì vescovo, et questo me conforta.* In einer Anweisung an Scalona, 1461 III 30 (AG 2888 lib. 48), bleibt die Sache nur noch als eigenmächtiges Vorgehen Bonattos: *Tu vederai quanto per la inclusa copia ne ha scripto Bartholomeo Bonatto havere havuto dal Rmo Monsignore Sti Petri in vincula circa la facenda del viscovato de . . . E perchè non voressemo che, scrivendoli Messer Otto a quello Illuo Si. circa ciò, come Bartholomeo monstra che'l debia fare, per le parole ge ha dicte, la Celsitudine sua se credesse che questa fosse opera nostra, et che nui fossemo pur quelli che sollicitasse questa facenda . . .; el sapia che la cossa non procede ponto da nui, anci da Bartholomeo, el quale com'è affectionato che'l ne è, mal volentiera se ne destacha. Nondimanco nui non glie havemo posto lo animo . . .* Antwort Scalonas an Lodovico aus Mailand, 1461 IV 1 (AG 1621), die Carretos Bericht an Sforza noch weiter ausmalt: *. . . che'l papa proprio etiam ge ne havea parlato, dicendoli de questo pensiere haveva sua Stà e per fare a piacere et questo servitio alla Vostra Si. che'l amava, et per mettere uno stecho in li ochii a Venetiani, usando el Si. prefato* (Sforza) *queste parole: ‚Te so dire, che'l papa vole male da morte a Venetiani. Ma el Si. marchese ha fatto bene per adesso a lassare passare la cosa' . . .* . Aber auch Scalona fügt an: *Facile sarrà a Vostra Celsitudine dare secretamente opera sia temporagiata la cosa, et col tempo congruo essere ragione de questo ben et honore alla casa del mio Ill. Si . . . .*

[5] Antwort Lodovicos auf diesen Brief aus Mantua, 1461 IV 6 (AG 2186): *Nui ricevessemo questi dì una tua . ., per la qual ne scrivi questo te havea ultimamente ditto el Rmo Monsignor Sancti Petri haver havuto da la Stà de nostro Si . .;* durch seinen früheren Brief (s. LVIII, 11) sei er, Bonatto, aber schon von allem unterrichtet, *et quello dovevi dire al prefato nostro Si.* Über einen neuen Vorstoß zur Gewinnung von Trient für die Gonzaga s. LXXXIV.

LXII

Bartolomeo Bonatto

Brief an Barbara Gonzaga (Auszug) Rom, 1461 Mai 29.

AG 841: Or. (aut.), Pap., 30,2×21,4, P.

Illma Madona mia ... [1] Visitando poi al tardo el cardinale de S^to^ Petro ad vincula, doppoi molti rasonamenti che non relevano, venessemo a rasonare de Mantua, et quanta habundantia ge have la corte. Et dissemi che nostro Si., pur se'l accadesse de instituire concilio, sapea et che già ne havea rasonato cum si, se non lo potesse ottenere qui, nominaria Mantua, 5 chè a Sena non andarialo mai et chè molto se contentava del Ill. Si. nostro [2]. Io li dissi che ad ogni tempo seria el ben veduto, ma che questo non se sperano. Et sugonse, che haria veduto volentera de questa sua affectione mostrava ne havesse fatto demostratione in la famiglia de V. Si. Me risposi: „Non ve ne doleti che nostro Si. g'è disposto, et quando io viene 10 de qua [3], perchè già erano fatti li cardinali [4] et pur havea comissione da Madona Barbara et dal marchese Alberto [5] de solicitare questa facenda, la sua S^tà^ me disse che era stato troppo. Ma compresi che non era stato altro che havesse rotto questa facenda, che voler far el nepote [6]. Adesso me pareria el tempo cussì conveniente come alhora, che non è non se ne faza antichè sia 15 uno anno, et se queste cosse del Reame se mettessero a la sua voglia [7], seria forsi a la vendema. Me pareria, che questo fusse el modo se se ne debe fare, se compiacerà al imperatore de uno. In Alemagna non c'è prelato adesso idoneo. G'è bene Estitensis, et nostro Si. g'era disposto. Ma lui s'è excusato, cum dire che la gesia sua et quello stato, perchè è in temporali et spirituali, 20 richiedea presentia, et per questo se n'è destolto [8]. Tenessero modo, che lo imperatore, el qual sapiamo esser ben disposto verso el marchese, et che li faria volentera per complacentia del marchese Alberto et de li fratelli [9], scrivesse qui due littere, l'una a nostro Si., l'altra al colegio de cardinali, in le quale concludesse questo, che cussì ge parea honesto fusse compiaciuto 25 ad la sua M^stà^ come ad alcuno altro, et pregasse et supplicasse ge fusse compiaciuto del prothonotario." Et un'altra ne scrivesse ad lui, che solicitasse questa cossa cum far demostratione, ge fusse ad grande piacere che lui poi toria el caricho de solicitarla, et non dubitava la conduria [10]. Et dissemi: „La praticha quando nostro Si. fu fatto cardinale, passò a questo 30 modo et per le mie mane. Io poi come riducea la brigata, facea che se sottoscriveano ad una cedula – et cussì fu fatto", et, chi havesse fatto a

questo modo a Mantua, ge reusiria. Io ringratiai la sua Si. et disseli, che, quantumche fusse venuto in questo rasonamento, tamen non ne havea comis-
35 sione alcuna, nondimancho che non staria de scrivere a la Cel. V., a la quale non dubitava seria molto grato intendere la sua optima dispositione. Rispose: „Fate come vi pare. Questo me pareria bon modo, et non bisogneria mai che el marchese ne facesse dire una parola, perchè io in nome de imperatore faria la praticha." Ad far adviso a la V. Cel. de quello me
40 accade, non me pare falire. Cussì ge potessi mandare lo effetto che so non lo desidera mancho de lei. Al Ill. Si. nostro de questo non ho scripto cossa alcuna. La Ex. V. il poterà comunicare come ge parerà. . . . Rome XXVIIII Maii 1461.

Ex^tie^ v. servitor B. Bonattus cum recomendatione [11].

[1] Zunächst ein Bericht Bonattos über ein Geschenk des Kardinals Coetivy für Barbara. Der Brief ist erwähnt bei Picotti, Execrabilis 38 Anm. 1. Die von Bonatto genannten Audienzen bei den Kardinälen fanden am Vortage (28. V.) statt.

[2] Über die Konzilspläne s. Jedin, Trient 50 ff.; über den Plan einer Tagung in Rom, der auf Torquemadas Anregung zurückging, a. a. O. 55; s. LX, 2 und Picotti 38. Die Frage war akut eigentlich nur im Hinblick auf die Konzilsbestrebungen in Deutschland und Frankreich. Über diesen Zusammenhang s. u. a. Briefe Bonattos an Lodovico, 1461 II 12, II 14, III 31 (AG 841).

[3] Nämlich 1460 V 26 (s. LI, 4).

[4] 1460 III 5 (Pastor II 206).

[5] Albrecht Achilles, Oheim der Barbara; über Barbaras Vorsprache bei NvK s. L.

[6] Francesco Todeschini-Piccolomini (Pastor II 204 f.).

[7] Anlaß zur Hoffnung gab der für die anjovinische Politik verhängnisvolle Aufstand der Genuesen 1461 III 9 (Nunziante XXI, 288 f., Pastor II, 90). Der Kirchenstaat selbst kam im Frühjahr 1461 allmählich wieder fest in päpstliche Hand. Bei der Vorbereitung zum Einsatz der päpstlichen Truppen im südlichen Kirchenstaat wurde auch NvK zu Rate gezogen; s. den Bericht Carretos an Sforza, 1460 XI 14 (DS 49), über eine Besprechung des Papstes in der vorherigen Nacht mit NvK, Kardinal Eroli, Antonio und Goro Piccolomini, Ammanati und Buonconti.

[8] Die Kontroversliteratur zur Frage der Kardinalserhebung des Johannes Eych s. bei Pastor II, 209 Anm. 3.

[9] Die Hohenzollern waren bekanntlich die, wenn auch nicht sehr uneigennützige, Stütze des Kaisers im süddeutschen Fürstenkrieg.

[10] Über die Ausfertigung dieser Schreiben s. LXXIII.

[11] Antwort Barbaras an Bonatto 1461 VI 10 (AG 2186): *Nui havemo ricevute alcune tue, per le quale ne scrivi del . . . rasonamento te ha fatto il R^mo^ Monsignore Sancti Petri in vincula circa quella facenda etc. Ad che respondemo . . . ., non te possiamo ancor responder altro, perchè lo Ill. Si. nostro se trova a Milano. Ritornato che'l sia, conferiremo il tuto cum la Cel.sua. In questo mezo, ne pare e vogliamo tu te trovi cum il prefato Monsignore, et da parte nostra ringraciarlo grandamente de la opera, consilio e sollicitudine sua circa questa facenda, perchè veramente comprendemo che esso voria veder ogni utili bene et exaltacione nostra, del che, ultra le altre obligatione, etiam per questa ge ne restiamo obligatissima, dicendoli che altra volta, quando fu rasonato de ciò, el sa che la S^tà^ de nostro Si. non fece altra excusa se non che la etade impaciava ogni cossa, non*

voressemo anche adesso intrando in questa cossa e fare la praticha, et doppo ne fosse ditto questo medesimo, cioè che la etade obstasse, che'l ne rincreseria e pareriane gran carico e magiore che'l primo, quando ne fosse fatta instancia, et che poi la cossa non havesse effetto. Tu porri comunicare questo cum esso Monsignore e farli intender ogni cossa pregando la sua Rma Si., che voglia farli pensier sopra e darne quello consiglio li parerà. Non altramente che in lei habiamo speranza, perchè veramente se la reputiamo e patre e protettore nostro in quello loco. In questo mezo ritornarà el prefato Ill. Si. nostro, col quale comunicaremo il tuto, e poi serai avisato da nuy de la intencione sua e nostra.

LXIII

Bartolomeo Bonatto

Brief an Barbara Gonzaga — Rom, 1461 Juni 14.

AG 841: Or. (aut.), Pap., 14,4×22,1, P.

Illma Madona mia. Poi le altre mie visitando el Rmo Monsignore Sti Petri ad vincula, che, come scripsi, ha hauto dolori colici [1], me disse che'l havea, che il re de Boemia, in cui altra volta fu fatto il compromesso de le differentie pendeano tra lo Ill. marchese Alberto et il duca Ludovico, che consistea in tre cosse [2]: l'una la restitutione de le terre, che esso duca Ludovico havea tolto in la guerra al marchese Alberto, le quale lui domandava; la secunda in li interessi, che asseriva el duca Ludovico haver hauti per mettersi in ordine a la guerra, et li reperea al marchese Alberto; la terza per le inzurie et infamia, che il duca Ludovico asserea esserge poste per il marchese – havendone composte due, videlicet che'l havea indutto il duca a la restitutione de li castelli et terre prese, et a la remissione de li interessi, non potendo indure el marchese Alberto a la restitutione de la fama, videlicet che per tutto, dove havea scripto del duca Ludovico, nominandolo traditore, per littere sue retrattasse, che cussì domandava, havea renuntiato al compromesso. Di che ge parea comprendere, et cussì era advisato seriano un altra volta a le mane [3]. So perhò che la V. Si. per de là debe intendere più largamente. Tamen non ho voluto restare de farli adviso de questo che m'è ditto. Al cardinale mostra de rincrescere molto questa contentione, et eo maxime per non ge essere perita de possanza, et poi disse che, se veniano a le mane, non stasia senza dolore del stato del marchese Alberto, chè se ben lui era strenuo, l'altro era potente. Altro non mi accade. A la gratia de V. Si. quanto più posso me ricomando. Rome XIIII Iunii 1461.

Extie v. servitor B. Bonattus cum recomendatione.

[1] Brief Bonattos an Barbara, 1461 VI 4, s. LXIV, 2.

[2] Die Übertragung des Kompromisses im brandenburgisch-bayerischen Streit in die Hand Georg Podiebrads bezüglich der genannten drei Streitfragen ist in der Rother Richtung von 1460 VI 24 enthalten (Müller I 779). Über das Scheitern des auf dem Prager Georgitag zu vollziehenden Kompromisses s. Podiebrads Spruch von 1461 IV 20 mit Anführung der drei Artikel und der Weigerung Albrechts bezüglich des dritten Artikels (Müller II 14–16). Über die Verzichtgründe Georgs s. Bachmann I 54; NvK's Bericht trifft aber in Artikel 3 das Richtigere. Belege über die entehrenden Äußerungen Albrechts s. bei Kluckhohn 147 und zur Sache allgemein: Chr. Meyer, Zur Gesch. des Krieges zw. Albr. Achilles u. Hg. Ludw. v. Bayern 1460, Hohenz. Forsch. I, 1892.

[3] Kriegserklärung Albrechts von 1461 VIII 3 mit gleichzeitigem Anschlag der kaiserlichen Briefe, die ihn zum Reichshauptmann ernannten (Müller II 56 f.; zur Entwicklung der Lage 1461 s. Kluckhohn 183 ff., Bachmann 75 ff.).

[4]) Auf Ersuchen Barbaras gibt Bonatto ihr 1461 VII 8 neue Mitteilungen über Deutschland durch, die die Vorbereitungen zum Fürstenkrieg und die Konzilsfrage betreffen (AG 841); erneut 1461 VIII 7 (l. c.). Bezeichnend für die Skrupellosigkeit, mit der die Politiker die Konzilsfrage behandelten, sind die Briefe, die ausgerechnet Ferrante gegen den Papst für ein Konzil an die deutschen Fürsten schrieb. Der Werbung Podiebrads an Pius zufolge sind die Nürnberger Konzilsgespräche an Reminiscere (1461) dadurch veranlaßt worden (s. Hasselholdt-Stockheim 140 f. und Beilage LV 306).

LXIV

Pius II.

Breve an Nikolaus von Kues — Tivoli, 1461 Aug. 16.

AV Arm. XXXIX, 9 f. 242rv: Kop.

Pius papa II cardinali sancti Petri [1].

Dilecte fili. Salutem etc. Legimus litteras tue circumspectionis [2]. Vidimus etiam, quod certi instantes nobiles tibi respondent [3]. Offerunt comparituros se vel coram nobis, si salvum conductum miserimus, vel coram tua circum-
5 spectione [4], si ita mandaverimus. Nos, que egisti hucusque, plurimum commendamus. Prudenter omnia direxisse et accurante te intelligere causas dissensionum videmus. Cunctis mature pensatis, honestius ducimus et ad conclusionem utilius, ut circumspectio tua, una cum quibus sibi videbitur, locum et diem nobilibus antedictis oppidanis et Urbevetanis quoque con-
10 stituat, ad quem sint personaliter conventuri. Ibi tua circumspectio voluntates dissidentium noscat, conditiones inter eos concordie tractet et, quantum *[242v]* profici possit, intelligat. Si convenire inter eosdem super differentiis potest, placet ut, antequam aliquid concludatur, de conventis nos

certiores fiamus et interim ita res teneatur, ut elabi de manibus nequeat; si minus, etiam tua circumspectio difficultates obstantes nobis significet. 15 Non sine causa ita placet et ita tibi iniungimus: Utere solita diligentia tua! Datum Tibur XVI Augusti anno III° [5].

[1] Über weitere Tätigkeit dieses Jahres im Kirchenstaat s. ein Or.-Instrument des NvK, Rom 1461 III 27 (Montefiascone, Arch. Com., Perg., 64,2×51,2, Löcher von Siegelschnur, Text durch einige Löcher zerstört), als . . *iudex et commissarius unicus ad infrascripta a sanctissimo domino nostro papa specialiter deputatus reverendo in Christo patri et domino domino Patrimonii sancti Petri in Tuscia rectori sive gubernatori reverendisque in Christo patribus et dominis Dei et apostolice sedis gratia Viterbiensi, Urbevetano, Cornetano, Ortano et Ameliensi episcopis eorumque et cuiuslibet ipsorum in spiritualibus et temporalibus vicariis seu officialibus generalibus curieque causarum camere apostolice auditori, viceauditori seu eius locumtenenti et thesaurario dicti Patrimonii sancti Petri in Tuscia ac universis et singulis dominis abbatibus, prioribus, prepositis, decanis, archidiaconis, scolasticis, cantoribus, custodibus, thesaurariis, sacristis, succentoribus, tam cathedralium quam collegiatarum canonicis parrochialiumque ecclesiarum rectoribus seu locumtenentibus eorundem necnon monasteriorum ordinum quorumcumque generalibus, provincialibus, ministris, guardianis, vicariis, custodibus, prioribus ac Andree de Jacciis et Laurentio de Viterbio ordinis sancti Johannis Jerusalimitani fratribus ac eiusdem et beate Marie Theutonicorum magistris, commendatoribus et preceptoribus ipsorumque et Predicatorum, Minorum, Heremitarum sancti Augustini et beate Marie Carmelitarum domorum fratribus et conventualibus ac plebanis, viceplebanis, capellanis curatis et non curatis ceterisque presbyteris, clericis, notariis et tabellionibus publicis quibuscumque, necnon magnificis nobilibus et potentibus viris dominis castellano arcis Viterbiensis eiusdemque civitatis Viterbiensis potestati, barisello dicti Patrimonii sancti Petri in Tuscia ceterisque nobilibus, militibus, militaribus, capitaneis, advocatis, iudicibus, iustitiariis, officialibus seu locumtenentibus eorumque prioribus, proconsulibus, consulibus, civibus, oppidanis, incolis, servientibus et preconibus iurisdictionem temporalem et ordinariam per dictam provinciam sancti Petri in Tuscia ac civitates et dioceses dictorum dominorum episcoporum ac alias ubilibet exercentibus et presertim dicte civitatis Viterbiensis comunitati et Johanni Jucii de Viterbio . . . . salutem . . . . Noveritis quod dudum . . .* Folgt Schilderung des bisherigen Prozeßverlaufs. Über den Gegenstand orientiert die erste noch Calixt III. vorgelegte Supplik, die in das Instrument inseriert ist, *ad instantiam . . . Ypoliti de Nancischis de Amelia* (s. Ruolo generale de' Cavalieri Gerosolimitani della reveranda lingua d'Italia [1714] 34 f.: *Fr. Ippolito Naucisqui d'Acudia*, mit ricettione von 1454, sicher falsch gelesen statt: *Nancisqui* und *Amelia*, da Nacci Kurzform von Nancisqui ist, die ebenfalls im Instrument erscheint, Nacci aber eine der führenden Familien von Amelia ist; s. A. di Tommaso, Amelia nell'Antichità e nel Medio Evo [1831], dort S. 42 und 53 über Hyppolito) *preceptoris domus seu preceptorie sanctorum Johannis et Victoris extra muros Montisflasconenses hospitalis sancti Johannis Jerusalimitani et devote creature . . Petri tituli sancti Marci sancte Romane ecclesie presbyteri cardinalis familiaris continui commensalis* (! s. Anm. 2) . ., *quod nonnulle incole et habitatores civitatis Viterbii* (später namentlich aufgeführt: *Johannes Jucii) in nemoribus ad dictam preceptoriam pertinentibus arbores et ligna incidunt ac illius herbagia et fructus alios presumunt.* Die Sentenz des NvK ist leider so umfangreich, daß ich auf weitere Zitate aus dem Instrument verzichten muß. Zeugen sind Antonius de Eugubio, der päpstliche Konsistorialadvokat, und Heinrich Gerwer, Propst in Schwerin und Kurialsollizitator. Notar (Signet): Heinrich Pomert, *Nicolai cardinalis . . . . . secretarius et huiusmodi cause coram eo scriba: Subscripsi et*

publicavi . . . una cum eiusdem . . . . . cardinalis . . . sigilli appensione . . . Auf der Rückseite ein weiteres Instrument von 1461 V 12, *Viterbii in domo m. d. prioris:* Bestätigungsvermerk über Vorlage des NvK-Instruments in Viterbo. Die Reformanzen Viterbos haben leider von 1461 bis 1467 eine Lücke, die vorhergehenden erwähnen nichts von der Sache. Ebenfalls kein Hinweis bei Tuccia und bei L. P. Buti, Storia di Montefiascone, Montefiascone 1870, wo S. 276 einige Notizen zur Geschichte der Kommende von SS. Giovanni e Vittore (südlich Montefiascone) gebracht werden. – Ein weiterer Prozeß, den NvK drittinstanzlich führte, wird erwähnt in einer Bulle Pius' II. zugunsten des Giovanni de Conti, Eb. von Conza, und seiner Verwandten (1462 VI 2, RV 486 f. 99v–101v), die gegen das Kapitel von Anagni um das Castrum Villamagna bei Anagni stritten (vgl. A. de Magistris, Istoria della città e S. Basilica Cattedrale d'Anagni [1749] 112 f.); Didacus de Coca hatte vorher zweitinstanzlich für das Kapitel entschieden.

[2] Nämlich aus Orvieto, wohin NvK sich zur Kur begeben hatte; s. NvK an B. Zeno von Padua, Orvieto 1461 IX 10 (Ch. 222, Vansteenberghe 460 Anm. 4): *Fui in Junio et Julio Rome gravissima infirmitate valde debilitatus. De concilio amicorum et maxime rev. d. sancti Marci* (Barbo) *ad Urbemveterem me contuli et in illo aere michi valde convenienti recuperavi Dei gratia robur sanitatis.* S. den Empfehlungsbrief der Signori von Florenz an Everso de Anguillara für Paolo del Pozzo Toscanelli, Florenz 1461 VI 20 (ASF Signori. Carteggio. Missive. Registri. Prima Cancelleria. 43 f. 143v): *Sendo noi richiesti dal Reverendissimo in Christo padre et S. cardinale di Sancto Piero in vincula, che gli mandassimo per la cura del infirmità sua lo eximio et excellentissimo medico Mo Paulo, nostro citadino, aportatore di questa . . . . ., desideriamo che'l prefato Mo Paulo, come a noi carissimo, abbia il suo camino prospero et honorevole sança molestia alchuna, come le sue virtù richieggono . . . .* Zur Krankheit s. Bonatto an Barbara Gonzaga aus Rom, 1461 VI 4 (AG 841): *. . . El cardinale de Sto Petro ad vincula ha hauto dolori colici et è stato questi dui dì grave. Adesso sta assai bene.* Dennoch macht er, nach einem Besuche des Papstes bei ihm 1461 VI 14, am nächsten Tage sein Testament (Uebinger, Hist. Jb. 14, 554 f.). 1461 VI 27 schrieb Bonatto an Barbara: *Il cardinale de Sto Petro ad vincula sta meglio et tenesi guarirà.* 1461 VI 29 erneut: *El cardinale de Sto Petro ad vincula pur sta meglio.* 1461 VII 1: *A la parte che la Cel. V. me tocha respondendo* (1461 VI 10, LXII, 11) *a le mie* (1461 V 29, LXII) *de quello rasonamento hauto cum el Rmo Monsignore Sti Petri ad vincula, ho inteso quello mi comanda. Adesso non si po, perchè nel vero è stato molto grave et talhora se ne fu fora de speranza. Pur sta de presenti meglio. Come sia in convalescentia, vederò de parlare cum sua Si.* Über den Ernst der Krankheit s. das von Barbara an Lodovico weitergegebene Gerücht, 1461 VII 3 (AG 2096 und 2888 lib. 47): *Il capellano del Reverendo Messer lo vescovo nostro . . . . . . dice, doppo fu in via et anche a Bologna, haver inteso il Rmo Monsignor Sancti Petri esser passato di questa vita. Altra certeza non ho già fin qui.* Über die Abreise nach Orvieto s. Bonatto an Lodovico aus Rom, 1461 VII 5 (AG 841): *. . . questa setimana parteno . . ., Sto Petro ad vincula a Orvieto . . .* Erneut 1461 VII 8: *Sto Petro ad vincula, che ancor non è ben guarito, se ha fatto portare ad Orvieto.* Etwas andere Nachricht vom selben Tage an Barbara: *Sto Petro ad vincula, che ancor non è guarito, se fa portare ad Orvieto.* Das Instrument des NvK von 1461 VII 10 (XLIX, 4) für den Vikar der Straßburger Franziskanerprovinz datiert zwar: *Rom.* Möglicherweise war NvK aber schon auf der Reise, und die Ausfertigung zu Rom erfolgte durch seinen Sekretär am genannten Tage (s. den ähnlichen Fall 1462 V 31; LXXXI, 1). Bonatto ist für das Abreisedatum eindeutig: Der Brief an Barbara spricht von der Abreise im futurischen Präsens, der Brief an Lodovico vom gleichen Tage im Präteritum. Also liegt die Abreise zwischen beiden Briefen an diesem Tage. Über Barbos Abreise schreibt Bonatto an Lodovico 1461 VII 13: *Sto Marco, che mai non si sole partire, va fra tri dì ad Orvieto.*

1461 VII 8 war NvK noch nicht dort angekommen; s. Protokoll der Sitzung von Gouverneur und Konservatoren von Orvieto an diesem Tage (ACO 215 [Rif.] f. 419v): *Cum hoc fuerit, quod rmus d. cardinalis sancti Petri ad vincula sit huc venturus et domini gubernator et conservatores voluerint super huiusmodi advenimento providere, deputaverunt infrascriptos cives ad infrascripta officia: In primis Sebastianum Dominici et Butium Jacobi ad faciendum munus cardinali, Gregorium Pauli et Antonium Giannotti ad reperiendum lecta pro dicto cardinali.* 1461 VII 12 Sitzung der Neun von Orvieto (l. c. f. 419v), *in quo consilio fuit tractatum factum advenimentum* (oder *advenimenti,* was noch keinen sicheren Schluß auf die bereits erfolgte Ankunft zuließe) *cardinalis s. Petri in vincula. Tandem ad fabas fuit ordinatum largiri eidem unum munus usque ad summam octo florenorum ad rationem librarum denariorum quinque pro singulo floreno, et hoc ex dicto et consilio redito per magistrum Antonium Buccepti.* 1461 VII 16 war NvK jedenfalls bereits in Orvieto; s. die Geldanweisung der Konservatoren an diesem Tage für Jacobus Petri Aglutii (l. c. 215 [Bollette] s. p.), *quatenus de dictis denariis penes te retineas et ad tui exitum ponas in una manu libras denariorum quatraginta, . . . quos dedisti Sebastiano Dominici et Butio Jacobi pro munere largito cardinali sancti Petri ad vincula.* Zur politischen Seite des Geschenks s. Anm. 4. Unter der von Fumi, Codice 720, zitierten päpstlichen Bulle von 1461 V 5 für Orvieto (ACO Perg.) befindet sich auch die eigenhändige Unterschrift des NvK (Kop.: AV Arm. XXXV, 31 f. 122v; Arm. XXXV, 33 f. 142r). Zu den Beziehungen des dort großgewordenen Barbo zu Orvieto s. Zippel 91, Perali 128 (nicht ganz zuverlässig) und wichtig: C. Manente, Historie II (1556) 76. Zu seinem Besitz der Abtei SS. Severo und Martirio s. Meuthen 37 f. Über das bisher unbeachtete Freundschaftsverhältnis zwischen Barbo und NvK, der diesen zu seinem Testamentsvollstrecker ernannte (Uebinger, Hist. Jb. 14 557, Zippel 91), s. Michele Canensi, Barbos Biograph (bei Zippel 92): . . *ac etiam testamentum optimi amici Nicolai cardinalis in titulo sancti Petri ad vincula pari diligentia et iugi sollicitudine adimplere demandavit, cum iam ipse pontificiam apostolorum principis sedem adeptus esset.* Die Nachricht des Canensi wird durch eine Reihe Bullen des späteren Paul II. für das Kueser Hospital bestätigt, s. Krudewig IV 267 f. Übrigens war auch Canensi mit NvK in Berührung gekommen; s. Bulle Pius' II. von 1461 VII 7 (RL 562 f. 282v–284v): Verzicht des Canensi auf die römische Pfarrkirche S. Maria de Macello, bei welcher Gelegenheit gewisse Rechte des Kardinals von St. Peter in dieser Kirche erwähnt werden (s. für Canensi auch RL 588 f. 115v–116v). Barbo war päpstlicher Kommissar im Brixener Streit; s. Barbos Brief, 1461 IV 6, an das Brixner Kapitel und den Propst von Neustift (Jäger Reg. II 31); s. auch Geldanweisung an Barbo wegen seiner Unkosten in der Brixner Sache, 1461 I 29 (MC 836 f. 71v, 100 fl.; Exitus von 1461 II 10: IE 446 f. 128v, 447 f. 132v). Zum weiteren s. Jäger, Streit II, 206 ff., 229 und 267. Eintreten des NvK für Barbos Familiaren Ippolito Nacci aus Amelia: s. Anm. 1. Ein Tauschgeschäft zwischen NvK- und Barbo-Familiaren ergibt sich aus Bullen Pius' II. für Nikolaus Graper (Grapen) von 1461 V 30 (RL 567 f. 54v–56r), der unter Hinweis auf seine Mitgliedschaft in Barbos Familie die Vikarie in der Kirche St. Martin zu Oberwesel und die Kaplanei am Marienaltar in St. Markus zu Lorch erhält, auf die gerade der Familiare des NvK Heinrich Soetern verzichtet hatte, und für Heinrich Soetern vom gleichen Tage (RL 569 f. 15v–17r), der dafür das durch Tod des Barbo-Familiaren Gerlach Nase von Butzbach freigewordene Kanonikat an St. Stephan in Mainz erhält, nachdem Grapen auf das ihm reservierte Kanonikat verzichtet hat. 1463 schenkt Barbo NvK die Abtei in Orvieto, s. darüber Canensi (92 f.): *Inter caetera liberalitatis officia id maxime dignum memoria est, quod erga eundem Nicolaum cardinalem . . . praestitit. Is enim . . . . . a saevissimo barbaro Sigismundo Brixinensi duce . . . . est cunctis ecclesiae emolumentis enudatus; quam quidem duram amici sortem ipse adhuc cardinalis existens consueta pietate levare non neglexit. Cum enim illi esset coenobium nobilissimum beatorum Severi ac Martyrii, . . . illud ei non solum libere dimisit, sed omnem litterarum apostolicarum impensam prosolvit, ac prius huiusmodi cessionis litteras et nuntium ad loci possessionem accipiendam habuit, quam quicquam earum rerum ipse Nicolaus cardinalis amicus rescisceret.* Über Barbos Freigebigkeit s. Pastor II 302, zur Übertragung der Abtei (Bulle 1463 II 5, RV 489 f. 55rv) Meuthen 38 (Unrichtigkeit der von Canensi angeführten Taxzahlung Barbos für NvK, da die Bulle *gratis* ist, wie üblicherweise Bullen für Kardinäle; s. dazu Hofmann 255). Wie schon oben erwähnt, war im Sommer 1461 auch Barbo in Orvieto (1461 VIII 30, ACO 215 [Boll.], Geldgeschenk der Komune für ihn), ebenfalls 1462 (s. LXXXII, 1), während er 1463 NvK als Kollegkämmerer vertrat (Eubel II 33 n. 228).

[3] Vorhergegangen war der zusammengebrochene Versuch des Luca della Cervara und des Gentile della Sala (3. und 4. Juni) zur Errichtung der Signorie (s. Fumi, Codice 720 f., Fumi, Orvieto 155 ff.). Zur Charakteristik der Geschlechterkämpfe in Orvieto äußert sich treffend Pius, Comm. 111. Noch unbeachtete Quellen zur Sache befinden sich in Mailand (DS).

[4] Ausdrückliche Empfehlung des NvK durch den Papst an die Konservatoren erfolgt in einem Breve von 1461 VII 26 (völlig entstellter Abdruck bei C. A. Calistri, Un Breve di Pio II al Comune di Orvieto, Boll. dell'Ist. Stor. Art. Orvietano I fasc. 1 (1945) 12 f.): Durch den Brief des Gouverneurs Bindo de Bindis habe er von den Vorgängen in Orvieto erfahren, *super quibus, quantum in nobis est, totis viribus providebimus. Cupimus enim presentem ipsius civitatis pacificum statum conservare. Habetis ibi nunc dilectum filium cardinalem sancti Petri ad vincula, prelatum bonitate et prudentia summa preditum nobisque et statui nostro singulari devotione affectum. Habetis etiam gubernatorem . . . . Quorum consiliis et provisionibus quieti et securitati vestre oportune consuletur . .* (Orvieto, Bibl. Com. XIV–E [26]–13). NvK nannte sich *Kommissar* (s. LXV).

[5] Es folgt ein Breve vom gleichen Tage an Andreas de Pilis de Fano, *commissarius* in Orvieto (unter der Leitung des NvK, nach dessen Rückkehr nach Rom in eigener Verantwortung; s. Bulle von 1461 VII 22, ACO 215 (Rif.) f. 443rv, und Breve von 1461 VIII 2; Fumi, Codice 721): . . . *Nos intellectis que per cardinalem sunt facta et que sua circumspectio suadeat fieri, de mente nostra illi rescribimus. Eris cum eo, et quantum poteritis, ad concordiam ambo operam dabitis.* 1461 IX 24 ernennt Pius II. ihn zum Rektor im Patrimonium mit der Aufforderung: *Volumus . . . . quod per te vel procuratorem tuum, antequam ad officium ipsum te conferas, de illo fideliter exercendo in manibus dilecti filii Nicolai tituli s. Petri ad vincula presbyteri cardinalis in civitate nostra Urbevetana inpresentiarum residentis in forma consueta solitum prestare debeas iuramentum* (RV 516 f. 45r–46v). Am gleichen Tage ernennt Pius ihn zum päpstlichen Protonotar mit der gleichen Aufforderung: *Volumus . . . . iuramentum* und dem Zusatz: *et ab eodem cardinali, cui harum serie plenam concedimus potestatem, recipias dicti protonotariatus habitum et insigna supradicta* (f. 46v–47r).

LXV

Stadt Orvieto

Protokoll der Sitzung des Consilium Generale und nachfolgender Sitzung von Konservatoren, Vierundzwanzig und Sechs — Orvieto, 1461 Aug. 22 [1].

ACO 215 (Riform.) f. 430r–431r.

Consilium generale.

Prima proposita, quod, cum per rm d. cardinalem sancti Petri ad vincula commissarium pape fuerit bona causa et bono respectu ordinatum et decretum conveniri et cohadunari facere nobiles (h)ostes civitatis huius in quodam deputando loco, in quo etiam habeant intervenire connubini inhobedientes civitatis, quos omnes ipse rmus dominus cardinalis una cum presentia domini Andree de Fano commissarii et domini Bindi de Senis gubernatoris huius civitatis [2] intendebat audire, et intelligere omnia que vellent eidem dicere, et cum ipse dominus decreverit eligi et deputari duos vel tres cives Urbevetanos de presenti pacifico regimine. ... cum pleno et generali mandato ad parendum mandatis dicti domini, quibus possit experse a nobilibus et dictis nobilibus auditis alloqui, ut maturius causa huiusmodi civitatis huius et pacis pertractaretur, ideo preponitur consilio generali, quid fiendum sit, idsuper habeat ordinare. ... *[430v]*

Eodem die. Consilium XXIIII et VI.

Convocaverunt se in unum in palatio apostolico et residentie domini gubernatoris conservatores et consilium vigintiquattuor et sex in sufficienti numero et volentes exequi formam consilii generalis decreverunt primo eligi quatuor cives, cum quibus dominus cardinalis possit alloqui et pertractare agenda cum nobilibus et (h)ostibus huius civitatis iuxta petitionem cardinalis, et. ... elegerunt *[431r]* infrascriptos, cum hac conditione quod, si quis ipsorum renuerit officium et electionem, solvat decem ducatos auri camere comunis Urbevetani, per omnes fabas nigras del sic; et postmodum reformaverunt ad fabas nigras et albas, quod, si quis vel aliqua aliquando revellaverit vel revellaret gesta et agenda in presenti consilio, solvat ducatos XX auri de camera comuni(s) Urbevetani...

Petrum Tolostini Gasparem Nicolai de Mealla Dominum Partialescum ser Monaldi et Antonium Mathei	cives debentes esse cum cardinali [3].

(4) quodam / quoddam *ms* (23) *post* camere *in lin. del.* apostolice (!) (24) aliqua / aliquis *ms.*

[1] 1461 VIII 23 schreibt NvK aus Orvieto an Pius (Ch 222): . . , *cum sim Dei gratia competenter restitutus pristine sanitati, licet non robori, veniam libenter* (ad curiam). Letzter Nachweis für NvK in Orvieto: sein Brief an den Dogen von dort, 1461 IX 15 (Ch. 120; s. Jäger, Streit II, 24 Anm. 60). Erster Nachweis in Rom: 1461 IX 30, wahrscheinliche Ankunft schon vorher (s. LXVI, 2).

[2] Bindo de Bindis aus Siena, Gouverneur Juni 1461 bis Juli 1462 (irrige Angabe bei Pardi 413, zu berichtigen schon nach der Angabe bei Fumi, Codice 722 unter 1462 Juli 16). 1466 war er Gonfaloniere von Siena (Archivio di Stato di Siena, Archivio del concistorio, Inventario, Rom 1952, 104) und schon vorher mannigfach von Siena mit Aufgaben betraut. So war er 1460 (mit Guido Carlo de Piccolomini, 1463 Kastellan in Orvieto) bereits mit NvK bekanntgeworden als senesischer Reisebegleiter der Kardinäle (ASS Conc. 1678 f. 104r).

[3] Zum Fortgang der Sache s. Protokoll der Sitzung von Vierundzwanzig und Sechs von 1461 VIII 23 (l. c. f. 431r): *Autoritas concessa quattuor electis. Ad mandatum . . . gubernatoris, potestatis et conservatorum convocavit se . . . . et fuit decretum . . ., quod dicti quattuor heri electi habeant autoritatem plenariam et plenissimam in forma de parendo mandatis smi domini n. pape et rmi domini cardinalis sancti Petri ad vincula.* Es folgt die Vollmacht: *Mandatum IIII civium. Universis et singulis presentes nostras litteras inspecturis conservatores . . . . testamur, qualiter nobiles viri concives ac oratores nostri Urbevetani, videlicet . . . ., fuerint electi in ambasciatores et scindicos comunis et populi civitatis Urbevetane cum plena et plenissima in forma facultate associandi extra hanc civitatem Urbevetanam rm dominum dominum N. tituli sancti Petri ad vincula presbiterum cardinalem dignissimum ad illum locum vel illa loca, ad que vel ad quem maluerit ire, et cum eo equitandi et ad sui voluntatem morandi, ubi et in quo voluerit, et mandatis omnibus et volumptatibus s. d. n. pape et sue rme d. parendi et illas ac illa sequendi et generaliter omnia alia et singula faciendi, que videbunt procedere ad statum sancte matris ecclesie et smi d. n. pape et voluntatem dicti rmi domini cardinalis necnon ad quietem imbuant pro statu ecclesie civitatis Urbevetane; et quicquid per dictos man(d)atos quattuor nostros unite et de pari concordia oratores et scindicos factum erit, habebit effectum et roboris firmitatem acsi per... nos factum... esset.* 1461 X 13 erging Auftrag des Papstes an Andreas de Fano zum Einschreiten gegen die Rebellen, deren Burg Ficulle in den folgenden Wochen zerstört wurde (Fumi, Codice 721 f.).

LXVI

Bartolomeo Bonatto

Brief an Barbara Gonzaga — Rom, 1461 Okt. 9.

AG 841: Or. (aut.), Pap., 29,6×22,1 (Doppelblatt), P.

Illma Madona mia. Io non dubito che la Ill. S. V. habia a mente, quanto la Vostra rescripse, respondendo ad una mia Li havea scripto del rasonamento hauto cum el Rmo Monsignore Sti Petri ad vincula per la specialità del prothonotario[1], perchè dicea li pareria che la Celsitudine V. a volere

ottenere lo intento suo, servasse questo modo, che La vedesse de havere 5
littere dal imperatore ad nostro Si., al colegio de cardinali et ad lui, de la
continentia et in el modo tochai in quelle che sono là, che non replicarò
adesso, per non esser longo et non mi parere necessario per esser presso Lei;
che fu in effetto, purchè La credesse ge havesse a reusire et che la S^{tà} de
nostro Si. per questo se movesse a farlo, il segueria volentera, et che, prima 10
se procedesse più ultra, haria a caro che se volesse chiarire de sua intentione.
Or io me sono ritrovato cum sua R^{ma} Si., replicandoli tuto quello ragionamento primo, et holi fatto intendere la risposta de V. Si., dicendoli
che, quantumche alhora l'havesse subito, tamen per la infirmità sua, de
la quale grandemente si dolse Vostra Si., poi per la absentia, non si potè 15
pratichare[2]. Sua Si. replicando come la S^{tà} de nostro Si. a la ritornata sua
in corte a questo preposito glie disse che era venuto tardo, me rispose:
„Quello che alhora io disse, non fu da mi, vene da nostro Si., el quale certo
conosco esser affectionato a li Si. vostri, et quando fu questa quaresima
passata quella pratiha cussì grossa, la quale restò, perchè non se vedea de 20
potere compiacere a tuti li S. che instavano senza schandalo, perchè chi
havesse compiaciuto ad uno o dui, li altri restavano malcontenti, et nasea
dubitatione per questo che per qualchuno non si temptasse contro la gesia[3],
fu etiam fortificata questa rasone, per una terminatione fu fatta a Basilea,
che non ne fusse più che XXIIII per li molti beneficii che absorbeno[4]. Fu 25
fatto etiam per mi recordo del prothonotario vostro, et conosci nostro Si.
esserli ben disposto. Vero è che sempre disse li parea, pur tenero de etate.
Perhò questa via fu disputata per venire a questo, che tra nui de colegio
se promettesse al imperatore, quando se ne facesse, che ge seria compiaciuto, et cussì talhora staria tre o quatro anni ad esser publicato, et tamen 30
seria secreto cardinale. Et io che havesse la commissione per littera sottos-
cripta de mia mano et de un altro, responderia al imperatore et ad Vui
faria intendere, come la supplicatione fusse admessa. Et a questo modo fu
fatto cardinale nostro Si. che adesso è papa, et fin al tempo de Nicola fu
acceptato, et io insieme cum Monsignore de S^{to} Angelo sottoscripsi. Poi al 35
tempo de Calisto fu recordato questa promessa, et cussì fu admesso e publicato[5]. Questo dico, adesso non seria pocho havere questa promessa et aspettare poi el tempo. A questo natale se farà un'altra ponta. Non ne dico se
ne faza, nè sì nè non. Pur seria bono havessi queste littere, perchè se se ne
farà, se starà parechii anni antichè se ritorni più a questa pratiha per el 40
numero, chi è grande – siamo adesso 26[6]. Lì haveti ancor quasi tre mesi.
Ben poriano esser qui a tempo." Et se non se ottenesse, dice che questo non

serà vergogna a la Si. V., perchè non serà Lei quella che soliciti. Seria al imperatore, in nome del quale esso solicitaria, et non crede, facendosene a
45 complacentia de Si., non li fusse compiaciuto. Questo seria el parere suo. La Celsitudine V. poterà mo' fare quanto ge piacerà, et se La vorà mandare per le littere, laudaria che La facesse far le minute lì per havere meglio-re stillo. In questo effetto al papa et al colegio, come anche alhora scripsi, che havendosi a far promotione de cardinali, cussì li pare honesto deba
50 esser compiaciuto ad lui come ad principe alcuno, et cum sit che de natione sua per adesso non habia a promovere alcuno, extimando questo per li meriti et fideltà de li Ill. Si. de Brandeburgo, in li quali è una voce del imperio, da li quali depende ex latere matris[7], et del Ill. Si. nostro, lo quale tra li altri Si. de Italia al imperio è fidelissimo et a signoria ge sia come de suo
55 sangue et progenie, supplica ad suo nome sia admesso etc. Et anche dice che li interseresse questo de respondere a quello, se li potesse dire del tempo, non ge despiaceria, cum dire che se poria allegare il tempo suo, che tamen respectu claritatis familie et quia iam est in vigesimo secundo[8], attentis aliis condictionibus suis, che ge danno intelletto per più de XXX, ut omnes
60 norunt, intercessioni sue non debano obstare et ad la sua Si., che poi solicitasse questa facenda, cum interserire de copie de quanto fusse scripto. Et continuando in questo rasonamento, disse ad lui non po lo manchare. „Forsi che ancor se faria a Mantua. Vi voglio dire un secreto. Qui sono varie opinione de questo novo re de Franza[9], cussì cercha la dispositione de la
65 gesia, come de le cosse del reame. Per la gesia molti dicono che'l levarà la Pracmatica[10]. Sono de la contraria opinione, perchè g'è mandato cativo mozo. Dicovi che Trabatensis g'è in odio[11], perchè, per compiacere al papa o gratifficarseli, sempre ha sparlato de là, et lo sano; perhò non n'è da sperare. Poi cum là se ge persuade che non se po cum altra rasone, se non
70 che se fa perchè iusticia sia, essi dicono che hano cussì quelli libri de rasone come nui, ma che è per tirare dinari a la corte, et a questo non se ge po respondere, et el papa più volte ha hauto a dire, s'è justo che la levi, se pur dirà[12]. Io sono contento vorà che desista del reame. Cognosco molto bene che la sua S^{tà} è povra, et a questo novo tempo non ge harà modo alcuno[13].
75 Io ge havea dato questo remedio, che per adesso non parlasse de questa Pracmatica, ni de le cosse del reame, ma che mostrasse de volere attendere a le cosse del Turco. Già savemo nui che, essendo dalfino – et s'era per consiglio del duca de Borgogna[14] – fece vodo, se'l pervenea al stato, de andare contro il Turcho[15]." Voria, essendo venuto adesso S^{to} Angelo a Roma[16], e
80 chi è prudentissimo et savio et bono, che nostro Si. el mandasse là ad reale-

grarsi de asuntione sua, recordandoge perchè quella natione se apellano Franchi et il re ‚christianissimo', che tuto è stato per clarissimi gesti fatti per la fede, et per lui ge mandasse il standardo de la croce, offerendoge el concilio a Mantua per expeditione de questo et per reformatione de la gesia, in lo quale non voria potesse intrare ogni copista et pedagogo, come fu a Basilea, ma solum signori et prelati et ambassatori. „Essendo cupido de honore et per el voto, extimo lo acceptarà, et acceptandolo, se ge darà facende de pensare in questo et non in el reame; et se pur ne parlasse, se poria per nostro Si. dire, ben questo seria duro et non se poria attendere a tante cosse: Facemo che le cosse non passeno più ultra, et sia tregua che ceschuno tenga et posseda come fa, et se attenda a questo, offerendoge iusticia in questo concilio tra il re Ferando et loro – non se ge poterà rispondere, et cussì se satisfarà a la fede et se levarà honorevolmente da questa impresa, de la quale ge ne bisogna seguere vergogna, per non potere continuare." Et se reformaria questa Pracmatica et molte altre cosse che sono de necessità in la gesia de Dio, et se contentaria le natione, che tute il domandano. Dice che il papa li risposi, che li piacea et che li volea pensare, et ridendo li disse, el cardinale de S^{to} Angelo non poria andare, chè ha male ad uno pede. „Et io li reposi cussì ridendo: 'Et lui serà piutosto guarito, che la $S^{tà}$ Vostra apparechiarà'." In effetto lui tene, che il papa debba desistere da questa impresa per questo mezo, et che non ge sia altro modo honorevole. Et essendo cum lui, vene il cardinale de Ste Angelo a visitarlo, et esso me disse: „Il viene per questo che nostro Si. me ha ditto, che siamo insieme et ne rasoniamo." De quello che seguirà, la Celsitudine V. serà advisata, et Dio volesse fusse il vero se facesse a casa nostra.

El dechano me ha ditto, che fra otto dì partirà, et che in questa facenda de Magontino niente se farà, de'l che per mancho vergogna del marchese Alberto, che non parà non habia potuto ottenere, delibera partirse et lassare quello de Magontino ad aspettare le conclusione, et verà a la Si. V. . . .[17].

Quelli brevi del marchese Alberto se fano, et se non harò altro messo, li mandarò per el dechano, et questa demora credo serà stata utile, perchè sono haute littere da quelli vescovi, per le quale se mostrano haver voglia de pace, et cussì se piglia la casone de confortarli per risposta de la sua[18].

Pretea Li supplico, per el respetto del cardinale de S^{to} Petro, voglia fare de quella sua praticha che scrive quella massaritia li pare[19]. Rome VIII Octobris 1461.

Ex^{tie} v. servitor B. Bonattus cum recomendatione.

Queste parole del cardinale per quello scripsi già più dì, che havea hauto
120 da un altro de palazo, pur in questa materia me dà a conoscere che la cossa sia più ultra ...[20].

(1) S. V. habia / S. V. Vostra habia *in ms.* (91) offerendoge – (92) loro *in marg.*

[1] Bonatto an Barbara, 1461 V 29 (LXII), Barbara an Bonatto, 1461 VI 10 (LXII, 11).

[2] Vansteenberghe (460 Anm. 4) gab 1461 X 8 als Terminus ante quem für die Rückkehr des NvK nach Rom an (nach Ch. 297). Aber bereits 1461 IX 30 erscheint er in einer von ihm und 5 weiteren Kardinälen in Rom ausgestellten Ablaßurkunde für die Regensburger Prediger-Kirche (München HStA Dominikaner Regensburg Nr. 175). Bonatto berichtete jedoch schon 1461 IX 19 aus Rom an Lodovico (AG 841): *El R^mo^ Monsignore camerlengo serà qui martì proximo* (22. Sept.) *El cardinale de S^to^ Petro ad vincula credo lì serà quello dì ol il merchorì* (23. Sept.). Bonatto selbst begab sich damals nach Tivoli (vor IX 22). Er schreibt von dort aus bis 1461 X 1. 1461 X 3 berichtet er aus Rom über die erfolgte Ankunft des NvK (AG 841, s. Anm. 17).

[3] Über dieses Konsistorium berichtete Bonatto 1461 II 27 an Lodovico (AG 841). Danach stimmten 10 Kardinäle, darunter NvK, für die vier Namen enthaltende päpstliche Liste, deren Inhalt leider nicht näher bekannt ist, 7 Kardinäle dagegen. Darauf zog Pius sie zurück. Pastor II 206 f. erwähnt nichts von diesem Konsistorium.

[4] Ausschußantrag des Basler Konzils über die Reform des Kardinalskollegs, März 1435 (?) (Haller, Conc. Basil. I 1896, 241 n. 11 § 1), in die Konzilsdekrete aufgenommen in der 23. Sessio, 1436 III 25 (Mansi, Conc. XXIX 116, Sessio XXIII, 4; s. Mon. Conc. Gen. II 1873, 852 lib. IX c. 43).

[5] Über die Tätigkeit NvK's und Kardinal Carvajals für die Kreierung Eneas unter Nikolaus V. s. den Brief des Enea Silvio von 1456 V 7 an Piero da Noceto (Voigt II, 148), ferner oben LXII und Cugnoni 23.

[6] Am 8. Okt. starb Kardinal Fiesco (Eubel II 33 n. 213), den NvK, wenn er sich nicht verrechnet hat, noch dazuzählt.

[7] Kurfürst Friedrich II. war ein jüngerer Bruder Johanns des Alchimisten; dieser war Vater Barbaras.

[8] Francesco stand in Wahrheit erst im 18. Lebensjahr.

[9] Ludwig XI., der seinem 1461 VII 22 verstorbenen Vater Karl VII. folgte. Über die in Bonattos Bericht angeschnittenen Fragen s. Pastor II 106 ff. und Lucius 20 ff.

[10] Über die günstigen Nachrichten aus Frankreich s. Lucius 27.

[11] Jean Jouffroy, B. von Arras (um 1412–1473). Die negative Beurteilung des ehrgeizig nach dem Kardinalspurpur strebenden Legaten (Legationsbulle 1461 VIII 20, Raynaldus 1461 n. 116) ist allgemein (Voigt III 192, Combet 3 f., Pastor II 107, Lucius 31 f.); als Günstling Philipps von Burgund hochgekommen, war er als Gegner des Gallikanismus bekannt (Lucius 33).

[12] Zu den Äußerungen des Papstes über die Pragmatische Sanktion s. Pastor II 104 ff. Ludwig XI. veranschlagte den jährlichen Taxenabfluß nach Rom auf 300 000 fl. (Lucius 31, 91). Combet (IX) gibt 200 000 Pfund an.

[13] Wie Carreto 1462 III 12 an Sforza berichtete, teilte ihm der Papst mit, seine Jahreseinkünfte betrügen nicht mehr als 150 000 fl. (Pastor II 114). Die Monatsabschlüsse der apostolischen Kammer zeigen bis Ende 1461 stets Fehlbetrag (Gottlob 259 ff.). Der Hinweis des NvK auf die Belastung der päpstlichen Politik durch Neapel berücksichtigt genau Ludwigs politische Intentionen, die Aufhebung von Bourges gegen Verstärkung französischen Einflusses in Italien einzutauschen. Über die neapolitanische Frage und die Auslagen für Ferrante s. den Bericht des Lodovico de Laturre an Barbara Gonzaga aus

Orvieto, 1461 IX 15, nach den Angaben des NvK (AG 841): *Di novelle, lo Rmo Mons. lo cardinale de Santo Petro in vincula, lo quale è qui, dissemi oggi sonno tre dì, che havea recevuto littere de corte, in le quale era avisata sua R. S. che lo conte Jacomo havea obsidiato la Maiestà de lo re e lo nepote de n. S. in Barletta, e che la prelibata Santà non attendeva ad altro se non a darli subsidio per lo scampo loro, e per mare e per terra ....* In der Frage der zwischen Frankreich und Neapel zu befolgenden Politik blieb der Papst mit NvK als Mitglied seines engsten Beraterkreises auch weiter in steter Fühlungnahme. Die Übereinkunft des Bartolomeo von Bergamo mit den Franzosen war eines der Ereignisse zu Beginn des Jahres 1462, die die Frage des Überschwenkens auf angiovinische Seite akut machten. S. dazu den Bericht Bonattos an Lodovico aus Rom, 1462 III 13 (AG 841): ... *Nostro Si. è vero poi se hebi questa novella de Bartholomeo, domandò del parere suo al camerlengo, Niceno, Sto Angelo et Sto Petro ad vincula. Ceschuno per si sento ge l'ha desuaduta.*

[14] Ludwig hatte wegen des Gegensatzes zur herrschenden Hofpartei Frankreich verlassen und war an den Hof Philipps gegangen. Pius II. hatte sich dann seiner angenommen, als Karl VII. ihn darauf enterben wollte, s. neuerdings G. Peyronnet, La politica italiana di Luigi Delfino di Francia (1444–1461), Riv. Stor. Ital. 64 (1952) 19–44.

[15] Über die Versprechungen des Dauphins s. Voigt III 189, Combet XVIII, Pastor II 106 f. Die Verhandlungen zwischen ihm und dem Papst führte Jouffroy.

[16] Carvajal war 1461 IX 30 von Ungarn in Rom angekommen (Eubel II 32 n. 212). Die Bedenken des NvK bezüglich der Aufhebung der Pragmatischen Sanktion finden sich ebenfalls in seinem Brief an Johann Hinderbach von 1462 I 2 (Ch. 291): *Scribitur Pragmaticam in Francia sublatam, de quo s. d. n. gaudet. Ego vero qui nichil melius diebus meis repperi, timeo illius sublationem aliquid gravius allaturam* (Vansteenberghe 210).

[17] Hertnid von Stein zu Ostheim, doct. leg. (1454 zu Bologna), 1457–59 Kanzler des Albrecht Achilles und als dessen Gesandter in Mantua, 1459 Domdekan in Bamberg und öfters in diplomatischer Mission in Rom. Er war gleichzeitig Domkantor in Mainz und stand von daher mit Diether von Isenburg in Beziehung. Nachdem er sich von diesem abgewendet hatte, zeigte Pius ihm sein Wohlwollen. Er starb 1491 (F. Wachter, General-Personal-Schematismus der Erzdiözese Bamberg, Nürnberg 1908 486; J. Kist, Das Bamberger Domkapitel von 1399 bis 1556, Hist.-Dipl. Forsch. hg. v. L. Santifaller VII, Weimar 1943 292 f. und passim.). Er war im Auftrag Diethers in Rom, um für ihn dort auf Grund des geheimen Widerrufs der Appellation Diethers zu arbeiten, den dieser auf dem Mainzer Tag, Juni 1461, in Anwesenheit weniger Zeugen ausgesprochen hatte; s. Picotti, Execrabilis 41 Anm. 1, und den Bericht Bonattos an Barbara von 1461 IX 5 (AG 841), der wie die folgenden Berichte hier nicht im einzelnen wiederzugebende interessante Nachrichten über die innerdeutschen Fragen enthält. Stein arbeitete als gleichzeitiger Vertrauter Albrechts (s. Breve an Albrecht, o. D., AV Arm. XXXIX, 9 f. 250v–251r) eng mit Bonatto zusammen, nicht ohne Sforza ins Vertrauen zu ziehen. Über die erste negative Audienz Steins beim Papst s. a. a. O. Bonatto, 1461 IX 8. Dabei brachte er auch im Namen Albrechts, der seine papsttreue Haltung in Deutschland für die andern Mitglieder des Hauses Hohenzollern nicht weniger eintragsreich machen wollte, die Werbung für Francescos Kardinalat vor und erwähnte das zu Mantua gegebene Versprechen des Papstes gegenüber Albrecht, Francesco zu kreieren. Darauf Pius: *che il marchese Alberto non si potea dolere, perchè non era manchato per lui, purchè'l havesse trovato di li altri che lo havessero adiutato, et che certo ge compiaceria . . ., ma che adesso non era el tempo,* vielleicht ließe sich aber doch etwas machen, nicht zuletzt um seiner Liebe zu den Gonzaga und den Sforza willen. Ohne die Anwesenheit des NvK war aber nichts zu erreichen; Bonatto a. a. O.: *Sto Petro ad vincula verà etiam, cum el quale se ne parlarà, et hauto quello se ne poterà cavare. La Celsitudine V. ne serà continuo advisata. Et se'l serà etiam bisogno usare quella via del imperatore, come era el parere de Sto Petro ad vincula, come scripsi altra volta,*

essendo fatto capitanio generale como è il marchese Alberto, non ge poterà manchare, et cum la comodità de questo messo ge poterà provedere. NvK wurde an der Kurie als Experte für den ganzen deutschen Fragenkreis dringend erwartet; s. Bonatto an Barbara aus Tivoli, 1461 IX 7 (AG 841); *Colona ancor g'è et hemi ditto, che fra VIII dì se ge ritroverà S*to *Petro ad vincula, che viene per esser a questo accordo de Magontino.* Bonatto an Barbara aus Tivoli, 1461 IX 10 (l. c.): *Starò qui per aspettare S*to *Petro ad vincula et per sua compagnia qualche dì.* 1461 IX 18 aus Rom: *El dechano de Bamberch è venuto qui et ha tolto la casa de Trabatensis (!). Monsignore S*ti *Petri ad vincula non è ancor venuto.* Zu 1461 IX 19 s. Anm. 2. Bereits am 10. Sept. gibt Stein aber Diethers Sache nicht mehr viele Aussichten und zieht sich von ihr zurück, um Albrechts Sache nun intensiver zu fördern (s. Anm. 18). Die Zurückweisung der Fürbitte Albrechts für Diether durch Pius enthält dessen Breve an Albrecht (o. D. aber zwischen Okt. 3 und 28, AV Arm. XXXIX, 9 f. 250v–251r). Schließlich wandte sich Diether auch an NvK; s. Brief Diethers an den seine Sache in Rom betreibenden Abt Eberhard von St. Jakob (AV Arm. XXIX, 29 f. 248v–249r, o. D., wahrscheinlich 1461 XII 9, notariell beglaubigte Kopie der latein. Übersetzung aus dem Deutschen): wegen seiner Renitenz möge dieser ihn bei NvK *(amicum meum)* entschuldigen. Dr. des Briefes: A. Schulte, Zwei Briefe Diethers von Isenburg, Quell. u. Forsch. a. it. Arch. u. Bibl. VI (1904) 29 f.

[18] Es handelt sich um päpstliche Breven an die Bischöfe von Bamberg, Eichstätt und Würzburg mit der Abmahnung zum Kampfe gegen Albrecht und noch vom Nürnberger Tag aus an den Papst gerichtete Briefe der Bb. von Bamberg und Würzburg (Hasselholdt-Stockheim 169). Stein hatte zunächst allen kurialen Verdacht wegen Albrechts Kompromiß in Podiebrads Hände (s. o. LXIII) zu beseitigen (Bonatto an Barbara, Tivoli 1461 IX 22, AG 841, mit Erwähnung des cusanischen Berichts LXIII). Drei Audienzen Bonattos beim Papste, die dritte vom 29. Sept. zusammen mit Stein, führten schon weiter; s. Bonatto an Barbara, Tivoli 1461 IX 30 (l. c.): *Heri sera fu la terza audientia . . . et fu ge presente il decano. Finaliter . . . . per nostro Si . . . fu concluso questo de scrivere uno breve a quelli vescovi confortandoli a la pace, asserendo non li parere che habiano alcuna legitima rasone de movergli erra, maxime perchè el marchese Alberto se offerisse de stare a rasone denanti a la sua S*tà*, che immediate è superiori ad essi vescovi.* Dem Magdeburger solle die Sache zur Exekution übergeben werden. *Per adesso non se ne ha potuto cavare altro. Et per niente l'havemo potuto condurre a scrivere, come se rechidea, che lassato l'adherentia del duca Ludovico, debano adherirse al prefato marchese Alberto . . . . Tamen ha ditto che, come sia a Roma et venuto el cardinale de S*to *Petro, ne parlarà cum lui, et, se li parerà sia da far altra provisione, se farà. Pare al dechano seria bono mandare uno ambassatore de là, et cussì se farà la praticha cum el cardinale. In questo mezo solicitarò questi brevi et commissione* (an den Magdeburger) *et . . . li mandarò a Vostra Si . . .* Über Ammanati erfahren sie tags darauf, der Papst sei sehr abgeneigt, sich in die Sache überhaupt einzumischen, wie dieser auch schon bei der Audienz für Stein und Bonatto angedeutet hatte; doch schreibt Bonatto aus Tivoli, 1461 X 1: *El dechano et io dubitamo non vada in longo, finchè se sia a forma et che'l possa parlare cum S*to *Petro ad vincula, el quale non è ancor venuto. Pur ad lui pare, che tra hozi et domane cerchiamo de havere audientia per cavarne uno fine . .* Endlich ist NvK in Rom für Bonatto zu sprechen; s. dessen Brief an Barbara aus Rom, 1461 X 3: *Essendo venuto qui per expedire quelli brevi per lo Ill. Si. marchese Alberto, come heri scripsi da Tibule . . ., ho ritrovato esser ritornato el R*mo *Monsignore S*ti *Petri ad vincula, el qual havemo visitato el dechano et io. Et in la visitatione ne ha ditto haver littere de quelli vescovi, come già sono in campo, astretti dal iuramento hano fatto al duca Ludovico, de che ad lui pare che questi brevi habiano ad operare pocho, et che molto meglio seria se ge mandasse uno ambassatore. Et hane confortati a suprasedere, finchè possa parlare cum nostro Si., et cussì se farà per quello se po intendere la sua S*tà *serà martedì* (6. Okt.) *qua. De quello se terminarà, la*

Cel. V. serà advisata ... 1461 X 7: *De quelli brevi del marchese Alberto non è fatto altro, et al Rmo Monsignore de Sto Petro parea, che piutosto se mandasse de là uno ambassatore, che in nome del papa tolesse in si quelle cause sono tra la sua Si. et quelli vescovi, et le componesse, et in questo se sta, et la sua Rma Si. ha tolto el carico de volerne parlare. Ge pare etiam, poichè quella tregua è seguita, che non ne sia da far tanto caso come prima, et dice, se g'è incluso, non bisogna; se ne sta fora, che non è da dubitare lo imperatore li mandarà favore* . . Über die Briefe der Bischöfe und den Inhalt der päpstlichen Breven s. das Breve an den Kaiser von 1461 X 28 (AV Arm. XXXIX, 9 f. 251v–252v): . . . *acceptis eo tempore litteris eorumdem, quibus oratores suos se ad nos missuros significabant et iustificaturos, que contra eundem marchionem agebant, mandavimus, ut, quandoquidem expectare oratorum adventum vellemus, ipsi interim a via facti cessarent et nulla arma contra marchionem moverent.*

[19] Ein offenbar verlorener Brief NvK's an Barbara.

[20] Bezugnahme auf eine nicht erhaltene Depesche Bonattos zwischen 3. und 8. Okt. Wahrscheinlich handelt es sich um neue Nachrichten über Diether von Isenburg (s. Bonatto an Barbara, 1461 IX 30). Die Antwort Barbaras auf LXVI und die LXVI, 18 erwähnten Briefe datiert von 1461 X 25 (AG 2888 lib. 48): . . . *et il parer che seria del Rmo Monsignor St. Petri, che piutosto se mandasse uno ambassatore etc.* . . .

LXVII

BARTOLOMEO BONATTO

Brief an Lodovico Gonzaga (Auszug) Rom, 1461 Okt. 11.

AG 841: Or. (aut.), Pap., 25,0×21,2, P.

Illmo Si. mio. . . .[1] Marì passato fu in colegio sanctissimo rasonamento de quella facenda scripsi a la Ill. mia Madona[2] havermi ditto Sto Petro ad vincula, de la quale non dubito ne har participato cum nostro Si. Et molto fu persuaso, et per levarse da partito de qua, et per non se lassare ridure a la necessità d'esser citato et chiamato, cum sit che qui et altroe sia deside- 5 rato et per la fede sia necessario. Tamen niente ne fu concluso. El parlare suo è in modo presupone necessità. Non so mo' quello ne seguirà, et dice che non seria gran facto eo casu. Imo crede dovendosi dar il loco de qui, seria quello de V. Si., perchè omni exceptione est maior per habundantia, comodità, destantia et vicinità a tute le natione. Et dice che, dovendo esser, 10 quanto più presto se notificasse, tanto più el andaria . . . Rome XI Octobris 1461.

Extie v. servitor B. Bonattus cum recomendatione.

[1] Vorhergehend ein Bericht über die Ankunft der Königin von Cypern in Ostia; s. Pastor II 229, Akten 147 f.

[2] Nämlich über die Abhaltung des Konzils zu Mantua (s. LXVI, wo aber nichts von einem diesbezüglichen Konsistorium am Dienstage, 1461 X 6, gesagt wird, so daß hier wahrscheinlich ein verlorener Bericht gemeint ist). Neue Hoffnung für das Konzil machte sich Bonatto, als der Fall von Trapezunt in Rom bekannt wurde; s. Bonatto an Lodovico aus Rom, 1461 X 26, bei Pastor II 231 Anm. 3, wo der aus diesem Brief zitierte Satz wie folgt weiterlautet: . . . *per il che ancor è pur sta retochato qualche cossa de quello rasonamento, che per altre mie ho scripto a Vostra Si. per S^to^ Petro ad vincula, al quale pare sia de necessità si venga a quello, chi lì debe provedere et reformare molte altre cosse;* ein Beleg für die noch immer vorhandene Hoffnung des NvK auf eine Kirchenreform. Zum Ausgang der Konzilspläne s. LXII, 2.

LXVIII

Bartolomeo Bonatto

Brief an Barbara Gonzaga (Auszug) Rom, 1461 Okt. 20.

AG 841: Or. (aut.), Pap., 29,1×20,9, P.

Illma Madona mia. Visitando hozi el R^mo^ Monsignore S^ti^ Petri ad vincula, me disse queste formate parole: „Heri in concistorio nostro Si. feci legere alcune littere de Monsignore Trabatensis, che presso nui se domanda Turbatensis, perchè sempre vole stare in disputatione et vincer le tute et a
5 niuno cede, le quale erarano de 24 del passato, et per esse scrivea come el re l'havea veduto molto volentera, et recolto come legato apostolico, et che havea voluto portasse la croce come legato el che non havea acceptato, et che li havea dato facultà de legato in tuto el regno, et che sperabat multa bona in comissis sibi per la grata recoglienza li era sta fatta, benchè ancor
10 per il re in motu non havesse potuto venire ad alcuna particularità cum sua M^stà^, la quale havea ordinato el seguesse a Turono. Per tuti nui fu compreso questo, che la sua S^tà^, come quella g'è affectionata et voria non tanto farlo cardinale ma che se li mandasse el capello fin in Franza, le facesse legere et lui cum el dire, che il re volea portasse la croce honesta-
15 mente, il recorda tra el colegio, perchè se voria fratelli et non signori, hallo pocha gratia et a la praticha passata. Instando nostro Si. per lui come per francese, fu messo questo a campo, se si dovea admettere, aciò non se venesse ad inconveniente che se credesse de havere satisfatto al re et poi instasse per qualche altro, se intendesse prima che il re de lui restasse satis-
20 fatto. Non se feci nè lui nè altro, et tuta quella praticha fu de compiacere a Signori. Et cussì serà questa da natale, et già se fano le pratiche, et per

questo lui è mandato de là, perchè se non è fatto per forza, de recomendatione de Signori per il colegio non mai[1]." Et disseme, se havea scripto a la Si. V., quanto me havea ditto questi dì, per el R^mo^ Monsignore el prothonotario per quelle littere del imperatore. Io li disse che havea scripto et anche mandato a dire per el dechano[2]. Me rispose: „Non lo dico senza rasone, che, essendosi alcuni de nui tirato da parte, per questo accade rasonamento, in el quale io feci ricordo de la promessa fu fatta a Mantua del prothonotario[3]. Là vidi ceschuno ben disposto. Queste sono cosse che non sono de vergogna ad a recordarle et rechiederle, maxime quando li homini sono degni: In el prothonotario è ogni bona parte, et la età se poria supplire cum non ge dare el capello per certo tempo. Se'l Signore procura queste littere del imperatore, come ne ho ditto" – le quale voleno esser de questo effetto, cum sit cum pro nunc de natione, nec agnatione sua li sia alcuno per lo quale habia ad intercedere, et habia questo per li meriti de li Ill. Si. de Brandeburgo et del I. Si. nostro per suo et da Alamani come de lor natione per rispetto de V. Si. sia reputato, parendoli cussì degno sia compiaciuto al imperio come ad alcuno altro signore, supplicando per lui – „et vengano in tempo al papa, al colegio et a me che soliciti la cossa, spero o non se ne farà alcuno per complacentia de Si., o che lui serà acceptato." Se ben non ge fusse dato el capello, et in questo mezo teria honorevole vita et faria il studio suo[4] et seria certo del fatto suo. Io rengratiando sua Si. li risposi, che veramente credea che ceschuno de lor R^mi^ Si. cardinali li dovesse esser disposti, ma che il tuto stasea ad nostro Si. Me risposi: „Et lui ancor Vi so dire g'è disposto, et se lo imperatore ge scrive, da vero vedereti ne serà propitio."

Poi intrò in queste sue cosse de Alamagna et dissemi: „L'è stato adesso qui uno merchadante veronese, ad instarme voglia esser contento che lor veronesi vadano in le terre del duca Sigismondo, et diceme che li vostri merchadanti lì pratichano come voglieno, et dicono che el Si. ge ha dato licentia." L'è vero che già più dì et mesi sentì questa querela et scripseno al Ill. Si. nostro, perchè se facea cum troppo demostratione, dubitava non se revocasse la concessione. Non ne sentì poi altro. Io li risposi, per coprire la cossa et perchè a questa impresa non ce facesse impedimento, perchè piglia le cosse a denti et maxime questa, che dapoi se havea hauto che lì era sta publicato la excomunicatione, la quale el Si. mio come servitore et ubediente figliolo non havea voluto contradire, non havea sentito altro, ma che era vera, quando la sua Si. era amalata, dolendosi alcuni de nostri merchadandi, che de là haveano merchantie, che non le potendo condure ge

60 era gran danno, instai ad lor instantia potessero andare ad farle condure, et questo poteria esser quello voleno dire questi. Me rispose: „Bene fecistis in isto. Pur dubito non sia replicato, che iterum se faza la publicatione de la excomunicatione.“ Seria bene, perchè, se la passasse adesso et quelli nostri se porteno ut supra, non poterà durare farli admonere se porteno hone-
65 stamente, et se vano de là, mancho male seria che dicessero li pratichano de nostra libertà absoluta che dire havessero licentia, che non cussì se daria rasone de la revocatione. Questo m'è parso el megliore modo a coprire la cossa lì fusse et temporizare in quest'altro[5]. Supplico la Celsitudine V. perchè se ne scrivesse al vescovo[6] per l'honore mio il faza informare de la
70 cossa, aciò che non mi facesse parere bosardo, et perchè l'amico non pigliasse destegno che poria nocere a quest'altra facenda, supra la quale io me sto tra terra et aere finchè da la Si. V. habia resposta. ...[7] Rome XX Octobris 1461.

Ex^{tie} v. servitor B. Bonattus cum recomendatione.

(21) et – pratiche *in marg.* (38) supplicando – lui *inter lin.*

[1] Über die *praticha passata* Jouffroys, durch Philipp von Burgund den roten Hut bei Pius zu erlangen, s. Pastor II 108 und 727; über Jouffroys eigensüchtiges Verhalten in Frankreich ebd. 108 ff. Der weitere Kandidat Ludwigs XI. für das Kolleg war Louis d'Albret, den er auch bei der Promotion im Dezember noch neben Jouffroy durchsetzen konnte; s. Combet 11. Inzwischen versorgte Jouffroy den Papst mit weiteren Erfolgsnachrichten und kündigte sein Erscheinen in Rom für Weihnachten an; s. Bonatto an Lodovico, 1461 X 26 (AG 841): *... serà qui al natale per far li fatti suoi, per che il re ge ha promesso de scrivere per lui et non per altro.*

[2] Bonatto an Barbara, 1461 X 16 (l. c.): *Dal dechano et per altre mie ... la Celsitudine V. remarà informata, quanto me era accaduto per li fatti del R^{mo} et Illustr. Monsignore mio el prothonotario et li modi che parea al R^{mo} Monsignore de S^{to} Petro ad vincula se havesse a servare, li quali non replicharò, perchè, come dico, et dal dechano et per le mie ne restarà informata.*

[3] S. o. LXII und LXVI.

[4] Francesco studierte gerade in Padua (Pastor II 207).

[5] Zu der Frage, wie sich die Nachbarn Sigmunds während des Brixner Streits verhielten, wird im Rahmen jener Quellen Stellung zu nehmen sein.

[6] Galeazzo Cavriani. Die Sache kam durch ein Breve des Papstes an ihn 1462 V 12 (AG 2186) zum Abschluß; darin zeigte er sich den Bitten der Gonzaga weitgehend gewogen.

[7] Es folgen Nachrichten über die Entwicklung in Neapel und den Tod Kardinal Fiescos.

LXIX

Barbara Gonzaga

Brief an Bartolomeo Bonatto — Mantua, 1461 Okt. 27.

AG 2186: Exemplum auf losem Pap.blatt.

Bartholomeo suprascripto parte Ill. domine nostre.

Dilecte noster. Nui quasi ad un tempo havemo ricevute più tue littere [1], parte per la via da Milano, parte per il messo che hai mandato a posta, doppo per il dechano che heri zonse ancor lui, del mandar de le quale, et de quanto ne hai significato te comendiamo grandemente, et havemo havuto gratissimo lo aviso tuo. E perchè lo Illu. Si. nostro a pieno te scrive, quanto circa ciò hai ad observare [2], non se extenderemo più oltra. Vogliamo ben che tu te trovi cum el R^mo^ Monsignore Sancti Petri in vincula et da parte nostra rengracii quanto te sia possibile la sua R^ma^ Si. de lo amore et affectione che la ne demonstra per sua gratia, a la quale seremo sempre obligate, e seguiremo sempre il consiglio et parere di quella. L'è vero che ne rincreseria havere frustati li amici et parenti nostri, quandochè la cossa non dovesse havere effetto. Ricomandace ad essa sua R^ma^ Si. e pregala da parte nostra, che per Dio in questa facenda la se voglia operare non altramente; chè nui tuti havemo speranza in lei, la quale veramente si reputamo padre et protettore, e certo ne pareria che nostro Si., motu proprio, considerata la recoglienza altra volta fatta a la S^tà^ sua et a tuta la corte a casa nostra, et la fidelità del Illu. Si. nostro verso quella e sancta chiesa, dovesse condescendere a questo, oltra le altre recomendacione fattegli altra volta per lo Illu^o^ Si. Messer lo . . . duca [3], per lo Ill. marchese Alberto. Nondimanco seguiremo sempre il parere e consiglie del prefato R^mo^ Monsignore, a la qual debbi iterum recomendarci. Havemo etiam ricevute i brevi portate per il dechano, li quali vederemo pur duzare a quelle parte [4]. Ut supra [5].

[1] S. o. LXVII und die Briefe bei Pastor nach LXVII, 1.

[2] Lodovico an Bonatto aus Mantua, 1461 X 27 (AG 2186 auf dem gleichen Blatt), worin er seine Bemühungen beim päpstlichen Bankier Ambrosio Spanochi begrüßt, daß dieser nämlich in der Promotionsfrage seine Mittel in den Dienst der Gonzaga stellen möge, ferner ihn bei Spanochi für dessen Gewogenheit danken läßt und ihn zur Fortsetzung seiner Anstrengungen ermahnt. Bonatto möge sicher sein, *che quando ne faremo scrivere a la S^tà^ de nostro Si., nui ne scriveremo e faremo scrivere ancor a lui, che sapiamo non ce serano negate, pregandolo e stringendolo quanto te sia possibile, che'l voglia proseguere questa cossa, che ge ne seremo obligatissimi . .*

[3] Francesco Sforza. [4] S. LXVIII, 2.

[5] Nämlich wie der Brief Lodovicos an Bonatto: *Mantue XXVII Octobris 1461.*

LXX

Bartolomeo Bonatto
Brief an Barbara Gonzaga Rom, 1461 Okt. 28.

AG 841: Or. (aut.), Pap., 18,5×20,6, P.

Illma Madona mia. Visitando el R^{mo} Monsignore S^{ti} Petri ad vincula, hozi me disse: „Ben l'è pur vero che il marchese Alberto tolse questi dì ducento cavalli, una bombarda et li cariagii al vescovo de Pomberch [1], per questo non è usito del periculo. Dubito assai del stato suo, et da tre terre infori
5 che non dubito salvarà, sto in dubio del resto [2]. E venuto cum grandissima festinantia uno corero del imperatore [3], per lo quale scrive che esso marchese Alberto cum forsi XX^{M} persone [4] è stretto dal duca Ludovico che ha de le persone LX^{M} in campo dentro da Stoabach, chi è longe da Nurimbergo dua miglia todescha [5]. Lo imperatore et lui restano molto inganati de le terre
10 imperiale, che non lo voglieno adiutare, cum dire che questa è causa particulare et non imperiale, a che seriano ubligati, ma non a questa [6], et anche Extitensis non ha fatto quello havea promesso [7]. Lo imperatore volea che la S^{tà} de nostro Si. ge facesse favore et scrivesse ad quelli vescovi et altri gentilhomini che segueno el duca Ludovico dovessero desistere, et che ge
15 comandasse sub censuris. In effetto non l'ha voluto fare et ha expedito el messo, domandando consiglio al imperatore, se li pareria honesto, essendo questa causa privata et non imperiale, se ne dovesse impazare [8]. Et dicovi è mal contento lassasse passare quelli dal altro dì. El marchese tene due sperance, l'una, perchè el duca Ludovico ha de molte ville che non sono
20 in forteza, de mandare a mettere a fogo ogni cossa furtivamente, et per questo guastare el paese si debba retrare, l'altra, che esso duca Ludovico se debba far povero, et non possa continuare", che eo casu pur speraria meglio del marchese Alberto per lo ingegno et animo suo. „Et ancor pur spero che queste cità imperiale, se non lo vorano adiutare de gente, lo adiutaranno
25 de qualche migliara de fiorini." Pur le cosse sono adesso in questi termini, et molto monstrava ge ne rencrescesse. Io rengratiai la sua Si. et disseli, che se ne sentea altro, li supplicava se dignasse farmene parte et anche in quello potea presso la S^{tà} de nostro Si. – chè ben sapea quanto potea la sua Si. presso la Beatitudine sua in queste cosse – volesse favorire esso marchese
30 Alberto, chi li era ben figliolo et servitore. Me rispose: „Nostro Si. è tanto avelupato de qua, che non se ge po persuadere cossa de là, non in questa

cossa del Turcho, che li metta capo, et ancor teme de le trame passate.“ Li dissi: „Ben et questa è la via da temerne a lassar deffare li amici suoi et far grandi li inimici.“ Me disse: „Dite el vero, ma non se ne po più. Me ne rincresce, et, se in alcuna parte el poterò favorire, siati certo el farò.“ E benchè 35 volesse fusse megliore novella da scrivere a la Si. V., tamen per ubedire la Celsitudine V., che de quello ch'io ne sente ge ne faza noticia quale è et come l'ho, la notifico a la Celsitudine V. Un altra volta me accaderà de scrivergene de megliore, et farollo più volentera. Altro non me accade. A la gratia de V. Si. quanto più posso me ricomando. Rome XXVIII Octo- 40 bris 1461.

Ex^{tie} v. servitor B. Bonattus cum recomendatione.

(13) ge – favore et *in marg.*

[1] Es handelt sich wohl um die Aktion Kurfürst Friedrichs von Brandenburg und Friedrichs von Sachsen gegen den Bischof von Bamberg (Janssen II, 1 171 f., 179, 181), die diesen zum Abzug veranlaßte (Bachmann 130).

[2] Der nordöstliche Teil des markgräflichen Landes war schon ganz von Feinden besetzt; Bayern, Böhmen, Pfalz und die fränkischen Bischöfe standen gegen Albrecht (Bachmann 125 ff. und die dort verzeichnete Lit.; zu der päpstlichen Haltung ebd. 145 ff.).

[3] S. Breve an Friedrich III., 1461 X 28 (AV Arm. XXXIX, 9 f. 251^{v}–252^{v}): *Post dies autem nonnullos* (nach Abgang der Breven an die Bischöfe) *littere tue nobis sunt reddite iniuriam continentes, quam tue serenitati dilectus filius nobilis vir Ludovicus dux Bavarie infert, necnon oblationem iustitie vel compositionis et mandatum insuper, quod facis eidem, quibus in litteris nos adhortaris, ut comunitates et oppida in notula quadam descripta ad sumenda arma et corrigendum Ludovicum etiam cominationibus penarum impelleremus.*

[4] Über die Heeresstärke Albrechts und seiner Gegner s. Bachmann 119 und 124 ff.

[5] Über Ludwigs Aktionen bei Schwabach s. Janssen II, 1 179 ff. Vgl. auch den Brief Albrechts vom Felde bei Schwabach an den Kaiser, 1461 IX 21 (Palacky, Fontes XX 249 f.).

[6] Das ständig wiederkehrende Thema in den Akten dieser Monate (s. Müller II 68–91 und Janssen II, 1 179: *Item sagt man, das marggrave Albrecht wende fur, die sache sy des richs und keysers .... Herzog Ludwigs parthie gesteet nit, daz es des richs sache sij.*

[7] Wohl das allgemeine Treueversprechen des Bischofs an den Kaiser als Reichsbischof; denn durch den Ostervertrag mit Ludwig, 1460 IV 13, war er gerade verpflichtet, Beistand gegen Ludwigs Feinde zu leisten und keine gegen Bayern gerichteten kaiserlichen Befehle auszuführen. Eychs Situation zwischen den Fronten war sehr prekär.

[8] Davon enthält das Breve an den Kaiser nichts. Es handelt sich offenbar um einen mündlichen Auftrag des Papstes, der im Breve nur eine Tagfahrt zur Konfliktbeilegung vorschlägt.

LXXI

Bartolomeo Bonatto

Brief an Barbara Gonzaga Rom, 1461 Nov. 1.

AG 841: Or. (aut.), Pap., 29,2×21,9, P.

Illma Madona mia. Benchè, come a la Si. V. scripsi questi dì [1], voria poterli mandare bone novelle de li suoi, tamen non voglio perhò stare che de quello me accade, sia come se voglia, non ge ne faza adviso; pur etiam spero che la cossa debba haver megliore fine, che non mostra el principio. Qui sono
5 littere de XII del passato, che scrive uno prothonotario de Nurimbergo [2] al R^mo^ Monsignore de S^to^ Petro ad vincula, per le quale ge significha come el veschovo de Pomberg et quello de Trevi [3], che erano in favore del duca Ludovico contro el marchese Alberto, sono ritornati a casa cum li lor [4], et che il re de Boemia novamente ha rotto contro esso marchese Alberto et
10 mandato V^M^ cavalli ad danni suoi et ha indutto 40 gentilhomini boemi, che erano adherenti ad esso marchese Alberto et doveano esser ad suo favore, che ancor lor ge hanno rotto et già li hanno tolto de molte terre [5]. La sua Si. dice che, vedendosi tradito da ogni banda et esser levato quelli de Magontino, havea per sua difesa, et andati per bisogno del patrone suo per
15 questa novità de questo de Nassa g'è mossa [6] et anche non si essere voluto condure quello de Sanxonia [7] et non esser potente de stare in campo, ha spartito li suoi et cussì quelli del marchese Federico, chi li era venuto in adiuto cum pocha gente perhò, per le terre et essi messo a le defese [8], et che la sua Si. se ritrovava lì ad Stonhobac [9], et che lo Ill. marchese Zohanne
20 patre de V. Si. era lì ad Nurimbercho per pratichare quella comunità a li favori suoi, la quale fin lì non se ne era voluta impazare [10]. Et agiunge che'l crede per li gran fredi che già comenzavano ad esser in el paese [11], che il duca Ludovico, etiam perchè pur havea le victualie cum dificultà, non debba potere durare longamente in campo. Al marchese Alberto de haver
25 voluto favorire la S^tà^ de nostro Si. et lo imperio ge ne segue questo, che Magontino s'è levato da li favori suoi et adesso pur non lo vole aiutare de uno breve. Quasi ad uno medesimo tempo tra heri et hozi sono state etiam littere a la S^tà^ de nostro Si., secundo me dice il cardinale, del imperatore per cavalaro a posta [12], per le quale instava che nostro Si. comandasse ad
30 questi adversarii del prefato marchese Alberto sub excomunione, che dovessero desistere et se offeresse mezano ad componere tra lor, et del duca

Ludovico, per le quale scrive [13] che, havendo rasone iuste et particulare contro el marchese Alberto, che la Si. sua cum le sue usate astutie, vedendo bisognare patire cum voler dare ad intendere a la brigata che la causa sua sia imperiale, ha levato le bandere del imperio per volerlo mettere in ballo, 35 el che molto ben è sta conosciuto, et perhò le terre imperiale non li hano voluto asistere, et anche lui el conosce, et se la fusse imperiale, perchè lui cussì gli è zurato come esso, non la haria presa, et perchè'l sa che anche el temptarà la sua Stà a li favori suoi, li supplica non si voglia movere ad darli alcuno rescripto che prima non intenda le rasone sue, le quale ge farà noti- 40 ficare per ambassatori suoi, che assai presto metterà a camino [14]. A questo duca Ludovico ha risposto, che de le discordie sono tra lor signori, ne riceve dispiacere et che lo conforta ad voler venire a la pace, perchè etiam crede riduràl'altra parte al honesto, et che de bona voglia vederà li suoi ambas-satori [15]. Al imperatore ha risposto, che non essendo questa causa imperiale, 45 come el vederà per le incluse copie de quelle del duca Ludovico, non se ne vole impaciare mai sì, che per la pace operarà cum questi suoi ambassatori, quando serano venuti, quanto poterà per contemplatione sua et del mar-chese Alberto [16]. Non so mo' quando serà questo. Et certo al cardinale ne rincresce, et dice che ha favorito questo suo caso et favorirà quanto poterà, 50 et rencresceli grandemente de quella facenda de Magontino, et tene questa opinione serà pegiore trattato che il primo, et dice: „Vo tu vedere? Questo veschoato ha più che 400 terre murate, et de tute questui n'è in possessione; com'è bene se farà presta executione et se levarà de possessione, chè serà gran carico al papa haverlo publicato et revocato, et che non se possa 55 exequire [17]." Et tene che il re de Boemia, tra per ritornare suso quella facenda sua del imperio, tra che la Boemia è subiecta a quella gesia et el re ge zura fidelità, el debba adiutare ad sustinersi in quello stato et indure qualche concilio privato de quelli signori et prelati de là, che cum honestà se poterà fare sotto colore de far qualche ambassatori qua, et praticharà le 60 cosse sue, a le quale non dubita et contro il papa et contro lo imperatore harà molti concorenti [18]. Et discore poi in queste cosse de Franza et dice: „Et se'l papa etiam sta duro cum questo re et lui etiam ge concorerà, et cussì poria venire de le cosse che non sono pensate et ridurse in altro che dieta nè concilio privato; et quando non fusse niuna de queste cosse, pur è 65 una gran nota ad haverlo privato senza citatione, et se ben si facesse la exequtione, non se levarà questa nota, nè si fara senza la disfactione del paese et de la gesia, et se lui otterà, non serà mai amico nè a la gesia nè al imperio," et conclude non ne possa seguere bone fine. Del marchese Alberto,

70 venendo questi ambassatori, ha bona speranza de pace cum el duca Ludovico et dice ge farà ciò che'l poterà[19]. Tanto mancho haria poi afare a difendersi dal re de Boemia, chè ancor lui non fa questo se non perchè el marchese Alberto ge ruppi quello suo desegno de farse imperatore, per il che n'è resto vergognato, et fu pur a quello tractato de Magontino, sì che
75 se hora in questo suo bisogno è trattato a questo modo, è de quelle retributione. Se altro accaderà, la Celsitudine V. ne serà advisata, et a la gratia sua quanto più posso me recomando. Rome primo Novembris 1461.

Ex^tie^ v. servitor B. Bonattus cum recomendatione.

[1] S. LXX vom 28. Oktober.

[2] Wahrscheinlich Thomas Pirckheimer. Der Brief ist bisher nicht gefunden. Die Biographie des Thomas s. bei A. Reimann, Die älteren Pirckheimer, Leipzig 1944, 60–103; zu seinen Beziehungen zu NvK s. dort 71 ff.

[3] Verwechslung mit Würzburg. Der Trierer Kurfürst Johann von Baden stand mit den Badensern auf kaiserlicher Seite.

[4] S. Bachmann 129 ff., 136, 148. Das Verhalten der Bischöfe ist durch die Tätigkeit des Kurfürsten Friedrich veranlaßt (s. LXX, 1). Der Waffenstillstand von Zwernitz von 1461 X 20 war wohl noch nicht in Rom bekannt.

[5] Bachmann 121 ff.; über die verschiedenen Angaben der böhmischen Heeresstärke s. Kluckhohn 194 f. Die Absagebriefe der böhmischen Adligen (46), Mitte Sept., s. Bachmann, Fontes XLIV, 214 f.

[6] Diether von Isenburg und sein Bruder Ludwig hatten 300 Reiter ins Reichsheer geschickt (Bachmann 130). Adolf von Nassau erschien 1461 IX 26 in Mainz, wo X 2 seine Einsetzung erfolgte (Menzel 155 ff.).

[7] Über die vergeblichen Verhandlungen des Peter Knorre mit den Statthaltern Herzog Wilhelms s. Bachmann 127, Bachmann, Fontes XLIV, 227 f.

[8] Zu den Kriegsereignissen s. Bachmann passim und die dort verzeichnete Literatur.

[9] Ab 1461 IX 29 datieren Albrechts Briefe aus Ansbach (Bachmann, Fontes XLIV, 234). Ob hier Schwabach (wie wohl in LXX Z. 8) oder Ansbach (Onolzbach) gemeint ist, kann nicht entschieden werden. Offenbar verstand Bonatto die deutschen Namen nicht genau, die ihm NvK nannte.

[10] Zur Haltung Nürnbergs s. Janssen II, 1 172 ff.

[11] Vgl. dazu Kluckhohn 201, Bachmann 132.

[12] S. LXX, 3.

[13] Erwähnung dieses Briefes und gleichzeitiger der Bischöfe von Bamberg und Würzburg und des Pfalzgrafen im genannten Breve an Friedrich III. von 1461 X 28 (s. auch Kluckhohn 199 Anm. 1).

[14] Über die bayrische Gesandtschaft s. Bonatto an Barbara, 1461 XI 20 (AG 841): .. *se ha che, essendo a viagio per venire quelli ambassatori del duca Ludovico, tra li quali era uno prothonotario da Nurimbergho, el quale ad nostro Si. è pocho accepto, essendo advisato de questo de qui, li ha revocati. Non se sa mo' quando veniranno altri.* In einem Brief von 1461 XI 17 gab Bonatto als Grund für die Verspätung der Gesandtschaft deren Umweg zur Vermeidung des interdizierten Tirol an. Ebd. Erwähnung einer Gesandtschaft Albrechts, um der bayrischen entgegenzuwirken. Am 23. ist sie noch in Rom (Bonatto an diesem Tage an Barbara).

[15] Soweit ich sehe, noch nicht näher bekannt.

[16] Breve 1461 X 28: *Quia ergo iuxta ea, que nobis verisimilia sunt, oratores illi, de quibus scribunt, in via esse debent et prius suas excusationes offerent . . , intendemus eo casu pro tanto bono pacis onus tractandi subire, treugas certi temporis indicere, dietam ponere . . . . Hec credimus ad hunc apostolicum thronum spectare et tue excellentie grata esse et in utilitatem et sublevamen prefati Alberti marchionis potius quam in gravamen cedere, cum, ut intellegimus, sperata subsidia contra grandem adversarii exercitum nondum compareant.*

[17] Zum Widerstand Diethers gegen den neuen Erzbischof Adolf von Nassau im Vereine mit dem Pfalzgrafen s. Menzel 150–226, Pastor II 157–162.

[18] Podiebrads hochfliegende Pläne werden von NvK im Zusammenhang mit dem befürchteten Widerstand Diethers von Isenburg also sehr ernst genommen. Seine Ausführungen sind aufschlußreich auch für seine früheren Darlegungen (LXVI) über die Notwendigkeit römischer Initiative in der Konzilsfrage. Die ungünstige Beurteilung Podiebrads an der Kurie war nicht unbeeinflußt durch den schlechten Ruf seines abenteuernden Gesandten Marini, der von Prag aus überall die politischen Fäden zog. Hinzu kamen die Anstrengungen Breslaus gegen Georg an der Kurie. Seit März 1462 nahm sich NvK ihrer an. Erster Empfang ihres Gesandten Johann Kitzing durch ihn in Rom: 1462 III 7, SS. rer. Sil. VIII n. 75 S. 77 und weiterhin passim VIII und IX, s. Index unter *Cusa*, dazu das Urteil Eschenloers, SS. rer. Sil. VII 104. Zu dem umfangreichen Briefwechsel, den NvK in der Sache führte, s. neben den in VIII und IX edierten und bloß mit Hinweis auf Eschenloer erwähnten Stücken: 13 bei Vansteenberghe 225 f. aufgeführte Briefe der Stadt an NvK aus Cod. Wratislav. R. 511a, die leider nicht zugänglich sind). Carvajal, NvK, Bessarion und Estouteville bildeten die von Pius 1462 III 13/14 eingesetzte Kardinalskommission, die mit den am 10. III. in Rom eingetroffenen Gesandten der Böhmen verhandeln sollte. 1462 III 14 und 16 zwei ergebnislose Konferenzen der Kommission mit ihnen. 1462 III 19 Empfang Kostkas beim Papste unter Anwesenheit des NvK, der Pius bei der Darlegung des Sinnes der Kompaktaten sekundierte, daß diese nämlich nicht als Gestattung des Kelches ausgelegt werden dürften. Nach öffentlicher Audienz der Böhmen 1462 III 20: neue Verhandlungen mit der Kommission 1462 III 22 und 26. Bei der ersten, der auch Estouteville beiwohnte, während er am 14. und 16. III. noch nicht teilnahm, suchte NvK die Bedenken der Böhmen unermüdlich zu entkräften und wies darauf hin, daß sie nach der Obödienzleistung verpflichtet seien, die Kompaktaten aufzugeben, sobald der Papst dies befehle. Sämtliche Verhandlungen der Kommission fanden im Hause Bessarions statt. Bei der letzten war NvK nicht anwesend, wohl aber Torquemada (s. dazu Bonatto an Lodovico aus Rom, 1462 III 20, nach seinem Berichte über die Audienz der Böhmen von 1462 III 20 (AG 841): . . . *nostro Si. ha acceptato l'ubedientia et de questa parte li ha remessi a S*to *Sisto* (Torquemada), *S*to *Angelo et S*to *Petro ad vincula, che vedano de removerli et farli conoscere li errori suoi.).* Die Abwesenheit des NvK ist durch Krankheit bedingt; s. Alessandro Gonzaga (Bruder Lodovicos) an Barbara aus Rom, 1462 III 23 (AG 841), über die Francesco in die Stadt einholenden Kardinäle: *excepto alcuni mezo stropiati o vero non bene sani, che furono excusati per non potere, cioè Sancto Pedro in vincula, chi ha la gotta in una mane . . . .*, und ebenso Bonatto an Barbara, 1462 III 24: . . *ge manchò S*to *Marcho et S*to *Petro ad vincula, che sono amalati.* Zu den Quellen zur Böhmenfrage allgemein s. Bachmann 197 ff., vor allem dessen Zitate aus der mir nicht zugänglichen Hs. O 74 des Kapitelarchivs zu Prag. P. Rotta, Il Cusano e la lotta contro gli Ussiti ed i Maomettani (Riv. fil. neo-scol. 18, 1926 329 ff.) ist sehr dürftig. 1464 wurde NvK mit Berardo Eroli zum Richter in der böhmischen Sache bestellt. Zu den Nachrichten darüber in SS. rer. Sil. IX 65 ff. und bei Cugnoni 154 vgl. noch den Brief Carretos an Sforza aus Rom, 1464 VI 16 (DS 56): . . . *havendo già più mesi fa . . . . missa* (nämlich Pius) *la causa contra de luy*

(Podiebrad) *a li R^mi cardinali de Santo Pietro ad vincula et a quello de Spoleti, et ad instantia de lo imperatore li ha fatti soprasedere fin a qui.*

[19] Über den Fortgang der Sache an der Kurie s. Bonatto an Barbara, 1461 XI 23 (AG 841): . . *che lo imperatore instava, che nostro Si. mandasse di là qualche prelato per vedere se possibile era de concordarli* (Albrecht und Ludwig). In Erwartung der bayerischen Gesandten habe der Papst die Sache aufgeschoben. Nach deren Zurückberufung und dem Heimzug Ludwigs und des Pfalzgrafen aber: *credo se darà modo de mandarli, et cussì me ha ditto el R^mo Monsi. de S^to Petro ad vincula.* Ders. an dies., 1461 XI 23, über die bei NvK eingeholte Information: *Nostro Si. ha ditto de mandare l'arcevescovo de Candia* (Lando) *che g'è stato altra volta.* NvK bleibt auch weiterhin Bonattos beste Informationsquelle über Deutschland. 1462 II 20 (AG 841) an Barbara: *Visitando hozi el cardinale de S^to Petro ad vincula, me disse che'l ha . . .* (Rand abgerissen) *da alcuni che veneano da Virtimberg, che il duca Guielmo de Sanxonia, de voluntà del imperatore et cum intelligentia de li Ill. Si. marchese Federico et Alberto barbi de V. Si., havea defidato el re de Boemia, solo per occuparlo, che non possa far favore al duca Ludovico, contro il quale el marchese Alberto se aparechiava, et che le cità imperiale tute unitamente li faceano favore. Et disse: „Io non ho littera, ma questor dicono cussì. Se'l è vera, spero questo anno el marchese Alberto debba esser vincitore."* 1462 II 27 (l. c., leider am Rand stark abgerissen) an dieselbe: *Scripsi li dì passati . . . . . Petro ad vincula de le cosse de Ser A . . . . . ne havesser altramente littere. Heri visitando sua . . . . . cardinale de Augusta, per le quale ge scrivea lo imper . . . . . per la temporalità sua dovesse asistere insieme cum li altri imper . . . . . Ill. mar. Alberto come ad suo capitanio, molto se ne dolea et pregava . . . . . cum nostro Si et supplicarli volesser mandare qualchuno al imperatore ad per . . . . . pace. Per quella non dicea altro; ma il messo suo dicea, che'l marchese Alberto . . . . . ricuperato tuto el suo, et che hora campezava Verd, chi è del duca Ludovico, ... de là non se ha* . . Im März 1463 betreibt NvK Pläne, als Legat nach Deutschland zu gehen; s. Arrivabene an Barbara aus Rom, 1463 III 8 (AG 842): *Credo che quello vescovo de Dacia* (Vincentius B. van Vàcz), *che è stato qua parichi dì, non occorrendoli altro, partirà in curto. Haveva molto praticato de esser mandato da nostro Si. a quella dieta de Alemagna* (Nürnberg, 1463 IV 23), *et già li hebbe qualche speranza, perchè offereva de andarlì propriis sumptibus. Hora me monstra esserne fuori e dice essere stata trama del R^mo Mons. de S. Petro in vincula, che non havendo potuto obtinere de andarlì lui stesso, ha proposto il vescovo de Torzello* (Dominicus de Dominicis, der NvK nahestand). Den 1463 III 6 in Rom ankommenden Söhnen des Bayernherzogs schickte NvK wie Francesco Gonzaga und Carvajal seine Familie zum Empfang entgegen (Giacomo d'Arezzo an Barbara, 1463 III 8, AG 842). Es handelt sich um Albrecht (IV.) und Wolfgang, Söhne Albrechts III. (s. Vansteenberghe 275 Anm. 5).

LXXII

Bartolomeo Bonatto

Brief an Lodovico Gonzaga (Auszug) Rom, 1461 Nov. 7.

AG 841: Or. (aut.), Pap.-Doppelblatt, 29,5×21,8, P.

Illmo Si. mio . . .[1].

Sono etiam stato cum S^to^ Petro ad vincula et holo grandemente rengratiato da parte de V. Si. de questa sua bona dispositione. Non li tochando cossa alcuna, cercha l'havere mandato per quelle littere, imo, domandandomi se la Celsitudine V. havea mandato per quelle littere, li risposi, che ad quella parte non me ne tochava cossa alcuna, solo me comandava che supplicasse a la Si. sua che volesse continuare tanto se havesse opera perfetta. Me risposi che non li mancharia, et che, essendo sta temptato da nostro Si. ge prometesse il voto suo che se ne facesse, era intrato in questa facenda, et li disse cedendo: „Prometetime de far el prothonotario da Mantua ch'è mio alamano, ne sono contento; chè per quello fu rasonato". Li parea sua S^tà^ ben disposta et haveali ditto: „Se non mancharà da Vui, non mancharà da Nui". A che esso rispose non dubitava. „Intendendo el modo, se la sua S^tà^ volea assecurare el colegio de non parlare de Trabatensis e Cornetano[2] nè de homo de casa sua[3], li trovaria tuti ben disposti. Ma a parlarne cussì absolute de farne, per el dubio de questi, li quali per iuste rasone non se doveriano admettere, tuti una voce dirano de non. Se io volesse dire le rasone li aducono contro li, bisognaria altretanta scriptura per adesso lecta." Et finaliter li disse atristasse li altri, che per lui non mancharia. Esso piutosto tene non se ne faza ch'achesì, perchè il papa li voria ad suo modo, et essi per questo respetto non li compiacerano. Se starà a vedere et honestamente se farà le pratiche . . .[4] Rome VII Novembris 1461.

Ex^tie^ v. servitor B. Bonattus cum recomendatione[5].

[1] Vorhergehend Bericht über Gespräche mit Kardinal Trevisan (Scarampo), dem Papst und Ambrosio Spanochi über die Promotion Francescos, wobei die Schwierigkeiten zur Sprache kommen, die das Kolleg möglicherweise machen wird. Trevisan äußert bei dieser Gelegenheit zu Bonatto: *Cum S^to^ Petro ad vincula et cum mi po tu dire ogni cossa, ma guardate da li altri.* Über ähnliche Besuche Bonattos bei anderen Kardinälen, um deren Stimmen zu gewinnen, berichten vorhergehende Briefe an Lodovico vom 11. und 12. Oktober (AG 841).

[2] Bartolomeo Vitelleschi, B. von Corneto 1438–1442 und 1449–1463, gest. 1463 XII 13 (Eubel Hier. II 137 f.). Er war Truppenführer gegen Malatesta (Soranzo 241 ff.). Der Kardinalkämmerer machte seine Stimme für die anderen Kandidaten vom Ausschluß

Vitelleschis abhängig, Barbo und Orsini wollten jene nur bei gleichzeitiger Promotion des Bischofs unterstützen (s. Voigt III 534).

[3] Hier ist wahrscheinlich Ammanati gemeint, der dann auch tatsächlich promoviert wurde.

[4] Es folgen Nachrichten über die neuesten Vorgänge in Mainz.

[5] Ein weiterer Bericht an Lodovico aus Rom, 1461 XI 16, über Werbebesuche bei Barbo und Torquemada, die der Promotion Francescos gewogen sind. Einen Bericht über den Stand der Dinge, den Bonatto für den Papst ausgearbeitet hat, legt er in Kopie bei; *et hola monstrata* (den Bericht) *al R^{mo} Monsignore el camerlengo et cussì a S^{to} Petro ad vincula, et grandemente li piace.* Auf diese Weise würde nach Bonatto der Papst vom Wohlwollen des Kollegs für Francesco überzeugt und zu eindeutigerer Unterstützung angeregt werden können. *Ad alcuni pur pare, et presertim a S^{to} Petro ad vincula, che, se pur non venesse quelle littere de Alemagna in tempo, – chè ancor non ge ho voluto dire sia mandato per esse, – o non se ne havesse dal Si. Messer lo duca et al papa et al colegio in la forma scripsi, che almancho la Cel. Vostra scriva et a nostro Si. et al colegio, perchè se possano monstrare in concistorio cum demostrare che la fede et devotione porta a questo loco ge danno ardire de supplicare, rendendosi certo che, se propagasse per altro in questo et magiore cossa, seria exaudito, molto più in fatto proprio, et che questo non procede per ambitione de dire voria havere uno cardinale, ma per zelo che nostro Si. et tuto el colegio li havesse uno servitore de la casa, sì questo voria esser lo effetto. Et se a la Si. V. parerà de far queste, poterà etiam farne una o vorà al camerlengo o ad S^{to} Petro ad vincula cum pregarlo le presenti tempore debito, et forsi serà meglio ad S^{to} Petro ad vincula solo, perchè si possa parlare più libero per li altri, et per non falare se ne poteria mandare qui una per uno, che poi se gubernaria la cossa secunda el bisogno, et poterà mandare etiam le copie, ad ciò si sapia quanto se habia a fare.* 1461 XI 23 schreibt Bonatto zwei weitere Briefe an Barbara über seine Bemühungen bei dem gerade in Rom angekommenen Bessarion und anderen Kardinälen, von denen die meisten bereits gewonnen seien. Aber noch sei der Widerstand des Dogen zu erwarten, dem Bonatto aber den festen Entschluß des Papstes bezüglich der Kreierung mitteilen will, um ihn so zu veranlassen, nichts gegen Francescos Erhebung zu unternehmen. *La* (V. Si.) *adviso che cum Monsignore de S^{to} Petro, chi solicita ad nome del marchese Alberto, non dirò cossa alcuna de questo, aciò che anche lui lavori per quella via. Imo ge demostrarò ogni speranza de V. Si. esser in lui.* 1461 XI 25 berichtet Bonatto an Barbara über einen gemeinsamen Besuch mit Carreto bei Prosper Colonna, der sich mit Ammanati, Roverella und Gonzaga einverstanden erklärt. Nur müßten jetzt noch genügend Stimmen für Jouffroy gefunden werden, dessen Promotion päpstlicherseits Voraussetzung für die der anderen ist. Bonatto nimmt es auf sich, die starre Haltung des NvK gegenüber Jouffroy zu brechen: *Serò ancor questa sera cum S^{to} Petro ad vincula et spero de ridurlo et cussì li altri* (Carvajal, Calandrini, Trevisan und weitere zwei von Borgia, Mila und Mella, den sehr widerstrebenden Spaniern, die aber zuzüglich fünf dem Papst sicherer Stimmen erst Jouffroys Wahl ermöglichten). *Et qui se conduce le cosse molto secrete, sichè persuado a la Si. V. etiam de là ne faza quello medesimo.*

LXXIII

Kaiser Friedrich III.[1]

Brief an Nikolaus von Kues[2] Graz, 1461 Nov. 11.

AG 2186: Kop. auf Pap.-Doppelblatt, 30,8×21,5, mit eingelegtem Doppel- und Einzelblatt. Das äußere Doppelbl. hat auf f. 1r Kaiserbriefe an Papst, Kolleg und Nikolaus von Kues in Kop.; auf dem eingelegten Doppelbl. Kop. des Memorials für den zum Kaiserhof reisenden mantuanischen Gesandten mit Kop. des mantuanischen Entwurfs für den Kaiserbrief an den Papst; auf dem Einzelbl. der Entwurf selbst.

Federicus etc. r^mo^ in Christo patri et domino Nicolao tituli sancti Petri ad vincula presbitero cardinali Brixinensi vulgariter nuncupato amico nostro carissimo salutem et mutue caritatis continuum incrementum.

R^me^ pater, amice carissime. Scribimus impresentiarum s^mo^ d. n. pape ac sacre Romane ecclesie cardinalium cetui promotionem illu. Francisci Man- 5 tue marchionis affectantes, quemadmodum copiis presentibus inclusis caritas vestra de hoc informata accipiet latiorem[3]. Quocirca eandem v. c. affectu rogamus sincero, quatenus pro nostro desiderio obtinendo in huiusmodi effectu opem et auxilium facere velitis. Confisi ex speciali namque fiducia p. v. in nostrum huius rei ordinamus procuratorem et promotorem. 10 Singularem cedet nobis hoc ad complacentiam precipue acceptam erga v. e. dignis favoribus recolendam. Datum ut supra[4].

Ad mandatum domini imperatoris Ulricus Welczli cancellarius[5].

F. R. I. Prescripta petimus manu propria[6].

[1] Friedrich III. hatte schon 1460 III 1 für die erste durch Pius vorgenommene Promotion eine Supplik an den Papst mit Empfehlung Francescos gerichtet (AG 2186).

[2] 1461 X 28 ein Brief Lodovicos an Barbara aus Goito (AG 2096) mit der Mitteilung über die Fertigstellung des Entwurfs zum kaiserlichen Bittbrief an den Papst. Es sei dabei nicht empfehlenswert *che la Mtà sua ne la littera monstri questa cosa venire da nui, perchè magior honore ne resulta che motu proprio se mova, che per nostra supplicatione. Et secondo ne pare Bartholomeo scrive che'l cardinale de San Petro in vincula dice, che, quando non venisse fatto, non ne seria vergogna, perchè no'l domandaressemo nui, ma lo domandaria lo imperatore, se sua Mtà scrivesse che lo domandassimo nui, la vergogna seria pur nostra. Havemo anchor mosso quello affinium suorum, perchè digando che ex latere matris el prothonotario descende de li marchesi de Brandimborgo, ben dice che sono nostri parenti. Ma gli habiamo gionto, che i sono coniunti de affinità cum la Mtà sua, come è vero che è a la casa de Brandimborgo e a la nostra.* Zustimmende Antwort Barbaras an Lodovico darauf aus Mantua, 1461 X 29; ferner *ho similmente spazato Zorzo* (der Gesandte zum Kaiser), *cometendoli che'l veda se'l potesse indure la Mtà de la imperatrice a scriver due parole de sua mane a n.S., che son certa zovaria assai.* Der entsprechende Brief Barbaras an die Kaiserin aus Mantua, 1461 X 28 (AG 2186), mit Empfehlung Giorgios; desgleichen in einem Brief Barbaras an Johann Hinderbach, 1461 X 29 (AG 2888 lib. 48).

Das Memoriale für Giorgio enthält zunächst den Entwurf des Kaiserbriefs an den Papst, dann die Anweisung, er solle für einen ähnlichen Brief ans Kolleg Sorge tragen. *Item rmo d.cardinalis s.Petri in vincula cum additione, quod sma mtas domini imperatoris illum procuratorem suum et sollicitatorem huius negotii constitueret apud smum d.n. et reliquos d.cardinales, ipsum hortando, ut onus (honus,* ms) *hoc assumere et rem sollicitare vellet sibique parte prefati smi domini imperatoris mittantur copie litterarum suprascriptarum suis incluse, ut videat, quicquid per ipsum dominum imperatorem scribitur etc.*

[3] Im Briefe an den Papst führt er zur Begründung seiner Bitte u. a. an *cum marchionis (marchione* ms) *Brandenburgensis, qui unus ex electoribus sacri Romani imperii locum tenet, ex quibus protonotarius ipse materno latere descendit, assidua erga nos obsequia, tum etiam ipsius Ludovici et progenitorum suorum erga nos et sacrum imperium digne colenda fidelitatis constantia.* Ähnlich an die Kardinäle: *Et quia ... Franciscus ipse ex illu. Ludovico ... s.R.e. ... deditissimo ... genitus ex materno latere a nostris et imperii ... electoribus ... nobis et sanguine et precipue obsequiis iunctis suam traxit originem ...*

[4] Datum des Briefes an den Papst: *Datum in oppido nostro Grez XI die mensis Novembris 1461 regnorum nostrorum Romani XXII, imperii decimo, Hungarie vero tertio.*

[5] Ulrich Weltzli oder Waeltzli, Kanzler Friedrichs III.

[6] 1461 XII 3 schrieb Sforza ebenfalls an Papst und Kolleg Empfehlungsschreiben für Francesco (DS 52). Wie sich aus einer undatierten Notiz über die neuen Kardinäle ergibt (DS 52), lag auch von Albrecht Achilles ein derartiges Schreiben in Rom vor (s. LXVI, 17).

LXXIV

BARTOLOMEO BONATTO

Brief an Barbara Gonzaga (Auszug) — Rom, 1461 Nov. 30.

AG 841: Or. (aut.), Pap., 28,8×21,5, P., und Postskript dazu vom gleichen Tage, 14,8×21,4, mit neuer Adresse und P.

Illma Madona mia. ...[1] Hozi dovemo esser Messer Otto[2] et io cum Sto Petro ad vincula per vedere stia contento de dare la sua voce se ne faza. La sua Si. è de quelli che fu contro questo ultimo[3] al tempo de la sisma, et li fu casone deponesse el capello[4], et anche el primo non g'è molto grato[5]. 5 Non so come faremo. Levando questi, la daria senza dificultà et magnifichamente lavora per el nostro. Pur spero lo riduremo. Ge ho bona speranza. Messer Otto ancor me ha ditto haverne poi hauto altro rasonamento cum nostri Si. et che certo ge lo trova disposito ...

Postcripta. Messer Otto et io siamo stati cum Sto Petro ad vincula, per 10 persuaderli che absolute volesse dare la voce sua se facesse cardinali, ben exceptuando quello ultimo de li dui è nominato in la littera. Ditto molte cosse, ne ha fatto questa conclusione, che cussì absolute non la darà mai, perchè s'è forte questo se promovesser' alcuno de quelli etc., non vole mai se dica fu fatto cum sua intentione. Ma se si darà el nome, et che il nostro sia nel numero, purchè li altri siano tali el meriteno come questo, non serà extravagante dal pensiere de nostro Si. Et disse nostro Si. non ne po far alcuno che non habia qualche pontasone, se non questo. Se non lo vorà fare, ge poteria intervenire che non ne faria alcuno. In effetto el mostra de adiutarci gagliardamente et haverge bona speranza, cum questo stia secreto per un tempo, et a questo tirano tuti li cardinali, perchè in questo tempo non perderano coelle del capello per stare fora esso, et extimano ne debba morire qualchuno de lor vechii che li habia redare loco. Per Messer Otto et per mi non se li mancha, quantochè esso non habia comissione alcuna ...[6]. Ut in litteris ultimo Novembris 1461.

Idem servitor B. Bonattus cum recomendatione.

[1] Zunächst Bericht über weitere Bemühungen Bonattos in der Promotionsfrage bei Bessarion.

[2] Otto de Carreto.

[3] Nämlich Bartolomeo Vitelleschi, B. von Corneto (s. LXXII, 2), entsprechend den in Chiffrenschrift angegebenen Namen, die im Bericht über das Gespräch mit Bessarion erscheinen: ... *de la opinione de Trabatensis et de Corneto.*

[4] Bartolomeo mußte 1440 nach blutigem Kampf gegen den als Nachfolger seines Onkels, des Kardinals Giovanni Vitelleschi, eingesetzten Legaten Trevisan seine Diözese verlassen (daher die oben LXXII, 2 erwähnte Feindschaft zwischen beiden) und schloß sich dem Basler Konzil an. Wann er mit NvK zusammenstieß, ist nicht bekannt, möglicherweise auf dem Frankfurter Reichstag 1442, dem er als Mitglied der Konzilsgesandtschaft beiwohnte. Felix V. ernannte ihn 1444 zum Kardinal. Nikolaus V. beließ ihm trotz Unterwerfung den Titel nicht, übertrug ihm aber erneut das 1442 entzogene Bistum. Über die Rolle, die Bonattos Brief nach zu urteilen, NvK dabei spielte, ist nichts bekannt. (L. Dasti, Notizie storiche archeologiche di Tarquinia e Corneto, Rom 1878 151–155, 245 f.; Mon.Conc. III 962, 964, 981 f. und passim; Conc. Bas. VIII 412 und VII passim; RTA XVI und XVII passim; Wolkan, Fontes 61 passim; G. Pérouse, Le cardinal Louis Aleman, Paris 1904; Eubel Hier. II 10). Über die Stellung der einzelnen Kardinäle zur Promotion Bartolomeos 1461 s. Pius' eigenen Bericht bei Cugnoni 214 ff.

[5] In diesen Zusammenhang gehört das Gespräch des Papstes mit den Kardinälen, das Pius in den *Commentarien* aus jenen Tagen selbst festgehalten hat (Cugnoni 214 ff.). Der dabei ausbrechende Unwille des NvK über die Umtriebe zur Durchsetzung der einzelnen Kandidaten und die kurialen Zustände überhaupt ist durch eifrige Erwähnung in allen seit Cugnoni erschienenen Cusanusbiographien hinlänglich bekannt (falsch übrigens Sparber 377 f.: *öffentliches Konsistorium).* Aufmerksam zu machen ist hier auf die von Pius NvK ausdrücklich entgegengehaltene und von diesem scharf abgelehnte Koppelung der Promotion Jouffroys mit der Aufhebung der Pragmatischen Sanktion (s. o. LXVI). Die hier zugrunde liegende Opposition des NvK gegen die Herrschaft von Nationalitätsinteressen im Kolleg entspricht seiner gleichen Forderung im Reformentwurf (Ehses 293). Scharf herausgearbeitet wird dieser Gesichtspunkt durch Ammanati (Pius, Comm. 497 und 731); er tadelt Jouffroy wegen seiner Dienste für Ludwig XI., da die Kardinäle nur päpstliche Interessen vertreten dürften, wie Estouteville und vor allem NvK gehandelt hätten: *Fridericus quoque*

Romanorum imperator petens a Nicolao cardinale sancti Petri ad vincula..., ut legatus suus conventui Ratisponensi interesset ob causam fidei indicto, exauditus non est. Respondit cardinalis id sibi, nisi concederet pontifex, nullo modo licere. Neque antea imperatori assensit, quam scriptum est Nicolao quinto et concessio impetrata.

[6] Es folgen Befürchtungen Bonattos wegen ausbleibender Post aus Mantua, vor allem da er auf die kaiserlichen Briefe warte.

LXXV

Lodovico Gonzaga

Brief an Bartolomeo Bonatto (Auszug)[1] Mantua, 1461 Dez. 1.

AG 2186: Exemplum auf losem Blatt, 30,8×21,5.

Bartholomeo.

Dilecte noster ...[2]. Et perchè tu ne scrivesti haver havuto risposta da n. S., che a la S^tà sua non bisognavano *[le littere del imperatore]* per esser quella verso nui benissimo disposta, come veramente comprendemo, dil che
5 ge ne restiamo obligatissimi, ma altri non poteriano se non zovare, c'è parso pur de mandarle. Se a la Beatitudine sua parerà che se presentino, al nome de Dio ne farai quanto la comandarà. Se anche non le porai retener, perchè non deliberamo ussire del consilio e parer de quella, haveressemo ben a caro parendoli che se presentino. Perchè'l R^mo Monsignore S. Petri ad
10 vincula monstra affectione assai a la Illu. nostra consorte et a nui, et perchè per la M^tà del imperatore g'è fidato questo carico che fisseno date a lui che le presentasse, se a quello pare altramente, regeti secondo il parer suo, et lui ge facemo intender il tuto, come servitore che ge siamo. Così se rendiamo certi, che la ne aiutarà e consiliarà, e così poterai presentarle al prefato
15 R^mo Monsignor, e pregarlo che'l voglia aiutar la materia quanto più ge sia possibile, e come in lui havemo ferma speranza. E poterai monstrarli la alligata de la Illu. nostra consorte, che havemo fatta fare a posta aciò che'l non si maravigliasse de queste littere, non essendoli mai ditto altro ... Mantue primo Decembris 1461 [3].

[1] Mitteilung Barbaras an Bonatto über den am Vortage in Mantua eingetroffenen Läufer vom Kaiserhofe mit den kaiserlichen Briefen, 1461 XI 30 (AG 2186); dabei auch Verweis auf einen alles näher erläuternden Brief Lodovicos an Bonatto (= LXXV). Am gleichen Tage teilt sie Francesco die Sache mit (l. c.). Wie die ganze noch wenig beachtete Korrespondenz mit ihrem Sohn ist dieser Brief ein sowohl literarisch wie frömmigkeitsgeschichtlich bedeutsames Zeugnis, auf das ich andernorts zurückkommen werde. Aus einem Brief

an Bonatto, 1461 XII 1 (l. c), ergibt sich, daß der im Brief Bonattos an Barbara von 1461 XI 30 (LXXIV) mit der Nachfrage über seine Ankunft in Mantua erwähnte Bericht Bonattos von seinem Gespräch mit NvK, 1461 XI 16 (LXVIII, 5), sie erreicht hat. Die Kaiserbriefe werde sie auf der Stelle Bonatto zuschicken, *volendo che da parte nostra le presenti al prefato R^mo^ Monsignore, e pregarli che secondo la speranza havemo in la sua R^ma^ Si., cossì voglia favorire et aiutara la materia secondo li parerà bisognare, rendendone certo, che in questo il non si deba manco operare che se la cossa spettasse a lui, et cussì ogni nostra speranza è in la sua R^ma^ Si., a la qual debbi ricomandarce.*

[2] Vorhergehend Bericht über die Ankunft der gewünschten Briefe von Kaiser und Kaiserin, die Bonatto gleich nach Rom zugeschickt würden, damit er sie dem Papst vorlegen könne.

[3] Der Beschluß über die Ernennung Francescos und fünf weiterer Kardinäle wurde im geheimen Konsistorium von 1461 XII 14 gefaßt (s. Pastor II 207 Anm. 2 nach Brief Bonattos an Barbara von diesem Tage; übersehen ist von Pastor ein diesem Brief vorausgehender an Lodovico, datiert: *Rome die Idus (!) Decembris 1461 hora 18 aut circha: ... Li fazo adviso come in quest' hora et dì ...* Der 14. Dez. wird durch ein ebenfalls bei Pastor fehlendes Breve an Francesco von diesem Tage bezeugt: *Hodie ...* (AG 2186). Die Mitteilungen im Brief Bonattos an Barbara, kombiniert mit denen an Lodovico, machen den frühen Morgen des 14. wahrscheinlich. Über den Ablauf der Sache berichtet Bonatto 1461 XII 15 an Lodovico (AG 841): Bessarion und Carvajal schlugen vor, Francesco zu wählen, weil das Haus Brandenburg dem Kaiser immer treu gewesen sei, dem man so einen Dienst erweise, *poi S^to^ Petro ad vincula, che ad nome de imperatore feci la proposta, et el rechiesi, allegando non dovere esser postponuto a li altri, imo preferito ad tutti.* Die Publikation fand am 18. Dez. statt (Pastor II 207). Erstaunlicherweise fehlt im Gonzaga-Archiv neben den Glückwünschen der anderen Kardinäle ein derartiges Schreiben des NvK.

LXXVI

Lodovico Gonzaga

Brief an Nikolaus von Kues[1] Mantua, 1461 Dez. 22.

AG 2888 lib. 49: Kop.

Domino cardinali s. Petri.

Reverendissime etc. Havendo inteso per littere de Bartholomeo Bonatto, quanto la R^ma^ Vostra Si. de la buona voglia s'è operata in favore del protonotario mio fiolo, e quanto di continuo lo ha consigliato per forma che la cosa ha sortito optimo effetto, ne resto obligatissimo a quella, e vedome 5
omnino impotente a potergli refferire digne gratie, nè poria satisfare al debito mi pare havere a quella, la qual sia certa se ha obligato et mi et la casa mia in eternum, et puo disponere de mi quelo che la poria de figliolo. E cusì li supplico, che se la cognosce che per lei possa più una cosa che

10 un'altra che gli sia in apiacere e grata, la se degni operarmi e comandarmi, perchè verso lei la mi trovarà sempre benissimo disposto et ad ogni comando suo di continuo apparechiato[2]. So che'l non è bisogno gli a recomandi altramente esso mio figliolo, perchè adesso l'ha dimonstrato non portargli manco amore che mi medessimo, e rendomi certo, dove bisognarà, essa lo haverà 15 sempre per ricomandato e prestaràgli il consiglio e favore suo. Resta che a quella me offerisca et a lei di continuo me ricomando. Ut supra[3].

[1] Dazu ein Begleitschreiben für Bonatto, 1461 XII 22 (l.c.): ... *scrivemo nui a Monsignor il patriarcha et S. Petro ringratiandoli quanto più n'è possibile. Similmente rendemo a tuti quelli ne hanno scritto, cum quelle più conveniente et miglior parole se po.* Es folgen die beiden Briefe und weitere an die übrigen gratulierenden Kardinäle mit stets ähnlichem Wortlaut.

[2] Über eine Freundlichkeit Lodovicos gegenüber NvK s. Bonatto an Lodovico, 1462 I 3 (AG 841): ... *Sancto Petro ad vincula rengratia la Si.V. et cussì la Ill. nostra Madona, che se degni far acceptare quello suo parente per scudero de Monsignore, et dice lo metterà in ordine porà comparire tra li altri.* Wer dieser Verwandte ist, ließ sich leider nicht feststellen.

[3] Nämlich im Brief an Bonatto, *Mantue XXII Decembris 1461.*

LXXVII

Barbara Gonzaga

Brief an Nikolaus von Kues — Mantua, 1461 Dez. 22.

AG 2888 lib. 49: Kop.

Domino cardinali s. Petri.

Reverendissime etc. Io non sono remasta punto inganata de la fede et speranza havea in la R^ma^ Si. Vostra, la qual in questa praticha de cardinali non s'è punto domentigata de le promesse che la me havea fatte, et ha con-5 dutto la cosa al fine ch'io desiderava, dil che ge ne referisco infinite gratie, benchè omnino mi veda impotente a rifferirgline tante quantochè ad una simel cosa si conveneriano. Perho pregarò el Nostro Si. Idio se degni per mi retribuirli cum digno merito. Io non me extenderò più ultra altramente in recomandargli mio figliolo, parendomi non bisogni, perchè mi rendo cer-10 tissima che, cusì come al presente ha favorita la causa sua et di cusì bon animo, cusì etiam per l'advenire non gli manchará de tuti quelli consilii e ricordi gli parerano necessarie, pregandola che, se la cognosesce che per lei potesse più una cosa che un'altra che gli sia in apiacere, è grata la se voglia dignare comandarmi, perchè verso lei la me trovarà sempre ben disposta et ad ogni suo apiacere di continuo apparechiata. Ut supra[1]. 15

[1] Nämlich wie die vorhergehenden Briefe LXXVI und LXXVI, 1.

LXXVIII

Doge Pasquale Malipiero

Brief an Nikolaus von Kues — Venedig, 1462 Febr. 17 (18)[1]

ASV. Cons. dei Dieci. Parti. Miste. Reg. 16, f. 53r: Kop. (C).
ASV. Bolle ed atti della curia Romana. Collezione Podocataro. Busta 1, fasc. 8, f. 1r: Kop. (D). Zeitgenössischer Papierfaszikel mit Abschriften von Dokumenten zum Humiliatenstreit.
Cornelius XII, 27: Druck nach C.

Ex[2] litteris vestre r. dominationis ad religiosos viros rectorem[3] et socios congregationis s. Georgii in Alga[4] intelleximus intentionem summi pontificis[5] super materia monasterii s. Christofori de Venetiis[6] et fratrum Humiliatorum, qui sperabant nos acceptaturos esse in s. Christoforo alios fratres ordinis sui[7]. Et ut dominatio vestra intelligat, quicquid actum est in hac re, eidem declaramus, quod fratres Humiliatos, qui cum litteris sui generalis[8] ad nos venerunt, audivimus et in effectu eos licentiavimus, sibi expresse declarantes, quod in monasterio s. Christofori nostre civitatis Venetiarum ipsos Humiliatos omnino nolumus habitare, sed volumus congregationem s. Georgii in Alga stare in illo, sicut nunc stat. Itaque ad habendum bullas apostolicas pro congregatione predicta, sicut valde cupimus, r. d. vestram ex corde rogamus, ut in hac re favere placeat honesto desiderio nostro, quod ad honorem Dei et utilitatem totius universitatis civitatis Venetiarum spectat, quoniam id habebimus ad complacentiam valde grandem[9].

R. cardinali s. Petri ad vincula.

(7) audivimus / audimus C (7–8) sibi expr. decl. / sibi decl. expr. *D* (8) nostre *om. D.*

[1] Parte vom 17. Febr., während D 18. Febr. angibt, wahrscheinlich das Expeditionsdatum.
[2] Abfassung des Briefs an NvK nach Parte der Dieci vom 17. Febr. auf Antrag der Nicolaus Superantio, Mapheus Michael und Jacobus Barbadico zusammen mit Briefen an die Kardinäle Colonna und Carvajal (C f. 53r, D f. 1r, Corn. 27). Darin Dank für ihre

Briefe vom 13. Jan., worin sie die vom Papst erlangte Bestätigung der Übertragung von S.Maria in Orto an die Kongregation von S.Giorgio in Alga mitteilten, und gleichzeitige Bitte an sie, nun noch für die Ausstellung der entsprechenden Bulle und deren Übergabe an den Prokurator der Kongregation zu sorgen.

[3] Hieronymus Blanchus aus Venedig, 1449–1461 Präfekt verschiedener Niederlassungen der Kongregation in Brescia, Monselice und Padua, seit 1461 IV 21 Rektor der gesamten Kongregation bis 1462 und nochmals 1466–1467 (Tomasinus 297, 306 f., 311, 321 f., 332).

[4] 2 km westlich Venedig auf einer Laguneninsel, Mutterhaus der gleichnamigen Kongregation von Säkularkanonikern.

[5] Ebenso in Breve vom 21. Febr. an Dominicus de Lucca (Or. AV Diplom.Nunz.Venet. 1518, Kop. ASV Collez. Podoc. l.c.fasc. 9, f. 1r), päpstlichen Gesandten in Venedig, er möge die Räumung des Humiliatenklosters von den Säkularkanonikern veranlassen, die der Patriarch von Venedig an Stelle der Humiliaten dort unter Berufung auf den ihm vom Papst erteilten Auftrag zur Reform des Klosters hin eingeführt habe; *preterea quia dilectus filius generalis dicti ordinis Humiliatorum vel eius nuntius istuc venturus est, ut in predicto monasterio religiosos bonos et vite exemplaris ponat* (d. h. Humiliaten) ..., *volumus, ut eidem opportunis favoribus assistas, prout alias tue devotioni scripsimus.*

[6] Bekannter unter dem Namen S.Maria in Orto., s. Cornelius XII, 11 ff., Zanetti 20 ff.

[7] Zur Sachlage s. Tomasinus 323 ff., Cornelius 23 ff. Einige Stücke der umfangreichen Korrespondenz zur Humiliatenfrage fehlen dort. Es ergibt sich für die Entwicklung der Angelegenheit bis Mitte Februar 1462 folgendes Bild: 1461 X 29 Rat der Zehn über Anklagen gegen Petrus, den Humiliatenpropst von S.Maria in Orto. Wegen *magna invidia et magnum odium* der Anklagen und *magna confusio* beim ganzen Verfahren wird Übergabe der Sache an den Humiliatengeneral zu internem Ordensverfahren vorgeschlagen, aber nur ein ungenügendes Abstimmungsergebnis erlangt (C f. 41v, Corn. 23). 1461 XI 4 einstimmiger Beschluß über Dogenbrief an Pius II., die Reform von S.Maria in Orto dem Patriarchen von Venedig zu übergeben (C f. 41v–42r, D fasc. 9, f. 1v mit falschem Datum *Nov. 1*, Corn. 23). 1461 XI 5 gleichlautende Dogenbriefe an die Kardinäle Trevisan, Carvajal, Colonna und NvK mit jeweils eingelegtem Brief vom Vortage an Pius II., bei dem die Kardinäle im Sinne dieses Briefes einwirken mögen (C f. 42r, Corn. 24). 1461 XI 17 Breve an den Patriarchen mit Auftrag an diesen zur Reform des Klosters, nötigenfalls unter Vertreibung der augenblicklichen Humiliaten (C f. 288v, D fasc. 9, f. 1r). 1461 XI 17 schreibt NvK an den Dogen mit Empfangsbestätigung über dessen Brief vom 5. XI.: *vestrum autem honestum in primis desiderium singulari affectione una cum reverendissimo domino meo domino cardinali de Columna perficere statim aggressus nullo prorsus labore adimplevi. Nam s.d.n. prompte admodum precibus nostris et votis vestris dedit assensum ... Res vero omnes vestras, que apud pontificem vobis agende sunt, firmiter sciatis mihi maxime cure semper fore* (Ch. 76, dort weitere Briefe an den Dogen, die in den Rahmen des Brixener Streits gehören), 1461 Ende November Festsetzung des Propstes Petrus, dessen Auslieferung an den Humiliatengeneral nach Mailand abgelehnt wird (C f. 43v). 1461 XII 2 Dogenbrief an Pius II. mit Bitte, die wegen Widerspenstigkeit bei der Reform vorgenommene Ersetzung der Humiliaten durch Säkularkanoniker von S. Giorgio in S. Maria in Orto zu bestätigen (C f. 44v, D fasc. 9, f. 2r, Corn. 25). 1461 XII 8 Zitierung des Patriarchen durch den Rat der Zehn auf Beschwerde des gefangenen Propstes hin (C f. 45r). 1461 XII 17 Dogenbriefe an Pius II. und die Kardinäle Trevisan, Carvajal, Colonna und NvK mit Bitte um Bestätigung der Maßnahmen des Patriarchen, bzw. um diesbezügliche Fürsprache beim Papst (C f. 46v, Corn. 26). 1461 XII 23 endgültiger Beschluß der Zehn über Absendung eines Gesandten nach Rom mit den angegebenen Briefen, jedoch auf Kosten der Kanoniker (C f. 47v, Corn. 26). 1461 XII 28 Brief des Francesco Sforza an Otto de Carreto mit eingelegtem Bittbrief des Humiliatengenerals an Sforza; Otto möge dies-

bezüglich beim Papst vorsprechen, *et con quilli debiti et honesti modi ve parirà, pregarite la soa s^tà^ se digne provedere che ad quello ordine non sia fatta violentia...* Wie der General schreibt, ist das Kloster vor mehr als hundert Jahren von Mailänder Humiliaten erworben worden, *et in ipsa ecclesia sancti Christofori est una capella constructa per dominos Vicecomites Mediolani cum notabilibus paramentis et redditibus... Misi vicarium meum et plures prepositos ad dictum patriarcam..., sed numquam voluit audire, quia est inimicus ordinis et cupiebat privare ordinem illa domo.* (Sowohl der bisherige Patriarch Laurentius Justinianus als auch der jetzt ihm folgende Mapheus Contarenus gehörten der Kongregation von S. Giorgio lange an!) Eine erste vom General vorgelegte Fassung der jede Verderbtheit im venezianischen Kloster bestreitenden Beschwerde, die dem Patriarchen Grausamkeiten gegen die Humiliaten *(pro maiore parte Lombardos viginti)* vorwirft, wurde von Sforza gestrichen, *quia non iuridica et acerba nimis et mordax...* (ASM Reg. Duc. 5, f. 56r–57r). 1462 II 17 (18) Dogenbrief an NvK, Colonna und Carvajal (s. Anm. 2) und an Goro Piccolomini im gleichen Sinne (C f. 53r, D fasc. 8, f. 1v, Corn. 27). 1462 II 18 Brief Sforzas an Otto de Carreto über: *l'acquisto de quello luoco, la constructione et dota de epso,... et quia agitur de honore nostro, havendo nuy questa cosa ad petto pur assay, ve stringemo et caricamo si may usasti solicitudine et diligentia alcuna in nisuna nostra facenda...* (ASM Reg. Duc. f. 64v). 1462 II 21 Breve an Dominicus de Lucca (s. Anm. 5).

[8] Philippus de Cribellis, Ordensgeneral 1443–1468, gest. 1468 XII 9 (Tiraboschi 138 ff.). Über sein Eingreifen s. Anm. 7.

[9] Quellen zum Fortgang der Angelegenheit: 1462 III 2 Brief Sforzas an Kardinal Fortiguerra mit Bitte um Verwendung in der Sache beim Papst mit erneuter Erwähnung der Mailänder Mittel beim Erwerb des Klosters, *nel quale luoco li ill. s. Visconti nostri precessori feceno edificare una capella dotata de heredità et paramenti...* Überbringer des Briefes ist der inzwischen entwichene Propst Petrus (ASM Reg. Duc. 5, f. 66v). 1462 III 5 Parte der Dieci über Absendung eines Gesandten nach Rom wegen des durch Dominicus de Lucca unter Exkommunikationsandrohung veranlaßten Abzugs der Kanoniker aus dem Kloster, *quod est de directo incontrarium his que habita sunt a r^is^ d. cardinalibus s. Angeli et Columne* (C f. 55v, Corn. 28). 1462 III 6 Instruktion für den Gesandten Nicolaus Sagundinus mit dem Argument, das Kloster sei aus den Almosen von Venezianern für die Humiliaten gebaut worden. Dazu noch die Anweisung, *si visitabis vel videbis r. d. cardinalem s. Marci, sibi dices quod, si ei non scripsimus, non miretur, quoniam, sicut informati sumus, in omnibus, que obtinere quesivimus apud s. pontificem et presertim in facto monasterii s. M. ab orto, ipse semper fuit contrarius votis nostris,* diesmal als Ordensprotektor der Humiliaten (C f. 56rv, Corn. 28–30). 1462 IV 1 Breve an den Patriarchen mit Bestätigung der Maßnahmen des Dominicus de Lucca und der Exkommunikation einiger Kanoniker, die trotzdem in S. Maria in Orto verblieben waren, die der Patriarch bei Unterwerfung aber absolvieren solle (Or. AV 1520, s. Anm. 5) 1462 IV 2 Parte der Dieci über Entlassung der festgesetzten Humiliaten (C f. 59v). 1462 IV 14 Instruktion für Nicolaus Sagundinus wie am 6. III. (Or. AV 1521). 1462 IV 21 zwei Instruktionen an denselben im gleichen Sinne, in denen als Gegenspieler an der Kurie der Humiliatengeneral, Carreto und der abtrünnige Venezianer Laurentius Victuri erscheinen (Or. AV 1523, 1524, C f. 60v, Corn. 31 f.). 1462 V 29 Brief des Antonio Guidoboni aus Rom an Sforza, dieser möge an Kardinal Ammanati schreiben, da Pius ihm und Goro die Sache übertragen habe (DS 349). 1462 VI 9 Antwort Sforzas darauf mit Erwähnung des Abgangs von Briefen an Goro und Ammanati (DS 349). 1462 VII 14 (15) Dogenbrief an Pius II. mit Ablehnung des päpstlichen Vergleichsvorschlags vom 12. VI., den Humiliaten ein anderes Kloster in Venedig zuzuweisen, und neuem venezianischem Vorschlag der Entschädigung des Ordens auf dem Festland (C f. 67v, AV 1525, Corn. 32 f.). 1462 IX 15 Instruktion für Sagundinus mit einer Liste von allerdings vorerst noch ander-

weitig besetzten Ersatzhäusern im Festlanddominium, nachdem der Papst den neuen venezianischen Vorschlag gebilligt hat (Or. AV 1527, C f. 75r, Corn. 34 f.). 1462 X 29 zwei Bullen mit entsprechender Sanktion der Übereinkunft, die S. Maria in Orto in ein Haus der Säkularkanoniker umwandelt (AV 1528, 1529, Tomasinus 325 f., Corn. 35). Über den weiteren Verlauf s. Cornelius, Tomasinus und Tiraboschi 93 ff.

LXXIX

Doge Pasquale Malipiero

Briefe an die Kardinäle Trevisan-Scarampo, Bessarion, Colonna, Carvajal und Nikolaus von Kues — Venedig, 1462 Febr. 26 (27) [1]

ASV Cons. dei Dieci. Parti. Miste. Reg. 16 f. 54r: Kop.
ASV l. c. eingelegtes Pap.-Doppelbl. zwischen f. 53 und 54: Kop., gehört zu den Papierfaszikeln der Collezione Podocataro (s. LXXVIII).

R. d. cardinali Aquilegiensi camerario etc.

His implicitum mittimus exemplum litterarum, quas scribimus Romano pontifici, et quamquam certissime credamus eius beatitudinis votis nostris assensuram, tamen pro summa nostra in r. p. vestram spe et confidentia 5 eam ex corde rogamus, ut tam apud beatitudinem suam quam aliter, ubicumque fuerit opportunum, intercedere et efficacem operam dare placeat et instare, quod intentio illa nostra votivum sortiatur effectum pro nostra et rei publice nostre precipua complacentia, ut ille cubicularius Tergestinus nobis infestus amodo ab eius pertinaci opinione desistat et cives nostros in 10 sua pace dimittat perpetuumque silentium contentionibus illis imponat [2].

Similis cardinali Niceno, cardinali de Columna, cardinali s. Angeli, cardinali s. Petri ad vincula.

[1] Das spätere Datum steht auf dem Papierblatt, wohl das Expeditionsdatum; II 26 ist das Datum der Parte. Der Antrag, *quod scribatur summo pontifice ... et ... illis cardinalibus,* wurde gestellt von Nicolaus Superantio, Mapheus Michael, Jacobus Barbadico, und einstimmig angenommen. Dem Brief an die Kardinäle voraus geht der Dogenbrief an den Papst. Nach dem Brief an die Kardinäle folgt die Instruktion für den venezianischen Gesandten in Rom, Nicolaus Sagundinus.

[2] Zur Vorgeschichte der Angelegenheit s. Parte der Dieci von 1461 XII 17 (l. c. f. 47r): *Cum alias d. Franciscus de Tergesto canonicus propter favores, quos habet in curia, impetrasset beneficia in Tervisio, Padua et alibi locorum nostrorum et propter hoc molestaret aliquos cives nostros, dominatio contenta pro reverentia s. pontificis, quod ipse haberet beneficium Tarvisii, iussit illi tunc presenti, quod non ultra peteret beneficia in terris.... nostris ... Sed cum postea pro canonicatu Plebissacci citasset in curiam d. Carolum Geno*

et dominatio nostra iussisset, ne ille iret in curiam, fuerunt illi d. Carulo sequestrati redditus dicti beneficii. Darauf neue schriftliche Aufforderung an Franz, von Belästigungen des Geno abzustehen. *Ipse responderit tali forma verborum, ut videatur velle contendere cum nostra dominatione .... Ita scribatur rectoribus, ubi sita sunt beneficia sua, ... quod .. debeant sequestrari facere et iubere, quod de illis nemini respondeatur sine licentia nostri dominii.* Darauf 1462 I 22 Breve des Papstes *pro commendatione et favore cubicularii sui d. Francisci de Tergesto.* Antwort Venedigs von 1462 II 26 (27): Es sei unrecht, *quod nobiles et alii cives nostri, quorum progenitorum ecclesias fundaverunt ac beneficia illa dotarunt et ampliarunt ...., personis exteris de nobis .... non meritis, qualis iste est, cum sit de civitate Tergestina nobis infesta, postponerentur et a beneficiis quodammodo patrimonialibus per hunc modum excluderentur ... Multa in hac materia dicenda essent de hoc homine, cuius perversus animus in nos ... exploratissimus nobis est.* Der Papst wird gebeten, *illi perpetuum silentium imponere, ut cives nostros ulterius non molestet, ... quod de hoc eius cubiculario ... s. vestra potest .. de aliis beneficiis in multis partibus opulentissime providere.* Zum Streit um das durch Tod des Franciscus de Alvarotis vakante Paduaner Kanonikat zwischen Franz von Triest und Andreas Bembo mit dem päpstlichen Vorschlag des Rücktritts beider von ihren Forderungen und der Nominierung eines gewissen Zacharias Natalis dafür seitens der Signorie s. Parte von 1462 VII 7 (l. c. f. 67r).

LXXX

FRANCESCO GONZAGA

Brief an Lodovico Gonzaga (Auszug)[1] Rom, 1462 April 28.

AG 841: Or., Pap., 29,3×21,6, P.

Illustris princeps et ex. domine genitor et domine mi singul^{me} ...[2]. Poi questo atto trattato in concistorio secreto, nostro Si. fece aprire la porta de la camera del papagallo, e qui introrono molti prelati. El conte d'Urbino e ambassiatori se lì ritrovorono e chi altri volse, secundo che el luoco era capace. E tenendose tutavia aperto lusso, dede le sententia al R^{mo} Mons. de S. Petro in vincula, che la legesse, e cussì lui la pronuncioe, che anche haveva vista et examinata la causa ex commissione de nostro Si. In la sententia dechiarava el Si. Sigismundo incestuario, homicida, sacrilego, traditore et heretico, privavalo d'ugni titulo e dignitate e confiscava li beni suoi a la camera. Letta la sententia, nostro Si. disse: „Et ita declaramus, pronunciamus et approbamus". E qui disse al thesaurero, che facesse la executione, et alhora se mandoe ad aprendere el fuoco, che foe doppo le XXI hora a le ditte statue ...[3]. Rome XXVIII Aprilis MCCCCLXII.

Illu. d. v. filius observantissimus F. cardinalis de Gonzaga.

[1] Über den Malatesta-Prozeß und die Tätigkeit des NvK dabei s. Soranzo 229, 270 f., 288, nach Pius, Comm. 128 f., 184, nach der Bulle *Discipula veritatis* gegen Malatesta von 1462 IV 27 (Pius, Epist. 40–63; handschriftlich u. a. BV Chig. J V 175 f. 52r–80r, J VI 212 f. 1r–46r, J VII 249 f. 36v–59v, J VIII 285 f. 35v–54v und Urb. Lat. 404 f. 50r–68r und nach den bei Soranzo, 289 Anm. 1, und Pastor, II 99 Anm. 3, erwähnten Briefen im AG und DS, aus denen ich die NvK betreffenden Stellen hier ausziehe: 1461 I 16, öffentliches Konsistorium, in dem Pius II. ein ordentliches Prozeßverfahren gegen Malatesta anordnet, das er noch in dieser Sitzung NvK überträgt: *Tu igitur, dilecte fili, cardinalis sancti Petri ad vincula, audisti, quae adversus Sigismundum proposita sunt; tibi hanc causam committimus audiendam, cognoscendam et fine debito terminandam* (Com. 129). *Cardinalis suscepto mandato, cum auditis nonnullis testibus fidedignis magna laborare infamia Sigismundum neque patere ad eum tutum accessum repperisset, per edictum monuit eum, ut intra dies XXX a die publicationis monitorii computandos coram se personaliter compareret, allegaturus causas, cur non deberet de praemissis criminibus condemnari, fuitque monitorii pluribus in locis executio facta,* berichtet die Bulle *Discipula* über die Untersuchungsmaßnahmen des NvK. 1461 III 14 stellt Pius Malatesta einen bisher noch nicht erwähnten Geleitbrief aus, *ut personaliter comparere debeat in alma Urbe nostra ad se excusandum et defendendum a quibusdam processibus et inquisitione contra eum formatis per dilectum filium Nicolaum tituli* usw. *Brixinensem iudicem a nobis specialiter delegatum* (Bulle *Cum Sigismundus,* RV 504 f. 101r; über ein Konsistorium, das wegen des Geleitbriefes demnächst einberufen werde, schreibt bereits 1461 II 14 Bonatto an Lodovico, AG 841). Malatesta mißachtet das Gebot des NvK. *Quod cum cardinalis animadvertisset, decrevit in contumaciam rei procedere ea gravitate utens, que tanta in re videbatur necessaria* (Ep. 43). *Cardinalis autem examinatis nonnullis testibus fidedignis et visis omnibus atque discussis quae videnda et discutienda fuerunt, retulit nobis in concistorio secreto* (1461 X 24) *crimina omnia et omnes excessus, super quibus Sigismundus fuisset delatus* (Ep. 51). Über dieses Konsistorium ausführlicher Pius in den *Commentarii* (184): *Pius ... cardinalem sancti Petri ad vincula, quae de Sigismundo Malatesta invenerit, referre iubet. Is causae documentis inspectis constare asserit Sigismundum plane haereticum esse, qui resurrectionem mortuorum infitietur et animas hominum mortales fore testetur, nec de futuro regno quicquam speret. Homicidia deinde, stupra, adulteria, incestus, sacrilegia, periuria, proditiones et infinita propemodum turpissima et atrocissima scelera eius probata, nec dubium quin summo supplicio dignus sit.* Die Vorwürfe Soranzos gegen NvK, er habe sich nicht ausreichend über Malatesta informiert, entbehren des Beweises. Falls er nur schlecht unterrichtet war, so war Malatesta selbst nicht schuldlos daran. Ebenso unbeweisbar ist Soranzos Behauptung, bei der bekannten Strenge des NvK sei Malatesta schon von Anfang an verloren gewesen, gleichgültig wie er sich während des Prozesses auch verhalten hätte. Vielmehr konnte sich NvK aus seiner Härte gegen ihn nicht mehr als ungünstige Rückwirkungen auf die Malatesta unterstützenden Venezianer erwarten, auf deren Vermittlung im Brixener Streit er rechnete. Der Zufall wollte, daß NvK in beide Sigismund-Prozesse verwickelt war, die (z. B. in der Gründonnerstagsbulle von 1463 IV 7) an die Spitze aller Verfahren gegen die damaligen Kirchenfeinde gesetzt wurden (RV 518 f. 214v–218r). Beide Prozesse werden immer wieder in einem Atemzuge genannt (MC 836 f. 165r, 177r).

[2] Vorher Bericht über die zwei Malatestafiguren (durch den Bildhauer Paulus Mariani angefertigt, MC 837 f. 15v; nach Soranzo [288] drei Figuren), die zum Zeichen der Vertilgung des Verdammten vor St. Peter und auf dem Blumenmarkt verbrannt werden sollten, und über das vorhergehende geheime Konsistorium am Abend des 27. April (s. Soranzo 486 f.).

[3] Die von NvK verlesene Sentenz ist die Bulle *Licet natura* (RV 518 f. 103v–106r und vollständig abgedruckt in der Veroneser Chronik 165–169, wo [151] auch die Tätigkeit des NvK im Malatesta-Prozeß und sein Auftreten im öffentlichen Konsistorium vom 28. April kurz erwähnt werden). Sie stellt einen redigierten Auszug aus der Bulle *Discipula veritatis* dar und resümiert ebenfalls kurz die Tätigkeit des NvK. Der Brief Francescos an seinen Vater entspricht weitgehend dem Briefe an Sforza (Pastor, Akten 171 f.), in dem aber nicht NvK erwähnt wird. Ausführlich dagegen Bartolomeo Maraschi, Propst von Mantua, 1462 IV 27, an Barbara (AG 841): *Post hec lo cardinale vincula come iudice de questo processo lesse la sententia, in la quale apellava Sigismondo adultero, robatore, stupratore, falsario de monete, perjuro, incestuoso, heretico perchè non crede l'altra vita e male sente in molti articuli, traditore e molti altri opbrobrii. Privato de ugni dominio, post hec fu cazato fuocho in quelli lignari.*

LXXXI

Pius II.

Breve an die Konservatoren von Orvieto — Viterbo, 1462 Mai 13.

ACO Perg.: Or., Perg., 6,6×34,1; Regest: Fumi, Codice 722.

[In verso] Dilectis filiis conservatoribus pacis civitatis nostre Urbevetane.

[Intus] Pius papa II.

Dilecti filii. Salutem et apostolicam benedictionem. Proficiscitur istuc dilectus filius noster Nicolaus tituli sancti Petri ad vincula presbyter cardinalis Brixinensis estatem acturus ibidem[1]. Cum itaque de nobis et Romana ecclesia benemeritus sit et ita virtutum suarum prestantia mereatur, intentio et voluntas nostra est et ita vos in Domino exhortamur, ut ipsum cum omni debita reverentia recipiatis et in suis ac familie sue occurentiis benigne atque humaniter tractetis. Mandamus quoque, ut ei assignetis palatium, in quo habitavit anno preterito[2]. Satisfacietis sic debito et honori vestro ac nobis plurimum complacebitis[3]. Datum Viterbii sub annulo piscatoris die XIII Maii MCCCCLXII pontificatus nostri anno quarto.

G. de Piccolominibus.

[1] Vor 1462 V 19 ist NvK noch in Rom (Brief Kitzings an den Breslauer Rat in SS. rer. Sil. VIII 96 f.). Über seine Reise nach Orvieto s. NvK an B. Theodor von Feltre aus Orvieto, 1462 VII 23 (Ch. 355 f.): *Ego papam post recessum p. v. non vidi nisi per quartam partem hore, dum dominica* (V 23), *postquam abiistis, Viterbium transeundo ad hunc locum pergerem.* Wie sich aus LXXXII, 2 ergibt, war er 1462 V 26 in Orvieto. Die Angabe bei Vansteenberghe (460 Anm. 5) über Anwesenheit in Montefiascone,

1462 V 25, ist irrig, da nicht der dort zitierte Brief des NvK an den Dogen dieses Tages (Marc. Lat. XIII 90 f. 11v–12r) von NvK stammt, sondern vielmehr der in der Hs. vorhergehende (f. 11rv), der datiert ist: *Orvieto, 1462 VI 11.* Eine Ablaßbulle des NvK und anderer Kardinäle für die Kapelle der hll. Jungfrau Maria, Fabianus, Sebastianus und Antonius in der Pfarrkirche St. Salvator der Burg Wickrath datiert: *Rom 1462 V 31.* Die Bulle ist entweder vordatiert oder der Sekretär des NvK siegelte für diesen in Rom (Regest mit Angabe älterer Regesten bei R. Brandts, Inventar des Archivs der Pfarrkirche St. Antonius in Wickrath, Landschaftsverband Rheinland, Inventare nichtstaatlicher Archive 4, Düsseldorf 1957, Nr. 33, nach Or. in Wickrath).

[2] Instruktion und Vollmacht des NvK für Simon von Wehlen und Johannes Stam von 1462 VII 24 (Ch. 325) sind datiert: *In Urbeveteri domo nostre solite residentie ibidem.* Nähere Angaben fehlen. 1463 ist der heutige Palazzo Papale seine Residenz.

[3] S. Protokoll der Ratssitzung der Fünfzehn von 1462 V 21 (ACO 215 [Rif.] f. 515v): *Primo quod fieret enseneum rmo domino N. cardinali sancti Petri ad vincula valoris et exstimationis quinque florenorum, et hoc fuit ottentum ad fabas more solito iuxta consilium domini ser Jacobi.* 1462 V 28 Geldanweisung für Butius Jacobi (l. c. Bollette): *Item retineas apud te in alia manu lb. denariorum triginta et sol. sex cum dimidio, exspensa nostro mandato pro enseneo facto rmo domino cardinali sancti Petri ad vincula, videlicet pro confectis lb. novem et sol. sexdecim, pro cera lb. denariorum duodecim et sol. duos cum dimidio et pro spelta lb. denariorum octo et sol. octo, videlicet in totum fl. 6, lb. 0, sol. 6, d. 6.* Über den Gesundheitszustand des NvK s. den Brief an Theodor von Feltre (Anm. 1): *Hodie venerunt littere . . . . ., quas adhuc ex integro legere nequivi, quia podagra heri incepit fluere, et dolor me totum inhabilitat ad omnia intellectualia.* Dennoch verfaßt er hier *De figura mundi* (Vansteenberghe 246).

LXXXII

Pius II.

Breve an Carvajal
und Nikolaus von Kues — Abbadia San Salvatore, 1462 Juli 2.

ACO Perg.: Or., Perg., 9,1×37,3; Regest: Fumi, Codice 722.
AV Fondo Garampi 135 (Advers. III) p. 241: Kop. 1752 von der Hand Garampis.

[In verso] Venerabili fratri Johanni Portuensi episcopo cardinali sancti Angeli ac dilecto filio N. tituli sancti Petri ad vincula presbytero cardinali Brixinensi[1].

[Intus] Pius papa II.

5 Venerabilis frater et dilecte fili. Salutem et apostolicam benedictionem. Legimus, que nobis scripsistis circa bolendinos marchianos, quos expendi de cetero prohibuimus. Si absque magno preiudicio camere apostolice possemus, complaceremus vobis libenter et faceremus equo animo, que rogastis[2].

Sed manifestum damnum, quo camera ipsa propter eiusmodi bolendinos afficitur, nos induxit ad hanc provisionem faciendam, quam primo fecimus 10 in alma Urbe nostra, fecimus et in Patrimonio, facturi etiam sumus omnino in Marchia et aliis provinciis nostris. Proinde poteritis hoc notificare dilectis filiis nostris Urbvetanis, ut intelligant hanc esse mentem nostram et nos non pro eis tantum, sed generaliter in terris et provinciis nostris decrevisse provisionem huiusmodi locum habere. Datum in abbatia sancti Salvatoris 15 die II° Julii MCCCCLXII pontificatus nostri anno IIII°.

G. de Piccolominibus.

[1] Zu Carvajals älteren Beziehungen zu Orvieto s. u. a. die *Ricordi di Ser Matteo di Cataluccio da Orvieto*, ed. G. Carducci e V. Fiorini, SS. rer. It. XV, 5 (1920) 511. Zu Carvajals Verhältnis zu NvK s. u. a. Koch, Briefwechsel 10 f., Umwelt 32 f. Er war einer der von NvK eingesetzten Testamentsvollstrecker. Politische Zusammenarbeit bestand gerade jetzt in der böhmischen (LXXI, 18) und der Breslauer Frage (s. SS. rer. Sil. VIII und IX passim). Die Beurteilung des NvK durch Carvajal im Brixener Streit s. in seinem Briefe an Bessarion, Buda 1460 VI 6 (Ch. 214): .. *cui* (NvK) *multum congratulandum est, quod coronam martirii adeptus sit, qua impavidus pro defensione gregis sui et libertatis ecclesie lupis obviaverit. Ipse, pro quo pugnavit, liberabit eum.* Neben Carvajal (Geschenk der Stadt für ihn von 1462 VI 30, ACO 216 [Rif.] f. 5v) war auch Barbo in Orvieto (Geschenk 1462 VIII 8, l. c. f. 10v). Eine andere interessante Geldanweisung 1462 VIII 8 (l. c. Bollette 1462 f. 10r): *Pro expensis factis tribus vicibus, quibus itum fuit piscatum pro cardinalibus et semel cum cardinali sancti Petri ad vincula, lb. septem, sol. XIIII.* 1462 VII 8 war Carvajal bereits in Abbadia San Salvatore (s. SS. rer. Sil. VIII 117 f.)

[2] Weiteren Einsatz des NvK für die Stadt s. in einem Protokoll der Fünfzehn von Orvieto, 1462 V 26 (ACO 215 [Rif.] f. 516r): *Item fuit tractatum de festivitate corporis Christi; super que fuit conclusum, quod conservatores habeant esse cum domino cardinali sancti Petri ad vincula, qui sua clementia dignaretur scribere domino nostro et collegio, quod propria indulgentia, quam concedet papa in civitate Viterbii in illa die, concedat in hac civitate, cum fuerit origo istius festivitatis.* Über den Fortgang der Indulgenzsache fanden sich keine Quellen. Vielleicht erteilte Pius die Indulgenz, die, wegen Verlust der Bulle, heute nicht mehr bekannt ist, zumal sich im Laufe der Jahrhunderte für den Dom von Orvieto eine große Zahl derartiger päpstlicher Gnaden angesammelt hat; s. C. Sannelli, Notizie istoriche dell'antica e presente magnifica cattedrale d'Orvieto, Rom 1781, 68 ff., und C. A. Calistri, Privilegi papali per la festa del ‚Corpus Domini' in Orvieto, Boll. dell'Ist. Stor. Art. Orviet. II, 2 (1946) 12–16. Letzter Nachweis des NvK in Orvieto: 1462 VIII 17 (Vansteenberghe 460 Anm. 5). Dann Nachweis in Pienza von 1462 IX 13 (SS. rer. Sil. VIII 131) bis 1462 IX 16 (Ch. 429 f.).

LXXXIII

NIKOLAUS VON KUES

Brief an Barbara Gonzaga — Chianciano, 1462 Okt. 30.

AG 841: Or., Pap., 21,0×21,5; P.

Illustris et excellens domina. Salutem. Ea est nobis de v^{e} d. in nos benivolentia et caritate opinio, ut non solum confidamus nostros, siquando contingeret occasio, v. ex^{cie} fore nostra causa commendatos, verum etiam audeamus vestros quoque vobis commendare, eos presertim quos intelligimus de
5 illustri familia vestra esse benemeritos, sed vel precipue qui r^{mo} domino nostro cardinali de Gonzaga deserviunt[1]. Cum itaque sciamus Remedium Cappi nobilem virum Mantuanum hoc tempore esse Sabionete vicarium[2] et Johannes Franciscus eius filius et r^{mi} domini cardinalis iamdicti scutifer honestissimus[3] valde cupiat eum in dicto officio ad futurum annum confirmari
10 idque speret futurum facile, nobis pro re ipsa intervenientibus, petimus a v. ex^{cia}, ut munus id nobis condonet, ut, quoniam pro vestro servitore bene de vestris merito et, qui in nobis spem reposuit, intercedimus, curet v. d. eum voti compotem evadere, ut intelligat se non frustra de nostra intercessione sperasse[4]. Quodsi forte contigerit illustrem dominum mar-
15 chionem aliter de officio ipso iam statuisse, sciet v. d. amico nostro alibi eque commode providere, et nos non minores gratias sumus acturi v^{e} d. pro equivalente, si aliter commode fieri nequibit, quam pro hoc ipso, pro quo quidem ingentes utique referemus. Benevaleat v. ex^{cia}, ad cuius honores et commoda sumus semper presto. Ex Chianciano die penultima Octobris
20 MCCCCLXII[5].

N. tituli sancta Petri ad vincula presbyter cardinalis etc.

[In verso] Illustri et excellenti domine, domine Barbare de Gonzaga Mantue etc. marchionisse.

[1] Francesco Gonzaga war zu der Zeit ebenfalls in Chianciano, s. LXXXIV.

[2] Geschlecht der Cappi aus Capona (Maffei 769). 5 Briefe des Remedius de Cappo als Vikars von Sabbioneta (30 km südlich Mantua) an Mgf. Lodovico von 1460 in AG 2394, ein Brief Lodovicos an ihn ohne Titelangabe 1457 X 28 (AG 2885 lib. 30).

[3] Vorher im Auftrage Lodovicos in diplomatischer Mission in Bologna (s. Antonius Donatus aus Bologna an Lodovico 1459 III 8, AG 1141, und Briefe des Cappo selbst, 1460 VII 19 und 31, aus Bologna an Lodovico und Barbara a. a. O.).

[4] Bemühungen Francescos für ihn vom Vorjahre s. im Briefe Francescos an Lodovico 1461 XI 24 (AG 1621): *Essendomi Giovanfrancisco de Cappo mio famiglio, per il suo sollicito e fidele servire qual verso di me ha sempre usato, gratissimo, et attenta la*

necessitate e bisogno grande in che se ritrova Remedio de Cappo suo patre in questa sua vechieza, che secundo la condicione suoa li è impossibile possere senza l'aiuto de V. S. sostentare ... Da Weihnachten seine Amtszeit als Vikar von Sabbioneta ablaufe, möge Lodovico ihn neu im Amt bestätigen. *Quello luoco li seria più commodo per esserli già assetato con tute sue massaricie e cose, e non haveria il sinistro de condure la famiglia con robba sua.* Sonst möge Lodovico ihm ein anderes Vikariat besorgen. Ein entsprechender Brief vom gleichen Tage ging an Barbara, worin Francesco seine Mutter um Fürsprache bei Lodovico bittet, *che questo povero vechio non sia, in questa suoa ultima etate et extrema necessitate, abandonato.*

[5] Aufenthalt des NvK in Chianciano bezeugt ab 1462 IX 25 (Brief an B. Theodor von Feltre, Ch. 342 f.) bis zu diesem Briefe LXXXIII.

LXXXIV

Francesco Gonzaga

Brief an Lodovico Gonzaga (Auszug) [1] — Todi, 1462 Dez. 10.

AG 1100: Or. (aut.), zwei Pap.-Doppelbl., 29,1×21,9, P.

Illmo Signor mio padre. Ritrovandome qua a Gianciano, terra de Senesi presso Montepulciano a 3 miglia, loco in verità assai tristo e sencia piacere, nè occorendome altre facende, vedendo le cose mie non andare bene per le grande spese nostre acadeno, comenciai uno poco a pensare suso li fatti mei, e maxime a la facenda del vescovado de Trente, pensando quello che altra fiata ne fo praticato, cercando se via alcuna potesse ritrovare de condure la cosa a bon fine. Et havendo io circha ciò fatto grande pensere e discorso, prima che de qua atenti altro, m'è parso de lo tutto darne adviso a la S. V. a ciò che, laudando lei el pensere mio, questa trama se possi governare secondo il parere e commandamento suo. Quando anche essa iudicasse, che de questo per via alcuna non se ne havesse a far regionamente alcuno, da ogni praticha è in presta io desisteria. La V. S. credo saprà in che termino lasoe Bertolameo Bonato questa facenda, e li impedimenti che ge fureno a non havere esecucione, e quanto la voluntade de nostro S. in questo era bona e bene disposta. E così credo, che de novo facielmente se intrarebe suso queste pratiche, che sua S. me la concederia, e maxime per la via del R^mo^ Monsignore S. Petro in vincula, el quale existimo me adiutaria gaiardamente e seria propicio al deposicione de questo vescovo, perchè me pare habia datto molti socorsi a lo ducha Sigismondo. E adesso lo decano de Trente e uno altro suo zentilomo [2] sonno venuti ambasatori per esso duca a Vinesia, e così facendo per lo R^mo^ Monsignore, renovorà questa praticha. Pareme che facilmente se conduria la S. de nostro S. a fare formare el processo de la privacione e deponere esso vescovo; e perchè seria molto necesaria, dopo la privacione de lo vescovo, condure secretamente per 25 me la praticha de essere investito de questo vescovato, vederia de tenere modo, che la S. de nostro S. secretamente me ne investisse in concistorio . . .[3]. Ex Tuderto die X Decembris 1462[4].

I. d. v. filius F. cardinalis de Gonzaga manu propria[5].

(9) pensere / pensensere *ms.*

[1] Bereits im Februar hatte Bonatto mit Spanochi eine neue Unterredung über Trient; s. Bonatto an Lodovico aus Rom, 1462 II 20 (AG 841): Spanochi habe ihm erklärt, da seit der Exkommunizierung Hacks nunmehr ein Jahr verstrichen und mit seiner Erklärung zum Häretiker zu rechnen sei, seien die Aussichten günstiger denn je. *Io li ho risposto, che è vero se affaria per sua Si. et che se lì doveria havere quello riguardo. Ma se'l non se ha al cardinale de S^to^ Petro ad vincula, che per la dignità è pari, non se haria etiam a Monsignore.* Ebenso unsicher sei das Verhalten Venedigs. Über die damalige Neuventilierung der Trienter Angelegenheit s. auch einen etwas späteren Brief Ludovicos de Ludovisiis an Sforza, Rom 1462 IV 10 (DS 53): *Credo V. Exª esser informata, che per l'inconvenienti fece lo duca Sismondo de Austria verso lo R^mo^ cardinale Sancti Petri ad vincula, la S^tà^ de n.S. commesse la causa, sì contra esso duca, commo contra lo R^do^ vescovo de Trento, commo suo fautore et adherente, et è formato tale processo è fatto contra esso vescovo, che non resta altro che proferire la sententia de la depositione sua, de che a questi dì so stato chiamato de consensu partium per consultore in dita causa, se se debbe privare o non. Unde a mi è stato necessario prathicare a le strette cum dicto Mons^re^ Sancti Petri, et in progressu diversorum sermonum sua S^ia^ me disse havere modo de fare dare esso vescovato trentino a tal persona che lo castigaria etc. Io, che sapeva certi rasonamenti zà fatti circa questo fatto per ditto Mons^re^ lo cardinale nostro de Mantua, fece forza intendere da sua S^ia^, chi poteva esser quello che pigliasse tale impresa, considerata la potentia de esso vescovo et duca. Breviter iniungendo mihi che lo tenesse apresso de mi, me chiarì che era piú de uno mese e mezo che uno Messer Zohanne Francesco Pavino doctore paduano, el quale è qui, era ito più fiate ad suam R^mam^ d. a confortarla continuasse esso processo de privatione, e che, volendo sua S^tà^ fare dare ditto vescovato a uno nepote del duse de Venesia, quale è presentialiter vescovo de Brexia* (Bartolomeo Malipiero), *che li offereva lo favore de essa S^tà^ ad expulsionem dicti episcopi, sua S^ia^ non fa dubio che la materia proceda da Venesia. Io per mio debito monstrai a sua S^ia^ per molte efficace rasone, che più presto doveva sustinere ogne male contra si; chè partire quello vescovato per questa via, havesse in fine remanere spogliato del suo dominio temporale. Tandem lo bono homo, che molto me ama, quasi cum lacrimis rispose, che io deceva el vero. E perchè la privatione de ditto vescovo trentino molto dependerà da quello, io dirò et consigliarò spero operare tale modo, che forsce la prorogarino, et spero mandarino indreto dui soi, quali novissime sonno venuti qui, a fare levare ditto vescovo da la adherentia del duca preditto. E forzaremmo', inanze la loro partita, havere licentia da ditto Monsig^re^ poterli dire questo fatto, o vero farglielo dire per qualche sufficiente cortesano, azochè lo loro patrone veza se fa bene rebellarse a la sede apostolica, sub umbra che questi e quelli lo debbia aiutare commo lui bono homazo se crede . . .* Empfangsbestätigende Antwort Sforzas darauf 1462 V 31 (DS 53), in der er ihn zur Fortsetzung seiner Bemühungen im mitgeteilten Sinne ermuntert.

[2] Johannes von Sulzpach, Domdekan von Trient 1448–1464 (s. L. Santifaller, Urkunden und Forschungen zur Gesch. des Trientner Domkapitels im Mittelalter I, Wien 1948, Index 520). Zu den übrigen Bevollmächtigten Sigmunds s. Lichnowsky VII 702.

[3] Im weiteren Verlauf des Briefs weist er auf Franz von Arco als mögliche Hauptstütze bei der Besitzergreifung des Bistums hin. Auch der venezianische Gesandte habe ihm vor einigen Tagen in Monteoliveto erklärt, die Signorie sei möglicherweise einverstanden. Zur Gewinnung Sigmunds könne man sich vielleicht an die Herzöge von München wenden.

[4] Auch NvK befand sich im päpstlichen Gefolge in Todi (wahrscheinlich so lange wie Pius, 1462 XI 16 – 1462 XII 14); s. die Notiz in Todi, Arch.Com., Reform. 72 f. 85r: *cum quatuordecim cardinalibus.* Nennung dieser Kardinäle bei Ottaviano Ciccolini, Personaggi che furono ospiti di Todi etc. Ms. Anf. 18. Jh. (nach heute verlorenen Archivalien), Todi, Arch.Com., Coll. 3 VI, VI, 1 1, f. 92v, darunter *Nicolò di Cusa.* Ankunft des NvK in Rom aber erst 1463 I 6 (NvK an Theodor von Feltre, 1463 I 10, Ch. 523 f.: *Vocatus per s.d.n. veni Romam sexta huius.* Erneute Krankheit ergibt sich aus seinem Brief an Theodor aus Rom, 1463 III 13 (Ch. 521): *Parcat p.v., ob cyrogram non potui latius aut melius scribere.* S. dazu auch SS. rer. Sil. VIII 177 ff.

[5] Im Einverständnis mit Lodovico antwortet ihm Barbara 1463 I 28 aber abschlägig wegen der großen Widerstände, die zu gewärtigen seien (AG 2186): *Doveti esser certo, che non seressemo manco contenti de ogni honore utile ... ma quando pensamo ben circa ciò, da ogni hora ne pare questa sia più impossibile.* Sie verweist dann ausdrücklich auf Venedig.

LXXXV

Jacobus Radulfus Dupont[1]

Notiz im Divisionsregister der Camera Apostolica — 1463 Juni 30.

AV Obl. et Sol. 80 f. 95r.

Attende bene. In ista divisione facta die ultima mensis Junii 1463 remi domini cardinales, compatientes remo domino cardinali ad vincula[2], voluerunt, quod ipse de gratia speciali acciperet de ista divisione duplicatam portionem[3], eo quia non gaudet neque possidet fructus ecclesie sue Brixinensis, sed detinet illos tirannus ille Sigismundus de Austria et detinuit iam longe diu, et quia in qualibet posta divisionis presentis computavi et nominavi dominos cardinales, qui merito debebant nominari et participare, et ultra illos addidi adhuc dominum sancti Petri pro una portione, itaque ubi dixi in posta ecclesie Compostellane[4], quod erant XXII cardinales, prout re vera erant participantes, addidi prefatum d. s. Petri, et sic fuerunt XXIII, et similiter de aliis postis presentis divisionis fit similis et eadem ratio, et restantes flor. XLI, sol. XXXIII, d. IIIIor de dicta divisione ponentur ad rationem in divisione futura. Jacobus episcopus Sist. clericus collegii etc.[5]

[1] Jacobus Radulfus Dupont, B. von Sisteron, Kammerkleriker, Primicerius in Metz (Eubel II 239), gest. vor 1464 III 7.

[2] Eine andere vorhergegangene Gunst des Kollegs für NvK auf Fürsprache Bessarions betrifft seine auch bei Abwesenheit fortdauernde Partizipation an den Kollegeinkünften (Bessarion an NvK, 1463 IV 6; s. Eubel II 33 n. 226; L. Mohler, Aus Bessarions Gelehrtenkreis, Quellen und Forsch. aus dem Gebiet der Geschichte XXIV [1942] 649). Der bisher unbeachtete Anlaß dazu war wohl der Plan des NvK, sich persönlich zu den Verhandlungen nach Venedig zu begeben (Ch. 73 f.). Über eine weitere Verwendung Bessarions für NvK im Konsistorium in der Brixener Sache s. Brief des NvK an Bessarion, o. O. und o. D. 1463 Juni/Juli; Ch. 270 und 73; Jäger, Streit II 387 und Anm. 89). In Venedig erfolgte 1463/4 lebhafter Einsatz Bessarions für NvK (Ch. 73, 109 f., 540–544: sieben Briefe der Korrespondenz Bessarions mit Simon von Wehlen in dieser Zeit). Zu den mannigfachen Beziehungen zwischen NvK und Bessarion s. Mohler, Kardinal Bessarion, Quellen und Forsch. aus dem Geb. d. Gesch. XX (1923) 283 f., 344 f., und Vansteenberghe 29 f., 430.

[3] S. dazu die Vermerke aus AV Arm. XXXI, 52 von 1463 XII 21 (Eubel II 34 n. 235 irrig: XI 21) und 1464 V 23 (nach f. 65r Eubel a. a. O. Anm.). NvK, der 1463 Kämmerer des Kollegs war (Eubel 59), wurde während seines Aufenthalts in Orvieto von Barbo vertreten (s. Vermerk von 1463 VII 5, Eubel 33 n. 228). Ab 1463 X 24 (Eubel n. 231 f.) bis 1464 I 28 (Übergabe des Siegels an den Nachfolger des NvK Ammanati, Eubel n. 237) ist persönliche Geschäftsführung durch NvK nachweisbar.

[4] Vorher f. 94r.

[5] Ähnliche Notizen in den folgenden Monaten: 1464 I 8 (f. 102v): *Et nota quod, ubi in prima posta fit divisio inter XXI cardinales, additur alius, scilicet rmus dominus sancti Petri in vincula pro duplici portione, et sic sunt XXII. Et sic in aliis postis semper additur.* 1464 VI 16 (f. 112v) bei der *divisio generalis* Notiz am Rand der Kardinalsliste: *Sancti Petri capit aliam portionem unius cardinalis.* Es folgt die ähnliche Notiz wie früher (f. 113r): *Nota quod in ista divisione rmus dominus sancti Petri in vincula capit duplicem portionem, scilicet partem unius cardinalis, et sic, ubi habet flor. CCCC, capit VCCC etc., et sic in qualibet de suprascriptis postis additur ipse, et sic, ubi sunt XXI ut in prima posta, additur ipse, et sic sunt XXII, et sic in aliis etc.* Ab 1464 VI 22 macht der Kammerkleriker bei der Aufstellung der Liste der partizipierenden Kardinäle die Sache einfach so, daß er zweimal *s. Petri* schreibt. Die letzte Notiz von 1464 XI 1 (f. 122r) bringt nochmals dasselbe: *Et nota quod dominus olim sancti Petri ad vincula in ista divisione* (generali) *ut in preterita capit portionem seu partem alterius cardinalis preterquam in tribus ecclesiis, scilicet . . ., in quibus non capit nisi pro sua debita et unica portione, et eo quia adhuc non fuerat sibi facta gratia de duplici portione, quando ille ecclesie fuerunt spedite. De omnibus aliis capit duplicem portionem.* Der ganze Fall ist nach frdl. Versicherung durch den Vizepräfekten des Vatikanischen Archivs und besten Kenners dieser Register, Mons. Hoberg, ein bisher unbekanntes Unikum.

LXXXVI

STADT ORVIETO

Protokoll der Ratssitzung der Fünfzehn (Auszug) Orvieto, 1463 Juli 9.

ACO 216 (Riform.) f. 69v–70v.

Consilio XV. Die VIIII[a] Julii ... *[70r]*.
Prima proposita de presentando certis dominis Theothonicis, qui hospitati sunt in ecclesia s. Johannis.
Quod in ecclesia s. Johannis de Urbeveteri sunt hospitati nonnulli domini Theothonici amicissimi et benivoli r[mi] d. cardinalis s. Petri [1] et quod comunitas ista fuit et est devota prefati r[mi] domini et suorum benivola, si videtur, quod ad contemplationem ipsius domini aliquod munus ipsorum Theothonicorum donaretur vel ne, placeat consulere. 5
Secunda proposita, quod eligantur tres cives, qui sint cum r[mo] d. cardinale sancti Petri. 10
Secundo quod prefatus r[mus] d. cardinalis s. Petri habet mandatum a s. d. n. reformare ecclesiam cathedralem s. Marie de Urbeveteri et quod d. sua intendit dare principium predictis, misit ad magnificos d. conservatores, quod eligantur tres cives, qui sint cum prefato domino ad tractandum et ratiocinium habendum de predictis. 15
Dictum consultoris super prima.
Gaspar Nicolai de Mealla unus ex dictis consiliariis surgens (ad) pedes dixit et consuluit super prima, quod magnifici d. conservatores auctoritatem habeant expendere usque ad summam quinque florenorum ad rationem quinque librarum pro quolibet floreno pro donando dictis dominis Theothonicis et non ultra. 20
Dictum consultoris super secunda.
Magnanimus et valorosus eques dominus Aloisius de Magalottis dixit super secunda, quod electio dictorum civium fiat in presenti conloquio et quod dicti cives eligendi non habeant auctoritatem nisi solummodo loquendi et audiendi et cum prefato r[mo] d. tractandi et deinde referendi magnificis d. conservatoribus. 25
Reformatio prime ... [2].
Reformatio (secunde) ...
Electio civium.
Statim et incontinenti prefati magnifici d. conservatores et XV eorum officium laudabiliter exercendo et volentes parere mandatis r[mi] d. cardinalis 30

elegerunt infrascriptos tres cives cum auctoritate supra per d. Aloisium declarata, nomina quorum sunt hec videlicet:

35 D. Aloisius
D. Johannes Jacobi } cives electi de commissione d. cardinalis[3].
Janutius Christofari

(12) cathedralem / cadredalem *ms* (24) in presenti / impresenti *ms*.

[1] Letzter Nachweis des NvK in Rom: 1463 V 20 (Brief an die Stadt Köln in Sache Marcellus von Nieweren, Dr.: J. Koch, Marcellus von Nieweren, Hist. Jb. 62–69 (1949), 427 f.). – 1463 VI 3–6 war NvK in Monteoliveto zur Einkleidung eines Novizen aus Bologna (G. v. Bredow, Cusanus-Texte IV, Briefwechsel III, Das Vermächtnis des Nikolaus von Kues. Der Brief an Nikolaus Albergati nebst der Predigt in Montoliveto 1463, SB Heidelberg 1955; dazu mein Nachtrag: Hist. Jahrb. 1957, 361 f., wo ich auch auf Bredow unbekannte Quellen hinweise.). – 1463 VI 11 Nachweis in Montepulciano durch Brief an denselben Novizen (s. Bredow). Da Giovanni Pietro Arrivabene der Markgräfin Gonzaga die Abreise des NvK erst 1463 VI 14 mitteilt (AS 842: *De qua sono partiti li R^{mi} Mons. de Cusa e S. Quatro)*, wird diese nicht allzuweit vor den Aufenthaltstermin in Monteoliveto zu verlegen sein. Erster Nachweis in Orvieto 1463 VI 21 durch Briefe an den Bürgermeister und das Kapitel von Brixen (Jäger, Streit II 391 f.). Inberührungbleiben des NvK mit Orvieto auch während des Winters zeigt die Erwähnung eines an ihn gerichteten Glaubsbriefs der Konservatoren für ihren zur Kurie entsandten Orator Sebastianus Dominici von 1463 IV 17 (ACO 216 (Rif.) f. 28^{r}). – Erster Beleg für seine Anwesenheit in Orvieto aus orvietanischen Quellen: 1463 VI 30 (ACO 216 [Bollette 1462] f. 16^{rv}, *bulletta extraordinaria!*): Geldanweisung der Konservatoren an den Stadtkämmerer Lucas Antonii Egidiutii: *Pro uno flasco moscatelli et duobus flaschis vini albi et uno flasco vini Ucanugli datis r^{mo} domino cardinali sancti Petri, de quibus flaschis duo fuerunt donati amore Dei monialibus sancti Ber(n)ardini, et pro duobus flaschis emptis pro dicto vino et pro bechinis emptis pro vigilia corporis Christi summa in totum lb. 1, sol. 19.* Das erwähnte Kloster liegt gegenüber dem Palazzo Papale, wo NvK wohnte. Wahrscheinlich übernahmen die Nonnen haushaltliche Verpflichtungen für NvK.

[2] Beide Anträge werden mit 18 gegen 2 (bezw. 1) Stimmen angenommen. Darauf 1463 VII 9 (ACO 216 [Bollette 1463] f. 19^{r}) Anweisung der Konservatoren an Lucas Antonii Egidiutii, *quatenus ... ad exitum ... ponas infrascriptas pecunias, quas tu nostro mandato expendisti et solvisti pro munere faciendo illis dominis Teotonicis, qui sunt (h)ospitati in ecclesia s. Johannis de Urbeveteri ... fl. 5 lb. 0 sol. 0 d. 0.*

[3] Zum wachsenden Einfluß des NvK in Orvieto s. das Protokoll der Ratssitzung der Zwölf, 1463 VII 13 (ACO 216 [Rif.] f. 71^{r}): *Prima proposita ..., mittere quamprimum ad s.d.n., quod de gratia concedat, quod r^{mus} d. cardinalis sancti Petri, qui ad presens hic trahit moram, quod sit continue gubernator istius civitatis.* Es folgt die Überweisung des Vorschlags an das Consilium Generale. In dessen Sitzung vom gleichen Tage (f. 72^{rv}) Befürwortung und Annahme des Vorschlags, *quod magnifici domini conservatores et XV habeant auctoritatem pro ista vice tantum eligere duo oratores per totam diem (h)odiernam cum duobus equis pro quolibet ipsorum et quod sint idonei et experti cum salaria consueto.* Annahme mit 75 gegen 9 Stimmen. Die Wahl der Oratoren erfolgt am gleichen Tage (f. 73^{r}): Calabrianus Pauli und Franciscus Johannis Alexandri. Für die Zeit von 1463 August bis 1464 Juli war bereits 1463 IV 27 (f. 93^{rv}) Giacomo de Piccolomini zum Gouverneur ernannt worden. Über die Verhandlungen der Gesandten beim Papst und weiteres ist nichts bekannt. – Eine ebenfalls nicht näher bekannte Angelegenheit ergibt sich aus der Geld-

anweisung der Konservatoren von 1463 VII 30 (l. c. Bollette 1463 f. 20v): *Pro uno nuntio, videlicet Janente Otonuto, misso Tiburtum, ubi est summus pontifex, cum litteris rmi d. cardinalis et comunitatis, lb. sex.*

LXXXVII

STADT ORVIETO

Protokoll der Sitzung von Gouverneur, Konservatoren und Fünfzehn (Auszug) — Orvieto, 1463 Sept. 21.

ACO 216 (Riform.) f. 123v–124r.

Prima proposita pro scindicando d. vicepotestatem.

Quod, cum rmus d. cardinalis s. Petri ad vincula requisiverit magnificos d. conservatores, quod velint operam dare cum effectu, quod presens vicepotestas d. Gaspar de Archamonibus de Neapoli infra tempus sui officii scindicetur, et maxime quod super dicta materia scripserunt magnifici (5) domini dominus Gorus et d. Bartholomeus de Piccolhominibus de Senis, castellanus et gubernator arcis Spoletane [1], placeat consulere, quid sit agendum . . .

Dictum super prima circa scindicationem d. Gasparis etc.

Egregius artium et medicine doctor magister Egidius unus ex dictis quin- (10) decim surgens pedibus dixit et consuluit, quod ad contemplationem supradictorum dominorum, quod d. Gaspar de *[124r]* Archamonibus de Neapoli vicepotestas civitatis Urbisveteris scindicetur infra tempus sui officii et cum suis officialibus et familia tota. . . .

Reformatio prime proposite. . . . [2] (15)

(2) requisiverit / requisiverint *ms.*

[1] Bartolomeo Pierio, 1460 I 15 verheiratet mit Antonia, Tochter der Schwester Pius' II. Katharina, und seither den Namen Piccolomini führend (s. C. Bandini, La Rocca di Spoleto, Spoleto 1933, 157 f.).

[2] Annahme mit 14 gegen 5 Stimmen. Zur Sache s. auch Kap. 76 der *Carta del popolo* von Orvieto (Fumi, Codice 787): *Quod d. potestas vel capitaneus vel eorum offitiales non possint syndicari constante eorum offitio, sed finito offitio.* Die Amtszeit des auf Bitte der Signori von Florenz in sein Amt gelangten Gaspar (ASF Signori, Carteggio, Missive, Registri 44 f. 45v) endete 1463 X 31.

LXXXVIII

STADT ORVIETO

Protokoll der Ratssitzung des Consilium Generale (Auszug) — Orvieto, 1463 Sept. 22.

ACO 216 (Riform.) f. 124v–127v.

1463 indictione XI die 22 Septembris. ...

Proposita tertia super unione hospitalium.

Tertio quod, cum r^mus d. cardinalis tituli s. Petri ad vincula commissarius s. d. n. pape circa reformationem ecclesiarum et cleri ac etiam
5 faciendi unionem de omnibus (h)ospitalibus dicte civitatis et ad unum hospitale reducere, id est ad hospitale s. Jacobi seu sancte Marie de stella prope ecclesiam cathedralem, et omnia bona aliorum hospitalium dicto hospitali applicare et incorporare, et talis fuerit et sit intentio prefate s^tis et dicti r^mi d. cardinalis et ita in constitutionibus *[125r]* suis decreverit, et quia r^ma d.
10 sua de proximo a civitate Urbevetana absentare intendit et ad pedes s. d. n. se presentare, et ut prefate s^ti d. n. gratam obedientiam erga s^tem suam et ipsum r^mum d. cardinalem nos ges(s)isse referre possit et de nostra optima intentione circa dictam unionem et commissionem, si civibus huius civitatis placet et contenti existant circa predicta, ideo placeat consulere, quid sit
15 agendum ... *[125v–126r–126v]*.

Dictum consultoris super tertia hospidalium.

Franciscus Johannis Alexandri vir prudens et discretus alter consultor in dicto consilio ... consuluit, quod magnifici d. conservatores debeant eligere et nominare decem cives, de quibus sufficiant sex congregari et habere et cum ip-
20 sis accedere ad supradictum r^mum d. cardinalem et humiliter supplicare, quod r^ma d. sua predictam unionem facere non debeat, cum utilius, com(m)odius ac honorabilius sit comuni, pauperibus et peregrinis sparsim habere hospitalia ad recipiendum pauperes et peregrinos quam in uno eodem loco. „Et hec fuit intentio civium dicta hospitalia ordinantium et ipsis hospitalibus
25 elimosinas et relicta, legata facientium, disponentium et relinquentium, prout evidentissime colligitur *[127r]* et intelligi debet et potest, quorum ultime voluntates et sententie sunt perpetue et in eternum observande. Si autem dicti cives voluissent habere unum solum hospidale, illi soli reliquissent et elimosinas fecissent, prout reliquerunt et fecerunt et plura hospi-
30 talia habere voluerunt. Sed quia placuit eis plura hospitalia habere, ideo plura hospitalia ordinaverunt et disposuerunt, in quibus fecerunt suas eli-

mosinas, relicta et legata." Et in premissis reverenter, instanter et attente supplicent et deprecentur. Sin autem eidem r[mo] d. cardinali aliter placuerit et in dicta unione instare voluerit et non discedere a preposito suo tanquam forte utilius et salubrius animabus defun(c)torum et utilius pauperibus et peregrinis et melius intelligens et cognoscens, hanc causam committant conscientie ipsius r[mi] domini cardinalis, quam Deus respiciat et inspiret. Itaque ab eius voluntate contrarii non discedant, et prout totus populus Urbevetanus eidem totam spem, fidem et caritatem posuit, ita sentiat in effectum. Et tunc, si idem d. r[mus] cardinalis perstiterit in hac sua voluntate et unione, tunc, ut possit haberi congruum, honestum, religiosum et virtuosum agibilem in rebus dicto hospitali necessariis et incumbentibus, fiant banna et proclamationes per totam civitatem in locis publicis et consuetis, quod, quicumque voluerit in se et super se suscipere hoc opus pium cum constantia boni operis, se presentet cum capitulis et petitionibus suis coram magnificis d. conservatoribus in officio existentibus, ut de ipsis possit eligi, constitui et preponi dicto hospitali pro suo rectore dignior, utilior, agibilior et com(m)odior in anima et corpore. Et quod super his fuerit tractatum et fuerit disponendum et concludendum, reportetur in consilio generali. *[127v]* . . .

Reformatio hospitalium . . .[1].

[1] Zu den Pflichten der Stadt gegenüber dem Hospital s. Fumi, Codice 775. Die heute im ACO befindlichen Archivalien des Hospitals enthalten nichts zu unserer Frage. Die Annahme des Antrags erfolgte mit 72 gegen 8 Stimmen. S. dazu Protokoll der Ratssitzung der Konservatoren von 1463 IX 25 (ACO 216 [Rif.] f. 128r–129r): *Electio civium pro factis hospitalibus uniendis, et primo ire debeant ad d. cardinalem s. Petri et declarare voluntatem consilii generalis ut supra in ultimo proposito.* Sie wählen dafür: *D. Aloisium de Magalottis militem, d. Johannem Jacobi doctorem, magistrum Egidium artium (et) medicine doct., Nallum Petri Ugolini, Gasparem Andree Butii, Franciscum Johannis Alexandri, Leonardum Colai, Marianum Mei, Raynaldum de Mealla, Gregorium Pauli.* – 1463 IX 29 Consilium Generale (f. 129v–131r): *Prima proposita super facto hospitalis s. Jacobi in reformatione in eligendo rectorem et superstites. Imprimis quod r[mus] dominus cardinalis sancti Petri ad vincula intimaverit magnificis dominis conservatoribus pacis Urbevetano populo presidentibus existentibus cohadunatis in* (im ms) *palatio apostolico et solite residentie dicti reverendissimi d. cardinalis cum nonnullis aliis civibus, quod quamprimum fiant (!) consilium generale et videant eligere rectorem et superstites hospitalis sancti Jacobi de Urbeveteri prope ecclesiam cathredalem siti et positi et omnibus aliis facere pro utilitate et com(m)odo dicti hospitalis, ut pauperibus et peregrinis (!) possint et valeant ibi temporibus op(p)ortunis requiescere com(m)ode et optime permanere ad honorem et reverentiam Dei, consuletis. Dictum consultoris . . .: Egidius de Urbeveteri . . . consuluit super prima, quod magnifici d. conservatores debeant eligere duodecim cives et quod sufficiant octo in congregatione ipsorum et quod ipsi cives una cum prefatis dominis conservatoribus habeant auctoritatem . . . eligere rectorem . . .* Annahme mit 59 gegen 13 Stimmen. Die Wahl findet 1463 IX 30 statt (f. 131v). Erst nach langer Verzögerung (s. auch LXXXXI) 1463 X 22

Sitzung des Wahlausschusses mit den Konservatoren (f. 139r): *Congregatio civium super electionem novi rectoris hospitalis s. Marie de stella pro uno anno. Convocati ... conservatores ... una cum civibus electis super provisione facienda de novo rectore hospidalis ... per me eundem cancellarium* (Bertuldus de Boncagnis aus Narni) *de commissione dictorum dominorum conservatorum preposito, qualiter per r.d. cardinalem s. Petri ad vincula commissarii per s.d.n. papam deputati super reformatione cleri Urbevetani et ecclesiarum ac monasteriorum et hospitalium dicte civitatis Urbisveteris et diocesis eiusdem inter cetera statutum fuerat et ordinatum ante eius discessum de hac civitate, ut in dicto hospitali eligatur unus idoneus et sufficiens rector ad regimen et gubernationem ipsius hospitalis et pauperum ad eum quotidie venientium, et propterea consilium generale prefatum pridie remisit dictis dominis conservatoribus presentibus, quatenus eligere deberent duodecim. ..., qui una cum dictis dominis conservatoribus habeant eligere ... dictum rectorem ... et duos superstites et unum notarium ..., cumque sit, quod dicti cives fuerint electi ... et nunc sint congregati ..., placeat ..., ut eligantur unus rector et superstites ...* Umständliche Beratung folgt und endet mit Vertagung auf 1463 X 23 (f. 140v). Da erfolgt erst nach neuer Beratung über die Gehälter Wahl des Rektors: Leonardo Colai, und der Superstites: Aloisius de Magalottis und Franciscus Johannis Alexandri, sowie des Notars: Johannes Prati (f. 146r). Für 1463 X 29 notiert der Kanzler im Terminkalender der Konservatoren vor (ACO 395 Libro di ricordi et ordini da eseguirsi dalli conservatori et suo cancelliaro 1462–1472 f. 22r): *A dì 29 d'ottobri 1463: Item d'essari col novo camerlengho de la frabicha sopre i fatti del' ospidali, e anghora del' pani del cieppo di Sancta Maria, e anchora di li acoliti, i quali ordini sonno quelli fecie la S. del cardinali, ai quali ordini sonno diputati cierti cipttadini, come apari in canciellaria.* – Über eine andere Angelegenheit s. nochmals das Protokoll von 1463 IX 25: *Immunitas concessa Herigo (Johannis) Tetonicho per X annos ad contemplationem d. cardinalis s. Petri ad vincula.* Sie wird erteilt auf Bitte des persönlich vor den Konservatoren erschienenen Herigus: *Quod propter locum bene positum et situatum castri Sucani* (Sugano westl. Orvieto) *comitatus civitatis Urbisveteris, cupiens ... honeste vivere cum sua familia cum omnibus incolis ..., desiderat stare in dicto castro ..., dignarentur ipsum in commitatium et habitatorem dicti castri suscipere ... cum exemptione et immunitate concessa forensibus volentibus venire ad habitandum et permanendum in castris et aliis locis comitatus ... Et hoc ipsi d. conservatores fecerunt ad contemplationem et reverentiam rmi d. cardinalis s. Petri ad vincula ...* Die Rückkehr des NvK nach Rom erwartete Johann Weinreich (SS. rer. Sil. IX 9 n. 185) für IX 11. Die Abreise aus Orvieto erfolgte nach 1463 IX 29 (s. oben in dieser Anm., wo die Residenz des NvK erwähnt wird; das macht seine Anwesenheit wahrscheinlich), vor 1463 X 12 (s. LXXXIX, 1). Erste Nachweise in Rom: 1463 X 19 (Brief an den venezianischen Gesandten Bernhard, Ch. 537–39), 1463 X 21 (neben anderen Kardinälen als Zeuge in einem Instrument, das Ferrante zu Zahlungen für den Türkenzug verpflichtet; AV Arm. XXIX, 30 f. 96v).

LXXXIX

DIE KONSERVATOREN VON ORVIETO

Briefe an Nikolaus von Kues und Pietro Barbo Orvieto, 1463 Okt. 13.

ACO 216 (Riform.) f. 134v–135r: Kop.

Littere destinate supradictorum d. cardinalium[1] pro revocatione brevis super facto pascui seu duane emanati[2].

R^me^ in Christo pater et domine d. et benefactor noster sing^me^. Humili recommendatione premissa. Nuper(r)ime recepimus quoddam breve s. d. n. pape, per quod in effectu precipit et mandat nobis, quatenus pecora et alia 5 animalia, que vadunt in doanam sue camere apostolice, in agrum nostrum recipere debeamus et ibidem per unum mensem herbas pascere permittamus etc., quod nobis valde molestissimum est, attento quod anno proxime decurso similia gravamina mandato sue s. substulimus, quod quam plurimorum civium et comitatensium huius civitatis et eorum animalium, cum quibus et 10 ex quibus vivebant, fuit totalis consumptio et ceterorum, qui fecerant fieri et fecerint laboritia bladorum, destructio. Propterea, quod propter copiosam multitudinem eorundem animalium, que cotidie in huiusmodi agrum confluebat, nedum herbe, sed nec omnia blada seminata sufficiebant eis et necesse fuit quam plurimis civibus et comitatensibus prefata eorum ani- 15 malia, ne fame perirent, ad extranea loca conducere, et quod hoc anno idem facere compellantur, opus erit omnino et civitatem et comitatum deserere et alio se transferre, ubi possint se et prefata eorum animalia com(m)ode alere et sustentare, quod nullo pacto credimus de intentione prefati s. d. n. succedere, cum firmum teneamus, quod magis diligat hanc suam devotissi- 20 mam comunitatem et omne eius bonum et substantiam quam cuncta mundi alia bruta, attento quod, dum anno preterito s. sua esset in civitate Tuderti, oratoribus nostris promisit, imposterum ultra terminum antiquarum consuetudinum et nostrorum ordinamentorum hac de causa gravare nolebat[3], quod nunc expresse videmus oppositum, unde, r^me^ d., considerantes et ex- 25 presse cognoscentes quod, nisi s. sua de sua solita clementia et innata misericordia op(p)ortune providerit, erit error peior priore[4] et omnes cives et comitatenses in totalem desperationem subire cogentur et civitatem et comitatum deserere, quamobrem ut plurimum considerantes in r^mam^ d. v., in cuius clementia omnis nostra spes ac omne auxilium et nostrum sublevamen 30 *[134r]* continuo compescit, ad eamdem recurrimus humiliter supplicantes, quatenus dignetur et placeat, sicut semper fuit, apud beatitudinem ponti-

ficalem prefati s. d. n. benignus intercessor assistere et e. s. sue hanc suam devotissimam comunitatem et eius comitatenses pie recom(m)ittere, qua-
35 tenus dignetur nobis compati et misereri et nos a tanto talique insopportabili onere exgravare et per ipsam s. suam nobis, ut supra promissa placeat, observare et inviolabiliter facere observari, et ut ope misericordie sue adiuti[5] sub umbra felicissimi dominii s. sue com(m)ode vivere valeamus et nolit pati, quod ad petitionem et com(m)odum quinque vel decem merca-
40 torum necessitate compulsi cogamur propria domicilia deserere et per mendicata subfragia peraliena et extranea loca queri. Datum in civitate Urbevetana die XIII Octobris 1463.

[1] S. Protokoll der Ratssitzung der Konservatoren und einiger anderer Bürger von 1463 X 12 (f. 134rv): *Super breve pecudum etc.* mit Beschluß: *quod mittatur Romam Ranaldus cum litteris dicti comunis directivis rmis d. cardinalibus s. Marci et s. Petri ad vincula pro dicta materia et pro revocatione dicti brevis.*

[2] Der Inhalt des Breves (Rom, 1463 X 6, Kop. f. 134v) ergibt sich aus dem Brief an die Kardinäle.

[3] Über das Versprechen des Papstes ist nichts weiter bekannt. Die Breven der Vorjahre mit den erwähnten ungünstigen Anordnungen an die Stadt von 1461 X 13 und 1462 X 27 s. bei Fumi, Codice 721.

[4] S. Matth. 27, 64.

[5] S. Messe, Weiterführung der letzten Vater-Unser-Bitte.

LXXXX

Nikolaus von Kues

Brief an die Konservatoren von Orvieto — Rom, 1463 Okt. 19.

ACO 679: Or. (aut. außer Adresse), Pap., 14,8×22,2, P.

[In verso] Magnificis viris dominis conservatoribus civitatis Urbisveteris amicis nostris carissimis.

[Intus] Magnifici domini conservatores amici carissimi. Licet remus d. meus sancti Marci et ego, sollicitante diligenter caballario vestro, libentis-
5 sime onus expedivissemus, tamen, obstante indispositione s. d. n. nunc in podagra detenti, non potuimus facere quod volebamus; nam in quibus possumus, semper grate complacebimus[1]. Nuntius vester referet cuncta, qui pro sua diligentia a vobis amandus est. Feliciter valeatis. Rome XIX Octobris 1463.
10 N. cardinalis sancti Petri manu propria.

[1] S. dagegen den Brief Barbos an die Konservatoren vom gleichen Tage (l.c.): *Intellecto ex litteris vestris, quam molestum quamque damnosum sit illi comunitati, quod pecora et alia animalia, que vadunt in doanam Patrimonii, per mensem in agro illo vestro depascantur, summum pontificem allocuti sumus, qui commisit texaurario sue stis, ut doanerio Patrimonii super hac re scribat. Quemadmodum scripsit ita, quod credimus vos bene contentos fore* . . . Daraufhin Befehl des *dohanerius generalis* im Patrimonium, Guido Caroli de Piccolomini, an die Herdenführer, 1463 X 23 (ACO 681), sofort aus den Weidegründen der Stadt abzuziehen.

LXXXXI

Pius II.

Breve an Gouverneur und Konservatoren von Orvieto — Rom, 1463 Okt. 27.

ACO 216 (Riform.) f. 153r: Kop.

Breve super facto religionibus civitatis.

Magnifici d. conservatores precipierunt mihi cancellario, ut registrare deberem infrascriptum breve videlicet:

Dilecti filii. Salutem et apostolicam benedictionem. Dudum dilecto filio nostro Nicolao tituli s. Petri ad vincula presbytero cardinali dedimus in mandatis, ut clerum ecclesiasque et monasteria civitatis illius nostre Urbevetane, etiam exempta quibusvis eorum privilegiis, de quibus quoque foret specialis et de verbo ad verbum fienda mentio, non obstantibus, visitaret et reformaret, faciens, que ordinaturus esset, etiam per censuram ecclesiasticam observari. In cuius mandati vim, cum ipse cardinalis aliqua loca visitaverit, 'per se' reformaverit, nonnullorum vero visitationem et reformationem commiserit a se substituto[1] faciendam iuxta suam ordinationem, quam nobis ostendit et nos ratam gratamque habuimus et ad abundantem cautelam sollempniter fore in omnibus partibus confirmavimus, volentes ut ea omnia et singula stricte, prout per eum sunt ordinata etiam per ordines mendicantium et moniales, cuiuscumque professionis de cetero observentur: quocirca vobis comittimus et mandamus, ut, quotienscumque per ipsum cardinalem aut eius commissarium seu legitimum nuntium requisiti fueritis, pro ordinatorum aut ordinandorum per eum circa premissam executionem bracchium vestrum seculare favorabiliter prestetis adversus quoslibet predictorum, etiamsi contigerit eos privilegia (c)ensuris quantumvis gravibus

vallata in contrarium allegare, quibus omnibus, ne quo ad prefate reformationis effectum obstent, pro hac vice motu proprio ut ex certa scientia derogamus, in contrarium facientibus non obstantibus quibuscumque. Datum Rome apud s. Petrum sub anulo piscatoris die XXVII Octobris 1463 25
pontificatus nostri anno sexto.

Gasp. Blondus.

Dilectis filiis gubernatori et conservatoribus civitatis nostre Urbevetane[2].

(11–12) reformationem / visitationem *ms* (21) contigerit / contingerit *ms*.

[1] Der Karmeliter Gaspar de Sicilia, Baccalaureus in der Theologie. S. die ihm durch NvK verschaffte Bulle Pius' II. von 1463 X 13 (RV 510 f. 318[rv]): ... *Nuper ... pro parte dilecti filii nostri Nicolai tituli sancti Petri ..... ac perpetui commendatarii monasterii sancti Severii extra muros Urbevetanos ordinis sancti Benedicti* (womit Zippels Behauptung von einer bloßen *cessione dell'usufrutto* [92] eindeutig widerlegt ist) *nobis exposito, quod dudum parrochiale ecclesia sancti Michaelis Urbevetana certo modo vacante, prefatus cardinalis tunc etiam visitationis et reformationis officium in civitate et diocesi Urbevetana de mandato nostro exercens dictam ecclesiam, que ad presentationem abbatis seu commendatarii dicti monasterii ... pertinere dinoscitur, tibi .... commendavit tibique officium predicationis in ecclesia Urbevetana necnon legendi ibidem ac sollicitandi et exequendi, que prefatus cardinalis in certa eius reformatione ordinaverat, vices suas ad eius beneplacitum commisit ...., quare pro parte dicti cardinalis nobis fuit humiliter supplicatum, ut commende ac deputationi et aliis premissis ... robur confirmationis adjicere .... dignaremur, nos ... illas .... confirmamus ..., non obstantibus quod dicti ordinis professor existas ...* Näheres über ihn ist nicht bekannt, ebenfalls nicht über Beziehungen des NvK zu italienischen Karmelitern. Doch wohnte Simon von Wehlen 1462 und 1463 im Karmeliterkloster zu Venedig (Ch. 111). Die ganze Angelegenheit ist in die von Pastor (II 190 f.) mitgeteilten Tatsachen über die Reformbestrebungen Pius' II. einzureihen.

[2] 1463 XII 12 (ACO 216 [Rif.] f. 165[v]) und 1464 I 25 (f. 205[v]) Ausstellung von Glaubsbriefen für nach Rom reisende Gesandte der Stadt, die neben anderen Kardinälen und Kurialen auch NvK zum Adressaten haben. Von da ab fehlt er in den Adressatenlisten.

LXXXXII

Otto de Carreto

Brief an Francesco Sforza — Siena, 1464 April 4.

DS 264: Or. (aut.), Pap., 19,8×20,5, P.

Ill[me] et ex[me] d. Ho inteso quanto V. Ex. me scrive[1] circa la instantia che continuamente fa lo R[do] Domino Zovane Andrea da Viglevano per la pensione de l'abadia de Sezadio, e ch'io l'avisi se vero sia che ditto Zovane Andrea sia promosso al vescoato de Corsicha, et se ha conseguita la poses-

5 sione, e quanta sia la valuta de quello etc.[2]. Ditto Messer Zovane Andrea non è qui, ma hè a Roma con lo R^mo^ cardinale di San Piero ad vincula[3]. E gli è vero che già bon tempo fa luy fu promosso a tale veschoato, e s'è da pochi che in qua non ha hauta la possessione, so che ancora nè l'haveria conseguita nè hauti alchuni frutti, e questo credo sia per le tribulatione de 10 Genoa[4]. Se'l speri presto conseguirla, e quanto vaglia quello vescoato, non ne è vera informatione; pur per quello ch'io comprehendo et che per alchuni intendo, hè vescoato assay povero, et esso Messer Zovane Andrea vive pur assay poveramente, salvo quanto el prefato cardinale lo sostene. Tamen me informarò più diligentamente de ogni cosa, e avisaròne V. Ex. Ben dicho che 15 la S^{tà} de nostro S^{re} mal volentiera comporterà, li sia levata ditta pensione, se non n'è meglio proveduto d'altro, e già me n'à più volte parlato sua S^{tà}, dicendo che'l vescoato, quale li ha dato, è più di carigo ch'à d'utille, e con quello solo non poterebe vivere. Me ricommando a V. I. E. Senis 4 Aprilis 1464.

20 E. v. ex^{e} servitor Otho de Carreto[5].

[1] Brief Sforzas an Carreto, 1464 III 16 (ASM Reg. Duc. 5 f. 253^{rv}): *Già più dì havimo havuto più littere, cossì de la S^{tà} de nostro Sig^{re} como dal R^{mo} Mon^{re} tituli Sancti Petri de vincula* (nicht bekannt) *in comendatione di D. Johanne Andrea da Vigeveno, nunc episcopo in Corsica, et hec in causa vertente inter eum et dominum abbatem sancte Justine de Sezadio, per la pensione a luy statuita de cento ducati, donec gli fosse provisto d'altro equalmente beneficio, como gli è provisto per mezo del ditto episcopato. Benchè ditto D. Johanne Andrea hoc non obstante volesse pur stare a possessione de quella pensione, et sia bisognato fare dare una sententia per li auditori de la Rota in favore del abbate de Sancta Justina, in qua continetur abbatem non teneri ad pensionem propter collationem episcopatus Corsice, et volendo pur ditto D. Johanne Andrea perseverare ne la oppinione sua, ha extorto una bulla per la via de camera, la quale tira pure anchora l'abbate in littigio.* Da er, Sforza, sich auf diesen unehrenhaften Streit nicht einlassen könne, habe er Bussis Verwandte aufgefordert, unter Berücksichtigung der Provision mit Accia den Verzicht auf die Pension zu erwirken. Carreto möge sich über die Richtigkeit der Nachricht von der Provision informieren und über die Einkünfte und deren Einlauf aus der Diözese. Ein ungefähr gleichlautendes Schreiben Sforzas von 1464 III 22 ging an Steffano de Robiis (über diesen s. Lazzeroni 138) (ASM Reg. Duc. 5 f. 256^{rv}). An dieser Stelle sind aus den letzten Jahren noch vier Glaubsbriefe Sforzas für seine Gesandten in Rom zu erwähnen, die neben anderen Kurialen auch NvK zum Adressaten haben: 1462 VI 17 für den nach kurzem Aufenthalt in Mailand zur Kurie zurückkehrenden Carreto (ASM Reg. Duc. 5 f. 83^{r}), 1462 XI 15 für Konrad von Fogliano (l. c. f. 121^{v}), 1464 VI 28 für den Mailänder Eb. Stefano de Nardini (l. c. f. 278^{r}), 1464 VIII 18 für den nach kurzer Abwesenheit wieder zur Kurie zurückkehrenden Carreto (l. c. f. 283^{r}, bereits nach dem Tode des NvK, über den Sforza noch nicht unterrichtet ist).

[2] Eintaxierung der Jahreseinkünfte des Bistums Accia auf 100 fl. (Servitientaxe 33$^{1}/_{3}$ fl. nach Hoberg, Taxae 4; mehrmals *liberatus ob paupertatem).* Zum Erwerb von Accia s. XXIX, 3.

[3] Carreto befand sich beim Papste, der 1464 II 21 in Siena eingetroffen war, von wo aus er sich IV 4 nach Petriolo ins Bad begab (Pastor II 267 f.).

[4] Es handelt sich um die Besetzung Genuas durch Sforza. Nach vorheriger Eroberung weiter Strecken Liguriens zogen 1464 IV 13 mailändische Truppen in die Stadt selbst ein (s. V. L. T. Belgrano, La presa di Genova per gli Sforzeschi nel 1464 (Genua 1888); und A. Sorbelli, Francesco Sforza a Genova, 1458–1466 (Bologna 1901) 78 ff. Accia war Suffraganbistum von Genua. Zudem hatte die Bank von S. Giorgio Korsika 1463 an Sforza abgetreten, der damit auch Interesse an der Besetzung der korsischen Bistümer erhielt.

[5] Durch Bulle von 1464 V 15 (RV 496 f. 146v–147v) wurde Bussi Generalvikar von Genua, gegen den Willen Sforzas; s. Breve an Sforza, 1464 V 28, DS 56; ein Brief Bussis an Sforza, 1464 V 31, l. c., und ein Brief des Otto de Carreto an Sforza, 1464 VI 6; darin u. a.: .... *Il Rmo cardinal de San Petro ad vincula ancora luy molto me ha pregato la (elezione) ricomandi a V. Excia, et dissemi molte ragione per le quale tal provisione ne deve essere grata in esso vescuo. Ancora me ha parlato cum grande reverentia et summissione verso de V. Celsitudine, et in summa dice, piacendo a V. excia, acceterà questo caricho et spera satisfarvi a Vostro modo, et etiam dice non dubita se V. Excia dimanda a Genovesi quanto luy sia accetto in quella cità, Vostra Celsitudine lo harà più caro a questa impresa. Dice havervi scritto per sue littere opportune* (ein weiterer verlorener Brief), *et me ha datto li brevi apostolici quali mando qua alligati. La bolla de la facultà dice porterà luy quando vegnerà.* Über weitere Bussi-Briefe in diesem Zusammenhang handle ich andernorts.

LXXXXIII

Nikolaus von Kues

Brief an die Konservatoren von Orvieto — Todi, 1464 Juli 16.

ACO 679: Or., Pap., 30,0×22,3, P.

[In verso] Spectabilibus viris conservatoribus Urbevetanis amicis nostris carissimis. N. tituli sancti Petri ad vincula s. R. e. presbyter cardinalis.

[Intus] Spectabiles viri amici nostri dilectissimi. Post salutem. Imprimis optamus vobis aerem salubriorem et Dei misericordiam, ut ex presentibus
5 angustiis et periculis liberari valeatis; nam valde compatimur flagellis, quibus hoc tempore flagellamini. Quantum vero pertinet ad litteras vestras, quas nuperrime a vobis recepimus del fatto di frate Guasparro, quantumque epso sia giovene, et per questo mancho moderato et prudente, che non bisognieria farse a uno pare suo, pur pensiamo che senza cagione non habbia
10 comminciato a fare questo tale aperto atto privativo contra frate Paulo, priore de' Servi, el quale, essendo Senesi et in le cose sue favorito, como è honesto, così dal governatore como dagli altri offitiali vostri, non serebbe, quanto a noi pare, suto si smemorato o precipite frate Guasparro, che senza grande casone havesse preso garra o scandalo contra epso, presertim che lui sa bene

che detto frate Paulo non solum è cognito, ma etiamdio è caro alla $S^{tà}$ de n. S. Ma voi doveti sapere che noi merito havemo honesta casone de lamentarsi d'epso frato Paulo, el quale fu el più liberale a promettere volere servare tute le ordinatione nostre, et poi, a li effetti, mancho le ha servate che nullo altro. Voi sapeti bene quanta difficultà è trovare huomo el quale sapia regere senza ogni reprehensione. Frate Guasparro, commissario della $S^{tà}$ de n. S. et nostro, per lo honore de Dio et bene et ornamento della vostra ciptà, non ha guardato in facia, nè a prete, nè a frate, de che ordine se sia, el che forsi pochi haveriano fatto. Ve confortiamo che per ogni modo tegniati modo como doveti, che non vengano scandali, et che faciati che frate Paulo et così frate Guasparro ce scrivano questo caso in termini debiti como sta, et che l'uno et l'altro se sottoscriva, et noi seremo iudici senza ogni affectione, solum per la verità, et rescriveremo in drietto la nostra sententia, perchè, como sapeti, siamo vicini. Interim attendeti alla pace et quiete vostra, et a prigare Idio, como etiam faciamo noi, che ve liberi de li presenti pericoli. Datum in Tuderto die XVI Julii 1464[1].

[1] Letzter Nachweis des NvK in Rom: 1464 VI 19 (Brief an den Breslauer Rat, SS. rer. Sil. IX 90 Anm. 254). Aufbruch aus Rom: vor 1464 VII 3, da in der von Laurentius de Montegamaro 1464 VII 3 von Rom aus geschickten Nachricht an Lodovico Gonzaga über die noch in Rom anwesenden Kardinäle NvK fehlt (AG 842). Die Ansicht, Pius habe ihn zur Betreibung der Einschiffung der Kreuzfahrer nach Pisa geschickt (J. W. Zinkeisen, Gesch. des osmanischen Reiches in Europa II [1854] 290 f; Scharpff II 229; Jäger, Streit II 425; Marx 166; Uzielli 257 ff.) beruht auf Verwechslung mit Nikolaus Fortiguerra (Pius, Comm. 354). Unter Zitierung von Uzielli erscheint die gleiche Nachricht, nach einer Mailänder Quelle (s. u.) modifiziert, bei Pastor (II 274); bereits aufgeklärt wurde der Irrtum durch Vansteenberghe (277), der aber den sachlichen Kern der von Pastor erwähnten 5000 Kreuzfahrer nicht erkannte; neuerdings wieder gänzlich falsche Schilderung bei A. Silvestri, Gli ultimi anni di Pio II, Atti e memorie della società Tiburtina XX/XXI (1940/1) 218. Die einzige zuverlässige Nachricht bringt ein Brief des Otto de Carreto an Sforza aus Spoleto von 1464 VI 26 (DS 140): ... *Quelli crucesignati qual'erano in Ancona pare non siano voluti dimorare più in Anchona, ma sono venuti verso Roma cinquemilia o forsi più, per torre le indulgentie. Alchuni di loro dicono volere tornare, perchè non hanno il modo a farsi le spese. La* $S^{tà}$ *di nostro* S^{re} *ha ordinato, et a Roma per mezo del cardinale di San Piero a vincula, qual è rimasto per questo, et in Anchona per mezo del cardinale di Sancto Angelo* (Carvajal), *qual è gito innanci, chi vedano de indure quelli che potrano andare a le loro spese, et etiam di fare che se agiutano l'uno l'altro, cioè che tre, quattro o sey, che pagheno uno ben ydoneo chi vada, et tuti quelli che contribuiscono habino la indulgentia* ... In diese Vorgänge ist die Nachricht der Soester Stadtbücher von 1464 einzuordnen (Die Chroniken der deutschen Städte XXIV [1895] 50 f.). Aufklärung zur Frage, warum NvK nach Todi reiste, erscheint möglich aus der Nachricht Palmieris über die Abweichung von der Via Flaminia durch einige Kardinäle, um die vom übrigen Hofstaat durchzogenen Kommunen zu entlasten (De bello Italico, Pisa, Bibl. Univ. ms. 12 f. 221v). In der Begleitung des NvK waren u. a. Bussi, Toscanelli und der Leibarzt des NvK, Fernandus Martini de Roriz; sie erscheinen im Testament des NvK von 1464

VIII 6 als Zeugen (Uebinger, Hist. Jb. 14, 577 ff.). Zur langen wissenschaftlichen Diskussion über Roriz, der später Toscanelli mit Columbus zusammenführte (von Uzielli wenig überzeugend dazu benutzt, eine Verbindungslinie von NvK zu Columbus zu ziehen), s. Vansteenberghe (252), der sich der Identifizierung des Fernandus Martini Portugallensis natione (in *De non aliud*, Clm. 24848 f. 131r) mit dem Testamentszeugen Fernandus de Roritz anschließt, wie sie Uebinger vollzog (übersehen von Rotta [111], der auf den späteren Uzielli hinweist und selbst durch den irrigen Namen Bernardo Martins di Roritz neue Verwirrung stiftet). In einer für Roriz auf Verwendung des NvK ausgestellten Lizenzbulle Pius' II. von 1464 II 24 (RL 598 f. 15r–17v), nach der er sieben Jahre von der Residenzpflicht in seinem Lissaboner Kanonikat und anderen Pfründen befreit wird und (als bei NvK weilender Arzt) demungeachtet deren Einkünfte beziehen darf, fand ich nun zum erstenmal seinen vollen Namen, der Uebingers Annahme bestätigt: *Fernandus Martini de Roriz.* Ein nicht näher bezeichnetes Kanonikat erhielt er 1462/3 durch eine heute verlorene Bulle (AV Indice 329 f. 237v aus RL VI anno [Pii II] V f. 120: *Ulixbonensis Fernandus de Roriez, canonicatus per promotionem,* wahrscheinlich das Lissaboner Kanonikat). Über die Krankheit des NvK s. den Brief Nardinis, Eb. von Mailand, an Sforza aus Ancona, 1464 VII 28 (DS 146): *.. Monre Sancti Petri ad vincula per littere se hanno qui de uno de li suoy, è ad Tode infermo de febre gravemente, in modo se dubita assay de la morte sua.* Sparber (376), der auch wieder die Flottenlegende einbezieht, läßt NvK in Todi 5 Tage vor seinem Tode krank sein. Die letzte Nachricht über NvK vor seinem Tode bringt ein Brief des Kaplans Barbos, des Simone da Ragusa, an Maffeo Vallaresso, Eb. von Zara, aus Ancona, 1464 VIII 12 (BV Barb. Lat. 1809 p. 582 f., Dr. bei Zippel 181): *.. Cardinalis S. Petri ad vincula Tuderti laborat ex febris, de cuius vita a suis iam desperatum est, ut heri scriptas ab eis litteras vidi, ad quas et respondi ..*, wahrscheinlich die Mitteilung an Barbo, daß NvK ihn zum Testamentsvollstrecker eingesetzt habe (s. LXIV, 2). 1464 VIII 13 (RV 497 f. 59v–60r, s. Vansteenberghe 461 Anm. 4) Bestätigung des Testaments durch den Papst.

LXXXXIV

Giacomo d'Arezzo [1]

Brief an Barbara Gonzaga — Ancona, 1464 Aug. 14.

AG 842: Or. (aut.), Pap., 10,9 × etwa 21,0 (rechter Rand abgerissen), P.

Ill. princeps et ex. domina. Post comendationem. Secondo scrivo a lo Ilmo (Si. n.) bisognarà infra breve tempo far electione d'un altro sommo pon(tefice). Incresceme de la morte del Rmo Mon S. de S. Pietro in vincula [2], (el) qual era partesano de la casa et del honore de Mon S. n. Andai
5 a palazo, per far recordar a la Stà de n. S., che circha li (be)neficii che havia nela Magna [3], li fusse racomandato Mon S. n. Non potei far alcuna cosa. Tocharà ad uno altro a disporne, se (un) meraculo non fusse etc. Ancone XIIII Augusti 1464.

[1] Im Gefolge des Kardinals Gonzaga, s. Piccolrovazzi VI.

[2] Giacomo d'Arezzo an Lodovico Gonzaga, 1464 VIII 14 (l. c.): *Credo V. Il. S. habbi sentito la morte del cardinale de S. Piero in vincula.* Giovanni Pietro Arrivabene an Lodovico aus Ancona, 1464 VIII 15 (l. c.): *El todescho essendo in via per venire qui è morto a Todi.* Daß NvK tatsächlich auf der Reise nach Ancona war, ergibt sich auch aus der Nachricht des Hieronymus Lando an den Breslauer Rat aus Ancona von 1464 VII 23 und aus dem Brief des Fabian Hanko an den Rat von 1464 VIII 15 (SS. rer. Sil. IX 91 f. n. 256 und 257). Erneut Giovanni Pietro Arrivabene an Barbara, 1464 VIII 15: *El Rmo Monsre de S. Petro in vincula venendo qua è morto a Todi.* Postscript eines gewissen Marsilius unter Brief des Giacomo d'Arezzo an Barbara von 1464 VIII 16: *El Rmo Monsignor Sancti Petri è morto a Todi andando in Ancona. Cusì fi scritto qua. Questo ho messo qui, perchè Messer Jacomo non scrive dov'el sia morto.* Nardini an Sforza aus Ancona, 1464 VIII 16 (DS 146): *El Revermo cardinale de Sancto Petro ad vincula ad XI de questo finì anchora sua vita in Thode, del che è gran damno per la virtù et religione regnava in sua Sigria.* Vincentius Scalona an Barbara Gonzaga aus Mailand, 1464 VIII 21 (AG 1622): *Glie preterea adviso che Santo Petro in vincula è morto a Thodi.* Das Todesdatum 1464 VIII 11 steht auf dem Monument des NvK in S. Pietro in Vincoli. Im Präsenzbuch des Kollegkämmerers ist *1464 VIII 12* angegeben (Eubel II 34 n. 250). Eigenartigerweise führt dieses Datum auch Burglehners Tirolischer Adler an (Wien, Staatsarchiv, Hs. 454, I, 3 f. 661v): *stirbt er zu Tuderti in Umbria den zwelfften Augusty am Feyrrabendt des heilligen Cassiani* (Fest am 13. VIII.) *im Jar Christy 1464.* Noch ungenauer sind die Angaben bei Eschenloer und im Briefe Hankos an den Breslauer Rat von 1464 VIII 15 (SS. rer. Sil. VII 104 und IX 91 f. n. 257: *7.* bzw. *8. August).*

[3] Pfründenbesitz des NvK beim Tode:

Bistum Brixen, Wert: 9000 fl. – 20 000 fl. aus nicht in die Hand des NvK gelangten Einkünften waren in den letzten Jahren aufgelaufen. Bewerber um das Hochstift waren: Georg Golser (vom Kapitel gewählt), Kardinal Gonzaga (Provision durch Paul II.), Rudolf von Rüdesheim, B. von Lavant (Kandidat des Kaisers und der nicht in Brixen weilenden Kapitelsopposition, unterstützte später Gonzaga), Johannes Hinderbach, Dompropst von Trient (Kandidat der Kaiserin), Johann, Sohn Ottos I., Pfalzgrafen zu Mosbach (mit Berufung auf Versprechungen des NvK, die Sigmund gebilligt haben sollte), Leo Spaur (neuer Kandidat des Kaisers). Zur ganzen Frage ausführlich Piccolrovazzi.

Propstei Münstermaifeld: Wert 400 fl., von NvK unter Ausnutzung der Resignationslizenz von 1463 XII 12 (s. LII, 4) weniger als 20 Tage vor seinem Tode an Simon von Wehlen übertragen (Bulle Pauls II., 1464 IX 16, RL 600 f. 291r–293v, Bestätigung wegen Wirksamwerden der *regula de viginti:... gravi infirmitate detentus.., prepositurам in manibus venerabilis fratris nostri Johannis Andree episcopi Acciensis* (Bussi) *.. resignavit, ipseque episcopus.... tibi* (Simon) *contulit... Cum autem.. dictus cardinalis infra viginti dies post resignationem... decessit..* (s. Schmitz 163). Obligation des Peter Wymar für Simon: 1464 XI 23 (AV Annatae 16 f. 45r), Prorogation der Solution: 1465 V 23 *(quia docuit de intruso per testes),* Solution: 1466 XI 28.

Propstei St. Moritz Hildesheim, Wert: 300 fl.; weder Simon von Wehlen noch NvK sind je in den Besitz der Einkünfte gelangt (s. Bulle Pauls II. von 1464 IX 16, RL 600 f. 162r–164v, mit Übertragung der Propstei an Johannes Römer: *.. Simon de Welen olim prepositus.., possessione non habita, in manibus... Pii II.... resignavit., et idem... Nicolao tituli sancti Petri ... providit..., qui, illius possessione etiam per eum non habita, extra dictam curiam diem clausit extremum..,* s. LII, 4). Obligation Römers: 1465 I 4, Prorogationen: 1465 VII 4 und 1466 II 7 *(quia docuit de intruso per testes,* Ann. 16 f. 62v).

Abtei SS. Severo e Martirio bei Orvieto, alter Taxwert: 240 fl., Nachfolger des NvK: Kardinal Mella (Meuthen 38, 40).

Personat Pfarrkirche Schindel, Diözese Lüttich, Wert: 300 fl., 1464 IX 16 von Paul II. an Peter Wymar übertragen (RL 607 f. 82r–84v, Obligation: 1464 X 7, Prorogation: 1465 V 26, Solution: 1466 XI 28, Annatae 16 f. 14r).

Unbefriedigende Auskunft über den Verbleib des Archidiakonats von Brabant in der Lütticher Kirche gibt U. Berlière, Les archidiacres de Liége au XVe siècle (Leodium 9, 130). Marx (Armenhospital 20) macht die Aufgabe des Archidiakonats durch NvK zwischen 1455 und 1459 wahrscheinlich. Mit Sicherheit ist sie jedoch vor 1461 IV 28 erfolgt, da an diesem Tage Philipp von Sierck als Archidiakon eine Urkunde für die Abtei Kornelimünster ausstellt (Or. Düsseldorf, Staatsarchiv, Kornelimünster Urk. 116).

Ferner besaß NvK noch (nachweislich seit 1446) den Personat der Pfarrkirche St. Wendel. 1461 VIII 7 inkorporierte Pius II. die Pfarrei St. Wendel der mensa episcopalis zu Trier, damit der Erzbischof seine verpfändete Stadt St. Wendel wieder einlösen konnte (freundlicher Hinweis auf die Bulle durch H. Studienrat W. Hannig, der mir ihre nähere Untersuchung im Archiv f. mittelrhein. Kirchengeschichte ankündigte). Dagegen wird in der Urkunde Eb. Johanns II. von 1499 VI 7 mit der Verpfändung von St. Wendeler Einkünften an das Kueser Hospital (s. Krudewig 273 f. Nr. 103 f. und Marx, Armenhospital 100 ff.) von diesen Einkünften gesprochen als: *incorporatos et annexos ab obitu ... cardinalis.* Erfolgte nach der erstgenannten Bulle etwa eine Übereinkunft zwischen Johann und NvK betreffend dessen (teilweisen?) Weiterbezug der Einkünfte bis zum Tode?

Anhang 1

Nachrichten über Familiaren des Nikolaus von Kues

Diese Zusammenstellung ist gedacht als Ergänzung zu den Angaben über NvK-Familiaren in den vorhergehenden Texten. Ferner sind die hier nicht in extenso wiederholten Angaben bei Vansteenberghe, Koch (Umwelt und Briefwechsel), Hausmann (Briefwechsel) usw. zu vergleichen. Im folgenden wird nur eine vorläufige Bekanntgabe neuen Materials, insbesondere aus vatikanischen Quellen bezweckt. Andere Quellen werden nur ausnahmsweise verwertet. Im Laufe der nächsten Jahre werde ich bei Fortschreiten der Edition des Cusanus-Briefwechsels weitere Listen folgen lassen.

Petrus Bartholomei de Aleis

Begleitete NvK bereits auf der deutschen Legationsreise. – 1459 X 27 (AV Arm. XXIX, 29 f. 87r) Mandat des Kardinalkämmerers Lodovico an den Akolythendekan und die übigen Akolythen des Hl. Stuhls, Petrus in das Akolythenamt aufzunehmen (wird dabei als Familiare des NvK und Florentiner Kleriker genannt).

Johannes von Bastogne

S. Koch, Briefwechsel 95, Umwelt 8.

D. de Bistorff

Wird 1453 V 12 als Familiare des NvK erwähnt (Kues, Hospitalsbibliothek).

Mathias Blomaert aus Diest

1457 IV 18 als Lütticher Kleriker genannt (Instrument in Bozen, Archivio di Stato). – 1458 XI 24 (RL 540 f. 267r–268v) reserviert ihm Pius II. ein oder zwei Benefizien nach jeweiliger Disposition des Bischofs von Lüttich (B. wird dabei als Familiare des NvK und Lütticher Kleriker genannt).

Gasparus Blondus, Sohn des Humanisten Flavius Blondus aus Forlì

1461 VII 13 als Familiare, 1461 XII 23 und 1463 III 31 als Skutifer des NvK erwähnt (LII, 4).

Konrad Bossinger aus einem Erfurter Patriziergeschlecht

S. Santifaller 422 f. – 1462 V 18 (RL 581 f. 165r–167r) verzichtet er auf ein ihm nach Tod des NvK-Familiaren Rodestock übertragenes Kanonikat zu Zeitz (wird dabei als Kaplan des NvK genannt).

(Wilhelm Bueßgin aus Bernkastel erhält 1463 X 15 (RL 592 f. 191^{v}–192^{v}) die durch Tod des NvK-Familiaren Stam vakante Vikarie am Marienaltar der Pfarrkirche Geisenheim auf Supplik des NvK, jedoch wird keine Familiarität erwähnt.)

Gebhard von Bulach aus Rottweil

Vgl. X, 1.

Giovanni Andrea de Bussi aus Vigevano

Vgl. Index.

Thomas de Camuffi aus Città di Castello

Vgl. XXX. Die Bekanntschaft mit NvK vermittelte möglicherweise Georg Cesarini, der 1456 I 27 (RV 441 f. 199^{r}–201^{r}) die Pfarrkirche von Città di Castello als Pfründe erhielt.

Leonius de Cruce

1452 VIII 2 (Innsbruck, Pfarrarchiv St. Jakob, Urk. VI Nr. 1375) als Familiare des NvK erwähnt, 1457 VIII 4 (s. Vansteenberghe 181 Anm. 5) als ehemaliger Familiare.

Johann Dursmid

1452 Ende VI als Kaplan des NvK erwähnt (Vansteenberghe 220 Anm. 3).

Ulrich Faber

1464 IX 16 (RL 606 f. 224^{r}–226^{r}) reserviert ihm Paul II. die Pfarrkirche Prutz, Diözese Brixen, für den Todesfall ihres derzeitigen Inhabers Peter Wymar (F. dabei als Brixner Priester genannt, *qui Nicolao tituli . . . . duodecim annis servivisti.).*

Ludwig von Freiburg

Vgl. Krudewig IV 259 Nr. 15.

Conrad Glotz

1465 II 7 in einer Urkunde Kardinal Gonzagas erwähnt als: *weilent des hochwirdigsten vaters hern Niclausen . . . . koch* (Dr.: L. Santifaller, in: Arch. per l'Alto Adige XVI (1921) 158–160).

Walter von Gouda

1451 I 4 (RV 398 f. 266^{v}–267^{v}) erhält er von Nikolaus V. auf Supplik des NvK, der ihm kraft seiner Lizenz zur Verleihung von 10 Pfründen (1450 II 20, RV 391 f. 262^{v}–264^{r}) zu drei ihm bereits übertragenen Kanonikaten ein viertes in Lüttich reserviert hatte, eine Kumulationserlaubnis; neben den drei Kanonikaten in St. Salvator zu Utrecht, St. Romuald in Mecheln und St. Stephan in Mainz hat er nach Angabe der Bulle ferner noch reserviert ein Kanonikat in St. Andreas und ein weiteres in St. Aposteln zu Köln durch Bulle von 1450 VIII 27 (wohl das richtige Datum, während die Erwähnung dieser Reservation mit dem Datum: Fabriano 1450 XI 26, in einer Bulle für ihn von 1451 IV 22, RV 398 f. 267^{v}–268^{r}, sicher falsch ist, da Nikolaus V. zu diesem Zeitpunkt nicht mehr in

Fabriano weilte). Er wird genannt als Magister, apostolischer Sekretär und Familiare und Familiare des NvK. – 1451 IV 22 (RV 398 f. 268^{r}–269^{r}) erhält er die Lizenz zur Inbesitznahme des per obitum vakanten Kanonikats an St. Aposteln zu Köln (wird dabei genannt als *abbreviator litterarum apostolicarum in officio expeditions vicecancellarii,* jedoch nicht als NvK-Familiare).

Heinrich Gussenpach

Vgl. Hausmann 171. Mit diesem vielleicht identisch ist der nach dem Überfall auf Bruneck von Sigmund festgesetzte Henricus *magister coquine cardinalis et clericus* (1461 VII in der *Invektive* gegen Sigmund, Ch. 99–108 und Cgm 975 f. 108 ff.).

Laurenz Hamer

1452 IV 13 (Missivbuch Sonnenburg 64) und 1454 VI 24 (Sinnacher 392–394) erwähnt als *canzelscreiber* des NvK.

Damarus Incus

1458 XI 24 (RV 503 f. 111^{v}–113^{r}, RV 500 f. 31^{v}–32^{v}) gibt ihm Pius II. auf Bitte des NvK eine Exspektanz auf die nächstfreiwerdende Pfründe an St. Georg in Limburg oder St. Kastor in Koblenz (wird dabei genannt als Parafrenarius des NvK und Trierer Kleriker).

Keyen

Er erscheint in den Kanzleivermerken der von NvK auf seiner deutschen Legationsreise ausgestellten Bullen.

Simon Kolb aus Kues, nepos des NvK

Vgl. Marx, Armenhospital 107; Koch, Briefwechsel 78 und Umwelt 83.

Johannes Krebs, Bruder des NvK

Vgl. Vansteenberghe 4 f., dessen Angaben jedoch teilweise, wie folgt, zu berichtigen sind: 1450 V 2 (RV 413 f. 108^{r}–109^{r}) erhält er von Nikolaus V. die Pfarrkirche Bernkastel, 1450 VII 3 (RV 412 f. 340^{r}–341^{r}) ein Kanonikat zu St. Peter vor den Mauern in Mainz, 1450 VIII 4 (RV 413 f. 21^{r}–22^{v}) ein Kanonikat zu St. Marien in Aachen, 1453 V 12 (RV 400 f. 278^{r}–279^{r}, s. Brom I, 1 nr. 142) eine ihm von Gerardus de Randen zu zahlende Pension von der Propstei St. Plechelmus in Oldenzaal, 1453 IX 8 (RV 428 f. 45^{v}–48^{r}) die Propstei Innichen unter Verzicht auf das Mainzer Kanonikat (dabei jeweils als *frater* bzw. *germanus* des NvK genannt). – 1456 VII 5 (RV 449 f. 240^{v}–242^{r}) befiehlt Calixt III., die durch Johanns Tod vakanten Pfründen, ein Kanonikat in St. Simeon zu Trier, die Pfarrkirche Bernkastel und die Pension von Oldenzaal, NvK zur Verfügung zu stellen, der die Pfarrei an Simon von Wehlen und die Pension an Johann von Raesfeld weitergibt (s. unter *Raesfeld* und *Wehlen).* Über das Schicksal des Kanonikats fand sich bei der Durchsicht der Register bisher noch kein Aufschluß. Zu Johann vgl. auch Marx, Armenhospital 8.

Christof Krell

Kanzleischreiber des NvK, s. X, 1 und Koch, Mensch 70.

Mathias (?)

1460 IV 23 (Ch. 196 und 362) und 1460 V 14 (Ch. 210) als Überbringer eines NvK-Briefes an den Papst und Kaplan des NvK genannt, vielleicht identisch mit Blomaert.

Matheus Marsperg

1457 II 1 (Hausmann 159) als Diener des NvK genannt.

Wigand (Weygandt, Wygand) Mengler von Homberg (Hamberg, Hoenberg)

Vgl. Koch, Umwelt 107 f. (genannt als Sekretär des NvK, so auch 1452 IV 13 in einem Brief des NvK an Verena von Stuben, Innsbruck LRA Missivbuch Sonnenburg 64). – 1442 V 1 (RV 367 f. 248^{r}–249^{r}) erhält er von Eugen IV. die Pfarrkirche zu Brechen, Diözese Trier, aus dem Besitz des privierten Konzilsanhängers Goeswin Muyl; NvK gelangte bei dieser Gelegenheit in den Besitz des Altars Johann Baptist in der Propsteikirche zu Münstermaifeld, l. c. f. 249^{r}–250^{v}) – 1447 VI 14 erhielt er von Nikolaus V. Kanonikate in St. Viktor und St. Maria ad gradus in Mainz (so nach einer Bulle von 1453 V 12, RV 400 f. 280^{r}–281^{r}, in der Nikolaus V. ihm auf Verwendung des NvK gegen einen Augustinus von Benßheim die Scholastrie von St. Viktor zuspricht). – Er starb vor 1460 VII 12, da an diesem Tage Stam von Pius II. das durch seinen Tod vakante Kanonikat in St. Viktor bestätigt erhält (RV 478 f. 220^{r}–221^{r}), das ihm NvK auf Grund der päpstlichen Lizenz von 1459 VI 15 übertragen hatte.

Caspar de Oberwemper, Dominikaner

1460 VIII 12, 1461 I 28 und 1461 VI –?– (Ch. 135, 158 und 391) erwähnt als Familiare, Diener und Briefbote des NvK.

Albrecht Pentzendorfer

1450 X und 1452 X als Kaplan des NvK genannt (Hausmann Nr. 5 und 6, Sinnacher 373–375).

Heinrich Pomert

Vgl. XLV, 6.

(Johannes Pomert, wahrscheinlich mit Heinrich Pomert verwandt, erhält 1461 III 26 (RL 569 f. 177^{v}–179^{r}) auf Verwendung des NvK das durch Tod Rodestocks freigewordene Vikariat in Merseburg; Familiaritätsverhältnis nicht erwähnt.)

Christian Prechenappfel

Erhält 1458 XI 24 (RV 500 f. 40^{r}–41^{r}) Exspektanz mit Prärogative auf eine Brixner Kanonikatspfründe (dabei erwähnt als Brixner Kleriker, Parafrenarius und Familiare des NvK). – 1463 IV 11 (Ch. 486) wird er erwähnt als Kanoniker in Pedena.

Johannes von Raesfeld

1453 V 12 (RV 400 f. 290^{r}–291^{v}) reserviert ihm Nikolaus V. die von Johannes Krebs bezogene Pension von der Propstei in Oldenzaal für den Fall von dessen Tod (R. dabei erwähnt als Familiare des NvK und als *ex nobili genere procreatus).* Nach Tod des Krebs gelangte er 1456 in den Besitz der Pension, die ihm Paul II. 1464 IX 16 (RV 526 f. 113^{v}–114^{v}) mit Erwähnung seiner ehemaligen NvK-Familiarität nochmals bestätigte (s. Brom I, 1 nr. 142 und 207). – 1458 X 21 (RL 539 f. 183^{rv}) erhält er von Pius II. auf Verwenden des NvK ein Kanonikat in St. Viktor zu Xanten, 1460 IX 9 (RL 565 f. 37^{r}–39^{r}) ein Kanonikat an St. Ludgeri in Münster unter ausdrücklicher Berücksichtigung seiner NvK-Familiarität (dabei genannt als Propst zu Osnabrück, Kanonikus in Rees, Emmerich und an St. Viktor in Xanten und Pensionär von Oldenzaal), 1460 XI 8 (RL 565 f. 165^{v}–169^{r}) ebenfalls unter Hinweis auf seine NvK-Familiarität ein Vikariat am Altar St. Philippus und Jakobus in St. Severin zu Köln. – 1461 I 31 (RV 504 f. 58^{v}) stellt ihm Pius II. für eine Deutschlandreise einen Paß aus (darin erwähnt als Propst von Osnabrück und Magistrodomus des NvK).

Sigismund Rodestock

1461 III 26 (RL 569 f. 177^{v}–179^{r}) wird ein Vikariat zu Merseburg als vakant erwähnt wegen Tod Rodestocks (dabei als ehemaliger NvK-Familiare genannt). – Dasselbe 1462 V 18 (RL 581 f. 165^{r}–167^{r}) bezüglich eines Kanonikats in St. Peter und Paul zu Zeitz.

Caspar Römer, Vetter des NvK

Vgl. Vansteenberghe 5. – 1450 VII 3 (RV 412 f. 377^{r}–378^{r}) erhält er ein Kanonikat in St. Marien zu Aachen.

Johannes Römer aus Briedel, Vetter des NvK

Zu Marx, Armenhospital 106 f., und Vansteenberghe (s. Index) ergänze: 1463 X 8 (RL 593 f. 306^{v}–307^{v}) erhält er von Pius II. auf Bitte des NvK das durch Tod Stams vakante Kanonikat an St. Florin in Koblenz, 1464 IX 16 (RL 601 f. 160^{r}–161^{v}) von Paul II. die von Simon von Wehlen bei der Erlangung der Propstei Münstermaifeld aufgegebene Pfarrkirche zu Bernkastel (dabei als nepos des NvK genannt). – Eine heute verlorene Inkompatibilitätsdispens für ihn verzeichnet AV Inidice 328 f. 134^{r} nach RL Pius II., annus II., t. VIII f. 322.

Fernandus Martini de Roriz (Roritz).

Vgl. LXXXXIII, 1.

Johannes Rutschen oder Rutz

1458 XI 24 (RL 540 f. 288^{r}–289^{v}) erhält er von Pius II. auf Bitte des NvK ein Kanonikat an St. Simeon in Trier (dabei als Familiare des NvK genannt), 1463 XII 1 (RL 597 f. 27^{v}–28^{v}) ein Vikariat am Altar St. Erasmus im Dom zu Trier, das durch Tod Stams vakant war (ebenfalls als Familiare erwähnt). Er stammte vielleicht aus Koblenz; ein Nikolaus Rutzschen aus Koblenz wird um 1480 in einer Urkunde des Bernkastler Pfarrarchivs erwähnt; Krudewig IV 244 Nr. 15.

Ludwig Sauerborn oder Suerborn

Vansteenberghe 457 Anm. 6 ist, wie folgt, zu berichtigen: Nach Verlust eines Prozesses gegen den Kämmerer und Sekretär des Erzbischofs von Trier, Jakob von Sierck, Sigfrid

Dreknach (Bulle Nikolaus' V. 1454 I 16, RV 401 f. 220^{v}–221^{v}) tauscht Ludwig 1454 II 16 (RV 401 f. 236^{r}–237^{r}) von diesem ein Kanonikat an St. Viktor in Xanten gegen ein Vikariat am Margaretenaltar im Dom zu Trier ein (dabei als legum doctor und Familiare des NvK genannt). Er war vielleicht mit Paul von Brystge, dem Schwager des NvK und Gemahls seiner Schwester Klara verwandt; s. Krudewig IV 270 Nr. 76.

Georg Seunil oder Seumel

Er wird 1455 IX 4 (Innsbruck LRA Missivbuch Sonnenburg 289 f.) und 1456 (?) (Innsbruck LRA Autogramme B 1) als Notar des NvK erwähnt.

Heinrich Soetern aus St. Wendel

1458 X 2 (RL 541 f. 173^{v}–174^{v}) erhält er von Pius II. ein Kanonikat an St. Peter und Alexander in Aschaffenburg zu seiner Pfarrkirche in Flies, Diözese Brixen, seinem Vikariat an St. Martin in Oberwesel und seiner Kaplanei an St. Markus in Lorch (dabei erwähnt als Kaplan und Familiare des NvK). – 1461 V 30 (RL 569 f. 15^{v}–17^{r}) erhält er ein Kanonikat an St. Stephan in Mainz unter Verzicht auf sein Vikariat in Oberwesel und seine Kaplanei in Lorch (dabei wieder als Familiare des NvK erwähnt).

Johannes Stam der Ältere

Vgl. Vansteenberghe 457 und Koch, Umwelt 108. – 1458 XI 24 (RL 541 f. 225^{r}–226^{v}) erhält er von Pius II. auf Bitte des NvK ein Kanonikat an St. Florin in Koblenz (dabei als Familiare des NvK genannt); 1460 VII 12 (RV 478 f. 220^{r}–221^{r}) ein Kanonikat in St. Viktor vor den Mauern zu Mainz, das durch Tod Menglers frei war, gegen Rudolf von Rüdesheim und mit Bestätigung der bereits durch NvK auf Grund seiner Lizenz von 1459 VI 15 zu seinen Gunsten erfolgten Übertragung (wieder als Familiare erwähnt); 1460 VIII 26 (RV 478 f. 190^{r}–192^{r}) ein Kanonikat an St. Simeon und ein Kanonikat an St. Paulin zu Trier; 1460 VIII 31 (RV 503 f. 226^{rv}) eine Prärogative zu einer 1458 XI 24 erteilten Exspektanz. – 1461 XI 24 (AV Annatae 13 f. 39^{v}) leistet er (genannt als Kaplan des NvK) Obligation für einen Johannes Mutzelgin. – 1462 IV 8 (RV 486 f. 224^{v}–226^{v}, RV 506 f. 141^{rv} fragmentarisch) erteilt Pius II. NvK eine Lizenz bezüglich Benefizienpermutation für Stam, Simon von Wehlen, Heinrich Pomert und Peter Wymar, in deren Namen Stam 1462 VII 15 (AV Annatae 13 f. 154^{r}) Obligation leistet. – Ein Hinweis auf eine Stam erteilte Exspektanz auf ein Vikariat in den Diözesen Worms oder Mainz findet sich AV Indice 328 f. 228^{r} nach RL Pius II., annus II., t. VII f. 150 (heute verloren). – Im folgenden eine Übersicht über die nach seinem Tode weitervergebenen Pfründen: Das Kanonikat in St. Florin zu Koblenz erhält 1463 X 8 (RL 593 f. 306^{v}–307^{v}) Johannes Römer, ein Vikariat am Marienaltar der Pfarrkirche Geisenheim erhält 1463 X 15 (RL 592 f. 191^{v}–192^{v}) Wilhelm Bueßgin, die Pfarrkirche zu Kues wird 1463 IX 30 (RV 494 f. 145^{rv}, Or.: Kues, Hospitalsbibliothek, Archiv Nr. 45; s. Krudewig IV 266 Nr. 51) mit dem Hospital uniert, ein Vikariat am Erasmusaltar in der Domkirche zu Trier erhält 1463 XII 1 (RL 597 f. 27^{v}–28^{v}) Johannes Rutz; die Pfarrkirche Berg, Diözese Freising, wird im Gegensatz zu den übrigen Benefizien ohne Einfluß des NvK außerhalb der Familie weitervergabt (RL 593 f. 22^{v}–23^{v}; Erwähnung der Vakanz noch 1464 XII 17, AV Annatae 16 f. 57^{r}). Johannes ist wohl zu unterscheiden von Johannes Stam dem Jüngeren, Vikar von Bernkastel, seit 1463 Vikar der Pfarrei Kues; s. Marx 81, 95.

Johannes de Stetemberg

Er wird 1459 II 22 (RL 538 f. 72^{rv}) in einer Bulle Pius' II. für ihn erwähnt als Kanoniker in Worms und ehemaliger Familiare des NvK und Kardinal Peters von Augsburg.

Johannes Studler (Stedler)

Er erhält 1449 I 29 (RV 408 f. 123^{r}–124^{r}) ein Brixner Kanonikat (noch nicht Familiare des NvK). – 1462 IV 22 (RV 574 f. 33^{v}–34^{v}) erhält er auf Bitte des NvK ein Kanonikat an St. Johannes in Konstanz (dabei als Familiare des NvK erwähnt). – Er ist wohl identisch mit *Städler* bei Santifaller, Domkapitel 471 nr. 319.

Leonhard Wacker

Er wird 1463 IV 11 (Ch. 486) als Familiare erwähnt.

(Heinrich Waltpod. Er erscheint als Kölner Kleriker 1457 IV 18 (Bozen BA L 117, 6 A) in einem Notariatsinstrument bezüglich der Gerichtsbarkeit in Enneberg! Obwohl nichts davon erwähnt wird, ist eine persönliche Beziehung zu NvK beim Auftauchen dieses Kölner Klerikers in Tirol wahrscheinlich. Offensichtlich lebte er auch später in Rom in der Nähe des NvK, da er 1463 XII 27 als Zeuge in dem Notariatsinstrument erscheint, in dem NvK von Rom aus den Johannes Stam, nämlich den Jüngeren, Vikar zu Bernkastel, mit der Verwaltung der dem Hospital inkorporierten Pfarrei Kues betraut; s. Krudewig IV 267 Nr. 52. Er ist möglicherweise identisch mit dem Abschreiber H. Walpod des Dialogs *De Deo abscondito* in BV Pal. Lat. 419 [s. Haubst, Studien 13].)

(Wilhelm Wedemann [Vedemann]. Er erhält 1462 II 13 [RL 570 f. 122^{r}–123^{v}] auf Bitte des NvK ein Kanonikat in St. Plechelmus zu Oldenzaal, wird aber nicht als sein Familiare genannt.)

Simon von Wehlen (Welen), *nepos*, entfernterer Verwandter des NvK

Vgl. Vansteenberghe 457 und Santifaller 509. Ergänze dazu: Er war bereits 1456 V 21 (Innsbruck LRA Trient Deutsche Arch. C 34) Rentmeister des NvK. Sein Doktordiplom datiert von 1461 X 2 (doct. decret., Ch. 122). – Zur Pfründenversorgung ergänze: 1460 III 4 (RL 554 f. 138^{v}–139^{v}) erhält er auf Bitte des NvK eine Inkompatibilitätsdispens für ein zur Pfarrei Bernkastel hinzutretendes Benefizium bzw. für zwei andere Benefizien ohne die Pfarrei (dabei als Familiare des NvK erwähnt). Die Pfarrei hatte er nach dem Tode des Johann Krebs aus dessen Pfründenbesitz erhalten (s. Bulle Calixts III. 1456 VII 5, RV 449 f. 240^{v}–242^{r}; vgl. unter *Krebs)* und gab sie 1464 an Johannes Römer weiter, als er die Propstei Münstermaifeld erhielt. 1460 XII 22 (RV 481 f. 266^{r}–267^{v}) überträgt ihm Pius II. die Propstei St. Moritz zu Hildesheim, auf die er 1463 XI 10 zugunsten von NvK verzichtet. 1462 I 19 (RV 507 f. 65^{v}–66^{r}) gibt ihm Pius II. unter Hinweis auf seine Dienstverpflichtung gegenüber NvK eine Dispens *de non promovendo.* 1462 IV 8 erhält er die gleiche Permutationserlaubnis wie Stam usw. (s. unter *Stam).*

Peter Wymar von Erkelenz

Seit 1451 als Sekretär und dazu seit 1459 als Kämmerer des NvK nachgewiesen. Aus den bereits gedruckten Nachweisen s. u. a.: R. Pick, Der Dechant Peter Wimari von Erkelenz (Aus Aachens Vergangenheit I, 611 ff.); U. Berlière, Inventaire analytique des

Diversa Cameralia des Archives Vaticanes (1389–1500) au point de vue des anciens diocèses de Cambrai, Liége, Thérouanne et Tournai (Rom 1906) 133 f., 140, 161, 174; Schmitz 163; Marx, Armenhospital 108 ff.; Koch, Umwelt 108; E. Göller, Die neuen Bestände der Camera apostolica im päpstlichen Geheimarchiv (Röm. Quart.schrift 30 [1922] 41): Abdruck eines Instruments aus AV Consensi e rassegne 1 f. 38v mit falschem Datum 1458 (richtig: 1468) V 30, worin er als Kämmerer des Papstes erwähnt wird; Santifaller 303 f.; Jäger, Streit II, 55 ff.; Sinnacher VII, 55. – Als Kämmerer des NvK wird er erwähnt 1459 II 26 (AV Annatae 11 f. 137v, s. XXXII, 7), 1460 IV 1 (Kodex *Handlung* 96 f.), 1461 VII –?– *(Invektive* gegen Sigmund), 1462 X 21 (Ch. 423); als päpstlicher Kämmerer wird er erwähnt 1464 X 7 (AV Annatae 16 f. 14r), 1464 XI 23 (f. 45r), 1465 II 21 (f. 83v), 1465 IV 6 (RL 650 f. 205r–207r) mit Entbindung von der Residenzpflicht *studii causa.* – Zu seinen Pfründen vgl. noch: 1457 IV 18 (Bozen, Archivio di Stato) wird er erwähnt als Pfarrer in Prutz; 1460 VIII 31 erhält er eine Prärogative (s. unter *Stam*); 1462 II 27 (RV 507 f. 20r–21r) eine erneute Prärogative für ihn als Familiare des NvK; 1462 IV 8 erhält er eine Permutationserlaubnis (s. unter *Stam*); 1464 VI 26 (Annatae 15 f. 82r) leistet er Obligation für ein Kanonikat in Erfurt; 1464 IX 16 (s. LXXXXIV, 3) erhält er den Personat Schindel und wird dabei erwähnt als: *qui cubicularius . . . . noster . . . predicto cardinali . . . . quindecim annis . . . . servivisti,* sowie als Inhaber eines Kanonikats an St. Johann zu Konstanz, der Pfarrkirche und der Kapelle St. Katharina in Revikada (?), Diözese Brixen. Zu seinem Brixner Kanonikat s. Sinnacher VII, 55.

Dietrich von Xanten

Wird 1453 V 12 (RV 400 f. 278r–279r) erwähnt als Kanoniker an St. Marien zu Aachen; 1461 VI 1 (RL 580 f. 53v–55r) erhält er zu diesem Kanonikat und der Pfarrei Hasselt ein Kanonikat in Lüttich, auf das NvK bei dieser Gelegenheit verzichtet (dabei als dessen Familiare genannt). Akademischer Grad: Magister. – S. Koch, Umwelt 57; Marx, Armenhospital 108 ff. und 242; Koch, Briefwechsel (s. Index).

Conrad Zoppot

Vgl. Santifaller 524 ff., Hausmann (s. Index) und früher: Chmel, Regesta Friderici IV. Nr. 1352. Adliger und ehemaliger königlicher Kaplan, dann Rentmeister des Brixner Hochstifts. – 1458 X 21 (RL 356 f. 241v–242r) erhält er Permutationserlaubnis für seine Benefizien, ein Kanonikat in Brixen und die Pfarrei Albeins (auf Bitte des NvK, als dessen Kaplan er genannt wird).

Anhang 2

Itinerar des NvK 1458–1464

Aufenthaltsort	Erster Nachweis	Letzter Nachweis	Belege (Textnummern)	
Rom	an 1458 IX 30 (?)	1459 VI 30	III,2	XXXVIII
Subiaco	1459 VII 8		XXXV,5	
Rom	1459 VIII 8	1459 IX 18	XXXV,5	XLVI
Acquapendente	1459 IX 23		XLVII	
Mantua	an 1459 X 2 oder kurz vorher	ab 1460 II 4	L,3	L u. L,4
Bruneck	(1460 II 7 ?)	1460 II 13	L,4	L,4
Buchenstein	1460 II 14	ab kurz vor 1460 III 29	Sinnacher VI,480 ff.	Jäger, Streit I 373
Bruneck	1460 III 29	ab 1460 IV 27	Jäger a. a. O.	LI,2
Buchenstein (?)			LI,2	
Ampezzano		ab 1460 IV 29		LI,2
Belluno			LIV, LVI	
Lonigo	an 1460 V 7		LI,2	
Ostiglia	an 1460 V 13 ab		LI,3	
S. Giovanni bei Bologna	1460 V 14		LI,4	
Florenz	an 1460 V 17	ab 1460 V 26	LI,4	LI,4
Siena	an 1460 V 26	1460 IX 16 (20 ?)	LI,4	LVI,3
Viterbo	an 1460 IX 28	(ab 1460 X 4 ? Abreise des Papstes)	LVI,8	Pastor II, 88
Rom	(an 1460 X 6 ? Ankunft des Papstes) 1460 X 11	ab 1461 VII 8	Pastor a. a. O. LVI,3	LXIV,2
Orvieto	1461 VII (12 ?) 16	1461 IX 15	LXIV,2	LXV,1
Rom	an 1461 IX 22 oder 23 (?)	1462 V 19	LXVI,2	LXXXI,1
Viterbo	1462 V 23			LXXXI,1

Aufenthaltsort	Erster Nachweis	Letzter Nachweis	Belege (Textnummern)	
Orvieto	1462 V 26	1462 VIII 17	LXXXII,2	LXXXII,2
Pienza	1462 IX 13	1462 IX 16	LXXXII,2	LXXXII,2
Chianciano	1462 IX 25	1462 X 30	LXXXIII,5	LXXXIII
Todi	an 1462 XI 16 (?)	ab 1462 XII 14 (?)	LXXXIV,4	LXXXIV,4
Rom	an 1463 I 6	1463 V 20	LXXXIV,4	LXXXVI,1
Monteoliveto	an 1463 VI 3	ab 1463 VI 6	LXXXVI,1	
Montepulciano	1463 VI 11		LXXXVI,1	
Orvieto	1463 VI 21	1463 IX 29	LXXXVI,1	LXXXVIII,1
		ab vor 1463 X 13		LXXXVIII,1
Rom	1463 X 19	1464 VI 19	LXXXVIII,1	LXXXXIII,1
		ab vor 1464 VII 3		LXXXXIII,1
Todi	1464 VII 16	† 1464 VIII 11	LXXXXIII	LXXXXIV

Benutzte Archive und Bibliotheken

Gedruckte Quellen und Literatur

Allodi, L., Inventario dei manoscritti della Biblioteca di Subiaco, Forlì 1891.

Ambrosi, F., Commentari della Storia Trentina, Rovereto 1887.

Bachmann, A., Briefe und Acten zur österreichisch-deutschen Geschichte im Zeitalter Kaiser Friedrichs III., Fontes rer. Austr., 2. Abt., XLIV, Wien 1885.

–, Deutsche Reichsgeschichte im Zeitalter Friedrichs III. und Maximilians I., I, Leipzig 1884 (zit.: Bachmann).

Bisticci, V. da, Vite di uomini illustri del secolo XV, a cura di P. d'Ancona ed E. Aeschlimann, Mailand 1951.

Brom, G., Archivalia in Italie I, Rome, Vaticaansch Archief, eerste stuk, Haag 1908.

Calisse, C., I prefetti di Vico, in: Arch. Soc. Rom. Stor. Patr. X (1887), S. 1—136, 353 bis 594.

Chmel, J., Materialien zur österreichischen Geschichte II, Wien 1838.

–, Urkunden, Briefe und Actenstücke zur Geschichte der habsburgischen Fürsten König Ladislaus Posthumus, Erzherzog Albrecht IV. und Herzog Siegmund von Österreich, Fontes rer. Austr., 2. Abt., II, Wien 1850.

Coletti, G., Regesto delle pergamene della famiglia dei conti di Anguillara, in: Arch. Soc. Rom. Stor. Patr. X (1887), S. 241—285.

Combet, J., Louis XI et le Saint-Siège 1461—1483, Paris 1903.

Concilium Basiliense, Studien und Quellen zur Geschichte des Concils von Basel I—VIII, Basel 1896—1936.

Cornelius, F., Ecclesiae Venetae antiquis monumentis, nunc etiam primum editis, illustratae ac in decades distributae XII, Venedig 1749.

Cribellus, L., De expeditione Pii Papae II adversus Turcos, a cura di G. C. Zimolo, Rer. Ital. Scr. XXIII, 5, Bologna o. J.

Cronaca di Anonimo Veronese, ed. G. Soranzo, Monumenti storici pubblicati dalla R. deputazione veneta di storia patria III, 4, Venedig 1915.

Cugnoni, J., Aeneae Silvii Piccolomini Senensis .... opera inedita, R. Accademia dei Lincei CCLXXX (1882—83), ser. 3, vol. VIII, Rom 1883.

Cupis, C. de, Regesto degli Orsini e dei conti di Anguillara, Aquila 1903.

Cusin, F., L'Impero e la successione degli Sforza ai Visconti, in: Arch. Stor. Lomb. N. S. I (1936), S. 3—116.

–, Le relazioni tra l'Impero ed il ducato di Milano dalla pace di Lodi alla morte di Francesco Sforza (1454—1466), in: Arch. Stor. Lomb. N. S. III (1938), S. 3—110.

Deutsche Reichstagsakten I—XVII, München, Gotha 1867—1939.

Donesmondi, I., Dell'istoria ecclesiastica di Mantova II, Mantua 1616.

Düx, J. M., Der deutsche Cardinal Nicolaus von Cusa und die Kirche seiner Zeit, Regensburg 1847.

Egidi, P., Necrologi e libri affini della provincia Romana II, Fonti per la storia d'Italia 45, Rom 1914.

Ehses, S., Der Reformentwurf des Nikolaus Cusanus, in: Hist. Jahrb. XXXII (1911), S. 274—297.

Eubel, C., Hierarchia Catholica Medii Aevi II, Münster ²1914.

Fink, K. A., Das Vatikanische Archiv, Bibl. des Deutsch. Hist. Inst. XX, Rom ²1951.

Forcella, V., Iscrizioni delle chiese e d'altri edificii di Roma IV, Rom 1874.

Fumi, L., Codice diplomatico della Città d'Orvieto, Doc. di Stor. Ital. VIII, Florenz 1884.

–, Inventario e spoglio dei registri della tesoreria apostolica di Perugia e Umbria dal R. Archivio di Stato in Roma, Perugia 1901.

–, Orvieto, Città di Castello 1891.

Garimberto, H., Fatti memorabili, Ferrara 1567.

Gottlob, A., Aus der Camera apostolica des 15. Jahrhunderts, Innsbruck 1889.

Gregorovius, F., Geschichte der Stadt Rom im Mittelalter VII, Stuttgart ⁴1894.

Hasselholdt-Stockheim, G. Freiherr von, Herzog Albrecht IV. von Bayern und seine Zeit I, 1. Abt., Leipzig 1865.

Haubst, R., Studien zu Nikolaus von Kues und Johannes Wenck. Aus Handschriften der Vatikanischen Bibliothek, Beitr. zur Gesch. d. Phil. u. Theol. d. Mittelalters XXXVIII, 1, Münster 1955.

Hausmann, F., Das Brixner Briefbuch des Kardinals Nikolaus von Kues, Cusanus-Texte IV, Briefwechsel des Nikolaus von Kues, 2. Sammlung, Sitz.-Ber. Heidelberg 1952, 2. Abhandl., Heidelberg 1952.

Hoberg, H., Die „Admissiones" des Archivs der Rota, in: Archival. Zs. 50/51 (1955), S. 391—408.

–, Taxae pro communibus servitiis, Studi e Testi 144, Città del Vaticano 1949.

Hofmann, B., Barbara von Hohenzollern, Markgräfin von Mantua, Ansbach 1881.

Hofmann, W. von, Forschungen zur Geschichte der kurialen Behörden vom Schisma bis zur Reformation, Bibl. des Deutsch. Hist. Inst. XII, Rom 1914.

Jäger, A., Regesten und urkundliche Daten über das Verhältnis des Cardinals Nicolaus von Cusa als Bischof von Brixen zum Herzoge Sigmund von Österreich, in: Arch. f. Kunde österr. Geschichtsquellen 4 (1850), S. 297—329.

–, Der Streit des Cardinals Nicolaus von Cusa mit dem Herzoge Sigmund von Österreich I—II, Wien 1861.

Janssen, J., Frankfurts Reichscorrespondenz II, 1. Abt., Freiburg 1866.

Jedin, H., Geschichte des Konzils von Trient I, Freiburg 1949.

Joachimsohn, P., Gregor von Heimburg, Bamberg 1891.

Kluckhohn, A., Ludwig der Reiche, Herzog von Bayern, Nördlingen 1865.

Koch, J., Cusanus-Texte IV, Briefwechsel des Nikolaus von Cues, Erste Sammlung, Sitz.-Ber. Heidelberg 1942/3, 2. Abhandl., Heidelberg 1944.

–, Cusanus-Texte I, Predigten 7, Untersuchungen über Datierung, Form, Sprache und Quellen. Kritisches Verzeichnis sämtlicher Predigten, Sitz-Ber. Heidelberg 1941/2, 1. Abhandl., Heidelberg 1942.

–, Nikolaus von Cues und seine Umwelt, Sitz.-Ber. Heidelberg 1944/48, 2. Abhandl., Heidelberg 1948.

–, Nikolaus von Cues als Mensch nach dem Briefwechsel und persönlichen Aufzeichnungen, Studien und Texte zur Geistesgeschichte des Mittelalters III, Leiden, Köln 1953 (S. 56 bis 75).

Kristeller, P., Barbara von Brandenburg, Markgräfin von Mantua, in: Hohenzollern-Jahrbuch 1899, S. 66—85.

Krudewig, J., Übersicht über den Inhalt der kleineren Archive der Rheinprovinz IV (Publikationen der Gesellschaft für rheinische Geschichtskunde XIX), Bonn 1915.

Lazzeroni, E., Il Consiglio Segreto o Senato Sforzesco, in: Atti e memorie del Terzo Congresso Storico Lombardo, Mailand 1937, S. 95—167.

–, Vano tentativo diplomatico di Francesco Sforza per ottenere l'investitura imperiale sul Ducato di Milano (1450—1451), in: Atti e memorie del Quarto Congresso Storico Lombardo, Mailand 1940, S. 233—279.

Lewicki, A., Codex epistolaris saeculi XV, tom III, Mon. medii aevi hist. res gestas Poloniae illustr. XIV, Krakau 1894.

Lichnowsky, E. M. Fürst von, Geschichte des Hauses Habsburg I—VIII, Regesten von E. Birk, Wien 1836—1844.

Lucius, C., Pius II. und Ludwig XI. von Frankreich 1461—1462, Heidelberger Abhandlungen zur mittl. u. neuer. Geschichte 41, Heidelberg 1913.

Maffei, S. A., Gli annali di Mantova, Tortona 1675.

Marx, J., Nikolaus von Cues und seine Stiftungen zu Cues und Deventer, Trier 1906.

Marx, J., Geschichte des Armen-Hospitals zum hl. Nikolaus zu Cues, Trier 1907.

Mazzatinti, G., Inventario delle carte dell'Archivio Sforzesco contenute nei codici italiani 1583—1593 della Biblioteca Nazionale di Parigi, in: Arch. Stor. Lomb. X (1883), S. 222—326.

Menzel, K., Diether von Isenburg, Erzbischof von Mainz, Erlangen 1868.

Meuthen, E., I primi commendatari dell'abbazia dei SS. Severo e Martirio in Orvieto, in: Boll. dell'Istituto Stor. Art. Orvietano X (1954), S. 37—40.

Michaeli, M., Memorie storiche della città di Rieti III, Rieti 1898.

Monumenta Conciliorum Generalium Seculi Decimi Quinti I—IV, Wien, Basel 1857 bis 1935.

Moroni, G., Dizionario di erudizione storico-ecclesiastica, Venedig 1840—1879.

Müller, J. J., Des Heiligen Römischen Reichs ... Reichs Tags Theatrum ... unter Keyser Friedrichs V ... Regierung I—II, Jena 1713.

Nunziante, E., I primi anni di Ferdinando d'Aragona e l'invasione di Giovanni d'Angiò, in: Arch. Stor. Prov. Napol. XVII (1892), S. 299—357, 564—586, 731—779; XVIII (1893), S. 3—40, 205—264, 411—462, 561—620; XIX 1894), S.37—96, 231—353, 417 bis 444, 533—658; XX (1895), S. 206—264, 442—516; XXI (1896), S. 265—289, 494 bis 532; XXII (1897), S. 3—16, 204—240; XXIII (1898), S. 144—210.

Palacky, F., Urkundliche Beiträge zur Geschichte Böhmens und seiner Nachbarländer im Zeitalter Georgs von Podiebrad, Fontes rer. Austr., 2. Abt., XX, Wien 1860.

Paparelli, G., Enea Silvio Piccolomini, Pio II, Bari 1950.

Pardi, G., Serie dei supremi magistrati e reggitori di Orvieto dal principio delle libertà comunali all'anno 1500, in: Boll. della Soc. Umbra di Storia Patr. I (1895), S. 337—415.

Paschini, P., Roma nel Rinascimento, Storia di Roma XII, Rom 1940.

Pastor, L., Geschichte der Päpste II, Freiburg $^{3/4}$ 1904.

Perali, P., Orvieto, Orvieto 1919.

Piccolrovazzi, A., La contrastata nomina del Cardinale Francesco Gonzaga al vescovado di Bressanone, Collana di monografie regionali — Soc. Venez. Tridentina 7, Trient 1935.

Picotti, G. B., La dieta di Mantova e la politica de' Veneziani, Miscell. di Storia Veneta III, 4, Venedig 1912.

–, La pubblicazione e i primi effetti della „Execrabilis" di Pio II, in: Arch. Soc. Rom. Stor. Patr. XXXVII (1914), S. 5—56.

Piloni, G., Historia nella quale ... s'intendono et leggono d'anno in anno, con minuto raguaglio, tutti i successi della città di Belluno, Venedig 1607 (Neudruck: Belluno 1929).

Pinzi, C., Storia della città di Viterbo I—II, Rom 1887—1889.

Pius II., Commentarii rerum memorabilium quae temporibus suis contigerunt, Frankfurt 1614.

–, Epistolae, ed. A. de Zarotis, Mailand ²1487.

Platina, B., Liber de vita Christi ac omnium pontificum, a cura di G. Gaida, Rer. Ital. Scr. III, 1, Città di Castello o. J.

Raynaldus, O., Annales Ecclesiastici XXIV, Bar-le-Duc 1876.

Rossi-Passavanti, E., Interamna dei Naarti, Storia di Terni nel Medio-Evo II, Orvieto 1933.

Rotta, P., Niccolò Cusano, Mailand 1942.

Santifaller, L., Das Brixner Domkapitel in seiner persönlichen Zusammensetzung im Mittelalter, Schlern-Schriften 7, Innsbruck 1924.

Santoro, C., Gli uffici del dominio Sforzesco, Mailand 1947.

Scharpff, F. A., Der Cardinal und Bischof Nicolaus von Cusa, Tübingen 1871.

Schivenoglia, A., Cronaca di Mantova dal 1445 al 1484, ed. G. Müller, Raccolta di cronisti e documenti storici Lombardi inediti, ed. C. d'Arco, Mailand 1857.

Schmitz, L., Zu Nikolaus von Cues, in: Annal. Hist. Ver. Niederrhein 69 (1900), S. 162 bis 164.

Scriptores rerum silesiacarum VIII—IX, Politische Korrespondenz Breslaus im Zeitalter Georgs von Podiebrad, hrsg. von H. Markgraf, Breslau 1873.

Signorelli, G., Viterbo nella storia della chiesa I—II, Viterbo 1907—1940.

Silvestrelli, G., Città, castelli e terre della regione romana I—II, Rom ²1940.

Sinnacher, F. A., Beyträge zur Geschichte der bischöflichen Kirche Säben und Brixen in Tyrol VI, Brixen 1828.

Sora, V., I conti di Anguillara dalla loro origine al 1465, in: Arch. Soc. Rom. Stor. Patr. XXIX (1906), S. 397—442; XXX (1907), S. 53—118.

Soranzo, G., Pio II e la politica italiana nella lotta contro i Malatesti, Padua 1911.

Sparber, A., Vom Wirken des Cardinals Nikolaus von Cues als Fürstbischof von Brixen, Veröffentlichungen des Museums Ferdinandeum 27—29, Innsbruck 1949.

Theiner, A., Codex diplomaticus Dominii temporalis S. Sedis II—III, Rom 1862.

Tiraboschi, H., Vetera Humiliatorum monumenta I, Mailand 1766.

Tomasinus, J. P., Annales Canonicorum secularium S. Georgii in Alga, Udine 1642.

Torelli, P. und *Luzio, A.*, L'Archivio Ganzaga di Mantova I—II, Ostiglia 1920, Verona 1922.

Tuccia, N. della, Cronache di Viterbo e di altre città, ed. I. Ciampi, Documenti di storia ital. V, Florenz 1872.

Uebinger, J., Zur Lebensgeschichte des Nikolaus Cusanus, in: Hist. Jahrb. XIV (1893), S. 549—561.

–, Die philosophischen Schriften des Nikolaus Cusanus, in: Zs. f. Philosophie u. phil. Kritik CV (1894).

Uzielli, G., La vita ed i tempi di Paolo del Pozzo Toscanelli, Ricerche e studi, Rom 1894.

Vallazza, Don I., Livinallongo II, Notizie storiche, in: Arch. per l'Alto Adige IX (1914), S. 97—163.

Vansteenberghe, E., Le cardinal Nicolas de Cues, Bibliothèque du XVe siècle XXIV, Paris 1920.

Vianello, C. A., Gli Sforza e l'Impero, in: Atti e memorie del Primo Congresso Stor. Lomb. 1936, Mailand 1937, S. 193—269.

Vitale, F. A., Storia diplomatica de' Senatori di Roma II, Rom 1791.

Voigt, G., Enea Silvio de' Piccolomini I—III, Berlin 1856—1863.

Weiss, A., Aeneas Sylvius Piccolomini, als Papst Pius II., Graz 1897.

Wirz, C., Bullen und Breven aus italienischen Archiven, Basel 1902.

Wolkan, R., Der Briefwechsel des Eneas Silvius Piccolomini, Fontes rer. Austr., 2. Abt., LXI—LXII, LXVII—LXVIII, Wien 1909—1918.

Zanetti, V., La chiesa della Madonna dell'Orto in Venezia, Venedig 1870.

Zippel, G., Le vite di Paolo II di Gaspare da Verona e Michele Canensi, Rer. Ital. Scr. III, 16, Città di Castello 1904.

Weitere Verweise s. im Text

Namen- und Sachindex

Ortsnamen sind nur aufgenommen, wo die Orte sachlich direkt betroffen werden, nicht also, wo sie nur beiläufig bei Datierungen, Berührung auf Reisen usw. auftreten. Unberücksichtigt blieb auch Pius II., der als zweite Hauptfigur auf Schritt und Tritt begegnet. B. = Bischof, Eb. = Erzbischof. Die übrigen Abkürzungen verstehen sich von selbst.

VERÖFFENTLICHUNGEN DER ARBEITSGEMEINSCHAFT FÜR FORSCHUNG DES LANDES NORDRHEIN-WESTFALEN

NATURWISSENSCHAFTEN

HEFT 1
Prof. Dr.-Ing. Friedrich Seewald, Aachen
Neue Entwicklungen auf dem Gebiet der Antriebsmaschinen
Prof. Dr.-Ing. Friedrich A. F. Schmidt, Aachen
Technischer Stand und Zukunftsaussichten der Verbrennungsmaschinen, insbesondere der Gasturbinen
Dr.-Ing. Rudolf Friedrich, Mülheim (Ruhr)
Möglichkeiten und Voraussetzungen der industriellen Verwertung der Gasturbine
1951, 52 Seiten, 15 Abb., kartoniert, DM 2,75

HEFT 2
Prof. Dr.-Ing. Wolfgang Riezler, Bonn
Probleme der Kernphysik
Prof. Dr. Fritz Micheel, Münster
Isotope als Forschungsmittel in der Chemie und Biochemie
1951, 40 Seiten, 10 Abb., kartoniert, DM 2,40

HEFT 3
Prof. Dr. Emil Lehnartz, Münster
Der Chemismus der Muskelmaschine
Prof. Dr. Gunther Lehmann, Dortmund
Physiologische Forschung als Voraussetzung der Bestgestaltung der menschlichen Arbeit
Prof. Dr. Heinrich Kraut, Dortmund
Ernährung und Leistungsfähigkeit
1951, 60 Seiten, 35 Abb., kartoniert, DM 3,50

HEFT 4
Prof. Dr. Franz Wever, Düsseldorf
Aufgaben der Eisenforschung
Prof. Dr.-Ing. Hermann Schenck, Aachen
Entwicklungslinien des deutschen Eisenhüttenwesens
Prof. Dr.-Ing. Max Haas, Aachen
Wirtschaftliche Bedeutung der Leichtmetalle und ihre Entwicklungsmöglichkeiten
1952, 60 Seiten, 20 Abb., kartoniert, DM 3,50

HEFT 5
Prof. Dr. Walter Kikuth, Düsseldorf
Virusforschung
Prof. Dr. Rolf Danneel, Bonn
Fortschritte der Krebsforschung
Prof. Dr. Dr. Werner Schulemann, Bonn
Wirtschaftliche und organisatorische Gesichtspunkte für die Verbesserung unserer Hochschulforschung
1952, 50 Seiten, 2 Abb., kartoniert, DM 2,75

HEFT 6
Prof. Dr. Walter Weizel, Bonn
Die gegenwärtige Situation der Grundlagenforschung in der Physik
Prof. Dr. Siegfried Strugger, Münster
Das Duplikantenproblem in der Biologie
Direktor Dr. Fritz Gummert, Essen
Überlegungen zu den Faktoren Raum und Zeit im biologischen Geschehen und Möglichkeiten einer Nutzanwendung
1952, 64 Seiten, 20 Abb., kartoniert, DM 3,—

HEFT 7
Prof. Dr.-Ing. August Götte, Aachen
Steinkohle als Rohstoff und Energiequelle
Prof. Dr. Dr. E. h. Karl Ziegler, Mülheim (Ruhr)
Über Arbeiten des Max-Planck-Institutes für Kohlenforschung
1953, 66 Seiten, 4 Abb., kartoniert, DM 3,60

HEFT 8
Prof. Dr.-Ing. Wilhelm Fucks, Aachen
Die Naturwissenschaft, die Technik und der Mensch
Prof. Dr. Walter Hoffmann, Münster
Wirtschaftliche und soziologische Probleme des technischen Fortschritts
1952, 84 Seiten, 12 Abb., kartoniert, DM 4,80

HEFT 9
Prof. Dr.-Ing. Franz Bollenrath, Aachen
Zur Entwicklung warmfester Werkstoffe
Prof. Dr. Heinrich Kaiser, Dortmund
Stand spektralanalytischer Prüfverfahren und Folgerung für deutsche Verhältnisse
1952, 100 Seiten, 62 Abb., kartoniert, DM 6,—

HEFT 10
Prof. Dr. Hans Braun, Bonn
Möglichkeiten und Grenzen der Resistenzzüchtung
Prof. Dr.-Ing. Carl Heinrich Dencker, Bonn
Der Weg der Landwirtschaft von der Energieautarkie zur Fremdenergie
1952, 74 Seiten, 23 Abb., kartoniert, DM 4,30

HEFT 11
Prof. Dr.-Ing. Herwart Opitz, Aachen
Entwicklungslinien der Fertigungstechnik in der Metallbearbeitung
Prof. Dr.-Ing. Karl Krekeler, Aachen
Stand und Aussichten der schweißtechnischen Fertigungsverfahren
1952, 72 Seiten, 49 Abb., kartoniert, DM 5,—

HEFT 12

Dr. Hermann Rathert, Wuppertal-Elberfeld
Entwicklung auf dem Gebiet der Chemiefaser-Herstellung

Prof. Dr. Wilhelm Weltzien, Krefeld
Rohstoff und Veredlung in der Textilwirtschaft

1952, 84 Seiten, 29 Abb., kartoniert, DM 4,80

HEFT 13

Dr.-Ing. E. h. Karl Herz, Frankfurt a. M.
Die technischen Entwicklungstendenzen im elektrischen Nachrichtenwesen

Staatssekretär Prof. Dr. h. c. Leo Brandt, Düsseldorf
Navigation und Luftsicherung

1952, 102 Seiten, 97 Abb., kartoniert, DM 7,25

HEFT 14

Prof. Dr. Burckhardt Helferich, Bonn
Stand der Enzymchemie und ihre Bedeutung

Prof. Dr. Hugo Wilhelm Knipping, Köln
Ausschnitt aus der klinischen Carcinomforschung am Beispiel des Lungenkrebses

1952, 72 Seiten, 12 Abb., kartoniert, DM 4,30

HEFT 15

Prof. Dr. Abraham Esau †, Aachen
Ortung mit elektrischen und Ultraschallwellen in Technik und Natur

Prof. Dr.-Ing. Eugen Flegler, Aachen
Die ferromagnetischen Werkstoffe der Elektrotechnik und ihre neueste Entwicklung

1953, 84 Seiten, 25 Abb., kartoniert, DM 4,80

HEFT 16

Prof. Dr. Rudolf Seyffert, Köln
Die Problematik der Distribution

Prof. Dr. Theodor Beste, Köln
Der Leistungslohn

1952, 70 Seiten, 1 Abb., kartoniert, DM 3,50

HEFT 17

Prof. Dr.-Ing. Friedrich Seewald, Aachen
Luftfahrtforschung in Deutschland und ihre Bedeutung für die allgemeine Technik

Prof. Dr.-Ing. Edouard-Houdremont, Essen
Art und Organisation der Forschung in einem Industrieforschungsinstitut der Eisenindustrie

1953, 90 Seiten, 4 Abb., kartoniert, DM 4,20

HEFT 18

Prof. Dr. Werner Schulemann, Bonn
Theorie und Praxis pharmakologischer Forschung

Prof. Dr. Wilhelm Groth, Bonn
Technische Verfahren zur Isotopentrennung

1953, 72 Seiten, 17 Abb., kartoniert, DM 4,—

HEFT 19

Dipl.-Ing. Kurt Traenckner, Essen
Entwicklungstendenzen der Gaserzeugung

1953, 26 Seiten, 12 Abb., kartoniert, DM 1,60

HEFT 20

Lw. M. Zvegintzow, London
Wissenschaftliche Forschung und die Auswertung ihrer Ergebnisse
Ziel und Tätigkeit der National Research Development Corporation

Dr. Alexander King, London
Wissenschaft und internationale Beziehungen

1954, 88 Seiten, kartoniert, DM 4,20

HEFT 21

Prof. Dr. Robert Schwarz, Aachen
Wesen und Bedeutung der Silicium-Chemie

Prof. Dr. Dr. h. c. Kurt Adler, Köln
Fortschritte in der Synthese von Kohlenstoffverbindungen

1954, 76 Seiten, 49 Abb., kartoniert, DM 4,—

HEFT 21 a

Prof. Dr. Dr. h. c. Otto Hahn, Göttingen
Die Bedeutung der Grundlagenforschung für die Wirtschaft

Prof. Dr. Siegfried Strugger, Münster
Die Erforschung des Wasser- und Nährsalztransportes im Pflanzenkörper mit Hilfe der fluoreszenzmikroskopischen Kinematographie

1953, 74 Seiten, 26 Abb., kartoniert, DM 5,—

HEFT 22

Prof. Dr. Johannes von Allesch, Göttingen
Die Bedeutung der Psychologie im öffentlichen Leben

Prof. Dr. Otto Graf, Dortmund
Triebfedern menschlicher Leistung

1953, 80 Seiten, 19 Abb., kartoniert, DM 4,—

HEFT 23

Prof. Dr. Dr. h. c. Bruno Kuske, Köln
Zur Problematik der wirtschaftswissenschaftlichen Raumforschung

Prof. Dr. Dr.-Ing. E. h. Stephan Prager, Düsseldorf
Städtebau und Landesplanung

1954, 84 Seiten, kartoniert, DM 3,50

HEFT 24

Prof. Dr. Rolf Danneel, Bonn
Über die Wirkungsweise der Erbfaktoren

Prof. Dr. Kurt Herzog, Krefeld
Bewegungsbedarf der menschlichen Gliedmaßengelenke bei der Berufsarbeit

1953, 76 Seiten, 18 Abb., kartoniert, DM 4,—

HEFT 25

Prof. Dr. Otto Haxel, Heidelberg
Energiegewinnung aus Kernprozessen

Dr.-Ing. Dr. Max Wolf, Düsseldorf
Gegenwartsprobleme der energiewirtschaftlichen Forschung

1953, 98 Seiten, 27 Abb., kartoniert, DM 5,25

HEFT 26

Prof. Dr. Friedrich Becker, Bonn
Ultrakurzwellenstrahlung aus dem Weltraum

Dr. Hans Straßl, Bonn
Bemerkenswerte Doppelsterne und das Problem der Sternentwicklung

1954, 70 Seiten, 8 Abb., kartoniert, DM 3,60

HEFT 27

Prof. Dr. Heinrich Behnke, Münster
Der Strukturwandel der Mathematik in der ersten Hälfte des 20. Jahrhunderts

Prof. Dr. Emanuel Sperner, Hamburg
Eine mathematische Analyse der Luftdruckverteilungen in großen Gebieten

1956, 96 Seiten, 12 Abb., 5 Tab., kart., DM 5,—

HEFT 28

Prof. Dr. Oskar Niemczyk, Aachen
Die Problematik gebirgsmechanischer Vorgänge im Steinkohlenbergbau

Prof. Dr. Wilhelm Ahrens, Krefeld
Die Bedeutung geologischer Forschung für die Wirtschaft, besonders in Nordrhein-Westfalen

1955, 96 Seiten, 12 Abb., kartoniert, DM 5,25

HEFT 29

Prof. Dr. Bernhard Rensch, Münster
Das Problem der Residuen bei Lernleistungen

Prof. Dr. Hermann Fink, Köln
Über Leberschäden bei der Bestimmung des biologischen Wertes verschiedener Eiweiße von Mikroorganismen

1954, 96 Seiten, 23 Abb., kartoniert, DM 5,25

HEFT 30

Prof. Dr.-Ing. Friedrich Seewald, Aachen
Forschungen auf dem Gebiete der Aerodynamik

Prof. Dr.-Ing. Karl Leist, Aachen
Einige Forschungsarbeiten aus der Gasturbinentechnik

1955, 98 Seiten, 45 Abb., kartoniert, DM 7,—

HEFT 31

Prof. Dr.-Ing. Dr. h. c. Fritz Mietzsch, Wuppertal
Chemie und wirtschaftliche Bedeutung der Sulfonamide

Prof. Dr. h. c. Gerhard Domagk, Wuppertal
Die experimentellen Grundlagen der bakteriellen Infektionen

1954, 82 Seiten, 2 Abb., kartoniert, DM 4,—

HEFT 32

Prof. Dr. Hans Braun, Bonn
Die Verschleppung von Pflanzenkrankheiten und -schädigungen über die Welt

Prof. Dr. Wilhelm Rudolf, Voldagsen
Der Beitrag von Genetik und Züchtung zur Bekämpfung von Viruskrankheiten der Nutzpflanzen

1953, 88 Seiten, 36 Abb., kartoniert, DM 5,—

HEFT 33

Prof. Dr.-Ing. Volker Aschoff, Aachen
Probleme der elektroakustischen Einkanalübertragung

Prof. Dr.-Ing. Herbert Döring, Aachen
Erzeugung und Verstärkung von Mikrowellen

1954, 74 Seiten, 23 Abb., kartoniert, DM 4,30

HEFT 34

Geheimrat Prof. Dr. Dr. Rudolf Schenck, Aachen
Bedingungen und Gang der Kohlenhydratsynthese im Licht

Prof. Dr. Emil Lehnartz, Münster
Die Endstufen des Stoffabbaues im Organismus

1954, 80 Seiten, 11 Abb., kartoniert, DM 4,20

HEFT 35

Prof. Dr.-Ing. Hermann Schenck, Aachen
Gegenwartsprobleme der Eisenindustrie in Deutschland

Prof. Dr.-Ing. Eugen Piwowarsky †, Aachen
Gelöste und ungelöste Probleme im Gießereiwesen

1954, 110 Seiten, 67 Abb., kartoniert, DM 6,50

HEFT 36

Prof. Dr. Wolfgang Riezler, Bonn
Teilchenbeschleuniger

Prof. Dr. Gerhard Schubert, Hamburg
Anwendung neuer Strahlenquellen in der Krebstherapie

1954, 104 Seiten, 43 Abb., kartoniert, DM 7,—

HEFT 37

Prof. Dr. Franz Lotze, Münster
Probleme der Gebirgsbildung

1957, 48 Seiten, 12 Abb., kartoniert, DM 2,75

HEFT 38

Dr. E. Colin Cherry, London
Kybernetik

Prof. Dr. Erich Pietsch, Clausthal-Zellerfeld
Dokumentation und mechanisches Gedächtnis — zur Frage der Ökonomie der geistigen Arbeit

1954, 108 Seiten, 31 Abb., kartoniert, DM 5,25

HEFT 39

Dr. Heinz Haase, Hamburg
Infrarot und seine technischen Anwendungen

Prof. Dr. Abraham Esau †, Aachen
Ultraschall und seine technischen Anwendungen

1955, 80 Seiten, 25 Abb., kartoniert, DM 4,80

HEFT 40

Bergassessor Fritz Lange, Bochum-Hordel
Die wirtschaftliche und soziale Bedeutung der Silikose im Bergbau

Prof. Dr. Walter Kikuth, Düsseldorf
Die Entstehung der Silikose und ihre Verhütungsmaßnahmen

1954, 120 Seiten, 40 Abb., kartoniert, DM 7,25

HEFT 40a

Prof. Dr. Eberhard Gross, Bonn
Berufskrebs und Krebsforschung

Prof. Dr. Hugo Wilhelm Knipping, Köln
Die Situation der Krebsforschung vom Standpunkt der Klinik

1955, 88 Seiten, 31 Abb., kartoniert, DM 5,—

HEFT 41

Direktor Dr.-Ing. Gustav-Victor Lachmann, London
An einer neuen Entwicklungsschwelle im Flugzeugbau

Direktor Dr.-Ing. A. Gerber, Zürich-Oerlikon
Stand der Entwicklung der Raketen- und Lenktechnik

1955, 88 Seiten, 44 Abb., kartoniert, DM 6,—

HEFT 42

Prof. Dr. Theodor Kraus, Köln
Lokalisationsphänomene und Ordnungen im Raume

Direktor Dr. Fritz Gummert, Essen
Vom Ernährungsversuchsfeld der Kohlenstoffbiologischen Forschungsstation Essen

1957, 69 Seiten, 20 Abb., kartoniert, DM 4,50

HEFT 42a

Prof. Dr. Dr. h. c. Gerhard Domagk, Wuppertal
Fortschritte auf dem Gebiet der experimentellen Krebsforschung

1954, 46 Seiten, kartoniert, DM 2,—

HEFT 43

Prof. Giovanni Lampariello, Rom
Über Leben und Werk von Heinrich Hertz

Prof. Dr. Walter Weizel, Bonn
Über das Problem der Kausalität in der Physik

1955, 76 Seiten, kartoniert, DM 3,30

HEFT 43a

Prof. Dr. José Mª Albareda, Madrid
Die Entwicklung der Forschung in Spanien

1956, 68 Seiten, 18 Abb., kartoniert, DM 4,—

HEFT 44

Prof. Dr. Burckhardt Helferich, Bonn
Über Glykoside

Prof. Dr. Fritz Micheel, Münster
Kohlenhydrat-Eiweiß-Verbindungen und ihre biochemische Bedeutung

1956, 70 Seiten, 67 Abb., kartoniert, DM 4,60

HEFT 45

Prof. Dr. John von Neumann, Princeton, USA
Entwicklung und Ausnutzung neuerer mathematischer Maschinen
Prof. Dr. Eduard Stiefel, Zürich
Rechenautomaten im Dienste der Technik mit Beispielen aus dem Züricher Institut für angewandte Mathematik
1955, 74 Seiten, 6 Abb., kartoniert, DM 3,50

HEFT 46

Prof. Dr. Wilhelm Weltzien, Krefeld
Ausblick auf die Entwicklung synthetischer Fasern
Prof. Dr. Walther Hoffmann, Münster
Wachstumsprobleme der Industriewirtschaft
in Vorbereitung

HEFT 47

Staatssekretär Prof. Dr. h. c. Leo Brandt, Düsseldorf
Die praktische Förderung der Forschung in Nordrhein-Westfalen
Prof. Dr. Ludwig Raiser, Bad Godesberg
Die Förderung der angewandten Forschung durch die Deutsche Forschungsgemeinschaft
1957, 108 Seiten, 82 Abb., kartoniert, DM 9,55

HEFT 48

Dr. Hermann Tromp, Rom
Bestandsaufnahme der Wälder der Welt als internationale und wissenschaftliche Aufgabe
Prof. Dr. Franz Heske, Schloß Reinbek
Die Wohlfahrtswirkungen des Waldes als internationales Problem
1957, 88 Seiten, kartoniert, DM 3,85

HEFT 49

Präsident Dr. Günther Böhnecke, Hamburg
Zeitfragen der Ozeanographie
Reg.-Direktor Dr. H. Gabler, Hamburg
Nautische Technik und Schiffssicherheit
1955, 120 Seiten, 49 Abb., kartoniert, DM 7,50

HEFT 50

Prof. Dr.-Ing. Friedrich A. F. Schmidt, Aachen
Probleme der Selbstzündung und Verbrennung bei der Entwicklung der Hochleistungskraftmaschinen
Prof. Dr.-Ing. A. W. Quick, Aachen
Ein Verfahren zur Untersuchung des Austauschvorganges in verwirbelten Strömungen hinter Körpern mit abgelöster Strömung
1956, 88 Seiten, 38 Abb., kartoniert, DM 6,20

HEFT 51

Direktor Dr. Johannes Pätzold, Erlangen
Therapeutische Anwendung mechanischer und elektrischer Energie
1957, 38 Seiten, 7 Abb., kartoniert, DM 2,20

HEFT 51a

Prof. Dr. Siegfried Strugger, Münster
Struktur, Entwicklungsgeschichte und Physiologie der Chloroplasten
in Vorbereitung

HEFT 52

Mr. F. A. W. Patmore, London
Der Air Registration Board und seine Aufgaben im Dienst der britischen Flugzeugindustrie
Prof. A. D. Young, Cranfield
Gestaltung der Lehrtätigkeit in der Luftfahrttechnik in Großbritannien
1956, 92 Seiten, 16 Abb., kartoniert, DM 4,65

HEFT 52a

Dr. D. C. Martin, London
Geschichte und Organisation der Royal Society
Dr. A. J. A. Roux, Südafrikanische Union
Probleme der wissenschaftlichen Forschung in der Südafrikanischen Union
1958, 64 Seiten, 9 Abb., kartoniert, DM 3,75

HEFT 53

Prof. Dr.-Ing. Georg Schnadel, Hamburg
Forschungsaufgaben zur Untersuchung der Festigkeitsprobleme im Schiffsbau
Prof. Dipl.-Ing. Wilhelm Sturtzel, Duisburg
Forschungsaufgaben zur Untersuchung der Widerstandsprobleme im Schiffsbau
1957, 54 Seiten, 13 Abb., kartoniert, DM 3,20

HEFT 53a

Prof. Giovanni Lampariello, Rom
Von Galilei zu Einstein
1956, 92 Seiten, kartoniert, DM 4,20

HEFT 54

Direktor Dr. Walter Dieminger, Lindau/Harz
Ionosphäre und drahtloser Weitverkehr
in Vorbereitung

HEFT 54a

Sir John Cockcroft, London
Die friedliche Anwendung der Kernenergie
1956, 42 Seiten, 26 Abb., kartoniert, DM 3,—

HEFT 55

Prof. Dr.-Ing. Fritz Schultz-Grunow, Aachen
Das Kriechen und Fließen hochzäher und plastischer Stoffe
Prof. Dr.-Ing. Hans Ebner, Aachen
Wege und Ziele der Festigkeitsforschung besonders im Hinblick auf den Leichtbau
in Vorbereitung

HEFT 56

Prof. Dr. Ernst Derra, Düsseldorf
Der Entwicklungsstand der Herzchirurgie
Prof. Dr. Gunther Lehmann, Dortmund
Muskelarbeit und Muskelermüdung in Theorie und Praxis
1956, 102 Seiten, 49 Abb., kartoniert, DM 6,90

HEFT 57

Prof. Dr. Theodor von Kármán, Pasadena
Freiheit und Organisation in der Luftfahrtforschung
Staatssekretär Prof. Dr. h. c. Leo Brandt, Düsseldorf
Bericht über den Wiederbeginn deutscher Luftfahrtforschung
in Vorbereitung

HEFT 58

Prof. Dr. Fritz Schröter, Ulm
Neue Forschungs- und Entwicklungsrichtungen im Fernsehen
Prof. Dr. Albert Narath, Berlin
Der gegenwärtige Stand der Filmtechnik
1957, 116 Seiten, 46 Abb., kartoniert, DM 6,95

HEFT 59

Prof. Dr. Richard Courant, New York
Die Bedeutung der modernen mathematischen Rechenmaschinen für mathematische Probleme der Hydrodynamik und Reaktortechnik
Prof. Dr. Ernst Peschl, Bonn
Die Rolle der komplexen Zahlen in der Mathematik und die Bedeutung der komplexen Analysis
1957, 77 Seiten, 3 Abb., kartoniert, DM 4,85

HEFT 60

Prof. Dr. Wolfgang Flaig, Braunschweig
Grundlagenforschung auf dem Gebiet des Humus und der Bodenfruchtbarkeit
Prof. Dr. Dr. Eduard Mückenhausen, Bonn
Typologische Bodenentwicklung und Bodenfruchtbarkeit
1956, 112 Seiten, 36 Abb., kartoniert, DM 11,25

HEFT 61

Prof. Dr. W. Georgii, München
Aerophysikalische Flugforschung
Dr. Klaus Oswatitsch, Aachen
Gelöste und ungelöste Probleme der Gasdynamik
1957, 64 Seiten, 35 Abb., kartoniert, DM 5,40

HEFT 62

Prof. Dr. Adolf Butenandt, Tübingen
Über die Analyse der Erbfaktorenwirkung und ihre Bedeutung für biochemische Fragestellungen
Prof. Dr. J. Straub, Köln
Quantitative Genwirkung bei Polyploiden
in Vorbereitung

HEFT 63

Prof. Dr. Oskar Morgenstern, Princeton
Der theoretische Unterbau der Wirtschaftspolitik
1957, 32 Seiten, kartoniert, DM 2,10

HEFT 64

Prof. Dr. Bernhard Rensch, Münster
Die stammesgeschichtliche Sonderstellung des Menschen
1957, 60 Seiten, 5 Abb., kartoniert, DM 2,95

HEFT 65

Prof. Dr. Wilhelm Tönnis, Köln
Die neuzeitliche Behandlung frischer Schädelhirnverletzungen
Prof. Dr. Siegfried Strugger, Münster
Die elektronenmikroskopische Darstellung der Feinstruktur des Protoplasmas mit Hilfe der Uranylmethode und die zukünftige Bedeutung dieser Methodik für die Erforschung der Strahlenwirkung
in Vorbereitung

HEFT 66

Prof. Dr. Wilhelm Fucks, Aachen
Bildliche Darstellung der Verteilung und der Bewegung von radioaktiven Substanzen im Raum, insbesondere von biologischen Objekten (Physikalischer Teil)
Prof. Dr. Hugo Wilhelm Knipping, Köln, und *Oberarzt Dr. E. Liese, Köln*
Bildgebung von Radioisotopenelementen im Raum bei bewegten Objekten (Herz und Lunge etc.) (Medizinischer Teil)
in Vorbereitung

HEFT 67

Prof. Friedrich Paneth F. R. S., Mainz
Die Bedeutung der Isotopenforschung für geochemische und kosmochemische Probleme
Prof. Dr. J. Hans D. Jensen und
Dipl.-Phys. H. A. Weidenmüller, Heidelberg
Die Nichterhaltung der Parität
1958, 64 Seiten, kartoniert

HEFT 67 a

M. Le Haut Comissaire Francis Perrin
Die Verwendung der Atomenergie für industrielle Zwecke
in Vorbereitung

HEFT 68

Prof. Dr. Hans Lorenz, Berlin
Forschungsergebnisse auf dem Gebiete der Bodenmechanik als Wegbereiter für neue Gründungsverfahren
Prof. Dr. Georg Garbotz, Aachen
Die Bedeutung der Baumaschinen- und Baubetriebsforschung für die Praxis (Aufgaben und Ergebnisse)
in Vorbereitung

HEFT 69

M. Maurice Roy, Châtillon
Recherche aéronautique française et perspectives européennes
Prof. Dr. Alexander Naumann, Aachen
Methoden und Ergebnisse der Windkanalforschung
in Vorbereitung

HEFT 69 a

Prof. Dr. H. W. Melville, London
Die Anwendung von radioaktiven Isotopen und hoher Energiestrahlung in der polymeren Chemie
in Vorbereitung

HEFT 70

Prof. Dr. E. Justi, Braunschweig
Elektrothermische Kühlung und Heizung. Grundlagen und Möglichkeiten
Prof. Dr. Richard Vieweg, Braunschweig
Maß und Messen in Geschichte und Gegenwart
in Vorbereitung

HEFT 71

Prof. Dr. F. Baade, Kiel
Gesamtdeutschland und die Integration Europas
Prof. Dr. G. Schmölders, Köln
Ökonomische Verhaltensforschung
1957, 69 Seiten, kartoniert, DM 3,90

HEFT 72

Prof. Dr.-Ing. Wilhelm Fucks, Aachen
Hochtemperaturplasma (Magnetohydrodynamik) und Kernfusion
Dr. Hermann Jordan, Aachen
Neutronenbremsung und Diffusion im Kernreaktor, veranschaulicht an einem Modell
in Vorbereitung

HEFT 73

Staatssekretär Prof. Dr. med. h. c. Dr. E. h. Leo Brandt, Düsseldorf
Das Atom-Forschungszentrum des Landes Nordrhein-Westfalen
in Vorbereitung

HEFT 74

Prof. Dr.-Ing. Martin Kersten, Aachen
Neuere Versuche zur physikalischen Deutung technischer Magnetisierungsvorgänge
Professor Dr. rer.-nat. Günther Leibfried, Aachen
Zur Theorie idealer Kristalle
in Vorbereitung

GEISTESWISSENSCHAFTEN

HEFT 1

Prof. Dr. Werner Richter, Bonn
Die Bedeutung der Geisteswissenschaften für die Bildung unserer Zeit.

Prof. Dr. Joachim Ritter, Münster
Die aristotelische Lehre vom Ursprung und Sinn der Theorie

1953, 64 Seiten, kartoniert, DM 2,90

HEFT 2

Prof. Dr. Josef Kroll, Köln
Elysium

Prof. Dr. Günther Jachmann, Köln
Die vierte Ekloge Vergils

1953, 72 Seiten, kartoniert, DM 2,90

HEFT 3

Prof. Dr. Hans Erich Stier, Münster
Die klassische Demokratie

1954, 100 Seiten, kartoniert, DM 4,50

HEFT 4

Prof. Dr. Werner Caskel, Köln
Lihyan und Lihyanisch. Sprache und Kultur eines früharabischen Königreiches

1954, 168 Seiten, 6 Abb., kartoniert, DM 8,25

HEFT 5

Prof. Dr. Thomas Ohm, Münster
Stammesreligionen im südlichen Tanganyika-Territorium

1953, 80 Seiten, 25 Abb., kartoniert, DM 8,—

HEFT 6

Prälat Prof. Dr. Dr. h. c. Georg Schreiber, Münster
Deutsche Wissenschaftspolitik von Bismarck bis zum Atomwissenschaftler Otto Hahn

1954, 102 Seiten, 7 Abb., kartoniert, DM 5,—

HEFT 7

Prof. Dr. Walter Holtzmann, Bonn
Das mittelalterliche Imperium und die werdenden Nationen

1953, 28 Seiten, kartoniert, DM 1,30

HEFT 8

Prof. Dr. Werner Caskel, Köln
Die Bedeutung der Beduinen in der Geschichte der Araber

1954, 44 Seiten, kartoniert, DM 2,—

HEFT 9

Prälat Prof. Dr. Dr. h. c. Georg Schreiber, Münster
Irland im deutschen und abendländischen Sakralraum

1956, 128 Seiten, 20 Abb., kartoniert, DM 9,—

HEFT 10

Prof. Dr. Peter Rassow, Köln
Forschungen zur Reichsidee im 16. und 17. Jahrhundert

1955, 32 Seiten, kartoniert, DM 1,50

HEFT 11

Prof. Dr. Hans Erich Stier, Münster
Roms Aufstieg zur Weltmacht und die griechische Welt

1957, 220 Seiten, kartoniert, DM 10,20

HEFT 12

Prof. D. Karl Heinrich Rengstorf, Münster
Mann und Frau im Urchristentum

Prof. Dr. Hermann Conrad, Bonn
Grundprobleme einer Reform des Familienrechts

1954, 106 Seiten, kartoniert, DM 4,50

HEFT 13

Prof. Dr. Max Braubach, Bonn
Der Weg zum 20. Juli 1944

1953, 48 Seiten, kartoniert, DM 2,20

HEFT 14

Prof. Dr. Paul Hübinger, Münster
Das deutsch-französische Verhältnis und seine mittelalterlichen Grundlagen

in Vorbereitung

HEFT 15

Prof. Dr. Franz Steinbach, Bonn
Der geschichtliche Weg des wirtschaftenden Menschen in die soziale Freiheit und politische Verantwortung

1954, 76 Seiten, kartoniert, DM 2,90

HEFT 16

Prof. Dr. Josef Koch, Köln
Die Ars coniecturalis des Nikolaus von Cues

1956, 56 Seiten, 2 Abb., kartoniert, DM 2,90

HEFT 17

Prof. Dr. James Conant,
Staatsbürger und Wissenschaftler

Prof. D. Karl Heinrich Rengstorf, Münster
Antike und Christentum

1953, 48 Seiten, 2 Abb., kartoniert, DM 2,90

HEFT 18

Prof. Dr. Richard Alewyn, Köln
Klopstocks Publikum

in Vorbereitung

HEFT 19

Prof. Dr. Fritz Schalk, Köln
Das Lächerliche in der französischen Literatur des Ancien Régime

1954, 42 Seiten, kartoniert, DM 2,—

HEFT 20

Prof. Dr. Ludwig Raiser, Bad Godesberg
Rechtsfragen der Mitbestimmung

1954, 48 Seiten, kartoniert, DM 2,—

HEFT 21

Prof. D. Martin Noth, Bonn
Das Geschichtsverständnis der alttestamentlichen Apokalyptik

1953, 36 Seiten, kartoniert, DM 1,60

HEFT 22

Prof. Dr. Walter F. Schirmer, Bonn
Glück und Ende der Könige in Shakespeares Historien

1954, 32 Seiten, kartoniert, DM 1,50

HEFT 23

Prof. Dr. Günther Jachmann, Köln
Der homerische Schiffskatalog und die Ilias

erscheint als Wissenschaftliche Abhandlung

HEFT 24

Prof. Dr. Theodor Klauser, Bonn
Die römische Petrustradition im Lichte der neuen Ausgrabungen unter der Peterskirche
1956, 144 Seiten, 3 Falttafeln, 37 Abb., kartoniert, DM 9,30

HEFT 25

Prof. Dr. Hans Peters, Köln
Die Gewaltentrennung in moderner Sicht
1955, 48 Seiten, kartoniert, DM 2,20

HEFT 26

Prof. Dr. Fritz Schalk, Köln
Calderon und die Mythologie
in Vorbereitung

HEFT 27

Prof. Dr. Josef Kroll, Köln
Vom Leben geflügelter Worte
erscheint als Wissenschaftliche Abhandlung

HEFT 28

Prof. Dr. Thomas Ohm, Münster
Die Religionen in Asien
1954, 50 Seiten, 4 Abb., kartoniert, DM 5,—

HEFT 29

Prof. Dr. Johann Leo Weisgerber, Bonn
Die Ordnung der Sprache im persönlichen und öffentlichen Leben
1955, 64 Seiten, kartoniert, DM 2,90

HEFT 30

Prof. Dr. Werner Caskel, Köln
Entdeckungen in Arabien
1954, 44 Seiten, kartoniert, DM 2,—

HEFT 31

Prof. Dr. Max Braubach, Bonn
Entstehung und Entwicklung der landesgeschichtlichen Bestrebungen und historischen Vereine im Rheinland
1955, 32 Seiten, kartoniert, DM 1,60

HEFT 32

Prof. Dr. Fritz Schalk, Köln
Somnium und verwandte Wörter in den romanischen Sprachen
1955, 48 Seiten, 3 Abb., kartoniert, DM 2,50

HEFT 33

Prof. Dr. Friedrich Dessauer, Frankfurt a. M.
Erbe und Zukunft des Abendlandes
1956, 32 Seiten, kartoniert, DM 1,80

HEFT 34

Prof. Dr. Thomas Ohm, Münster
Ruhe und Frömmigkeit
1955, 128 Seiten, 30 Abb., kartoniert, DM 8,—

HEFT 35

Prof. Dr. Hermann Conrad, Bonn
Die mittelalterliche Besiedlung des deutschen Ostens und das Deutsche Recht
1955, 40 Seiten, kartoniert, DM 2,—

HEFT 36

Prof. Dr. Hans Sckommodau, Köln
Die religiösen Dichtungen Margaretes von Navarra
1955, 172 Seiten, kartoniert, DM 7,20

HEFT 37

Prof. Dr. Herbert von Einem, Bonn
Der Mainzer Kopf mit der Binde
1955, 88 Seiten, 40 Abb., kartoniert, DM 6,—

HEFT 38

Prof. Dr. Joseph Höffner, Münster
Statik und Dynamik in der scholastischen Wirtschaftsethik
1955, 48 Seiten, kartoniert, DM 2,20

HEFT 39

Prof. Dr. Fritz Schalk, Köln
Diderots Essai über Claudius und Nero
1956, 40 Seiten, kartoniert, DM 2,25

HEFT 40

Prof. Dr. Gerhard Kegel, Köln
Probleme des internationalen Enteignungs- und Währungsrechts
1956, 62 Seiten, kartoniert, DM 2,85

HEFT 41

Prof. Dr. Johann Leo Weisgerber, Bonn
Die Grenzen der Schrift — Der Kern der Rechtschreibreform
1955, 72 Seiten, kartoniert, DM 3,25

HEFT 42

Prof. Dr. Richard Alewyn, Köln
Von der Empfindsamkeit zur Romantik
in Vorbereitung

HEFT 43

Prof. Dr. Theodor Schieder, Köln
Die Probleme des Rapallo-Vertrages
1956, 108 Seiten, kartoniert, DM 4,80

HEFT 44

Prof. Dr. Andreas Rumpf, Köln
Stilphasen der spätantiken Kunst
1957, 100 Seiten, 189 Abb., kartoniert, DM 9,80

HEFT 45

Dr. Ulrich Luck, Münster
Kerygma und Tradition in der Hermeneutik Adolf Schlatters
1955, 136 Seiten, kartoniert, DM 6,15

HEFT 46

Prof. Dr. Walther Holtzmann, Rom
Das Deutsche Historische Institut in Rom
Prof. Dr. Graf Wolff von Metternich, Rom
Die Bibliotheca Hertziana und der Palazzo Zuccari
1955, 68 Seiten, 7 Abb., kartoniert, DM 3,50

HEFT 47

Prof. Dr. Harry Westermann, Münster
Person und Persönlichkeit im Zivilrecht
1957, 64 Seiten, kartoniert, DM 3,10

HEFT 48

Prof. Dr. Johann Leo Weisgerber, Bonn
Die Namen der Ubier
in Vorbereitung

HEFT 49

Prof. Dr. Friedrich Karl Schumann, Münster
Mythos und Technik
in Vorbereitung

HEFT 50

Prof. D. Karl Heinrich Rengstorf, Münster
Die Anfänge des Diakonats
in Vorbereitung

HEFT 51

Prälat Prof. Dr. Dr. h. c. Georg Schreiber, Münster
Der Bergbau in Geschichte, Ethos und Sakralkultur
in Vorbereitung

HEFT 52

Prof. Dr. Hans J. Wolff, Münster
Die Rechtsgestalt der Universität
1956, 56 Seiten, kartoniert, DM 2,65

HEFT 53

Prof. Dr. Heinrich Vogt, Bonn
Schadenersatzprobleme im Verhältnis von Haftungsgrund und Schaden
in Vorbereitung

HEFT 54

Prof. Dr. Max Braubach, Bonn
Der Einmarsch der deutschen Truppen in die entmilitarisierte Zone am Rhein im März 1936. Ein Beitrag zur Vorgeschichte des zweiten Weltkrieges
1956, 48 Seiten, kartoniert, DM 2,40

HEFT 55

Prof. Dr. Herbert von Einem, Bonn
Die „Menschwerdung Christi" des Isenheimer Altars
1957, 42 Seiten, 13 Abb., kartoniert, DM 2,55

HEFT 56

Prof. Dr. Ernst Joseph Cohn, London
Der englische Gerichtstag
1956, 88 Seiten, kartoniert, DM 4,15

HEFT 57

Dr. Albert Woopen, Aachen
Die Zivilehe und der Grundsatz der Unauflöslichkeit der Ehe in der Entwicklung des italienischen Zivilrechts
1956, 88 Seiten, kartoniert, DM 4,—

HEFT 58

Prof. Dr. Karl Kerényi, Ascona
Die Herkunft der Dionysos-Religion nach dem heutigen Stand der Forschung
1956, 32 Seiten, kartoniert, DM 1,75

HEFT 59

Prof. Dr. Herbert Jankuhn, Kiel
Haithabu und der abendländische Handel nach Nordeuropa im frühen Mittelalter
in Vorbereitung

HEFT 60

Dr. Stephan Skalweit, Bonn
Edmund Burke und Frankreich
1956, 84 Seiten, kartoniert, DM 4,15

HEFT 61

Prof. Dr. Ulrich Scheuner, Bonn
Die Neutralität im heutigen Völkerrecht
in Vorbereitung

HEFT 62

Prof. Dr. Anton Moortgat, Berlin
Archäologische Forschungen der Max-Freiherr-von-Oppenheim-Stiftung im nördlichen Mesopotamien
1957, 32 Seiten, 11 Abb., kartoniert, DM 2,10

HEFT 63

Prof. Dr. Joachim Ritter, Münster
Hegel und die französische Revolution
1957, 126 Seiten, kartoniert, DM 6.60

HEFT 64

Prof. Dr. Hermann Conrad und
Prof. Dr. Carl Arnold Willemsen, Bonn
Die Konstitutionen von Melfi Friedrichs II. von Hohenstaufen (1231)
in Vorbereitung

HEFT 65

Prälat Prof. Dr. Dr. h. c. Georg Schreiber, Münster
Der Islam und das christliche Abendland
in Vorbereitung

HEFT 66

Prof. Dr. Werner Conze, Münster
Die Strukturgeschichte des technisch-industriellen Zeitalters als Aufgabe für Forschung und Unterricht *1957, 52 Seiten, kartoniert, DM 2,70*

HEFT 67

Prof. Dr. Gerhard Hess, Bad Godesberg
Zur Entstehung der „Maximen" La Rochefoucaulds
1957, 44 Seiten, kartoniert, DM 2,30

HEFT 68

Prof. Dr. Fritz Schalk, Köln
Poetica de Aristoteles traducida de latin. Illustrada y commentada por Juan Pablo Martiz Rizo (erste kritische Ausgabe des spanischen Textes)
in Vorbereitung

HEFT 69

Prof. Dr. Ernst Langlotz, Bonn
Perseus. Dokumentation der Wiedergewinnung eines Meisterwerkes der griechischen Plastik
in Vorbereitung

HEFT 70

Prof. Dr. Erich Boehringer, Berlin
Der Aufbau des Deutschen Archäologischen Instituts
in Vorbereitung

HEFT 71

Dr. Josef Wintrich, Karlsruhe
Zur Problematik der Grundrechte
1957, 62 Seiten, kartoniert, DM 3,25

HEFT 72

Prof. Dr. Josef Pieper, Münster
Über den Begriff der Tradition
1957, 66 Seiten, kartoniert, DM 3,70

HEFT 73

Prof. Dr. Walter F. Schirmer, Bonn
Die frühen Darstellungen des Arthurstoffes
in Vorbereitung

HEFT 74

Prof. William L. Prosser, Berkeley
Kausalzusammenfassung und Fahrlässigkeit
in Vorbereitung

HEFT 75

Prof. Dr. Leo Weisgerber, Bonn
Verschiebungen in der sprachlichen Einschätzung von Menschen und Sachen
erschienen 1958 als Wissenschaftliche Abhandlung, Band 2

HEFT 76

Prof. Walter H. Bruford, Cambridge
Fürstin Gallitzin und Goethe. Das Selbstvervollkommnungsideal und seine Grenzen
1957, 44 Seiten, 1 Abb., kartoniert, DM 2,60

HEFT 77

Prof. Dr. Hermann Conrad, Bonn
Die geistigen Grundlagen des Allgemeinen Landrechts für die preußischen Staaten von 1794
1958, 66 Seiten, kartoniert, DM 3,55

HEFT 78

Prof. Dr. Herbert von Einem, Bonn
Asmus Jacob Carstens, Die Nacht mit ihren Kindern
1958, 64 Seiten, 24 Abb., kartoniert, DM 5,—

JAHRESFEIER 1955

Prof. Dr. Josef Pieper, Münster
Über den Philosophie-Begriff Platons
Prof. Dr. Walter Weizel, Bonn
Die Mathematik und die physikalische Realität
1955, 62 Seiten, kartoniert, DM 2,90

JAHRESFEIER 1956

Prof. Dr. Gunther Lehmann, Dortmund
Arbeit bei hohen Temperaturen
Prof. Dr. Hans Kauffmann, Köln
Italienische Frührenaissance
1957, 58 Seiten, 12 Abb., kartoniert, DM 3,50

WISSENSCHAFT IN NOT

Staatssekretär Prof. Dr. Leo Brandt, Düsseldorf
Wissenschaft in Not
Prof. Dr. Ulrich Scheuner, Bonn
Probleme der Hochschullehrerbesoldung
Prof. Dr. Eugen Flegler, Aachen
Fragen des Hochschulhaushalts
Prof. Dr. Siegfried Strugger, Münster
Entwicklung der Naturwissenschaften und die Frage des ständigen Etats der Institute
1957, 84 Seiten, kartoniert, DM 3,55

JAHRESFEIER 1957

Prof. Dr. Walter Kikuth, Düsseldorf
Die Infektionskrankheiten im Spiegel historischer und neuzeitlicher Betrachtungen
Prof. Dr. Josef Kroll, Köln
Der Gott Hermes *in Vorbereitung*

WISSENSCHAFTLICHE ABHANDLUNGEN

BAND 1
Wolfgang Priester, Hans Gerhard Bennewitz, Peter Lengrüßer, Bonn
Radio-Beobachtungen des ersten künstlichen Erdsatelliten
1958, 46 Seiten, 21 Abb., Ganzleinen, DM 8,50

BAND 2
Professor Dr. Leo Weisgerber, Bonn
Verschiebungen in der praktischen Einschätzung von Menschen und Sachen
1958, 186 Seiten, Ganzleinen DM 14,—, kartoniert DM 11,80

BAND 3
Dr. Erich Meuthen, Marburg
Die letzten Tage des Nikolaus von Kues
1958, 360 Seiten, Ganzleinen

Dr. Hans Georg Kirchhoff, Rommerskirchen
Die staatliche Sozialpolitik im Ruhrbergbau 1871—1914
in Vorbereitung

Prof. Dr. Günther Jachmann, Köln
Der homerische Schiffskatalog und die Ilias
in Vorbereitung

Prof. Dr. Peter Hartmann, Münster
Das Wort als Name
in Vorbereitung

Prof. Dr. Anton Moortgat, Berlin
Neue Ausgrabungen der Max-Freiherr-von-Oppenheim-Stiftung im nördlichen Mesopotamien 1956
in Vorbereitung

Prof. Dr. Josef Kroll, Köln
Vom Leben geflügelter Worte
in Vorbereitung

Prälat Prof. Dr. Dr. h. c. Georg Schreiber, Münster
Sakralkultur der mittelalterlichen Stadt
in Vorbereitung